普通高等教育“十二五”规划教材

食品安全概论

李明华　主编

刁恩杰　颜廷才　冯卫华　副主编

化学工业出版社

·北京·

本教材结合食品企业生产实际及食品安全案例，对食品安全的基本理论知识、食品安全控制技术等进行了全面、系统的介绍，主要内容包括：食品安全基本概念和理论、食品安全危害及控制措施、种植与养殖中的安全控制技术、食品加工安全控制技术、食品流通安全控制技术、食品安全检测技术、食品安全性评价与风险分析、食品安全法律法规、食品安全危机管理等。本教材理论联系实际，强调食品安全知识的普及与前沿科技成果的展示。

本书可供各类高等本科、大专院校食品科学与工程、食品质量与安全专业的学生使用，也可供相关专业的研究生和科技工作者参考。

图书在版编目（CIP）数据

食品安全概论/李明华主编. —北京：化学工业出版社，2014.11（2024.6重印）
普通高等教育“十二五”规划教材
ISBN 978-7-122-21876-6

Ⅰ.①食… Ⅱ.①李… Ⅲ.①食品安全-高等学校-教材 Ⅳ.①TS201.6

中国版本图书馆CIP数据核字（2014）第219316号

责任编辑：尤彩霞　　装帧设计：关　飞
责任校对：王素芹

出版发行：化学工业出版社（北京市东城区青年湖南街13号　邮政编码100011）
印　　装：北京天宇星印刷厂
787mm×1092mm　1/16　印张16　字数416千字　2024年6月北京第1版第6次印刷

购书咨询：010-64518888　　售后服务：010-64518899
网　　址：http://www.cip.com.cn
凡购买本书，如有缺损质量问题，本社销售中心负责调换。

定　　价：36.00元

版权所有　违者必究

本书编写人员名单

主　编　李明华（江苏食品药品职业技术学院）

副主编　刁恩杰（山东农业大学）

颜廷才（沈阳农业大学）

冯卫华（仲恺农业工程学院）

参　编　敖常伟（河北农业大学）

曾庆祝（广州大学）

刁恩杰（山东农业大学）

段雪娟（广东工业大学）

黄儒强（华南师范大学）

李明华（江苏食品药品职业技术学院）

李向阳（山东农业大学）

孟秀梅（江苏食品药品职业技术学院）

潘训海（四川理工学院）

孙军杰（河南科技大学）

吴克刚（广东工业大学）

徐保成（河南科技大学）

颜廷才（沈阳农业大学）

袁先玲（四川理工学院）

张　敏（河南科技大学）

前言

近10年来，世界上食品安全事件频繁发生，影响范围很广，随着经济全球化和国际化的发展，食品安全已是一个遍及全球的共同关注的问题。确保食品安全，要从源头抓起，实现“从农田到餐桌”的全程质量控制，需要全社会共同努力。控制食品安全，人是最关键的因素，因此必须提高从业人员的食品安全意识，全面提升安全控制技术水平。实现从业人员整体素质的提高，急需既有理论又有实践的好书，本书正是把握了这一出发点和落脚点而编写。

目前，有关食品安全方面的书籍很多。但是，能将食品安全的基本理论、技术和方法系统阐述，并结合案例完整介绍给读者的并不多见。本书的特点有：①系统全面地介绍食品安全的基本理论、技术和方法，便于理解和掌握；②详细解析食品安全控制体系，具有很强的实用性；③将食品安全理论、技术及方法与食品企业实际存在的安全问题紧密结合，深入浅出，既有理论性又突出了实用性和先进性；④深入剖析部分食品安全事件及其解决方法，为从业者提供参考。

全书共10章，介绍了食品安全基本概念和理论、食品安全危害及控制措施、种植、养殖安全控制技术、食品加工安全控制技术、食品流通安全控制技术、食品安全检测技术、食品安全性评价与风险分析、食品安全法律法规以及食品安全危机管理等内容。各章既具有独立的体系，又相互关联，具有系统性。

本书可供从事食品安全教学与科研、企事业单位相关人员参考，也可供广大从事食品生产经营人员和消费者参考、查阅。

本书编者均为国内本学科领域颇有造诣的学者和有着丰富安全控制经验的食品安全专家，他们在编写过程中以严谨、认真、负责的态度，力争向读者奉献一部内容新、资料全、水平高、权威性强的专业著作。

在本书编写过程中得到许多同行的热心帮助和指导，在此深表谢意。由于编写人员水平有限，书中内容难免有不妥之处，敬请读者批评指正，更希望与我们进行探讨与交流。

编者

2014年8月

目录

第1章　绪论　/1

1.1　食品安全基本概念 …… 1
1.2　国内外食品安全现状 …… 4
课后思考题 …… 10

第2章　食品中的安全危害　/11

2.1　食品安全危害概述 …… 11
2.2　生物性危害及控制措施 …… 13
2.3　化学性危害及控制措施 …… 24
2.4　物理性危害及控制措施 …… 35
课后思考题 …… 36

第3章　食品种植与养殖中的安全控制技术　/37

3.1　良好农业规范(GAP) …… 37
3.2　无公害农产品 …… 49
3.3　绿色食品 …… 54
3.4　有机食品 …… 67
课后思考题 …… 75

第4章　食品加工安全控制技术　/76

4.1　食品良好操作规范（GMP）概况 …… 76
4.2　卫生标准操作程序（SSOP） …… 87
4.3　危害分析与关键控制点(HACCP) …… 91
4.4　食品安全管理体系（ISO 22000） …… 94
4.5　食品企业生产许可（QS） …… 102
案例分析 …… 104
课后思考题 …… 115

第5章　食品流通安全控制技术　/116

5.1　食品运输安全控制 …… 116
5.2　食品贮藏安全控制 …… 125
5.3　食品质量安全追溯系统 …… 133
5.4　食品安全防护 …… 138
5.5　食品召回 …… 138
课后思考题 …… 141

第6章　食品安全检测技术　/142

6.1　食品安全检测技术概述 …… 142
6.2　色谱检测技术 …… 144
6.3　PCR检测技术 …… 152
6.4　酶联免疫检测技术 …… 156
6.5　基因芯片检测技术 …… 159
案例分析 …… 161
课后思考题 …… 163

第7章　食品安全性评价　/164

7.1　食品安全性评价目的及意义 …… 164
7.2　食品安全性评价原理 …… 165
7.3　食品安全性评价程序 …… 178
课后思考题 …… 183

第8章　食品安全风险分析　/184

8.1　食品安全风险分析目的及意义 …… 184
8.2　食品安全风险分析概述 …… 187
8.3　食品安全风险评估的原则与方法 …… 198
课后思考题 …… 205

第9章　食品安全法规与标准　/206

9.1　中国食品安全法规与标准 …… 206

9.2　国外食品安全标准与法规 ………… 218
9.3　国内食品安全法规和标准存在的问题及发展方向 ………………… 225
案例分析 ……………………………… 229
课后思考题 …………………………… 230

第10章　食品安全危机管理　/231

10.1　食品安全危机管理概述 ………… 231
10.2　食品安全危机管理内容 ………… 240
课后思考题 …………………………… 248

第1章 绪论

1.1 食品安全基本概念

1.1.1 安全食品

在现实生活中，我们接触到很多食品，它是供人类食用或饮用的物质，包括加工食品（如罐头食品、面包）、半成品（如净菜、保鲜肉）和未加工食品（水果类），不包括烟草或只作为药品用的物质。作为食品首先它们都具有一定的色、香、味、质地和外形；其次是含有人体需要的各种蛋白质、脂肪、碳水化合物、维生素、矿物质等营养素；第三也是最重要的就是它们必须是无毒无害（安全）。也就是说，食品必须在洁净卫生的环境下种养殖、生产加工、包装、贮藏、运输和销售。

在从“农田到餐桌”的整个食品供应链上，消费者位于链的终端，因此是所有食品的最终用户。消费者由于受到年龄、生活经历、健康状况、知识水平、性别、文化、政治观点、营养需求、购买力、家庭地位、职业、教育等的影响，对安全食品的理解是不同的。一部分消费者认为安全食品就是对食品原料进行合理的处理、正确的加工；生产加工设备和工器具要彻底清洗和消毒，盛放食品的器具干净卫生，包装材料要卫生；生产者要保持个人卫生、养成良好的个人习惯。另一部分消费者认为安全食品应含有蛋白质、碳水化合物、维生素、矿物质等营养成分，不应含有有毒有害物质；在正常的贮藏、销售环境下，安全食品的保质期长，没有受到交叉污染。还有消费者认为安全食品就是人食用后不生病，所购买的食品要新鲜、包装无破损、未过保质期；食品变色、变味或产生气体的要禁止食用。

法规制定者和食品安全专家作为关注安全食品的代表，充分考虑到消费者、政府部门、企业和媒体的观点，认为安全食品就是严格控制食品中的致病菌和化学危害。对于果蔬、粮食制品严格控制农药残留；对于畜产品严格控制兽药残留和致病菌超标；消费者要远离受到污染的食品；农业部、卫生部、质检总局、工商总局、FDA 等联合监督不安全的食品。食品安全专家要对生产企业加强引导、消费者加强教育培训、辅助政府部门建立完善的食品质量安全法规，正确引导媒体公正、合理的报道、宣传。

食品生产企业是安全食品的实现者，对食品安全负有主要责任。从企业本身来看，安全食品就是指按照一定的规程生产，符合营养、卫生等各方面标准，长期正常食用不会对消费者身体健康产生阶段性或持续性危害的食品。

我国对于安全食品分为三个级别，即无公害食品、绿色食品和有机食品。

无公害农产品是指生产地的环境、生产过程和产品质量符合一定标准和规范要求，并经过认证合格，获得认证证书，允许使用无公害农产品标志的没有经过加工或者经过初加工的食用农副产品。按照国家规定，无公害农副产品是中国普通农副产品的质量水平。无公害农副产品的质量指标主要包括两个方面，就是产品中重金属含量和农药（兽药）残留量要符合规定的标准。

根据以上要求，无公害农副产品的生产基地选择非常重要。应该选择空气清新，水质纯净，土壤未受污染，具有良好农业生态环境的地方，应尽量避免在繁华的城镇、工业区和交通要道旁的地方选择生产基地。生产基地的土壤、水、空气中有毒有害物质，如有机氯、有机磷、氟化物、硝酸盐、重金属和微生物都有一定标准。

绿色食品是遵循可持续发展原则，从保护和改善农业生态环境入手，在种植、养殖、加工过程中执行规定的技术标准和操作规程，限制或禁止使用化学合成物（如化肥、农药等）及其他有毒有害的生产资料，实施从“农田到餐桌”的全过程质量控制，以保护生态环境，保障食品更安全，提高产品质量。要认定是否是“绿色食品”，要看其是否有农业部证书、产地认定证书、产品认定证书、监测报告等。绿色食品分为 A 级和 AA 级两大类。A 级要求生产基地的环境质量符合 NY/T391 的要求，生产过程严格按照绿色食品的生产准则、限量使用限定的化学肥料和化学农药，产品质量符合 A 级绿色食品的标准。AA 级要求生产地环境与 A 级同，生产过程中不使用化学合成的肥料、农药、兽药，以及政府禁止使用的激素、食品添加剂、饲料添加剂和其他有害环境和人体健康的物质。其产品符合 AA 级绿色食品标准。

有机食品是根据有机农业原则和有机产品的生产、加工标准生产出来的，经过有机农产品颁证机构颁发证书的一切农产品。有机农业是一种完全不用人工合成的肥料、农药、生长调节剂和饲料添加剂的生产体系。禁止使用基因工程产品，在土地转型方面，一般需要2～3年的转换期。有机食品在数量上亦进行严格控制，要求定地块、定产量进行生产。

1.1.2 食品安全

食品安全，从国际上来讲对应两个完全不同的名词，一是保障食物供应方面的安全，即从数量的角度，要使人们既买得到，又买得起所需要的食品；二是食品质量对人体健康方面的安全，即从质量的角度，要求食品营养全面、结构合理、卫生健康。现在后一种含义的突出和前一种含义的弱化，反映了我国在基本解决食物量的安全的同时，食物质的安全越来越引起全社会的关注。

世界卫生组织（WHO）将“食品安全（Food Safety）”定义为：食物中有毒、有害物质对人体健康影响的公共卫生问题。1996 年 WHO 将食品安全性定义为“对食品按其原定用途进行制作和食用时不会使消费者受害的一种担保”。

真正意义上的食品安全可以从五个方面来评价。

① 营养成分　食品的用途之一就是提供必要的营养，但食品提供的营养元素过剩或缺失，都会造成对人体的营养性危害，特别是对特定人群危害更大。如 2004 年发生在安徽阜阳的大头娃娃奶粉事件，就是因为奶粉中营养素严重缺乏，致使婴儿停止生长，四肢短小，身体瘦弱，脑袋尤显偏大，被当地人称为“大头娃娃”。

② 天然毒性成分　指食品天然自带、生长产生、贮存生成的有毒有害物质。如：河豚

鱼体内的神经毒素，其毒性是剧毒氰化物的几百倍，只有通过特殊的烹饪加工制作才能消除体内的毒性；玉米在贮藏不当时污染黄曲霉并产生黄曲霉毒素等。

③ 微生物污染　食品是微生物生长的良好培养基。食品的腐败变质、食物中毒和食源性疾病绝大多数都是由微生物引起。如发生在美国的菠菜风波，就是因为菠菜被水污染携带大肠杆菌，致使173人得病，3人死亡，患者扩散到全美25个洲。

④ 食品添加剂　食品添加剂，国家允许的，实行限用；国家禁用的，不得添加使用。违背这个原则，就会造成食品安全风险。目前，食品添加剂的滥用，是当前食品安全的主要问题。如2011年发生的染色馒头事件。

⑤ 化学成分　指食物中含有有毒、有害化学物质，包括直接加入的和间接带入的。化学物质达到一定水平可引起急性中毒。如米粉、腐竹使用“吊白块”等，都是加入了化学成分的典型例子。

现实生活中，我们经常遇到“食品卫生”、“食品质量”和“食品安全”这三个专业名词，很多人也经常将这三个名词混淆。关于食品安全、食品卫生、食品质量的概念以及三者之间的关系，有关国际组织在不同文献中有不同的表述。国内专家、学者对此也有不同的认识。1996年WHO将食品卫生界定为“为确保食品安全性和适用性在食物链的所有阶段必须采取的一切条件和措施”。食品质量则是食品满足消费者明确的或者隐含的需要的特性。从目前的研究情况来看，在食品安全概念的理解上，国际社会已经基本形成如下共识：

首先，食品安全是个综合概念。作为种概念，食品安全包括食品卫生、食品质量、食品营养等相关方面的内容和食品（食物）种植、养殖、加工、包装、贮藏、运输、销售、消费等环节。而作为属概念的食品卫生、食品质量、食品营养等（通常被理解为部门概念或者行业概念）均无法涵盖上述全部内容和全部环节。食品卫生、食品质量、食品营养等在内涵和外延上存在许多交叉，由此造成食品安全的重复监管。

其次，食品安全是个社会概念。与卫生学、营养学、质量学等学科概念不同，食品安全是个社会治理概念。不同国家以及不同时期，食品安全所面临的突出问题和治理要求有所不同。在发达国家，食品安全所关注的主要是因科学技术发展所引发的问题，如转基因食品对人类健康的影响；而在发展中国家，食品安全所侧重的则是市场经济发育不成熟所引发的问题，如假冒伪劣、有毒有害食品的非法生产经营。我国的食品安全问题则包括上述全部内容。

再次，食品安全是个政治概念。无论是发达国家，还是发展中国家，食品安全都是企业和政府对社会最基本的责任和必须做出的承诺。食品安全与生存权紧密相连，具有唯一性和强制性，通常属于政府保障或者政府强制的范畴。而食品质量等往往与发展权有关，具有层次性和选择性，通常属于商业选择或者政府倡导的范畴。近年来，国际社会逐步以食品安全概念替代食品卫生、食品质量概念，更加突显了食品安全的政治责任。

第四，食品安全是个法律概念。进入20世纪80年代以来，一些国家以及有关国际组织从社会系统工程建设的角度出发，逐步以食品安全的综合立法替代卫生、质量、营养等要素立法。1990年英国颁布了《食品安全法》，2000年欧盟发表了具有指导意义的《食品安全白皮书》，2003年日本制定了《食品安全基本法》。部分发展中国家也制定了《食品安全法》。综合型的《食品安全法》逐步替代要素型的《食品卫生法》、《食品质量法》、《食品营养法》等，反映了时代发展的要求。

基于以上认识，食品安全的概念可以表述为：食品（食物）的种植、养殖、加工、包装、贮藏、运输、销售、消费等活动符合国家强制标准和要求，不存在可能损害或威胁人体健康的有毒有害物质以导致消费者病亡或者危及消费者及其后代的隐患。该概念表明，食品安全既包括生产安全，也包括经营安全；既包括结果安全，也包括过程安全；既包括现实安全，也包括未来安全。

1.2 国内外食品安全现状

食品产业是朝阳产业，也是许多国家众多产业中占据重要地位的支柱产业。对于食品而言，安全性是最基本的要求，在食品的三要素中（安全、营养、色香味），安全是消费者选择食品的首要标准。日益加剧的环境污染和频繁发生的食品安全事件给人类生命和健康带来了巨大的威胁，并已成为人们关注的热点问题。

1.2.1 国外食品安全现状

近年来，食物中毒和食源性疾病在全球范围内呈上升趋势，不仅在发展中国家而且在美国、英国、德国和日本等发达国家也经常出现大规模爆发流行。据世界卫生组织统计，全球每年腹泻病例达 15 亿，造成 300 万儿童死亡，其中 70%是由于各种致病性微生物污染的食品和饮水所致。特别是接连发生的二噁英、大肠杆菌 O_{157} 流行病、疯牛病、口蹄疫、丙烯酰胺等国际性和地区性事件，使消费者感到恐惧。

由食品安全事件造成的经济损失也十分巨大，如美国每年约有 7200 万人发生食源性疾病，造成约 3500 亿美元的损失；英国仅禁止牛肉进口一项，每年就损失 52 亿美元；比利时发生的二噁英污染事件，据估计其经济损失达 13 亿欧元。这不仅使国家在经济上受到严重损害，还可以影响到消费者对政府的信任，乃至危及社会稳定和国家安全。随着全球经济的一体化，食品安全已变得没有国界，世界上某一地区的食品安全问题很可能会波及全球，乃至引发双边或多边的国际食品贸易争端。

为此，世界卫生组织和联合国粮食与农业组织以及世界各国近年来均加强了食品安全工作，包括机构设置、强化或调整政策法规、监督管理和科技投入。近年来，各国政府纷纷采取措施，建立和完善食品安全管理体系和法律、法规。美国、欧洲等发达国家不仅对食品原料、加工品有较为完善的标准与检测体系，而且对食品生产的环境，以及食物生产对环境的影响都有相应的标准、检测体系及法规、法律。

1.2.2 我国食品安全现状

改革开放以来，我国在食品安全方面做了很多工作，并取得了一些成绩。首先，现在已经有一套法律和法规体系，2009 年 2 月出台的《食品安全法》进一步完善了食品安全监管的法律体系。其次，建立了一套监管体制。如按环节分段管理为主、品种监管为辅的管理方式，实行部门分工协作、区域管理与分结管理相结合的体制。第三，强化了管理和技术支撑体系的建立。各个部门在科学技术、检测手段、人才培养等各方面都做了很多的工作。第四，进行了一系列的专项整治工作。如滥用食品添加剂的专项整治活动、转基因食品的安全监管活动等。第五，在食品安全方面加强了科学研究工作。从“十五”开始至今国家每年均会在食品安全领域投入科研经费，设定了项目，“十一五”和“十二五”也设定了很多项目，现在很多企业在进行新一轮食品安全支撑项目的攻关。由企业参与、高等院校、科研院所联合参与的一些食品安全项目也正在启动。

虽然我国在食品安全方面做了很多工作，但是我国食品安全问题仍然很严峻。在食品安全监管体制机制、法规标准、风险监测、人才队伍、技术装备以及企业投入、管理能力等方面，都还存在薄弱环节，各类食品安全事件仍时有发生。这些，也是我国食品行业正在着力改进和加以解决的重点问题。

1.2.3 我国食品安全问题新特点

1.2.3.1 食品供应链源头是食品安全重灾区

近几年，在我国发生的重大食品安全事件，如红心鸭蛋事件、瘦肉精事件、三聚氰胺事件、韭菜农药中毒事件等，都发生在食品供应链的源头，即在种植和养殖环节。造成食品源头污染的主要原因是种养殖者在利益的驱使下，安全意识淡薄，未充分认识到食品安全的重要性，违法使用非食品或饲料添加剂。其次，职能部门监管不到位：一是多头管理，效率低下，食品从农田到餐桌的整个环节，涉及农业、质检、工商、卫生、商务等多个部门，众多监管部门在职责上存在重叠交叉，造成监管责任不清。二是主体单一，势单力薄。第三，少数监管人员失职、渎职以及存在地方保护主义。

1.2.3.2 化学性危害引起的食品安全问题严重

化学性危害包括农药残留、兽药残留、食品添加剂超标、非食品添加剂滥用、环境污染等。化学性危害引起的食品安全问题更加严重，这可从卫生部通报的 2005—2010 年我国食物中毒事件报告看出，虽然微生物性危害造成的食品安全事件无论在件数还是中毒人数都远远高于化学性危害，但是每年因化学性危害造成的死亡人数却居高不下，远远高于微生物性危害造成的死亡人数（图 1-1）。

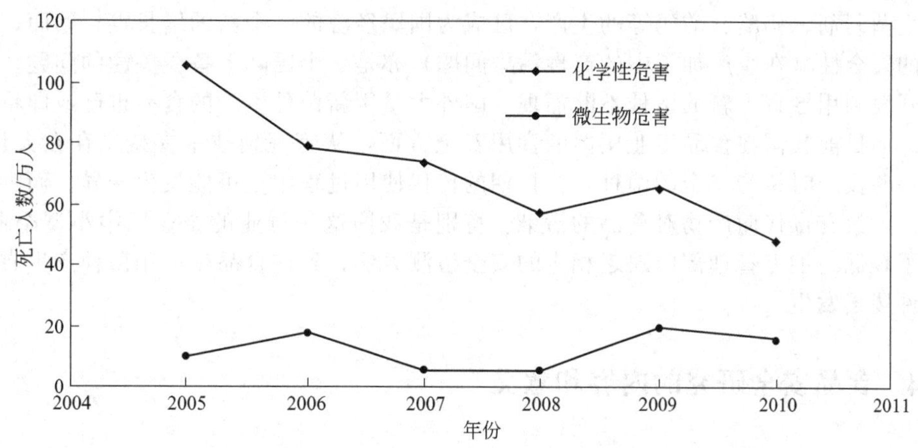

图 1-1　2005—2010 年微生物性和化学性食物中毒造成的死亡人数

注：数据来源于卫生部通报的食物中毒事件报告

化学性危害造成的食物中毒中，亚硝酸盐引起的食物中毒称为第一杀手。卫生部公布的 2010 年第一季度，我国共发生了 15 起重大食物中毒事件，中毒人数 407 人，死亡 10 人。其中由亚硝酸盐引发的中毒事件有 5 起，占总数的 1/3，中毒 224 人，占总中毒人数的 55.5%，死亡 4 人，占总死亡人数的 40%。从以上数字我们不难看出，亚硝酸盐中毒已经取代农药中毒及投毒事件成为化学性食物中毒事件的第一杀手，它的活跃性和杀伤力都让我们触目惊心。

1.2.3.3 假冒伪劣食品突出

近几年来，随着国家对市场经济的不断规范和宏观调控，市场经济发展的主流出现了前所未有的好势头。但由于市场粗放型经济的发展和掺和，私营经济的加盟，市场上出现了假冒伪劣现象。由于少数不法分子制假贩假的不法行为，给市场经济带来了严重的影响。

1.2.3.4 食品恐怖主义出现

所谓的“食品恐怖主义”指的就是利用食品作为媒介物，在食品供应链（农田到餐桌）的任一环节向食品中人为加入一些有毒有害物质，导致食用者中毒，甚至死亡，造成较大的人员、经济损失或引起社会恐慌、动乱。

在国际上，一般恐怖主义带有政治目的，目前，我国的食品恐怖主义主要是人为投毒问题。人为投毒的目的主要是恶性竞争或报复他人、勒索钱财等。如“日本饺子中毒事件”、“雪碧投毒事件”、“甘肃平凉牛奶中毒事件”、“好又多超市食品投毒事件”等。这类破坏活动不仅危害人民群众的身体健康，更是扰乱了社会的稳定团结。

1.2.3.5 新技术、新资源带来的食品安全问题

新技术带来的食品安全问题如辐照食品、纳米食品的安全性问题；新资源带来的食品安全问题如转基因食品的安全。随着食品加工技术的不断发展，将会使用一系列的新工艺和新技术，如食品发酵工业中使用的新菌种、辐照杀菌保鲜技术、纳米钙与螯合钙等的出现，也带来了一系列新的食品安全问题。在新技术方面，由于转基因食品安全性的不确定性和辐照食品分解产物的安全性问题，也是人们一直关心的问题。食品工业用菌的应用近年来在我国有很大的发展。除了传统的发酵食品外，还广泛用于酱油、白酒、味精、酶制剂、保健食品、益生菌制剂、奶酪、酸奶等的生产，已成为国民经济的一个新的增长点。然而，食品工业用菌的安全性（在生产加工中的产毒污染问题）亦是一个国际上备受关注的问题。食品新资源的开发利用导致了新的菌种不断涌现。国外大量用新菌种生产的食品也已或即将进入我国市场。而目前我国在食品工业用菌的食用安全方面，从管理到技术支持均存在大片空白。即使是一些投产时认为安全的菌种，在长期的传代使用过程中也可能发生变异，而突变为产毒菌种，导致有毒代谢产物对食品的污染。特别是我国这一行业的企业以中小型企业居多，技术水平较低。加上管理部门缺乏相应的安全检测方法，致使食品生产用菌种产生有毒有害物质事件屡屡发生。

1.2.4 食品安全研究的内容和意义

食品安全问题是关系到人民健康和国计民生的重大问题。我国在基本解决食物量的安全（Food Security）的同时，食物质的安全（Food Safety）越来越引起全社会的关注。尤其是我国作为 WTO 的新成员，与世界各国间的贸易往来日益增加，食品安全已经成为影响我国农业和食品工业竞争力的关键因素，并在某种程度上约束了我国农业和农村经济产品结构和产业结构的战略性调整。

食品安全研究要以提高食品质量水平，保障人民身体健康，提高我国农业和食品工业的市场竞争力为最终目标，从我国食品安全存在的关键问题和入世后所面临的挑战入手，采取自主创新和积极引进并重的原则，重点解决我国食品安全中的关键检测、控制和监测技术，

建立符合我国国情的食品安全科技支撑创新体系。

我国食品安全主要研究重点为食品生产、加工和流通过程中影响食品安全的关键控制技术，食品安全检测技术与相关设备，多部门的有机配合和共享的监测网络体系。从五个方面开展行动，包括研究开发食品安全检测技术与相关设备（把关）、建立食品安全监测与评价体系（溯源）、积累食品安全标准的技术基础数据（设限）和发展生产与流通过程中的控制技术（布控）。

① 以食品安全监控技术研究为突破口　大力加强检测技术和方法的研究，针对我国目前检测方法不完善，不成体系，食品安全检测技术比较落后的现状，通过食品安全检测方法体系、食品安全检测资源配置与优化、食品安全检测技术能力评估体系等的研究，建立和完善适合我国国情，符合国际惯例的检测技术体系；引进国际上先进的检验检疫和检测技术，建立一批我国监督执法工作中迫切需要、并拥有部分自主知识产权的快速筛选方法；加强农药和兽药多残留系统检测方法和快速检测方法的研究；加强食品添加剂、饲料添加剂及食品中环境持久性有毒污染物、生物毒素和违禁化学品监控技术的研究；开展食源性疾病和人兽共患病病原体（细菌、病毒、寄生虫等）的监测与溯源技术及设备的研究。

② 开展食品安全监测与分析评价　针对目前存在的对食品安全情况不明、本底不清的状态，建立健全食品安全检验检疫监测体系，通过监测和暴露评估研究，掌握我国的食品安全实际状态，对食品安全状态有一个科学的、量化的了解和描述，以风险评估（WTO的SPS协定要求的）为基础，建立我国有害生物和有毒有害物质食品安全标准体系。在研究食品中危害因素污染水平的基础上了解暴露水平及相应的生物标志物的变化；找出食源性疾病的阈值；建立进出口食品监督管理的预警和快速反应系统；根据国内外市场需求状况，提出我国产业结构调整建议。

③ 加强食品安全控制技术研究，提高食品安全质量　建立适合我国国情的HACCP实施指南，积极引导无毒、低毒农兽药的开发生产，促进HACCP在我国更多食品行业的生产、加工中的实施，并建立具有我国特色的中国“食品加工安全评估与危害控制（SAF-PHC）”技术；食品工业用菌安全性的检测与评价的研究；开展流通、包装和储藏领域中食品安全控制技术的研究和进出口食品安全风险控制技术的研究。

④ 结合我国国情，应对加入WTO后面临的挑战，研究建立我国的技术措施体系　通过对国内外涉及食品安全的技术法规、标准、合格评定等的比较研究，针对我国农业生产、食品加工、消费习惯、环保要求以及经济发展状况，制定对策，建立符合WTO原则，适合我国国情的技术措施体系，包括为法律法规的建立与完善提供强有力的技术支持，为技术标准制修订提供科学依据，增强我国优势产品在国际市场上的竞争力。

⑤ 发展生产与流通过程中的控制技术　按照“点线面”的模式推进食品安全的专项行动的实施，具体来说，从源头监控入手布“点”，建立产地溯源制度；沿“农田到餐桌”这条“线”，在生产和流通领域选择有基础和实力的大中型食品企业集团、在物流配送系统开展“安全示范工程”，在国内选择有条件的区域这个“面”进行食品安全的整体推进。

1.2.5　政府、产业界、食品专家、消费者、媒体等在食品安全中的角色

食品安全的监控涉及从田头到餐桌的全过程，包括生产、加工、储存和分销等中间环节，食品安全的有效保障也需要食品产业链各方，如政府、农户、涉农类食品加工企业，消费者、中介组织与相关科研机构等进行有效的配合与协调，才能保障我国整体的食品安全。

由于涉及众多机构与环节，如何让这些食品安全的利益攸关者行动起来，积极参与，并在此基础上建立一种合作的平台是未来我国食品安全政策的重点。只有食品安全产业链各方目标明确、协同努力、紧密合作，才能准确及时地应对挑战，从而确保人力、物力与财力得到最佳的利用，在整体上提升我国食品的安全水平。

1.2.5.1 政府在食品安全中的角色

2009年出台的《中华人民共和国食品安全法》，极大地推动了政府对食品安全的管理，但仍需要进行补充和完善。食品安全管理是一个长久的课题，我们要时时面对可能出现的新问题、新情况，所以必须有长远的设计规划。

首先，要明确监管部门的职责，以分段监管为主、品种监管为辅的监管方式来明确各部门的监管责任。只有明确职能权限，各司其职，才能保证整个监管系统高效运作，促进整个食品行业良性健康发展。比如食品药品监督部门负责食品生产加工环节的监管；卫生部门负责消费环节对食品安全工作的综合监督以及对已发生的食品安全事故的事后处理等。

其次，要改革政府机构并加快职能转型。我国食品安全管理一个主要问题在于管理多头，没有一个统筹规划的机构。因此，成立一个管理食品安全的专门机构非常有必要。这个机构直接管理全国的食品安全工作，并可以协调相关部门共同执法。

第三，政府要加强引导，帮助企业提升其商业道德。我国的食品安全事件之所以层出不穷，其中一个重要原因是企业的道德缺失。在现代社会，企业不仅是生产者和服务提供者，更是维护行业规范、促进行业发展、维持社会稳定、体现社会价值的重要力量。企业伦理道德的培养直接关系到食品的质量安全及社会的公共利益；企业的道德诚信，无论是对企业、对消费者还是对社会都是一种责任的体现，同时也促进了社会信用体系的建设。因此，政府加强引导，帮助企业提升其商业道德，使企业充分认识到自己所肩负的责任，提供优质的食品，同时提高食品从业人员的道德标准和技术水平，将食品生产企业的伦理道德水准作为食品安全信用体系评判的一个指标，进而加强企业自身伦理道德观念的培养，对诚实守信、产品质量过关的企业进行广泛的宣传，使其成为行业内的榜样。

第四，政府要加强与消费者的交流。政府与民众之间适时、有效的交流沟通，是有效遏制食品安全的一个重要措施。由政府引导，可以定期定时的开办有关食品安全知识的讲座，举办有关食品安全的市民论坛，与广大的民众交流互动，从而让民众了解食品安全，并参与到食品安全管理中来，和政府一起对食品安全形成合力监督。

1.2.5.2 产业界在食品安全中的角色

产业界是食品的提供者，有效的食品安全保障体系需要食品安全产业链各方的密切配合。食品安全产业界主要包括生产者和进口商、加工者、销售商（零售和批发）、食品服务、贸易组织、专业群体和私人组织等。各种产业界部门参与者的主要责任是将食品从田头送到消费者的餐桌。在整个食物链中，这些产业链的基本责任是确保食品的安全。为了有效地完成这一任务，产业链必须保持与政府和消费者的紧密联系。政府是制定标准并提供监督的；消费大众表达了他们对食品的需要和选择。产业界在食品安全监管体系中的作用主要通过以下途径落实：一是与政府沟通，将行业信息传递给政府，为政府完善管理制度提供服务；二是通过行业自律加强内部管理；三是与消费者沟通，根据消费者的需求不断完善行业内部管理制度。

1.2.5.3 食品科技工作者在食品安全中的角色

食品安全问题是国家关注、社会关注、人人关注的热点问题，但也具有很高的科技含量，科技工作者应该在食品安全方面发挥自身优势，起到非常重要的作用。高等院校和科研机构的人才和设备优势以及学科优势，在开展食品安全方面的科研工作和检测工作上有很好的基础，在一些方面甚至比企业和政府机构更有优势。对于食品科技学会来讲，整合和组织国内一流的食品科技工作者，在食品安全方面发挥更大的作用：第一，在企业的生产当中，用科学的理念和技术来帮助企业严格按照标准进行生产，并配合行业相关部门来完善标准；第二，作为国际食品科技联盟的正式成员和在中国的唯一代表，学会还承担着一个与国际同行进行沟通与交流的作用，可以把一个国内出现的问题放在一个国际的背景下迅速与其他国家进行讨论，并把国际上最合理的声音介绍到国内；第三，对一些问题的调研、思路和意见可以供政府部门决策时参考。

但是，近年来，食品安全事故不断爆发、升级，严重影响了政府形象与社会稳定。事故原因是多方面的，调研发现，一些不负责任的科技人员，作为重大食品安全事件的始作俑者，扮演了极不光彩的角色。当前仍被有关部门严加追剿的“瘦肉精”，就是非常典型的一例。

1.2.5.4 消费者和消费者协会在食品安全中的角色

在有效的食品安全保障体系中，消费者起着很重要和关键的角色。通过改善食物质量和安全性来保护消费者，预防和控制传染性疾病，促进合理的膳食和健康的生活方式。从更长远的角度看，根本性改变食物安全状况，取决于整个社会的重视程度。获得有足够营养和安全的食物，是每一个人的权利。我国至今尚有数以亿计的人，因食用（饮用）被污染了的食物和水而感染传染性的疾病。

消费者与食品体系互动的规模和重要性促进了消费者组织的增长。消费者组织在促进食品安全方面发挥了重要作用。我国已经成立不少消费者协会，未来的食品安全保护协会也越来越多。作为民意领袖，这些组织关注消费者的焦点问题，通过协同力量对生产商与政府进行游说，通过组织相关专业人士，参与食品检测、监督和发布检测结果，通过获得媒体关注来改善国家的食品安全水平。

1.2.5.5 媒体在食品安全中的角色

进入信息时代后，随着科技的进步，互联网的普及，新闻媒介所承担的舆论监督功能越来越重要。近几年来，许多食品安全事件，都是先经过网上等媒介传播才引起公众的广泛重视。电视、电脑等新闻媒介时效性高、范围广、传播速度快，可以第一时间将事件告之于公众，在时效性上甚至超出法律法规监管的效果。正是由于它具有如此特点，往往可以达到出其不意、卓有成效的效果，从而可以和法律法规相互补充，相得益彰。

但是，现实生活中也出现了个别媒体片面夸大报道食品安全事件，从而引起消费者对“食品安全恐慌”。如2005年发生的苏丹红事件，经媒体报道后，食品安全问题就像滚雪球一样不断袭来，拨动消费者最敏感的神经。2006年，食品安全问题更成为媒体报道的重头戏。有些学者认为，目前社会上对食品安全的认识存在很多误区，认为我国食品安全的危险性被媒体严重夸大。

从有关食品安全事件的报道来看，媒体几乎占据了主导地位。因此，确立媒体在食品安全事件报道中的角色地位非常重要。为此，媒体在食品安全事件报道时应遵循“及时、准确、客观、公正”的原则。

课后思考题

1. 名词解释：安全食品、食品安全、食品质量、食品卫生。

2. 食品企业确保食品安全的重要性。

3. 从目前的我国食品安全现状，谈谈如何控制食品安全问题，预防食品安全事件的发生？

4. 食品从业人员在确保食品安全方面应担当什么角色？

第2章 食品中的安全危害

2.1 食品安全危害概述

2.1.1 食品安全危害的定义和特征

食品安全危害是指潜在损害或危及食品安全和质量的因子或因素。这些因素包括生物性、化学性和物理性。它们可以通过各种方式存在于食品中，一旦这些因子或因素没有被控制或消除，该食品就会成为威胁人体健康的有毒食品。

食品安全危害因子或因素具有以下特征。

① 可存在于“从农田到餐桌”的整个食物链过程中。随着食品工业化生产的发展，以及环境污染等问题，这一特征将更加突出。食品安全危害因子或因素在食品中的概率将更进一步加大。

② 可因不同的食物链环节的差异，其导致的食品安全问题也有差别。例如在种养殖环节，可能会受到农药、兽药、激素等化学物质的危害；在生产加工环节的危害因子或因素可能以生物性、物理性为主。

③ 食品安全危害性表现出来的程度或后果受到主观（人为的）和客观（天然的）两种因素的双重作用。尤其是主观的，即人为性导致的食品安全危害，其危害程度和后果可因这一作用减轻或加重。

④ 食品安全危害因子对人体健康导致的后果可因其种类不同、毒力大小等因素表现出急性、亚急性和慢性反应（中毒）特征。其慢性反应（中毒）具有潜在性、隐蔽性，不易被发现，以致不受人们所重视。

⑤ 食品安全危害性可通过多种手段与措施来控制或消除，将其对人体健康的危害程度降到最低，达到人类食品无毒无害的基本要求。这些手段或措施有法律属性的，即依法开展对食品安全危害的监督管理，如《食品安全法》等。也有技术性的，如GMP、HACCP等。这些法律法规、标准等是保证食品安全，降低其危害性的有力措施。

2.1.2 分类及来源

2.1.2.1 分类

根据《食品企业 HACCP 实施指南》，食品安全危害可分为生物性危害（Biological）、化学性危害（Chemical）和物理性危害（Physical）。它们可以侵袭到从“农田到餐桌”的整个食物链的任何环节，造成食品（原料、半成品、成品）有毒有害，成为有毒食品。

生物性危害包括细菌、病毒、寄生虫以及霉菌及其毒素等；化学性危害种类有农药和兽药残留、工业污染物、重金属、自然毒素及某些激素等；物理性危害包括食品中存在的某些放射性物质产生的辐射、碎骨头、碎石头、铁屑、木屑、头发、蟑螂等昆虫的残体、碎玻璃以及其他可见的异物等。

2.1.2.2 食品安全危害因子的来源

① 原辅材料污染　种植业中化肥、农药、植物激素；养殖业中抗生素、动物激素、饲料添加剂不合理使用；水产品中重金属、赤潮等均可造成食品污染，且程度较严重。

② 生产加工过程污染　容器、用具、管道未清洗干净或使用不当；生产工艺不合理；个人卫生及环境卫生不良均可造成食品的微生物污染。

③ 包装、储运、销售中污染　食品包装材料不符合食品卫生要求；由于交通运输工具不洁可造成污染；食品贮存条件不卫生或散装食品及销售过程中所造成的污染。

④ 人为污染　食品中人为掺伪，或加入有害人体健康的物质；用工业原料作为食品用原料来生产食品；用工业“吊白块”（甲醛次硫酸氢钠）加入食品中“漂白”；在猪饲料中加“瘦肉精”（盐酸克伦特罗）等故意造成食品污染。

⑤ 意外污染　由于火灾、地震、水灾、核泄露等，也可对食品造成污染。

2.1.3 食品安全危害后果

食品安全危害导致的后果是食源性疾病。这是由于摄食进入人体的各种致病因子引起的，通常带有感染性或中毒性质的一类疾病。食源性疾病依致病的类型、毒力大小、人体免疫力强弱，可造成以下三种状态：急性反应、亚急性反应、慢性反应。一般来说，存在于食品中的生物性危害因子常常导致急性反应，表现为各种食物中毒，是构成当前突发公共卫生事件的主要因素。化学性危害因子的种类较多，与侵袭到食品上的种类、剂量水平、环境条件、工艺过程、人为因素有密切关系。是否导致急性、亚急性或慢性反应，存在着明显的剂量与反应关系。

食品安全危害因子对人体健康的有害作用之一是导致急性反应，具有群体性、突发性、广泛性与社会性。但是由于食品安全危害因子的毒性作用存在着剂量与反应关系，再加上目前食品安全控制技术的有限性，食品安全危害因子所导致的人体健康的亚急性、慢性反应构成与急性反应同等重要的威胁效果。如农药、兽药残留以及食品生产经营过程中产生的有害物，如氯丙醇、丙烯酰胺、多环芳烃等。资料证明，这些有害物对人体的慢性毒害作用是致畸、致癌、致突变，其后果将是不可逆的。

2.2 生物性危害及控制措施

食品在种植、生产、加工、包装、贮运、销售、烹饪的各个环节中，被外来的生物性有害物质混入、残留或产生新的生物有害物质，对人体健康产生的危害称为生物性食品安全危害。最常见的是由细菌与细菌毒素、霉菌与霉菌毒素、寄生虫及虫卵、昆虫和病毒所造成的危害，如 O157∶H7 大肠杆菌、单核细胞增生李斯特氏菌（*Listeria monocytogenes*）、隐孢子虫（*Cryptosporidium*）、圆孢子虫（*Cyclosporidiun*）、串珠镰刀菌（*Gsariummoniliforme*）产生的代谢产物——伏马菌素 B（*Fumonisin* B）等。

2.2.1 细菌

细菌危害是指某些有害细菌在食品中存活时，可以通过活菌的摄入引起人体（通常是肠道）感染或预先在食品中产生的细菌毒素导致人类中毒。前者称为食品感染，后者称为食品中毒。由于细菌是活的生命体，需要营养、水、温度以及空气条件（需氧、厌氧或兼性），因此通过控制这些因素，就能有效抑制或杀灭致病菌，从而把细菌危害预防、消除或减少到符合规定的卫生标准。例如，控制温度和时间是常用且可行的预防措施，低温可抑制微生物生长，加热可以杀灭微生物。

根据细菌有无芽孢可分芽孢菌和非芽孢菌，芽孢是细菌在生命周期中处于休眠阶段的生命体，相对于其生长状态下营养细胞或其他非芽孢菌而言，对化学杀菌剂、热力或其他加工处理具有极强的抵抗能力。处于休眠状态下的芽孢是没有危害的，但食品中残留的致病性芽孢菌的芽孢在食品中萌芽生长，即会成为危害，使食品不安全。因此，对此类食品的微生物控制必须以杀灭芽孢为目标，显然用于控制芽孢菌的加工步骤要比控制非芽孢菌需要的条件要严格得多。与食品有关的致病菌可按是否形成芽孢分类为：

第一类，芽孢菌［*Sporeformers*］：肉毒梭菌（*Clostridium Botulinum*）；产气荚膜梭菌（*Clostridium perfringens*）；蜡样芽孢杆菌（*Bacillus cereus*）等。

第二类，非芽孢菌［*Nonsporeformers*］：流产布氏杆菌（*Brucella abortis*）；猪布氏杆菌（*B. suis*）；空肠弯曲杆菌（*Campylobacter* spp.）；致病性大肠杆菌（*Pathogenic Escherichia coli*），如 O157：H7 大肠杆菌（*E. colio*157：H7）；单核细胞增生李斯特菌（*Listeria monocytogenes*）；沙门氏菌属（*Salmonlella* spp.），如鼠伤寒沙门氏菌、肠炎沙门氏菌（*S. typhimurium*，*S. enteriditis*）；贺氏杆菌（*Shigell* spp.）；致病性金黄色葡萄球菌（*Pathogenic Staphylococcus aureus*）；脓性链球菌（*Streptococcus pyogenes*）；弧菌属（*Vibrio* spp.），如霍乱弧菌，副溶血性弧菌，创伤弧菌（*V. Cholerae*，*V. parahaemolyticus* *V. vulnificus*）；小结肠炎耶尔森氏菌（*Yersinia enterocolitica*）。

2.2.1.1 肉毒梭菌

属于梭菌属，为革兰氏阳性内生芽孢杆菌，厌氧，菌体两端略圆，有 4～6 根鞭毛，无荚膜，芽孢卵圆形，位于菌体的近端或中央，宽于菌幅。按抗原性不同，可分 A、B、C、D、E、F、G 7 种血清型。各型均能产生一种独特的神经麻痹毒素即肉毒素，该毒素对消化酶、酸和低温稳定，但易被碱和热破坏而失去毒性。对人致病者以 A、B 和 E 型为主，F 型较少见，C 型、D 型主要见于禽畜感染。肉毒梭菌芽孢的耐热性强，能耐受煮沸加热数小时或 120℃高压蒸汽加热 5min 及 180℃干热 5～15min 均能耐受。B 型及 F 型的芽孢耐热最强，C 型及 D 型次之。E 型较弱，80℃、20min 的加热即可杀灭其芽孢。新生芽孢比陈旧芽孢的耐热力强。介质的 pH 值越低，芽孢越容易杀灭。

食品被肉毒毒素污染，在食用前又未进行彻底的加热处理，可引起肉毒梭菌食物中毒，多发生在青黄不接的冬、春季。潜伏期一般为 1～7d。我国的肉毒梭菌食物中毒地区分布主要在新疆、青海、东北及沿海或湖泽地区，江苏、山东也有发生；常见的致病毒素类型是 A、B、E 三型。

有肉毒梭菌的原料在厌氧状态下制造或保存的食物，尤其有发酵过程或腐烂变质现象的食品，若不经加热处理而直接供餐，就有引起肉毒中毒的危险。肉毒梭菌污染的食品及引起的肉毒中毒食品依地区、民族、饮食习惯、卫生状况、食品制造技术条件等因素不同而异，形形色色十分复杂。主要为家庭自制的发酵豆、谷类制品，其次为肉类和罐头食品，如豆豉、豆酱、臭豆腐、臭蛋、肉粽子、香肠、罐头肉、罐头鱼、罐头野菜等。

肉毒梭菌的致病物质是一种大分子蛋白质神经毒素，具有强烈的神经麻痹活性。其所致的疾病主要有肉毒中毒和肠道感染肉毒中毒两种类型。

肉毒梭菌的控制有两种主要途径，其一是加热杀灭芽孢；其二为改变条件抑制产毒，其具体处理方式有如下几类：

① 采用低酸性罐头热力杀菌方法杀灭肉毒梭菌（A 型、B 型、E 型和 F 型）的芽孢；

② 采用酸化或发酵方法，使产品 pH 值降低至 4.6 以下；

③ 采用腌制或干燥方法，使水分活度降至 0.93 以下；

④ 用巴氏杀菌杀灭 E 型和非蛋白水解 B 型，然后用冷藏控制 A 型，蛋白水解 B 型和 F 型；

⑤ 控制食品暴露在肉毒梭菌生长和产毒温度下的时间；

⑥ 在食品加热的同时，使用盐或防腐剂（如：亚硝酸盐）。

在以上方法中，加热、降低水活度、降低 pH 值都能有效地控制肉毒梭菌的生长，但单纯的冷藏处理不作为控制肉毒梭菌 E 型的有效方法，而只能作为控制的辅助方法。

2.2.1.2 大肠杆菌

大肠埃希氏菌广泛存在于人和动物的肠道中，部分菌株对人有致病性，又称为致病性大肠杆菌或致泻性大肠埃希氏菌，是重要的食源性疾病病原菌。

大肠埃希氏菌俗称大肠杆菌，为埃希菌属，革兰氏阴性，能发酵乳糖及多种糖类，产酸产气。根据血清型别、毒力和所致临床症状，致泻性大肠埃希氏菌被分为五种：产肠毒素大肠埃希氏菌（ETEC）、肠道侵袭性大肠埃希氏菌（EIEC）、肠道致病性大肠埃希氏菌（EPEC）、肠道出血性大肠埃希氏菌（EHEC，以 O157：H7 为代表）和肠集聚性黏附大肠埃希氏菌（EAGGEC）。ETEC 产耐热和不耐热的肠毒素；EPEC 主要产志贺样毒素及对上皮细胞的侵害力；EIEC 侵袭大肠黏膜上皮细胞，并在其中扩散繁殖，引起细胞死亡造成溃烂，与志贺氏菌相似；EHEC 有志贺氏样毒素和溶血素。大肠埃希氏菌在自然界中生命力很强，能在土壤、水中存活数月，在 15～45℃之间可以繁殖，不耐热，60℃ 20min 可灭活，对氯敏感。

大肠埃希氏菌可随粪便排出而污染水源和土壤，受污染的水源、土壤及带菌者的手均可直接污染食物或通过食品容器再污染食物。摄入被该菌污染的食品，易引起食物中毒，多发于夏季和秋季。其中肠出血性大肠杆菌 O157：H7 被认为是近些年最重要的食源性病原菌之一，其宿主为牛、猪、羊、鸡等家畜和家禽。

大肠埃希菌所引起的食源性疾病主要由动物性食品引起，常见中毒食品为：各类熟肉制品、蛋及蛋制品、生牛奶及奶制品、汉堡包、乳酪，其次为蔬菜、水果、鲜榨果汁、饮料等。中毒原因主要是食品未经彻底加热，或加工过程中造成的交叉污染，老人及婴幼儿为易感人群。

大肠杆菌引起的危害可通过充分加热杀菌控制，通过4℃以下冷藏产品，或避免烹调过程中交叉传染、禁止有病人员加工食品来防止。大肠杆菌的染病剂量因种类而异，可以几个至上百万个。

2.2.1.3 李斯特菌

李斯特菌属包括9个菌种，其中单核细胞增生李斯特菌对人类致病性强，绵羊李斯特氏菌对人类也有一定的致病性，其余无致病性。李斯特菌为无芽孢革兰氏阳性杆菌，兼性厌氧，能发酵葡萄糖等。该菌2～45℃均可生长；能耐受低温，－4℃能生长繁殖；在培养基中放于4℃可存活3～4年，在干草、砂土或牛奶中可存活数周或数月。耐热性也较强，50℃、40min不能杀死，63℃、15～20min才能致死，但细胞内李斯特菌可耐受巴氏消毒温度71.7℃ 15min。李斯特菌对多种物质有较强的抵抗力，但对各种抗生素和酸性环境敏感，在pH 5.6～9.8生长。单核细胞增生李斯特菌是一种人畜共患的病原菌，可通过粪便、饮水和进食而感染人和畜，导致脑膜炎、败血症、心内膜炎、流产、早产、死胎及胎儿畸形，统称为李斯特菌病。李斯特菌病一般多呈散发，各年龄组均可发病，但免疫功能低下发病率是同年龄组普通人群的150倍，这部分人被认为是易感的高危人群，该病病死率30～50%。病人及无症状携带者也可成为传染源。

引起李斯特病爆发的食品主要有乳及乳制品、肉类制品、水产品以及蔬菜水果，其中乳及乳制品最为常见。易感人群为婴幼儿、老年人、孕妇及免疫力差的人（如慢性疾病患者、癌症治疗病患者及艾滋病患者等）。

李斯特菌可通过蒸煮、巴氏杀菌、防止二次污染来控制。

2.2.1.4 沙门氏菌

沙门氏菌种类繁多，国际上已发现2300多个血清型，我国有200多种。沙门氏菌属肠杆菌科，具有鞭毛，能运动的革兰氏阴性短杆菌，不产生芽孢及荚膜，兼性厌氧菌。依其菌体抗原结构不同可分为A、B、C、D、E、F、G 7大组。沙门氏菌属生长繁殖的最适温度为20～37℃，在水中可生存2～3周；在粪便和冰水中生存1～2个月；在冰冻土壤中可过冬；在含盐12%～19%的咸肉中可存活75d。沙门氏菌属在100℃时立即死亡，70℃、5min或60℃、1h可被杀死。水经氯化消毒5min可杀灭其中的沙门氏菌。沙门氏菌属不分解蛋白质，污染食品后无感官性状的变化。

沙门氏菌主要来源于污水、动物及人畜粪便，如未经彻底加热，食用了生前感染和宰后污染的牲畜肉类，使沙门氏菌随食物进入人体，是沙门氏菌食物中毒的最主要原因。沙门氏菌进入肠道后大量繁殖，除使肠黏膜发炎外，大量活菌释放的内毒素可同时引起机体中毒。当人体摄入沙门氏菌污染的食品后，是否发病，取决于食入的菌量和身体的健康状况。一般认为，随同食物吃进10万～10亿个沙门氏菌才会发病。食入菌量较多，健康状况较差的，发病率高，且症状重。

沙门氏菌属食物中毒的临床表现有不同的类型，多见急性胃肠炎型。其潜伏期数小时至3d，一般12～24h。突然恶心、呕吐、腹痛、腹泻黄绿色水样便，有时有恶臭，带脓血和黏液。多数病人体温可达38℃以上，重者有寒战、惊厥、抽搐和昏迷；病程3～7d，一般愈后良好，但老人、儿童及病弱者，如不及时急救处理，也可导致死亡。除上述胃肠炎型外，沙门氏菌属食物中毒还可表现为类霍乱型、类伤寒型、类感冒型和败血病型。

沙门氏菌的预防可以通过充分加热水产品杀菌；将产品贮存在4℃下冷藏防止生长；防止加热杀菌后交叉污染和禁止病人及沙门氏菌携带者进入食品加工间来控制。沙门氏菌的感染菌量随人而异，差量很大，健康人相当高，但对老人、药物过敏患者都甚低。

2.2.1.5 葡萄球菌

1974 年 Bergey 将葡萄球菌分为金黄色葡萄球菌、表皮葡萄球菌及腐生葡萄球菌。而后，各国学者又自动物体内或人体分离出多株凝固酶阴性菌种和少数凝固酶阳性菌种。绝大多数对人不致病，少数可引起人或动物化脓性感染，属于人畜共患病原菌。

葡萄球菌在空气、尘埃、水、食物、污水及粪便中均可检出，如污染食品能获大量增殖。经口、呼吸道、密切接触等均可传播该菌，另外也可因机体抵抗力下降造成自身感染。产肠毒素的金黄色葡萄球菌污染食品可产生肠毒素，引起食物中毒。全年皆可发生，多见于夏秋季，发病率达 90%以上。

葡萄球菌是常见的化脓球菌之一，广泛分布于空气、土壤、水以及物品上，健康人带菌达 20%～30%，上呼吸道感染者的鼻腔带菌率可高达 80%，人和动物的化脓部位易使食品污染，如母畜由金葡菌感染的乳腺炎，可污染乳制品，造成病原菌的传播。适宜于葡萄球菌繁殖和产生毒素的食品主要为乳及乳制品、腌制肉、鸡、蛋及蛋制品、各类熟肉制品和含有淀粉的食品等，其次为含有乳制品的冷冻食品以及含淀粉类食品。病原菌在乳中很容易繁殖，虽然已污染的食品经过消毒或食用前再煮沸，但不能破坏其毒素。被葡萄球菌污染后的食品在较高温度下保存时间过长，如在 25～30℃环境中放置 5～10h，就能产生足以引起食物中毒的葡萄球菌肠毒素。

在葡萄球菌中金黄色葡萄球菌致病性最强，致病的物质基础是其产生的多种毒素和酶。如肠毒素、血浆凝固酶、耐热核酸酶，其他还有杀白细胞素、表皮剥脱毒素、毒性休克综合征毒素Ⅱ等，均能对机体造成不同损伤。所致疾病可分为感染化脓性疾病如局部与内脏化脓性炎症、全身性的败血症、脓毒血症等和毒素性疾病两类。摄食了被葡萄球菌肠毒素污染的食品便可引起食物中毒，潜伏期短，2～4h。可呈散发或爆发，主要症状为恶心、反复剧烈呕吐，呕吐物常有胆汁、黏液和血，伴有腹部痉挛性疼痛，腹泻物为水样便。一般不发烧，由于剧烈呕吐，导致严重失水和休克。病程短，1～2d 即可恢复。

对于葡萄球菌的预防和控制可通过减少暴露在其适宜生长温度下的时间，特别是加热后的半成品积压和要求食品操作人员保持良好的个人卫生等处理方式。

2.2.1.6 副溶血性弧菌

副溶血性弧菌是一种嗜盐性细菌，广泛存在于近海岸的海水、海底沉积物和鱼类、贝类等海产品之中。副溶血性弧菌是革兰氏阴性多形态杆菌或稍弯曲弧菌，嗜盐畏酸，在普通营养琼脂或蛋白胨水中能生长；含盐 3%～4%的培养基中生长最为旺盛，在无盐培养基上不能生长，低于 0.5%或高于 8%盐水中停止生长；在液体培养基中呈混浊生长，表面有菌膜；在选择性培养基琼脂平板上，因该菌不分解蔗糖，故指示剂不变色，菌落呈蓝绿色。最适生长温度为 30～37℃，但对冷冻有一定耐受性，有实验表明在鱼体中－34℃中能存活 12d。副溶血性弧菌不耐热，56℃、5min，或 90℃、1min 可被杀灭；对醋酸敏感，1%食醋处理 5min 即可灭活，在 1%盐酸中 5min 死亡；在海水中可存活近 50d，在淡水中存活不超过 2d。大多数致病性副溶血性弧菌可产生一种耐热的溶血素，能使人或家兔的红细胞发生溶血。

副溶血性弧菌在沿海国家和地区分布较为广泛，是引起食物中毒的重要病原菌。其繁殖受气候、温度影响，以7月海产品中带菌率最高。淡水鱼中也可带菌，但较少。此菌食物中毒主要发生于夏秋季。

副溶血性弧菌易污染的食品，主要是海产品或盐腌渍品，如蟹类、乌贼、墨鱼、带鱼、黄鱼、海虾、海蜇、梭子蟹、章鱼、黄泥螺、毛蛤、腌肉、咸菜等；其次为蛋品、肉类或蔬菜，多因食物容器或砧板污染所引起；海港及鱼店附近的蝇类带菌率也很高。

副溶血性弧菌引起的食物中毒多呈暴发，也有散发，与海产品上市旺季有密切关系，大致在5～9月间，70%的病例由于食用鱼、贝类及其产品所致。各类人群均可感染，以青壮年为多；起病急骤，潜伏期2～40h，最短者仅1h，一般为6～10h。主要症状表现为腹痛、腹泻、呕吐、发热。近年来国内报道的副溶血弧菌食物中毒可呈胃肠炎型、菌痢型、中毒性休克型或少见的慢性肠炎型。

有效预防和控制副溶血弧菌引起的食物中毒，主要应采取防止污染、控制繁殖和杀灭病原菌等措施，并且这些措施应贯穿于“从农田到餐桌”，即采收、加工、贮运、销售和消费等所有环节。

2.2.1.7 产气荚膜梭菌

产气荚膜梭菌为厌氧芽孢梭菌属中能引起人类严重疾病的重要致病菌。

产气荚膜梭菌在自然界的土壤、水和空气中广泛存在，人和动物的肠道是其重要的寄居场所，一般各类粪便每克含量可达10^2～10^9cfu之多，但不经肠道感染宿主，只是污染外环境的主要来源。由于产气荚膜梭菌是正常肠道菌群的一部分，人体肠道对其无天然特异免疫力，所有人群均为易感者，以婴儿和年老体弱者病情更重。经口食入污染食品是其主要传染途径，也可由伤口感染致病，夏秋季节多见。

产气荚膜梭菌的致病物质为外毒素、肠毒素和荚膜。摄食被该菌株污染的食物（主要是肉类）后，由于大量芽孢未被加热完全杀死，食物在较长贮存期间芽孢被热激活而发芽、生长、繁殖，产生大量的肠毒素，从而引起食物中毒。潜伏期8～24h，发病时下腹部剧烈疼痛、腹泻，一般1～2d内可自愈，老弱患者和营养不良儿童偶可致死。另一种食物中毒表现是坏死性肠炎，由C型菌β毒素引起，潜伏期不到24h，起病急，有剧烈腹痛、腹泻，肠黏膜出血性坏死，粪便带血；可并发周围循环衰竭、肠梗阻、腹膜炎等，病死率高达40%。

2.2.1.8 霍乱弧菌

霍乱弧菌在港湾、海湾和含盐的水中天然存在，在温暖月份的海水环境中大量繁殖。霍乱弧菌有很多种类，且产生不同的病症。一种为O1型，发病时先引起腹部不适和轻度腹泻，继发症状为：水性腹泻、腹部痉挛、呕吐和脱水，也可发生死亡。易感病人为：做过胃部手术者，抗酸剂服用者为O型血型者。霍乱弧菌O1型污染曾在牡蛎、蟹和虾产品中发现过。另一种是非O1型，能引起腹泻、腹部痉挛和发烧，也有恶心、呕吐和血性腹泻的报道。症状的严重性有赖于其特定菌株。已经发现非O1型可以导致免疫缺陷的人患败血症（血液中毒），引起疾病的原因同食用生食有关。霍乱弧菌O1型引起的危害，可通过充分加热海产品、防止加热后的海产品受到交叉污染予以预防。

2.2.1.9 空肠弯曲杆菌

空肠弯曲杆菌广泛分布于禽兽、温血家养动物的肠道内，是人类腹泻的主要原因。症状包括腹泻、便血、腹痛、头痛、虚弱和发烧。很多感染也可无症状。空肠弯曲菌可以通过被污染的食品，包括生的蛤、贻贝和牡蛎传播，也可以通过人间接触和污染的水源传播。食品与不清洁的食品接触表面间的交叉污染，包括切板和手，可能是最常见的传染途径。空肠弯曲杆菌引起的危害可通过彻底加热产品，严格对手和设备的清洗、消毒，强调食品加工卫生规范予以控制。

2.2.2 病毒

引起食源性疾病的病毒主要有甲型肝炎病毒、戊型肝炎病毒、轮状病毒、诺瓦克样病毒、朊病毒和口蹄疫病毒，其次有脊髓灰质炎病毒、柯萨奇病毒、埃可病毒及新型肠道病毒等。过去，因受检验技术的限制，人们对病毒污染食品所造成的食源性疾病不甚了解；近年来，随着流行病学和实验方法的发展，对病毒引起的生物性食品安全危害越来越重视。

2.2.2.1 甲型肝炎病毒

甲型病毒性肝炎是由甲型肝炎病毒通过人—口—粪途径传播的急性传染病，呈世界性分布，发病率高，传染性强，全球年发病人数约 140 万，实际病例则是报告数的 3～10 倍。在不发达国家，甲型肝炎病毒的感染率高，常常发生甲肝的暴发流行。

甲型肝炎病毒随患者粪便排出体外，可以污染外界环境包括水源、食物（如海产品、毛蚶、牡蛎等)、日常生活用品等。在污染的废水、海水和食品中甲型肝炎病毒可存活数月或更久，毛蚶、牡蛎等贝壳类水生生物的滤水器、消化腺可大量浓缩甲型肝炎病毒，使食品中病毒含量大大增加。甲型肝炎病毒容易发生食物型和水型的爆发与流行。

甲型病毒性肝炎属肠道传染病，其传染性强，发病率高，该病潜伏期 20～45d，平均 30d。甲型肝炎病毒可通过搞好个人卫生、食物彻底杀菌等方式预防和控制。

2.2.2.2 戊型肝炎病毒

戊型病毒性肝炎（简称戊肝）是由戊型肝炎病毒引起的一种严重的新发胃肠道传染病，发达国家主要由旅游途径输入，在发展中国家有暴发流行。

近年来国内外对动物戊型肝炎病毒感染进行了深入研究，先后从猪、牛、羊、狗、鼠和鸡等动物中检测到戊型肝炎病毒 RNA，说明这些动物可能是戊型肝炎病毒的储存宿主。戊型肝炎病毒主要经污染的水源传播。1986—1988 年我国新疆南部地区曾发生迄今为止世界上最大的一次戊型肝炎水型流行，共计发病 119280 例，死亡 707 例。在对我国 17 个城市 2548 例急性散发性病毒性肝炎的血清学调查结果表明，戊型肝炎占 3.4%～26.3%，平均为 9.7%。戊型肝炎病毒的潜伏期为 15～75d，平均 36d。多数病例起病急，半数病人有发热，黄疸型与无黄疸型之比为 6.4∶1，黄疸多在一周内消失。戊型肝炎为急性自限性疾病，不发展成慢性，一般于发病 6 周内恢复正常。

2.2.2.3 朊病毒

朊病毒的本质目前尚未完全了解，最被认可的理论是美国科学家 Prusiner 提出的超出经典病毒学的概念，即由一种叫“prion”的正常细胞蛋白发生了结构变异而造成。“Prion”译为朊毒体或朊病毒，是不被大多数修饰核酸的方法灭活的蛋白感染颗粒，此蛋白称为朊毒体蛋白，该蛋白可分为正常型（PrPC）和致病型（PrPSC)，与引起大脑病变的病原体相关。朊病毒能够引起 20 多种人与动物共患疾病。

朊毒体对所有杀灭病毒的物理化学因素均有抵抗力，能够预防和杀灭感染性细菌和病毒的所有一般性措施都不能有效地灭活它，只有在136℃、2h的高压下才能灭活；病毒潜伏期长，从感染到发病平均28年。

从最早于200多年前发现的动物性朊病毒病，包括羊瘙痒病（Scrapie）、疯牛病（MCD）、鹿和麋的慢性消瘦病（CWD）、传染性水貂脑病（TME）和猫海绵状脑病（FSE）；到20世纪发现的人患克-雅氏病（CJD）、新型克-雅氏病（v-CJD）、致死性家族性失眠症（FFI）、格-斯综合征（GSS）和库鲁病（Kuru）等朊病毒病，已有近20种人畜共患的可传播型海绵状脑病。

2.2.2.4 口蹄疫病毒

口蹄疫是由一种口蹄疫病毒引起的人和动物共患的急性发热性高度接触性的传染病，俗称“口疮”、“鹅口疮”、“蹄黄”等。口蹄疫病毒是其病原体。

口蹄疫在世界上许多国家和地区的人和畜中都有发生，人的口蹄疫有时呈地方性流行，通常在非洲、亚洲和南美洲流行较严重，在欧美国家也有发生。口蹄疫疾病会使诸如牛、猪、羊等动物发高烧且使裂开的蹄处产生水泡，该疾病会使动物致命，但不会危及人类生命。

口蹄疫病毒主要感染对象是偶蹄类动物，家畜中最易感的是黄牛，其次是牦牛、犏牛、水牛和猪，而骆驼、绵羊、山羊次之。人类感染口蹄疫主要传染源是患病的牛、羊、猪等家畜，既可以通过消化道，也可以通过创伤皮肤，甚至还可能通过呼吸道感染，患口蹄疫的病人也可以成为传染别人的传染源。主要是因饮食病畜乳、奶脂和挤奶，处理病畜时发生接触感染。人感染口蹄疫是通过接触疫畜患病处水疱、唾液、粪、乳、尿以及破溃的蹄皮造成，因这些排泄物、分泌物中含有大量口蹄疫病毒。

牛、羊、猪等感染口蹄疫病毒后，一般经过1～7d潜伏期后发病，体温升高，精神萎靡，食欲减少或废绝，流涎，口腔黏膜形成水疱、糜烂，唇、蹄部和乳房等部位发生水疱和糜烂等。本病无特效疗法，一般病程一周左右，传染性很强。也就是说在牲畜中出现了口蹄疫感染、发病，很快传播开来，在某些情况下病死率可达50%左右。人感染口蹄疫病毒后，大约经过1周潜伏期后常突然发病，体温升高到39℃以上，头痛、精神不振、呕吐等。2～3d后，口干舌燥，唇、齿、舌、咽部等出现水疱，面颊潮红，手指尖、指甲根部、手掌、足趾、鼻翼和面部等出现水疱，水疱破裂后形成薄痂，逐渐愈合，不留疤痕。有时还出现全身不适等类似感冒的症状。一般病程不超过一周，愈后良好。但老年人患此病后病情较重。根据畜间口蹄疫流行状态，患者与病畜接触情况和病人临床表现等综合分析，必要时做病毒分离及对病人血清进行检查，可以确诊。

2.2.3 寄生虫

食物在环境中有可能被寄生虫和寄生虫卵污染，例如某些水果、蔬菜的外表可被钩虫及其虫卵污染，食之可引起钩虫在人体寄生；猪、牛等家畜有时寄生有绦虫，人食用了带有绦虫包囊的肉，可染上绦虫病；某些水产品是肝吸虫等寄生虫的中间宿主，食用这些带有寄生虫的水产品也可造成食源性寄生虫病。食源性寄生虫病是由摄入含有寄生虫幼虫或虫卵的生的或未经彻底加热的食品引起的一类疾病，严重危害人们的健康和生命安全。

2.2.3.1 隐孢子虫

隐孢子虫是引起以腹泻为主要临床表现的一种人兽共患性隐孢子虫病的病原体，可感染大多数脊椎动物包括人类，免疫功能正常者，腹泻呈自限性；免疫功能低下患者尤其是艾滋病患者，则引起渐进性、致死性腹泻。隐孢子虫病已被列入世界最常见的 6 种腹泻病之一，遍及 6 大洲 90 多个国家。

具有传染性的隐孢子虫卵囊对外界的抵抗力较强，常规消毒剂不能将其杀死，但 10% 福尔马林、5% 氨水或加热至 65～70℃ 30min 即可将卵囊杀死。

隐孢子虫的宿主范围很广，除人体感染外，还有牛、马、绵羊、山羊、猪、猫、鹿、猴、兔、鼠、鸡、鸭、鹅、鸽、鹌鹑、鹦鹉、珠鸡、金丝雀、鱼、蛇等动物。人食入生的或未煮熟的病畜、禽肉，可能被隐孢子虫感染而致病。隐孢子虫卵囊也可通过病人与病畜的粪便污染食物和饮水。由于卵囊在外界抵抗力强，常用消毒剂不能将其杀死，故被污染了的食物与水是潜在的危害性因素。某些节肢动物如蝇、蟑螂等可携带卵囊污染他处，引起本病传播。

2.2.3.2 圆孢子虫

圆孢子虫是一种新发现的食源性人体寄生虫病即圆孢子虫病的病原体，主要引起胃肠炎和慢性腹泻。1979 年首先由 Ashfor 报道；1995 年美国暴发了首起食源性圆孢子虫病，参加午餐会的 64 人中有 37 人感染了圆孢子虫；1996 年，北美发生了一系列食源性圆孢子虫病散发和暴发事件，波及美国 20 个州和加拿大的 2 个省，引起暴发的食物证实为从危地马拉进口的木莓。我国虽未出现大规模食源性暴发，但迄今已报道了 16 例圆孢子虫感染的病例。

圆孢子虫主要是通过食（饮）用了被成熟的圆孢子虫卵囊污染的食物、水而导致人体感染；便后、接触脏物或宠物、家畜，在加工、进食食物前未洗手；拥挤的居住条件、卫生状况不良也是造成感染或暴发流行的原因。防止食物被粪便污染和避免吃生冷食物是预防食源性圆孢子虫病的有效措施之一。目前已知的食源性感染暴发中，与圆孢子虫相联系的食品除木莓外还有草莓、莴苣、罗勒等新鲜的水果和蔬菜；也有人认为未煮熟的肉类可能是感染来源，1990 年 Hart 等报告的病人中有一例常食用生牛肉。

圆孢子虫病的平均潜伏期为 7d，除典型的水样腹泻外，伴有疲劳、食欲减退、腹痛、腹胀、恶心呕吐、低热、肌痛、消瘦等；平均每天腹泻 6～7 次，一般持续 3d 以上，腹泻拖延不止为其特点。未经治疗的病例症状可持续若干天到 1 个月或更长，并可出现反复。

2.2.3.3 华支睾吸虫病

华支睾吸虫，简称肝吸虫，引起人兽共患肝吸虫病。1874 年，首次在印度加尔各答一名华侨的胆管内发现；1908 年，在中国证实该病存在；1975 年，在湖北江陵出土的西汉古尸的粪便中发现此虫虫卵，继之又在该县战国楚墓古尸见到该种虫卵，肝吸虫病在我国至少已有 2200 余年的历史。

成虫体形狭长，背腹扁平，前端稍窄，后端钝圆，状似葵花子，体表无棘，雌雄同体。虫体为中等大小，长 1～2.5cm，宽 0.3～0.5cm，虫体中部最宽，向两端逐渐变窄。口吸盘较小，位于体前端，腹吸盘较大，位于虫体前 1/5 处。消化道简单，口位于口吸盘的中央，紧接肌性的咽和短的食管，其后分为两盲管状肠支，分别沿虫体两侧达后端。排泄囊为一略带弯曲的长袋，前端达受精囊处，并向前发出左右两支集合管，后端经排泄孔开口于虫体末端。虫卵形似芝麻，棕褐色，一端较窄且有明显突出的卵盖，卵盖周围的卵壳增厚形成肩峰，卵盖的对侧端有一豆点状突起（小棘）。卵甚小，大小为（27～35）μm×（12～20）μm。从粪便中排出时，卵内已含有毛蚴。

华支睾吸虫主要分布在中国、日本、朝鲜、越南和东南亚等亚洲国家。我国除青海、宁夏、西藏、内蒙古外，已有25个省、市、自治区不同程度流行肝吸虫病。因该病属于人兽共患疾病，估计动物感染的范围更广。华支睾吸虫有广泛的生态环境，作为第1中间宿主的淡水螺种类很多，在中国淡水螺有4科6属8种，常见的有纹沼螺、长角涵螺和赤豆螺；华支睾吸虫的保虫宿主众多，对人群感染具有潜在的威胁性，主要有猫、犬和猪，其次鼠类、貂、狐狸、野猫、獾、水獭也是保虫宿主；有研究表明豚鼠、家兔、大鼠、海狸鼠、仓鼠等多种哺乳动物均可实验性感染华支睾吸虫。华支睾吸虫病可在野生动物间自然传播，人因偶然介入而感染，因此也属自然疫源性疾病。在大多数疫区人、畜、兽3种传染源并存，感染者、保虫宿主、能排出华支睾吸虫卵的患者均可作为传染源；在某些地区人可能是主要传染源，而在另一些地区则以家畜或野生动物为主要传染源。人群对华支睾吸虫普遍易感，男性多于女性，有些地区可达两倍之多，这可能与男女的饮食习惯不同有关；不同流行区人群感染率存在较大的年龄差异，平原地区以成年人为主，20～50岁者感染率最高，山地丘陵以儿童感染率最高；年龄最小的感染者仅3个月，最大者87岁。

由于华支睾吸虫成虫寄居宿主，成虫在胆管中吸附、运动破坏胆道上皮及黏膜下血管，并吸食血液；虫体的分泌物、代谢产物和机械刺激等因素诱发的变态反应，可引起胆管内膜及胆管周围的炎性反应，出现胆管局限性的扩张及胆管上皮增生，使得管腔变窄，胆汁流出不畅，往往容易合并细菌感染；其主要危害还在于导致宿主肝脏受损及一定程度的肝功能障碍，感染严重时在门脉区周围可出现纤维组织增生和肝细胞的萎缩变性，甚至肝硬化。据报道，华支睾吸虫病的并发症和合并症多达21种，其中较常见的有急性或慢性胆囊炎、慢性胆管炎、黄疸、胆结石、肝胆管梗阻等，偶可侵入胰腺导致急性胰腺炎。此外，华支睾吸虫的感染可引起胆管上皮细胞增生而致癌变，主要为腺癌。华支睾吸虫的致病程度因感染轻重而异。一般为轻度感染，无任何临床症状。在短期内食入大量囊蚴可以产生早期感染症状，急性期持续时间不超过1个月；典型表现为：发热、腹泻、上腹部疼痛、厌食、肝肿大和触痛，有时可出现黄疸，多出现淋巴细胞增多、嗜酸粒细胞增多；感染后大约1个月，粪便中出现虫卵，急性期症状消退；急性期过后，若无再次感染，转入慢性期，在慢性低度感染期内一般无明显的症状。如果是在较长时期内获得的较重度感染，很少产生早期症状；严重感染者在晚期可致肝硬化、腹水、侏儒症等，甚至死亡。

2.2.3.4 猪/牛带绦虫

中国古代称绦虫为寸白虫或白虫，猪/牛带绦虫是猪/牛带绦虫病（Taeniasis)、猪囊尾蚴病等病的病原体。成虫寄生在人的小肠，引起猪/牛绦虫病；幼虫（囊尾蚴）寄生在人的皮下、肌肉、脑、眼等组织中，引起囊虫病。

猪/牛带绦虫几乎世界各地均有分布，以亚、非地区为多见。猪/牛带绦虫导致的猪/牛带绦虫病和囊虫病在中国27个省、市、自治区均有病例报道，并在一定地区形成地方性流行。猪带绦虫病以黑龙江感染率最高，牛带绦虫病则以西藏为首，感染率高达70%以上。猪/牛带绦虫主要寄生于猪、牛的体内，感染途径主要是食入生的或半熟的含有囊尾蚴的猪/牛肉、误食猪/牛带绦虫病患者自己排出的虫卵或患者因反胃、呕吐、肠道的逆蠕动，将孕节反入胃中而引起感染。

猪/牛带绦虫主要污染的食物是猪肉、牛肉及一些熟食。含大量囊虫的猪肉俗称“米猪肉”，在我国猪肉感染比较严重；牛为食草动物，仅吞食牧草上的虫卵，其感染一般不严重，但牛仍然是带绦虫的重要寄生体，对人群健康存在潜在的危害。当人食入生的或未煮熟的含有活囊尾蚴的猪/牛肉时，囊尾蚴在小肠受胆汁刺激，头节翻出，附着于肠壁，经2～3个月发育为成虫；如果虫卵污染食物、饮水或手，就有机会被人摄食，虫卵在人体皮下、肌肉、眼、脑等部位发育为囊尾蚴，使人患囊虫病。另外，猪/牛带绦虫也可通过污染厨具而导致食物污染，如生熟菜用同一砧板，从生肉脱落的囊尾蚴污染熟食，致素食者也可得病，或因使用同一把菜刀，切生肉后再切直接入口的食物而感染。

2.2.3.5 钩虫

钩虫感染引起的贫血是一些非洲和亚洲国家的主要公共卫生问题，也是中国农村居民常易感染的肠道寄生虫之一，常可引起严重贫血、异嗜症及消化道症状。

钩虫呈世界性分布，与气候有密切关系。全球有 1/4 的人感染钩虫病。在中国，长江流域以南各省较为严重，南方以美洲钩虫为主，北方以十二指肠钩虫为主，但混合感染极为普遍。除青海、黑龙江、吉林三省外，其他省、市、自治区均有钩虫病流行。钩虫病患者和带虫者是钩虫的主要传染源。钩虫病的流行与自然条件、人们因生活和生产接触疫土，以及与某些农作物种植方法和施肥方式有关。

人们日常生活中离不开蔬菜、水果及各种植物类食物，但一些旱地作物最易感染钩虫，如红薯、玉米、蔬菜、棉花、桑、果、甘蔗和茶叶等。人食用了这些被钩虫污染的食物，易危害健康。许多菜农在蔬菜收割前施用人畜粪尿，未经冲洗就上市。如刚买来的小白菜、菠菜、黄瓜、葱等残留粪迹或带有臭味，大量的钩虫被携带。因此，不经过充分洗涤，生吃瓜果、蔬菜就可能引起钩虫病。

钩虫成虫对人体的主要危害就是引起贫血。钩蚴移行到肺，可损伤肺部微血管和肺泡，造成局部出血及炎症病变；虫体代谢产物及死亡虫体分解产物可引起变态反应，患者可出现咳嗽、痰中带血丝、发热，严重者有剧烈的干咳和哮喘，常在感染后 3～7d 出现症状，同时进入肺泡的幼虫越多，症状就越严重。患者可出现面色苍白、浮肿、耳鸣、头晕、眼花、体弱无力、劳动力减退，严重时可引起贫血性心脏病。少数患者出现食欲改变，喜食生谷物、煤炭、泥土等异常表现，称为异嗜症。儿童因钩虫寄生，引起长期营养不良，发育受阻，甚至形成侏儒症。妇女可引起停经、流产等病症。

2.2.4 霉菌及其毒素

霉菌广泛存在于自然界，大多数对人体有益无害，但有的霉菌却是有害的。某些霉菌的产毒菌株污染食品后，会产生有毒的代谢产物，即霉菌毒素。食品受霉菌和霉菌毒素的污染非常普遍，当人类进食被霉菌毒素污染的食品后，能使人的健康受到直接损害。霉菌毒素是一些结构复杂的化合物，由于种类、剂量的不同，造成人体危害的表现也是多样的，可以是急性中毒，也可表现为肝脏中毒、肾脏中毒、神经中毒等。

2.2.4.1 黄曲霉毒素

黄曲霉毒素是由黄曲霉和寄生曲霉中产毒菌株所产生的有毒代谢产物。黄曲霉毒素中毒是人畜共患疾病之一，20 世纪 50 年代末首先在英国发生 10 万只火鸡死亡事件，称“火鸡 X 病”。研究发现火鸡饲料花生粉中含有一种荧光物质，证实该物质为黄曲霉的代谢产物，是导致火鸡死亡的病因，故命名为黄曲霉毒素。该毒素主要诱发鱼类、禽类、猴及家畜等多种动物实验型肝癌，后相继在美国、巴西、南非等 18 个国家有过正式报告。

黄曲霉毒素的化学结构为二氢呋喃氧杂萘邻酮的衍生物，即双呋喃环和氧杂萘邻酮（又叫香豆素）。根据其在紫外线中发生的颜色、层析 Rf 值的不同而命名，目前已明确结构的有 20 种以上，主要有 4 种：B_1、B_2、G_1 和 G_2。不同种类的黄曲霉毒素毒性相差甚大，其毒性与结构有关，凡二呋喃环末端有双键者毒性最强，其中 B_1 毒性最大，致癌性亦最强。黄曲霉毒素易溶于油和一些有机溶剂，如氯仿、甲醇、丙酮、乙醇等，不溶于水、乙烷、石油醚和乙醚。其毒性较稳定，耐热性强，280℃时才发生裂解，一般的烹调加工不被破坏。在中性及酸性溶液中稳定，但 pH9～10 的强碱溶液中则可迅速分解、破坏。黄曲霉和寄生曲霉产毒需要适宜的温度、湿度及氧气。如湿度 80%～90%、温度 25～30℃、氧气 1%以上，湿的花生、大米和棉籽中的黄曲霉在 48h 内即可产生黄曲霉毒素，而小麦中的黄曲霉最短需要 4～5d 才能产生黄曲霉毒素。

黄曲霉毒素主要污染粮、油及制品，常在收获前后、储藏、运输期间或加工过程中产生。其中污染最严重的是棉籽、花生、玉米及其制品；其次是稻米、小麦、大麦、高粱、芝麻等；大豆是污染最轻的农作物之一。谷物不能及时干燥和储藏期间水分过高，就有利于霉菌的生长；昆虫和鼠类的危害会促进霉菌的生长；黄曲霉毒素偶尔也能在牛奶、奶酪、玉米、棉籽、花生仁、杏、无花果、香料和其他一些食品和饲料中发现；用黄曲霉毒素污染的玉米和棉籽作奶牛的饲料，会导致 M_1 污染奶牛和奶制品，牛奶、鸡蛋和肉类有时也会因动物食用含黄曲霉毒素的饲料而被污染。食品加工有利于降低食品中黄曲霉毒素的污染，特别在碱性条件下加工和加工工艺中有氧化处理措施等都有利于黄曲霉毒素的降解。

人类食用被黄曲霉毒素污染严重的食品后可出现食欲减退、发热、腹痛、呕吐，严重者2～3 周内出现肝脾肿大、肝区疼痛、皮肤黏膜黄染、腹水及肝功能异常等中毒性肝炎症状，也可能出现心脏扩大、肺水肿，甚至痉挛、昏迷等症。

2.2.4.2 伏马菌素

伏马菌素是 20 世纪 80 年代末在南非发现的一种由串珠镰刀菌产生的一类霉菌毒素，主要污染粮食及其制品，特别是玉米及其制品。伏马菌素可以引起动物急、慢性中毒，因动物的种类不同而作用的靶器官也不相同。伏马菌素对肝、肾、肺和神经系统均有毒性，除了引起马的脑病、猪的肺水肿和肝毒性外，对实验动物具有明显的致癌性，是目前国际最广泛关注的一种真菌毒素。

伏马菌素可以污染多种粮食及其制品，有研究认为，被伏马菌素污染的食品，可能引起人畜急性中毒和慢性毒性，并具有种属特异性和器官特异性。伏马菌素污染的粮食常常伴有黄曲霉毒素的存在，这更增加了对人畜危害的严重性。

2.2.4.3 赭曲霉毒素 A

赭曲霉毒素是曲霉属和青霉属的一些菌种产生的一组结构类似，主要危及人和动物肾脏的有毒代谢产物，分为 A、B、C、D 四种化合物，其中赭曲霉毒素 A（OA）分布最广、产毒量最高、毒作用最大、农作物污染最重、与人类关系最密切，是一种强力的肝脏毒和肾脏毒，并有致畸、致突变和致癌作用。

世界各国均有从粮食中检出 OA 的报道，但其污分布很不均匀，以欧洲国家如丹麦、比利时、芬兰等最重。OA 主要是污染热带和亚热带地区在田间或储存过程中的农作物；纯绿青霉是寒冷地区如加拿大和欧洲等粮食及其制品中赭曲霉毒素 A 的产毒真菌；纯绿青霉产 OA 的能力较赭曲霉强，因此在以赭曲霉为赭曲霉毒素 A 主要产毒菌的温热带地区，农产品（粮食、咖啡豆等）中赭曲霉毒素 A 的污染水平一般不高，而以纯绿青霉为主要污染；荷兰、挪威、瑞典、巴西、美国、丹麦、英国、乌拉圭、中国谷物中 OA 的污染率和污染水平较低；碳黑曲霉是新鲜葡萄、葡萄干、葡萄酒和咖啡中 OA 的主要产生菌。

由于纯绿青霉、赭曲霉和碳黑曲霉等OA产生菌广泛分布于自然界，因此多种农作物和食品均可被OA污染，包括粮谷类、罐头食品、豆制品、调味料、油、葡萄及葡萄酒、啤酒、咖啡、可可和巧克力、中草药、橄榄、干果、茶叶等。

2.2.4.4 展青霉素

展青霉素是青霉属、曲霉素等菌种代谢产生的有毒真菌毒素，它是一种神经毒物且具有致畸性和致癌性。

展青霉素主要存在于霉烂苹果和苹果汁中以及变质的梨、谷物、面粉、麦芽饲料中。在酸性环境中展青霉素非常稳定，加热也不被破坏；果酒和果醋中，没有发现展青霉素，因为在发酵过程中它被破坏，热处理能适当降低展青霉素含量，但巴氏杀菌液对它无效。英国食品、消费品和环境中化学物质致突变委员会已将展青霉素划为致突变物质，FAO/WHO食品添加剂委员会（JECFA）的一份研究报告表明，展青霉素没有可再生作用或致畸作用，但是对胚胎有毒性，同时伴随有母本毒性。

2.3 化学性危害及控制措施

化学性食品安全危害根据来源主要分为三大类：农药引起的化学性危害、工业引起的化学性危害和天然有毒有害物质。

2.3.1 农药引起的化学性食品安全危害

农牧业种植、养殖的源头污染与食品安全有着密切的关系，特别是农药、兽药的滥用，造成农兽药残留问题突出，近年来由此引起的食物中毒死亡事件居高不下，严重威胁着人类健康。农兽药在为人类农业、畜牧业生产的稳产高产做出贡献的同时，其污染也成为人类生存环境重要的公害之一。有学者认为，除化学肥料外，凡是用来提高和保护农业、林业、畜牧业、渔业生产及环境卫生的化学药品，统称为农药。农药使用后，在农作物、土壤、水体、食品中残存的农药母体、衍生物、代谢物、降解物等，统称为农药残留。

2.3.1.1 农药污染食物途径

喷洒农药直接污染农作物；粮库、食品库使用氧化苦等农药熏蒸；许多农作物从污染的环境中吸收如农药废水；生物富集作用及通过气流扩散大气层污染的农药等。通过食物链是农药对某些食物污染的一种方式，具有蓄积毒性的农药都以这种方式造成食品中残留农药增高，如有机氯等能长期地残留于人体、土壤和生物体内，再通过食物进入人体并聚集于脂肪组织和母乳中，危害人体健康。据研究90%的农药是通过食物进入人体的，通过大气和饮水进入人体的仅占10%，所以在日常饮食中可以检测出多种农药的残留。

2.3.1.2 农药污染食物对人体的危害

化学农药对人体的危害，除了高毒农药造成人畜的急性毒性外，长期食用低毒性农药污染的食品，通过生物富集、食品残留这个重要途径，可造成严重的潜在危害，如引起致癌、致畸和致突变等。

农药施用后，即进入环境，因其在环境中的代谢途径、代谢物，在外环境中的特定残留部位，及其结构、理化性质的不同对食品安全的危害各有差异。

(1) 有机氯农药

有机氯农药以DDT、HCH（六六六）为代表，是中国最早大规模使用的农药，1983年才开始禁止生产。虽然在中国有机氯农药被禁用了几十年，但食品中仍然能检测出有机氯农药残留，且平均值远远高于其他发达国家。由于有机氯农药性质稳定，不易降解和其高脂溶性，其影响至今没有消失。

DDT和HCH具高脂溶性，不溶或微溶于水，对外界环境及生物体内的蓄积，有高度的选择性，多贮存在机体的脂肪组织或含脂较多的部位。如DDT在脂肪中的溶解度为105mg/kg，在水中的溶解度仅为0.002mg/L。

在各类食品中DDT、六六六都有不同程度的残留，尤其是在禽、畜肉、蛋、奶、水产品等动物性食品中残留量比较高。与WHO允许摄入量（ADI）比较，中国居民通过膳食摄入的HCH、DDT的量低于WHO规定的日允许摄入量。但如与世界其他国家比较，以成年男子每日自膳食摄入HCH和DDT量比较，中国远远高于世界发达国家水平。DDT、六六六对动物的急性毒性属中毒或低毒，DDT，经口引起的急性中毒，主要表现为中枢神经系统的症状，中毒动物初期出现肌肉震颤，接着出现阵发性及强制性抽搐，最后可因全身麻痹而死亡。中毒死亡的动物可见肝脏肿大、肝细胞脂变和坏死，不同动物还可见到肾、肌肉及胃肠道黏膜坏死等病变。据观察当人体摄入DDT6～10mg/kg体重时即可出现中毒症状，如剂量增至16mg时即可出现痉挛。据人体中毒事故分析及狒狒的试验结果推测，人的口服致死量为150mg/kg。DDT与六六六的慢性毒理作用主要是影响神经系统和侵害肝脏，有肌肉震颤、肝肿大、肝细胞变性、中枢神经系统及骨髓障碍等。也有报道对肾及脑组织的变化以及对甲状腺、副甲状腺发生病变。在人体脂中逐步蓄积的DDT，可能的影响是：能促进肝脏内多功能氧化酶的活力；抑制体内维生素A、维生素E及肾上腺皮质素等物质的合成，或激活雌性酮等物质的合成；能增加肝内的胆固醇含量；能通过胚胎与人乳传给后代；体脂中的主要代谢物DDE可能有致畸性，且毒性比DDT更大。六六六引起小鼠慢性中毒的最小剂量为10mg/kg（饲料中的含量），有肝肿大、肝细胞变性、中枢神经系统和骨髓的损害等。

已被DDT、六六六污染或残留量超过国家标准的粮食食品，一定要经过去壳（皮）或加热处理以后才能食用。如水果去皮后，六六六可减少5.61%～100%，DDT除去率达100%；小麦加工成面粉六六六和DDT残留量分别减少50%左右；食品中残留量高的或含脂肪量高的食品经加热后的除去效果较明显，反之除去效果不理想。

(2) 有机磷农药

1938年德国科学家发现有机磷有强大的杀虫效果后，开始使用于农业。有机磷农药多为广谱、高效、低残留的杀虫剂，如乐果、敌百虫、杀螟松、倍硫磷；毒性极低的有马拉硫磷、双硫磷、氯硫磷、锌硫磷、碘硫磷、地亚农、灭乐松等；高效高毒品种有对硫磷、内吸磷、甲拌磷等。有机磷农药除敌百虫外，多为油状液体，微溶于水，易溶于有机溶剂或动植物油。对光、热和氧较稳定，遇碱易分解，降解半衰期一般在几周至几个月。

有机磷杀虫剂可经呼吸道、皮肤、黏膜及消化道侵入人体；进入机体后迅速分布全身，6～12h后血中浓度达到高峰，其中以肝脏含量最高，次为肾、肺、脾；可通过血脑屏障，有的还可通过胎盘屏障。以后逐渐分解，至24h后已难查出，48h内可完全消失。在机体内其氧化代谢产物毒性增强（活化作用），水解代谢产物毒性减低（解毒作用），主要随尿排出，无明显物质蓄积。有机磷杀虫剂毒作用机制主要是抑制体内的胆碱酯酶，使其失去水解乙酸及胆碱的能力，造成乙酰胆碱在体内大量积聚形成乙酰胆碱中毒，引发相应的神经系统功能紊乱。

自2007年国家全面禁止甲胺磷等5种高毒有机磷农药在农业上使用开始，2009年又禁止使用23种高毒农药，禁止和限制在蔬菜、果树、茶叶、中草药材上使用19种农药，标志着我国农业植保进入了高毒后时期。2010年，先后出现了海南“毒豇豆”、福建“毒乌龙”以及广西、云南、湖北和山东陆续曝出蔬菜农残超标或含禁用高毒农药等恶性用药事件，充分说明了我国的农药产、供、用等各环节存在的问题和乱象确实不容乐观。我国现有的分散式小农生产方式，农民安全用药水平较低，导致了违规使用禁用（限用）农药的必然性和常态性。

(3) 氨基甲酸酯类农药

氨基甲酸酯类农药多为杀虫剂，易分解，对人畜毒性较有机磷低。1953年美国合成了西维因（*N*—甲基氨甲酸-l-萘酯），于1956年推广应用，其后各国研制了多种此类杀虫剂。

用于农业上的氨基甲酸酯类化合物可分为两类：一类为具N—烷基的化合物，用作杀虫剂；另一类为N—芳香基的化合物，用作除草剂。常见品种有西维因，为白色结晶，在水中的溶解度约为50mg/L，在室温下对光、热及酸性物质以及空气中氧气的作用比较稳定，在碱性环境中易分解。氨基甲酸酯类在体内分解和代谢的速度快，水解成氨基甲酸及其他含碳基团，最终氧化成CO_2。其原形及其代谢产物以游离状态或与硫酸根、葡萄糖醛酸结合的形式，通过尿液排泄；代谢产物较原形的毒性低。

氨基甲酸酯类是一种抑制胆碱酯酶活性的神经毒剂，多数属中等毒性，无需经体内代谢活化，可直接与胆碱酯酶形成氨基甲酰化胆碱酯酶复合体，使胆碱酯酶失去水解乙酰胆碱的能力；但水解后可复原成具有活性的酯酶和氨基甲酸酯，因此，是一种可逆性的抑制剂。

急性中毒可见流涎、流泪、颤动、瞳孔缩小等胆碱酯酶抑制症状。在低剂量轻度中毒时，可见一时性的麻醉作用，大剂量中毒时可表现深度麻痹，并有严重的呼吸困难。西维因对鱼类进行实验证明，中毒症状和有机磷相似，鱼体失去平衡，侧卧水中，尾向下弯曲，中毒鱼的脑胆碱酯酶活性显著降低。

(4) 有机汞、有机砷杀菌剂

有机汞、有机砷农药对高等动物均具有剧毒，在土壤中残留的时间很长，半衰期可达10～30年，是污染环境、造成食品残毒的主要农药。

农业上常用的有机汞农药有西力生（氯比乙基汞）、赛力散（醋酸苯汞）、富民隆（磺胺汞）和谷仁乐生（磷酸乙基汞），是防治稻瘟病及麦类赤霉病的有效杀菌剂农药。拌种杀菌的植物内吸收量很少，而喷洒杀菌时植物内有明显的内吸传导作用。有机汞农药进入土壤后，逐渐被分解为无机汞，可保留多年，还能被土壤微生物作用转化为甲基汞再被植物吸收，重新污染农作物，而进入动物体内。有机汞对人的毒性，主要是侵犯神经系统和肝脏。不仅能引起急性中毒，而且可在人体内蓄积长期不能排出，而形成慢性中毒。特别是西力生和谷仁乐生等烷基汞的毒性最强，95%以上可通过肠道被吸收，在生物体内与血液中的红细胞结合，与含—SH蛋白质有很强的亲和力。烷基汞在脑中蓄积最显著，其次为肝和肾脏。它还能破坏细胞染色体，故还有致基因突变性和致畸胎性。

(5) 瘦肉精

瘦肉精，一类动物用药的统称。任何能够促进瘦肉生长、抑制动物脂肪生长的物质都可以叫做“瘦肉精”，是一种非常廉价的药品，对于减少脂肪、增加瘦肉（Lean Mass）作用非常好。瘦肉精让猪的单位经济价值提升不少，但它有很危险的副作用，轻则导致心律不齐，严重的就会导致心脏病。目前，能够实现这种功能的物质是一类叫做β—兴奋剂的药物，比如在中国造成中毒的克仑特罗和美国允许使用的莱克多巴胺。

饲养畜禽的饲料和饮水中添加了盐酸克伦特罗，可能因使用不当（添加过多或搅拌不匀），饲喂后易在猪内脏里蓄积。食用了家畜、家禽的肉及其内脏，尤其以猪内脏如肝、肺等可导致中毒，也有因食水产品引起中毒。迄今，已从猪、鸡和牛组织中均检出盐酸克伦特罗。资料显示盐酸克伦特罗存在潜在的急慢性中毒的危害，主要表现为心慌、心跳加快、手颤、头晕、头痛、脸色潮红、胸闷、四肢发抖、血压升高等症状，有的还伴有呼吸困难、恶心呕吐等症状。

2.3.2 工业污染导致的化学性食品安全危害

随着化学工业的迅速发展，毒物品种不断增加，一些有毒的金属、非金属及其化合物，通过工业废水、废气、废渣，以及食品加工过程中的添加剂、食品加工机械和管道、食品包装用塑料、纸张和容器等污染食品，造成人类化学性食品安全危害的潜在威胁。如用废旧报纸、杂志包装食品，可以造成食品的铅和多氯联苯的污染。

2.3.2.1 工业化学性有害物质对食品安全的危害

工业废水、废渣不经处理或处理不彻底，直接或随雨水排入江、河、湖、海，水生生物通过食物链使有害物质在体内逐级浓缩，从而造成食品严重污染，如水中含汞量为0.01μg/L，而经过生物的逐级浓缩，可将其含量浓缩上百万倍。采用工业污水灌溉，往往因污水或污泥中有害物质含量较高，施用后使土壤中金属含量增多，作物可通过根部将其吸收浓缩于籽实中。

利用被污染的食物作饲料、采用被污染的水产品、农作物、牧草等充作禽畜饲料，饲喂后重者引起中毒死亡，轻者则可使家禽家畜的奶、蛋及其肉质遭受污染。人们摄食后，有害物质又随食物转移于人的体内。

为改善食品品质和色、香、味以及防腐和加工工艺的需要而加入食品中的食品添加剂，鉴于有些具有一定的毒性，必须严格控制使用范围和使用量。不得以掩盖食品腐败变质或伪造、掺假为目的而使用食品添加剂，不得使用污染或变质的食品添加剂，否则会对食品造成污染。

食品包装材料包括纸张、塑料、铝箔、马口铁、化纤、陶瓷、搪瓷、铝制品等，都含有有害金属，在一定条件下可成为食品的污染源。纸张在印刷时所用的油墨、颜料含有较多的铅，有的糖果包装含铅量高达16500mg/kg；食具容器如陶瓷、搪瓷、铝制品等含有的铅、砷、镉、锌、锑等存在溶出问题；罐头由镀锡铁皮制成，当内层涂料不良时，由于内容物对内壁和焊接处的腐蚀作用，使铅、锡等有害金属溶入食品中。

食品在生产加工过程中，接触机械设备和各种管道如分解反应锅、白铁管、塑料管、橡胶管等，在一定条件下其有害金属溶出成为食品的污染源。如有的酒厂生产蒸馏酒采用铅合金冷凝器，每公斤酒中含铅量可达数十毫克。运输工具不洁而造成食品污染也常见，有些车、船装运过农药、化肥、矿石以及其他化工原料后不加清扫或清洗、消毒不彻底，致使污染物散落在食品上，造成污染。

2.3.2.2 重金属污染物的食品安全危害

含有重金属的工业三废排入大气或水体，均可直接或间接污染食物；而污染水体或土壤的重金属可通过生物富集作用，使食物中的含量显著增加，通过食物链对人体造成更大的危害。

(1) 汞

汞又称水银，银白色液态金属，常温下即能蒸发。相对密度（比重）13.534，熔点−38.87℃，沸点356.58℃。在自然界以HgS的形式存在，不溶于水和有机溶剂，易溶于硝酸，能溶于类脂质。在厌氧和需氧微生物作用下，汞可转化为甲基汞；不溶性的汞在Fe^{2+}存在下，可氧化为可溶性汞化合物；鱼体表面黏液中的微生物也能合成甲基汞。甲基汞易溶于水，能在水中迅速扩散，毒性较高。

① 食品中汞的来源　一些食品中存在有汞污染，如稻米、麦子、玉米、高粱、蔬菜、乳及乳制品、蛋、畜禽肉及内脏等，与植物根吸收土壤中的汞及含汞农药喷洒后表面吸附有关，也与有机汞农药残留有关；粮食被汞污染后，无论用碾磨加工提高精度，或用不同的烹调方法处理，均不易把汞除净。受环境中的汞污染，水产品特别是鱼、贝类汞含量较高，如日本水俣湾市售鱼汞可达20～60mg/kg，瑞典淡水鱼含汞0.02～5.2mg/kg，高的可达10mg/kg。鱼体中的甲基汞用冻干、油炸、煮及干燥等方式均无法去除。

② 影响污染的因素　a. 汞的生物富集：污染环境的汞均可通过生物富集作用经食物链进入人体。藻类或某些水生昆虫可将水中的汞浓缩2000～17000倍；加拿大将含汞废水排入圣克莱湖，使该湖鱼体含汞量高达7mg/kg；日本水俣湾鱼、贝类含汞量达11～39mg/kg。b. 汞的植物内吸作用：水稻可通过根系吸收土壤中的汞；对作物施用含汞农药，汞很快渗入植物组织并迅到达生长旺盛部位；作物中甲基汞含量约占10%。c. 汞在鱼体内的甲基化：因鱼体体表黏液中的微生物有很强的甲基化功能，故鱼体中的汞几乎都以甲基汞形式存在，是进入人体甲基汞的主要来源。

③ 汞对食品安全的危害　汞对人体的毒性，取决于它们的吸收率，金属汞吸收率约为0.01%以下，无机汞平均为7%，有机汞较高，其中甲基汞最高，达95%，因此甲基汞的毒性最大。甲基汞除了从胃肠道进入人体外，还可以通过胎盘进入胎儿体内，经乳汁进入婴儿体内。汞经人体吸收，进入血液后与血红蛋白结合并随血液扩散到肾、肝、脑各种组织中去，以肾脏含量最高，可在毛发中蓄积。甲基汞中毒主要表现为神经系统损害。甲基汞主要经粪便排出，10%经尿排出。正常情况下，人体对汞的摄入量基本上与排泄量平衡。如果汞摄入量过多，就会对人体引起危害。粮食中汞含量达5～6mg/kg时，连续食用两周，即可发生中毒。1953—1956年，在日本熊本县水俣湾地区发生的水俣病就是慢性汞中毒，当地居民长期食用该湾中含甲基汞极高的鱼、贝类而引起的一种著名的公害病。以神经系统损伤为主，典型的特异性体征是末梢感觉障碍，视野向心性缩小，听力障碍及共济运动失调。严重者出现精神紊乱，进而疯狂痉挛死亡。如患者是生育期妇女，摄入不同量的甲基汞，可影响胎儿的健康，或流产、死产，或者患先天性水俣病。

(2) 镉

镉是一种微蓝色的银白色金属，密度8.65g/cm³，熔点320.9℃，沸点767℃。易溶于稀硝酸、热硫酸和氢氧化铵。在工业上用途较广泛，各种含镉工业三废排放后，通过多种途径最终污染水体。水中的镉经生物富集作用由食物链转移至人体内，引起中毒。

① 食品中镉的来源　食品一般都含有少量镉，但由于品种不同，含镉量变动较大。植物性食品含镉量较少，大多数低于0.05mg/kg；动物性食品含镉量比植物性食品略高一些，内脏含镉量明显比肌肉高；含镉量最高的是海产甲壳类食品，如梭子蟹0.05～0.6mg/kg，蚶子0.11～3.97mg/kg。用含镉污水灌溉农田，镉可被有机质吸附或黏土黏附而蓄积于土壤中，土壤中的镉再被农作物吸收，是食物中镉的主要来源之一。食品加工、储存容器或食品包装材料含镉，可溶出于食品中。

② 镉对食品安全的危害　镉主要是通过消化道和呼吸道进入人体，估计每人每天从食

物中摄入镉10～80μg，从水中摄入2～4μg，从空气中吸入0.24μg。镉进入人体后，由血液带到各个脏器中，最后蓄积在肾脏和肝脏，肾脏含镉量占全身蓄积量的1/3，肝脏占1/6。镉在血液中主要与低分子的胞浆蛋白结合，形成金属硫蛋白，其功能是捕获和储存机体必需微量元素，也捕获有毒金属。镉与金属硫蛋白结合后，由血液带到肾脏，经肾小球过滤进入肾小管或排出体外，或者重新吸收。肾脏是镉的靶器官，当肾中镉浓度达到200～300mg/kg（湿重）时，就会引起肾损伤，尿镉、尿蛋白排出量增加。镉在体内生物半衰期很长，约16～31年，可在体内蓄积，故慢性毒作用明显。镉摄入体内后，大部分通过粪便排出，其次由尿、汗、乳、毛发等途径排泄。镉不是人体必需元素，进入人体后，干扰铜、锌、钴等必需元素的正常代谢，抑制某些酶系统，大量摄入可引起急性中毒。主要表现为消化道症状。镉除了引起急性、慢性中毒外，经动物试验还有致癌、致畸、致突变作用。

(3) 铅

铅是一种柔软略带灰白色的重金属，密度11.3g/cm^3，熔点327℃，沸点525℃。加热到400～500℃时即有大量铅蒸气逸出，在空气中迅速氧化、冷凝为铅烟。铅的氧化物多以粉末状态存在，其在酸性条件下溶解度升高。铅及其化合物在工农业生产中应用广泛，如蓄电池及颜料工业的熔铅和制粉、制药、汽油防爆剂、塑料稳定剂等；杀虫剂、陶瓷等。

① 食品中的铅来源

a. 食具、容器、食品包装材料：用内壁有花饰的陶瓷或搪瓷容器，因原料中含有铅，盛放酸性食物易造成污染；罐头食品因马口铁和焊锡含有铅，当涂料脱落时，铅易溶出迁移于食品中。印刷食品包装材料用的油墨、颜料等也含有铅，在一定条件下，也可成为污染食品的来源。

b. 食品加工用的机械设备：食品加工用的机械设备、管道等含铅，有些非金属如聚氯乙烯塑料管材，用铅作稳定剂，在一定条件下，铅会逐渐迁移于食品中。

c. 食品添加剂：有些非食品用化工产品，含有铅和其他杂质，用作食品添加剂，可造成食品的污染。某些食品加工时，虽不直接接触铅，但随着时间的延长也会逐渐渗透进去，如加工皮蛋（松花彩蛋）时，要放黄丹粉（氧化铅），铅会透过蛋壳迁移到食品中，加入量过多，蛋白上出现黑斑，含铅量高。

d. 汽油燃烧：汽车尾气排放在空气中的铅逐渐沉降，或随雨落到地面，使农作物遭受污染。据报道，车辆行驶繁忙公路两旁的农作物，含铅量可高达3000mg/kg。

② 铅对食品安全的危害　人体每日从食品、水中摄入的铅约0.3～0.4mg，其中90%随粪便排出。约5%～10%被吸收经肝静脉入肝，一部分由胆汁排入肠内，随粪便排出。血液中的铅约90%与红细胞结合，10%在血浆。血浆中的铅由可溶性磷酸氢铅和与血浆蛋白结合铅两部分组成。血液中的铅初期分布于肝、肾、脾、肺等器官中，以肝、肾浓度最高，数周后约有95%的铅离开软组织以不溶性的磷酸铅形式缓慢地沉积于骨、毛发、牙齿等。人体内90%～95%的铅存于骨内。骨中铅比较稳定，其半减期约为27年。当食物中缺钙或因感染、饮酒、外伤和服用酸碱药物而造成酸碱平衡紊乱时，均可使骨内不溶性的磷酸铅转化为可溶性磷酸氢铅进入血液，常可引起铅中毒症状急性发作。慢性中毒主要表现对神经系统、消化系统和血液系统的损害。铅可导致血红蛋白合成障碍，引起低色素正细胞型贫血；可致肠壁和小动脉壁平滑肌痉挛引起腹绞痛、暂时性的高血压、铅面容、眼底动脉痉挛与肾小球滤过率减低；使大脑皮层兴奋和抑制过程失调，导致一系列神经系统功能障碍，严重者致垂腕。血铅可通过胎盘进入胎儿，乳汁内的铅可进入婴儿体内，影响子代。

(4) 铬

铬是一种铜灰色、有光泽、质坚、耐腐蚀的金属，熔点1615℃，沸点2200℃。二价铬极不稳定，易氧化成高价铬；在酸性条件下，六价铬易还原成三价铬，在碱性环境中，低价铬可氧化成重铬酸盐。铬及其盐类不溶于或稍溶于水，除三价铬外，也不溶于醇、醚等有机溶剂。参与正常代谢的主要是三价铬，六价铬可在体内起毒性作用，并可还原成三价铬。铬也是植物体内不可少的元素，小量铬可以刺激植物增产，含铬量过高，可以危害植物生长。

① 食品中铬的主要来源　自然界、水、土壤，植物、动物体内都有铬。美国调查863份土壤，含铬1～1500mg/kg；我国对23种不同类型土壤进行分析，含铬量为17～270mg/kg，一般蔬菜水果含铬量在0.1mg/kg以下；南非某地土壤中含铬量高达1370～2740mg/kg，种植的柑橘发生萎黄病；畜禽肉由于生物浓缩作用，含铬量往往比植物高，但一般不超过0.5mg/kg。含铬废水和废渣是食品主要污染来源，尤其是皮革厂下脚料含铬量极高，污泥含铬量为0.32%～3.78%。用这种污水灌溉农田后土壤和农作物籽实中含铬量随灌溉水的浓度及污灌年限而增加。当污灌水中铬浓度低于0.1mg/L时，水稻、小麦的残留和土壤中积累与对照无明显差异。超过0.1mg/L时，谷壳占5%。如六价铬超过10mg/L水稻生长受抑制，超过5mg/L时，小麦生长受抑制。食品中铬也可由于与含铬器皿接触而增加，特别是酸性食物与金属容器接触，该容器所含微量铬可被释放出来，增高食品含铬量。

② 铬对食品安全的危害　铬可以通过食物、水、空气进入人体，其中以食物为主。每人每天从食物中摄入量100～900μg。六价铬的毒性比三价铬大100倍，经口进入体内的铬主要分布在肝、肾、脾和骨内。铬盐在血液内可形成氧化铬，血红蛋白变为高铁血红蛋白，因而红细胞携氧的能力发生障碍，血氧含量减少，发生内窒息，人口服铬酸盐（红矾）致死量为6～8g。三价铬是机体的必需微量元素，成人每天需要约100mg，缺少时糖耐量受损，严重时可导致糖尿病和高血压。动物试验表明饮食中缺少铬时，胆固醇血糖相对升高，糖耐量不正常，出现粥样硬化症，与人类相似。据报道死于冠状动脉阻塞的人动脉铬含量极少。有报道，分析肿瘤患者组织中各种微量元素的含量，发现患者肝、肺、肾中的铬较正常人高，但是否与铬有直接相关，尚不能确定。

2.3.2.3　非金属污染物及其化合物的污染

(1) 砷

砷俗称砒霜，元素砷有三种同分异构体，其中的灰色结晶体具有金属特性。相对密度（比重）5.727（14℃），熔点814℃（36个大气压下），不溶于水，溶于有机硝酸及王水。砷的蒸气在空气中表面很快会氧化，自然界中主要以砷化物存在，在工业和医药上用途很广。最常见的是三氧化二砷，俗称砒霜或白砒，为无臭无味的白色粉末，常与砷酸钙、亚砷酸钠等用于农业杀虫。

① 食品中砷的来源　砷普遍存在于环境和植物、动物体内，农田中平均含砷量约5mg/kg，淡水中含砷大部分在0.01mg/L。一般食品中含少量砷如稻谷0.28mg/kg，米0.14mg/kg，蔬菜0.04mg/kg，畜肉0.013mg/kg，调味品（酱、酱油、醋）95%样品含砷量在0.5mg/kg以下；水生生物特别是海洋生物，对砷有较强的富集能力，含砷量略高。食品污染主要来源为：误食含砷农药拌的种子；误把砒霜当面碱或盐而食用；滥用含砷杀虫剂喷洒蔬菜、果树，致砷在食物中残留过高；盛放过砷的容器、用具污染了食品等。

② 砷对食品安全的危害　元素砷没有毒性，砷及其可溶性化合物均有剧毒。三价砷化物的毒性比五价的高。砷引起成人中毒剂量约为5～50mg，致死剂量为60～300mg。砷可通过饮水、食物经消化道吸收分布到全身，最后蓄积在肝、肺、肾、脾、皮肤、指甲及毛发内，其中以指甲、毛发的蓄积量最高，可超过肝脏的50倍。体内砷主要以亚砷酸的形式，经肾脏、肠道排出，小部分经胆汁、汗腺、乳腺排泄。不同剂量的砷对人表现出急性中毒、

慢性中毒和一定的致癌作用等。

(2) 氟

氟主要以其化合物的形式广泛存在于自然界。一般食品中含有微量的氟，非污染区粮食中含氟一般低于1mg/kg，蔬菜、水果中含量低于0.5mg/kg，动物性食品的含氟量略高于植物性食品。

造成氟污染食品的主要来源是工业废水、废气、废渣。如矿石开采，有色金属冶炼，煤炭燃烧，磷肥及磷酸盐生产，以及砖瓦、陶瓷、搪瓷、玻璃工业和氟塑料工业等，这些工业在生产中散发出来的氟化物降落到地面、农作物和牧草上，落到土壤中的氟化物，作物通过根部吸收，附着在牧草上的氟化物被禽畜食后进入食物链，对食品造成污染。还有井盐、茶叶氟过高，我国西藏自治区出现过因茶叶氟含量过高饮茶导致的地方性氟中毒。

氟的化合物很多，由于各自的理化性质不同，其毒性差别很大，一般水溶性的毒性大。氟化物在一定量的范围内，为机体所必需。当氟缺乏时，人易发生龋齿。机体对氟的需要量，儿童每日约1～2mg，成人3～4mg。美国、加拿大等有些城市为了减少龋齿的发生，在饮用水中加氟化钠、氟硅酸和氟硅酸钠等氟化物。一般加入量为1mg/L，热天加入量相应减少。长期摄入过量氟，在体内蓄积，可引起氟中毒。有人认为当骨骼中氟化物的蓄积总量达6g时，就会出现骨硬化。氟斑牙的主要表现为牙釉面光泽度改变，釉面着色及釉面缺损；氟骨症主要表现为由腰部开始，逐渐累及四肢大关节至足跟的疼痛，骨质疏松，肢体变形及神经症状。

工业有害物质除汞、镉、铅、砷、氟等外，还有酚、氰化物及多氯联苯等的污染。随着石油化工工业发展，合成化工新工艺的建成，废水中的成分还有氢氰酸、乙腈、丙烯腈油、粉煤灰等物质。用该类废水灌溉农田，会给农作物和卫生带来新的问题。在北方缺水地区合理使用污水，能扩大水源，而且能利用污水中有效成分，有利于农作物的增产，如不适当地灌溉，不仅造成减产，还可以使农作物中有毒成分残留量增加，危害人民健康。

2.3.3 天然有毒有害物质

天然有毒有害物质，是指自然界中动植物本身含有某种天然的有毒成分，或由于贮存不当而产生的某种有毒有害物质。有毒的动植物种类很多，所含有的有毒成分十分复杂，人类食用后可造成不同程度的食物中毒。

2.3.3.1 食品中的*N*-亚硝基化合物

N-亚硝基化合物是强致癌物，20世纪50年代，Heath等人发现65种亚硝胺都有致癌性，其中以二甲基亚硝胺的毒性最大，Magee等用它诱发出了大鼠肝癌。已合成的*N*-亚硝基化合物有100多种，其中80%被证明可使动物致癌，主要导致食道癌、肝癌、鼻咽癌、膀胱癌等。*N*-亚硝基化合物基本结构为N—N═O，包括亚硝胺和亚硝酰胺两大类。

食物中*N*-亚硝基化合物天然含量极微，但亚硝基化合物的前体物质却广泛存在于自然界，包括动植物、水、土壤等，它们通过食物链可在人体形成*N*-亚硝基化合物。食物中*N*-亚硝基化合物的前体物质主要有三类，即胺类（仲胺、伯胺、叔胺、季胺）、亚硝酸盐、硝酸盐，在适宜条件下经亚硝基化反应生成亚硝胺和亚硝酰胺。有机肥料和无机肥料中的氮，由于土壤中的硝酸盐生成菌的作用，可转化为硝酸盐；土壤中如缺乏钼、锰等微量元素，可影响植物代谢，从而抑制含氮物质硝酸盐的同化作用，使植物体内硝酸盐大量蓄积。我国食道癌高发区林县土壤中就缺乏这些元素，是造成植物中硝酸盐蓄积和亚硝胺阳性率增高的一个重要因素。腌制的动物性食品如咸鱼，含有大量亚硝基化合物。若在腌制前已经不新鲜，其中蛋白质分解可产生大量胺；肉制品腌制时，同时加入发色剂亚硝酸盐，再与蛋白质产生的胺反应形成亚硝胺；腌制的蔬菜在腌制前已含大量硝酸盐，腌制过程中，亚硝酸盐含量增高，一周内亚硝胺含量最高；发酵食品如酱油、醋、啤酒中亦可检出亚硝基化合物。

亚硝胺与亚硝酰胺的毒性不同，这与二者稳定性不同有关。亚硝胺主要是造成肝脏损伤，有时胸腹腔血性渗出或肺等器官出血，也有肾小管及睾丸坏死等；亚硝酰胺所致肝中毒病变则较轻，可引起摄入部位的局部损伤。亚硝酰胺可使仔鼠产生脑、眼、肋骨和脊柱的畸形，并存在剂量—效应关系，但亚硝胺的致畸作用很弱。亚硝酰胺也是一类直接致突变物，能引起细菌、真菌、果蝇和哺乳类动物细胞发生突变。用哺乳动物及人体淋巴母细胞证实了一些亚硝胺或亚硝酰胺的致突变性。亚硝胺类还可通过胎盘诱发胎儿畸形，如亚硝酸胺中的甲基及乙基亚硝基脲可使胎儿发生神经系统等畸形；亚硝胺类在妊娠适宜时期给毒，可使子代发生畸形。*N*-亚硝基化合物为强致癌物，可通过呼吸道、消化道和皮肤接触诱发动物肿瘤。反复多次或一次大剂量染毒都能诱发肿瘤，且有剂量—效应关系。

2.3.3.2 食品中二噁英及其类似物

二噁英是一类氯代含氧三环芳烃类化合物。这类氯代化合物的化学特性相似，均为固体，沸点与熔点较高，具有亲脂性而不溶于水。

一般人群对二噁英的接触具有不同的途径，包括直接通过吸入空气与摄入空气中的颗粒、污染的土壤及皮肤的吸收接触、食物链等。二噁英对人体所造成的危害90%是由于膳食摄入而造成的，它易存在于动物的脂肪和乳汁中，因此，家畜、家禽及其产品蛋、乳、肉和鱼类是最容易被污染的食品。二噁英大多在水体中通过水生植物、浮游动植物、食草鱼、食鱼鱼类及鹅、鸭等家禽这一食物链过程，在鱼体和家禽及其蛋中富积。二噁英作为食物链的顶端，人体脂肪组织、血液、母乳常常受到二噁英类化合物的污染。同时，由于环境大气的流动，在飘尘中的二噁英沉降至地面植物上，污染蔬菜、粮食与饲料；动物食用污染的饲料也造成二噁英的蓄积。

2.3.3.3 食品中的苯并芘

多环芳烃类化合物是指两个以上的苯环连在一起的化合物，是最早发现且数量最多的致癌物，在环境中分布广泛，人们能够通过大气、水、食品、吸烟等摄取。苯并芘是多环芳烃中具有代表性的强致癌稠环芳烃，在食品以及食品加工过程中可能存在和产生，构成了食品安全的潜在危害。苯并芘在自然环境中分布很广，正常情况下，食品中的含量甚微，有些食品中苯并芘含量较高，主要是由于环境污染所致，尤其工业废水和烟尘的污染，可使食品中苯并芘含量显著增加。煤炭、石油、木柴等，燃烧不完全，可产生苯并芘，它附着在烟的尘粒中，被排入空气，经逐渐沉降或随雨降落于作物的叶面或土地上，农作物通过叶面或根部吸收。烟尘的污染是食品中苯并芘含量增加的主要原因。生产炭黑、炼油、炼焦、合成橡胶、烧沥青和喷洒沥青等行业的废气、废水中含有大量苯并芘，废水排入江、河、湖、海，通过“食物链”将苯并芘浓缩于水产品中。食品中如熏制品、烘烤制品、海藻类、野菜类、麦类、人造黄油、烧鱼、烧鸡、咖啡及威士忌等，以及食品加工过程中某些设备管道或包装材料均可能被苯并芘污染。烟熏也导致了部分肉制品中较高的苯并芘含量。熏制时食品与烟直接接触，使食品中苯并芘含量比熏前有明显增加。主要熏制品是加工动物性食品，如熏羊肉、熏鳟鱼、鳕鱼、鲳鱼、鳗鱼、熏红肠、火腿等。有的烟熏食品苯并芘含量很高，如国际抗癌研究组织发表的食品中苯并芘含量在熏肉中高达107μg/kg。另外油脂如多次反复加热，可促使脂肪氧化分解产生苯并芘，如炸油条的油。烤制食品时与燃烧产物（煤、木炭、焦炭、煤气和电热产物）直接接触，除烟尘中的苯并芘可污染食品外，有机物质在高温下受热分解，经环化、聚合而形成苯并芘，使食品中苯并芘含量增加，烘烤动物性食品，在烤制过程中滴下来的油经测定比产品中含量高10～70倍。粮食若采用直接烘干的方法进行处理，可使粮食的苯并芘含量增加。

苯并芘可以引起机体免疫抑制反应，表现为血清免疫学指标改变。动物试验表明，烹饪油烟冷凝物对小鼠免疫功能有明显影响。苯并芘也具有致癌、致突变和致畸作用。研究证明，苯并芘依侵入途径和作用部位的不同，对机体各脏器，如皮肤、肺、肝、食道、胃肠等均可致癌。

2.3.3.4 河豚毒素

河豚毒素是河豚鱼的有毒成分，过去把河豚鱼毒素分为河豚鱼卵巢毒、河豚酸、河豚肝脏毒等，是毒性极强的非蛋白类毒素。河豚毒素分子式为 $C_{11}H_{17}N_3O_8$，系五色针状结晶，微溶于水、乙醇，不溶于油脂和脂溶性有机溶剂，河豚的肝、脾、肾、卵巢、卵子，睾丸、皮肤以及血液、眼球等都含有河豚毒素，其中以卵巢最毒，肝脏次之。新鲜洗净鱼肉一般不含毒素，但如鱼死后较久，毒素可从内脏渗入肌肉中。河豚毒素是一种神经毒，对人体的毒作用主要是阻断了神经兴奋传导，使末梢神经和中枢神经发生麻痹。预防河豚鱼中毒最有效的方法是将河豚鱼集中加工处理，禁止零售。新鲜河豚鱼应先去除头、充分放血，去除内脏、皮后，肌肉经反复冲洗，加2%NaClO处理24h，经鉴定合格后方准出售。同时应大力宣传教育，使群众认识河豚鱼、了解河豚鱼有毒，提高对河豚鱼危害性的认识，以防误食中毒现象的发生。河豚鱼的外形较特殊，头部呈棱形，眼睛内陷半眼球，上下唇各有两个牙齿形状似人牙，鳃小而不明显，肚腹为黄白色，背腹有小白刺，皮肤表面光滑无鳞呈黑黄色。

2.3.3.5 含固有自然毒素的植物

将天然含有有毒成分的植物（如毒芹、蓖麻子）或其加工制品当做食品（如桐油、大麻油等），在加工过程中未能破坏或除去有毒成分的植物当做食品（如木薯、苦杏仁等）；在一定条件下，产生了大量的有毒成分的可食植物性食品（如发芽马铃薯等），被人食用后会导致食源性植物中毒疾病。植物中含有的有毒物质是多种多样的，毒性强弱也不一样，有的在加工和烹调过程中可以除去或破坏，有的则反之。根据植物中所含有毒物质的性质，可将植物性食物安全危害大致分为以下几类。

(1) 含生物碱类植物中毒

含生物碱的有毒植物中毒，大多数侵害中枢神经系统及植物神经系统，表现多与中枢神经系统及植物神经系统的功能紊乱有关。潜伏期短，多在进食后2～3h内发病。常见的有：

① 含莨菪碱类植物，如莨菪、曼陀罗等。主要中毒表现为副交感神经抑制及中枢神经兴奋的表现，如口渴、咽喉灼热、吞咽困难、皮肤干热潮红、瞳孔散大、烦躁不安、谵语、痉挛、昏迷，因呼吸中枢麻痹而死亡。

② 含乌头碱类植物，如草乌头及附子等。中毒症状为口腔灼热感、流涎、四肢发麻、恶心、呕吐、呼吸困难、瞳孔散大，脉搏缓而不规则、皮肤冷而黏、面色苍白，可突然死亡。

③ 含吗啡类植物，如罂粟科的白屈菜、山大烟等。中毒症状有呕吐、头痛、失眠、昏睡、瞳孔缩小、呼吸被抑制，呼吸最慢时可至每分钟2～4次，并可见潮式呼吸。此外有血压下降、发绀和昏迷等，严重者可因呼吸麻痹致死。

④ 含其他生物碱类植物，如毒芹（毒芹毒素）、叶底珠（一叶萩碱）、半边莲（山梗菜碱）、烟草（烟碱）等。

(2) 含毒苷类植物中毒

苷类在自然界分布很广，尤以植物的果实、茎皮、根部中含量为最多，有的植物的花和叶中也含苷类。常见的几种含毒苷类植物中毒如下。

① 含氰苷类植物，如杏、桃、李、荔枝等果实的核仁中，大戟科木薯的叶子和块根部分也含氰苷。含氰苷类植物中毒的潜伏期较其他毒苷类或毒性蛋白类植物中毒为短，比无机氰化物中毒长。中毒表现：除胃肠道症状外，主要为组织缺氧症状，如疲倦、呼吸困难、心悸、头痛、头昏、昏迷、抽搐等，严重者往往很快因呼吸中枢麻痹而致死。

② 含强心苷类植物，多存在于夹竹桃科（夹竹桃）、萝摩科（白薇、杠柳）、百合科（绵枣儿、玉竹、铃兰）、玄冬科、卫矛科、十字花科等的植物中。强心苷类对心脏有选择性作用，中毒表现为头痛、头晕、恶心、呕吐、腹痛、腹泻、烦躁、谵语等症状；其后四肢冰冷而有汗、脸色苍白、心律不齐、瞳孔散大、对光不敏感；继而出现痉挛、昏迷，因心跳停止而死亡。

③ 含皂苷类植物，如苜蓿、穿山甲等。是一类复杂的化合物，其被水解后，生成糖类和皂苷原，皂苷极易溶于水，亦易与红细胞膜的胆固醇结合成不溶性化合物，因而有溶血作用。皂苷由肾脏排出，故对肾脏有强烈刺激。中毒表现：皂苷对黏膜有强烈刺激性，并能引起神经系统和肾功能的障碍。误食后即引起口腔、舌、咽喉灼热痛，并有流涎、恶心、呕吐、剧烈腹痛、腹泻及血尿、黄疸等。严重者痉挛、心脏衰竭、呼吸困难、昏迷、终至呼吸中枢麻痹而死亡。

④ 含蒽醌苷类植物，如大黄、茜草根、水蓼等。中毒症状主要为剧烈腹痛、腹泻，孕妇易流产。

(3) 含毒性蛋白类植物中毒

毒蛋白主要存在于种子中，如蓖麻籽、苍耳籽等。毒蛋白有剧毒，易损害肝、肾实质细胞，使其发生混浊肿胀、出血及坏死等。含毒蛋白类植物中毒的潜伏期一般较长，预后比较严重。食后数小时至2～3d发病。中毒主要表现为恶心、呕吐、腹痛、腹泻或便秘、黄疸、抽搐、呼吸困难、少尿、无尿或血尿、昏迷、休克，最后因呼吸、循环及肾功能衰竭而死亡。

(4) 其他有毒植物中毒

有毒植物中毒，除按上述有毒成分进行分类外，尚有含酚类植物中毒，如棉籽及未精制棉子油中含棉酚、大麻子及大麻油中含大麻酚。此外，还有含内酯、萜类植物中毒及含毒成分不清的有毒植物中毒。

(5) 毒蕈中毒

蕈即蘑菇，蘑菇在我国资源很丰富，自古以来是一种很珍贵的食品。因为蘑菇具有独特风味，且有一定的营养价值，有些尚可作为药用，如中药茯苓，亦属于蕈类。在我国目前已鉴定的蕈类中，可食用蕈近300种，有毒蕈类100多种；其中含有剧毒可致死的不到10种，多散发在高温多雨季节。毒蕈的有毒成分较复杂，常有一种毒素分布于几种毒蕈中，或一种毒蕈含有多种毒素，几种有毒成分同时存在，可互相拮抗或相互协同。往往由于个人或家庭采集野生鲜蕈缺乏经验而误食而中毒，症状较复杂，如不及时抢救，死亡率较高。误食有毒蘑菇是引起食物中毒的主要原因。为预防毒蕈中毒的发生，可以借鉴一些传统的经验，如色泽鲜艳，菌盖上长疣子，蕈柄有蕈环、蕈托，不生蛆、不被虫咬，有腥、辣、苦、酸、臭味，碰坏后容易变色或流乳状汁液的是毒蕈；煮时能使银器或大蒜、米饭变黑的也是毒蕈。最根本的方法是切勿采摘自己不认识的蘑菇食用，毫无识别经验者，千万不要自采蘑菇。

2.4 物理性危害及控制措施

2.4.1 食品中的物理性危害及其种类

物理性危害包括任何在食品中发现的不正常的有潜在危害的外来物。例如食品与金属的接触，特别是机器的切割和搅拌操作及使用中部件可能破裂或脱落的设备，如金属网眼皮带，都可使金属碎片进入产品。此类碎片会对消费者构成危害。

当一个消费者误食了外来的材料或物体，可能引起窒息、伤害或产生其他有害健康问题。物理性危害是消费者经常投诉的问题。因为伤害立即发生或吃后不久发生，并且伤害的来源是经常容易确认的。

以下是在食品中能引起物理危害的主要种类及来源：

① 玻璃、罐、灯罩、温度计、仪表表盘等；

② 石块、装修材料、建筑物等；

③ 塑料、包装材料、原料等；

④ 珠宝、首饰、纽扣等；

⑤ 放射性物质、食品超剂量辐照等；

⑥ 其他外来物。

2.4.2 物理性危害的预防措施

2.4.2.1 应用于监察食品原料的方法

可通过视觉方法检查（最常用也是较有效的方法）、金属探测器、瓶底及瓶边扫描仪、X光照射等方法进行食品原料中物理性危害的检查。

2.4.2.2 应用于监察食品生产过程中的方法

① 建立完善的设施设备定检、巡检制度，经常检查及维修用具，确保设备正常运转，避免虫害的出没。

② 拆除包装、处理食物和包装食物的地点要分隔清楚，并且要经常保持整齐清洁，拆下的包装物要及时处理或弃掉，以免滋生害虫。

③ 加工过程中操作间光线要充足，以便察觉异物，尤其是以玻璃瓶包装食物的工作间。

④ 操作过程中使用小竹杆、牙签这类物品时要特别小心，这些用品的处理和存放方式要有条理，以免掉进食物中。

⑤ 员工工装要合乎标准，工作时严禁佩戴饰品，要有良好的工作习惯，不携带不必要的东西（零食等）进入操作间。

⑥ 鼓励员工在工作中发现问题或怀疑有污染可能时，要及时向管理者报告，及时采取补救检查措施。

2.4.2.3 能够减低物理性危害的措施

① 建立完善的食品安全计划，从原料采购、验收、储存、加工的每个环节制定完善的标准制度、流程，培训员工熟知。

② 加强规范流程执行情况的检查，及时发现问题并纠偏，并形成显性文字性案例以培训员工改善，进而杜绝类似事件发生。

③ 定期维护硬件设备，创造良好的生产加工环境。

课后思考题

1. 食品中存在的生物性危害主要有哪些？
2. 常见细菌性危害的防治方法。
3. 当前我国食品行业的化学性危害有哪些特点？

第3章

食品种植与养殖中的安全控制技术

3.1 良好农业规范(GAP)

3.1.1 良好农业规范(GAP)概述

3.1.1.1 基本概念

良好农业规范(Good Agricultural Practice,GAP),是一套主要针对初级农产品生产的操作规范。GAP是以可追溯性为核心,以农产品生产全程质量控制为重点,以危害分析与关键控制点(HACCP)、可持续发展为基础,关注环境保护、员工健康、安全和福利,保证农产品生产安全的一套规范体系。它通过规范种植/养殖、采收、清洗、包装、贮藏和运输过程管理,鼓励减少农用化学品的使用,实现保障初级农产品的质量安全、可持续发展、环境保护、员工健康安全以及动物福利等目标。GAP强调从源头抓起解决农产品、食品安全问题,是提高农产品生产全过程质量安全和管理水平的有效手段和工具。GAP标准主要涉及作物种植、畜禽养殖和水产养殖等各个农业领域。

3.1.1.2 产生的背景

(1) 现代农业存在的问题

近年来,各类农产品安全事件使人们清楚地认识到食品安全是食品链中各类组织共同的责任,食品安全的管理也应该是覆盖食品链各过程的系统工程,与食品链中的各类组织,包括饲料生产者、农产品初级种植、养殖者,以及食品生产制造者、运输和仓储经营者、零售分包商、餐饮服务与经营者以及其他有关组织和相关服务提供者等有着密切的关系。在这些环节中一个很重要的领域就是食品链前端的初级种植、养殖农业生产经营者对生产的管理和食品安全的控制,缺少了这一过程的管理标准,缺少了GAP的实施,食品安全全过程的控制就难以实现。

同时,由于农业生产经营不当导致的问题,以及大量农用化学品的使用对环境产生了严重影响，导致土壤板结，土壤肥力下降，建立可持续发展的农业生产方式已得到广泛的认可和支持。

(2) GAP 为促进现代农业发展，提高农业综合生产能力提供了新的保障方式

GAP 是针对农业生产（包括作物种植和畜禽养殖）的管理控制模式，它通过对种植、养殖、采收、清洗、包装、贮藏和运输等农事活动进行全过程系统化控制，实现农产品质量安全以及环境保护和可持续发展等目标。GAP 逐步受到政府、种植业、养殖业、食品加工业、食品零售业和消费者的关注，也越来越得到各国官方管理机构和民间组织的重视，并以政府和行业规范的形式得到建立和发展。利用 GAP 标准的推广应用来加强农产品的质量安全管理，保障农业的可持续发展已经成为现代农业管理的发展方向。

(3) GAP 的应用在国际上得到共识

1998 年，美国 FDA 和美国农业部（USDA）联合发布了《关于降低新鲜水果与蔬菜微生物危害的企业指南》。在该指南中，首次提出良好农业规范概念。欧洲零售商协会（Euro-Retailer Produce Working Group，EUREP）于 1997 年发起成立了 EurepGAP（欧盟良好农业规范）委员会，组织零售商、农产品供应商和生产者制定了一个包括对食品可追溯性、安全、环境保护、员工福利和动物福利等要求的符合性标准，成为后来的 EurepGAP 标准。2001 年 EUREP 秘书处首次将 EurepGAP 标准对外公开发布，2005 年正式发布了第二版，2007 年 9 月 EurepGAP 更名为 GLOBALGAP（全球良好农业规范），并发布了第三版。该规范的制定，极大地促进了良好农业规范的发展。目前，美国、英国、德国、法国、加拿大、澳大利亚、瑞士、新西兰、智利、日本、新加坡、泰国等国家和地区相继制定了 GAP 标准和法规，实现了从源头抓起，全程控制农产品的质量与安全。

3.1.1.3 我国良好农业规范（ChinaGAP）的产生与发展

(1) GAP 标准的起草与发布

为改善目前我国农产品的生产状况，提高农产品安全性，增强消费者的信心，促进农产品出口，国家认证认可监督管理委员会于 2003 年 4 月首次提出在我国食品链源头建立“良好农业规范”体系，并于 2004 年组织质检、农业、认证认可行业专家启动了 GAP 标准的编写和制定工作，在欧盟良好农业规范（EurepGAP）的基础上建立我国良好农业规范（ChinaGAP）合格评价体系。

2005 年 12 月 31 日，我国发布了第一批《良好农业规范》（GB/T 20014.1～20014.11—2005）系列国家标准，2006 年 5 月 1 日起正式实施，涵盖大田作物、水果、蔬菜、牛羊、奶牛、猪和家禽等种植业、养殖业的主要产品。为了进一步完善我国良好农业规范标准体系，受国家标准化管理委员会（以下简称标委会）委托，在首批标准发布的基础上，国家认证认可监督管理委员会（以下简称认监委）组织有关方面的专家起草完成了茶叶和水产等 13 项第二批良好农业规范国家标准，第二批标准于 2008 年 2 月 1 日发布。根据第一批标准的实施情况，2007 年对 GB/T 20014.2～20014.10—2005 进行了修订，修订后的标准于 2008 年 5 月发布，2008 年 10 月 1 日起正式实施，至今已发布实施了 24 项 GAP 国家标准。

2006 年 1 月 24 日，国家认监委发布《良好农业规范认证实施规则（试行）》（国家认监委 2006 年第 4 号公告），用于规范认证机构开展作物、水果、蔬菜、肉牛、肉羊、奶牛、猪和家禽生产的良好农业规范认证活动，这标志着我国良好农业规范国家认证制度正式建立。

2007 年 7 月 GLOBALGAP 标准修订，2007 年 8 月根据 GAP 试点工作的有关情况，为了配合茶叶、水产良好农业规范认证工作开展和国际互认的需要，对《良好农业规范认证实

施规则（试行）》（CNCA-N-004：2006）进行了修订，发布了《良好农业规范认证实施规则》（CNCA-N-004：2007）。

我国GAP标准的建立考虑了我国的农业生产特点，将认证分为2个级别的认证：一级认证与GLOBALGAP的要求一致；二级认证考虑了我国实际农业生产要求。标准体系的创新既保证了我国农业生产的适用性，也为消除国际贸易壁垒奠定了基础。

(2) GAP认证的实施与试点

自良好农业认证制度建立以来，我国实施了大量的推广和试点工作，得到了国家广泛的关注和肯定。国务院在2006年和2007年连续两年的全国食品安全专项整治行动中，都明确提出要开展和加强GAP标准的认证试点实施工作，并在2007年正式写入中央一号文件，将实施GAP作为党中央、国务院积极发展现代农业，推进社会主义新农村建设的重要措施之一。

国家认监委会同国家标准委组织专家出版了《良好农业规范实施指南》（一）、（二）国家标准统一宣传教材，并培训了一批良好农业规范师资队伍和检查员队伍。国家认监委和国家标准委于2007年和2008年先后在我国23个省、市、自治区的522家企业开展了良好农业规范认证和标准化试点活动。至2008年9月，共有295家企业获得ChinaGAP良好农业规范认证证书。

(3) 国际交流和合作

为推进我国GAP的发展，加强与国际相关组织的交流，促进农产品出口，国家认监委与EurepGAP委员会签署了《认监委与EurepGAP/FoodPLUS技术合作备忘录》和《ChinaGAP认证体系与EurepGAP认证体系基准性比较问题谅解备忘录》，目前正在按照GLOBALGAP基准性比较程序开展ChinaGAP认证体系与GLOBALGAP认证体系基准性比较工作。根据备忘录的规定，ChinaGAP与GLOBALGAP经过基准性比较及互认的相关工作后，ChinaGAP认证结果将得到国际组织和国际零售商的承认，我国良好农业规范一级认证等同于GLOBALGAP认证。通过ChinaGAP一级认证的产品（果蔬和茶叶）可以加贴GLOBALGAP标准，出口到欧洲，避免二次认证。我国GAP认证结果国际互认，对促进我国农产品扩大出口将具有积极作用。

3.1.2 良好农业规范（GAP）标准介绍

3.1.2.1 良好农业规范（GAP）系列标准简介

GB/T 20014《良好农业规范》分为以下24个部分：

——GB/T 20014.1—2005 第1部分：术语；

——GB/T 20014.2—2008 第2部分：农场基础控制点与符合性规范；

——GB/T 20014.3—2008 第3部分：作物基础控制点与符合性规范；

——GB/T 20014.4—2008 第4部分：大田作物控制点与符合性规范；

——GB/T 20014.5—2008 第5部分：水果和蔬菜控制点与符合性规范；

——GB/T 20014.6—2008 第6部分：畜禽基础控制点与符合性规范；

——GB/T 20014.7—2008 第7部分：牛羊控制点与符合性规范；

——GB/T 20014.8—2008 第8部分：奶牛控制点与符合性规范；

——GB/T 20014.9—2008 第9部分：猪控制点与符合性规范；

——GB/T 20014.10—2008 第10部分：家禽控制点与符合性规范；

——GB/T 20014.11—2005 第 11 部分：畜禽公路运输控制点与符合性规范；
——GB/T 20014.12—2008 第 12 部分：茶叶控制点与符合性规范；
——GB/T 20014.13—2008 第 13 部分：水产养殖基础控制点与符合性规范；
——GB/T 20014.14—2008 第 14 部分：水产池塘养殖基础控制点与符合性规范；
——GB/T 20014.15—2008 第 15 部分：水产工厂化养殖基础控制点与符合性规范；
——GB/T 20014.16—2008 第 16 部分：水产网箱养殖基础控制点与符合性规范；
——GB/T 20014.17—2008 第 17 部分：水产围栏养殖基础控制点与符合性规范；
——GB/T 20014.18—2008 第 18 部分：水产滩涂、吊养、底播养殖基础控制点与符合性规范；
——GB/T 20014.19—2008 第 19 部分：罗非鱼池塘养殖控制点与符合性规范；
——GB/T 20014.20—2008 第 20 部分：鳗鲡池塘养殖控制点与符合性规范；
——GB/T 20014.21—2008 第 21 部分：对虾池塘养殖控制点与符合性规范；
——GB/T 20014.22—2008 第 22 部分：鲆鲽工厂化养殖控制点与符合性规范；
——GB/T 20014.23—2008 第 23 部分：大黄鱼网箱养殖控制点与符合性规范；
——GB/T 20014.24—2008 第 24 部分：中华绒螯蟹围栏养殖控制点与符合性规范。

3.1.2.2 良好农业规范标准的内容

目前发布的 24 个良好农业规范系列国家标准中，除了第 1 部分术语外，其他按照使用范围和领域的不同，可以分为农场基础标准、种类标准（作物类、畜禽类和水产类）、产品模块标准（大田作物、果蔬、茶叶、肉牛、肉羊、猪、奶牛、家禽、罗非鱼、大黄鱼等）。种类模块、基础模块和产品模块的关系见图 3-1。

(1) 农场基础标准

农事活动离不开农场，因此农场作为所有农事活动的基础，制定了统一的要求。除了农场应该具备满足农事活动要求的员工、生产用房、生产机械、工具等之外，还提出了在进行良好农业规范操作时尤其要关注农场的选址和历史（包括从事农业活动的风险评估和与种养殖活动的适宜性）、农场边界的设定及建立标志标识、有害生物的防治措施和记录，以及对员工健康安全和环境保护的关注。标准中包含的具体要求有：记录的保持和内部审核，农场历史和管理，场内机械设备，员工健康安全和福利以及培训的要求，垃圾和污染物的管理回收与再利用，环境保护，抱怨等。

农场基础标准是一个通用模块，提出的控制点和符合性规范是对所有农产品种植、养殖过程的要求，即适用于作物、畜禽、水产养殖等各项活动。在进行我国良好农业规范认证时，申请企业必须按照农场基础模块的要求进行种植、养殖管理，认证机构也必须对这一模块的符合性进行检查。

(2) 种类标准

种类标准主要包括作物、畜禽和水产养殖，由于水产养殖在实际操作中因养殖环境和养殖模式的不同，可进一步细分为池塘、网箱、围栏、工厂化和滩涂、吊养、底播等，因此这些基础标准也是种类标准。种类标准在农场标准的基础上，突出了对可追溯性的要求。

作物基础控制点与符合性规范中，在作物的选种、土壤肥力保持、田间管理、植物保护产品的选择和处理以及收获和收获处理、加工（茶叶）等方面提出了要求，其中对植物保护提出了化学品选择、使用记录、安全间隔期、使用器械、剩余药液处理、残留分析、存储和处置、使用过的植保产品容器和弃用的植保产品的妥善标识和处置等诸多具体的要求，以实施对植保产品等全过程控制，降低由此产生的风险。

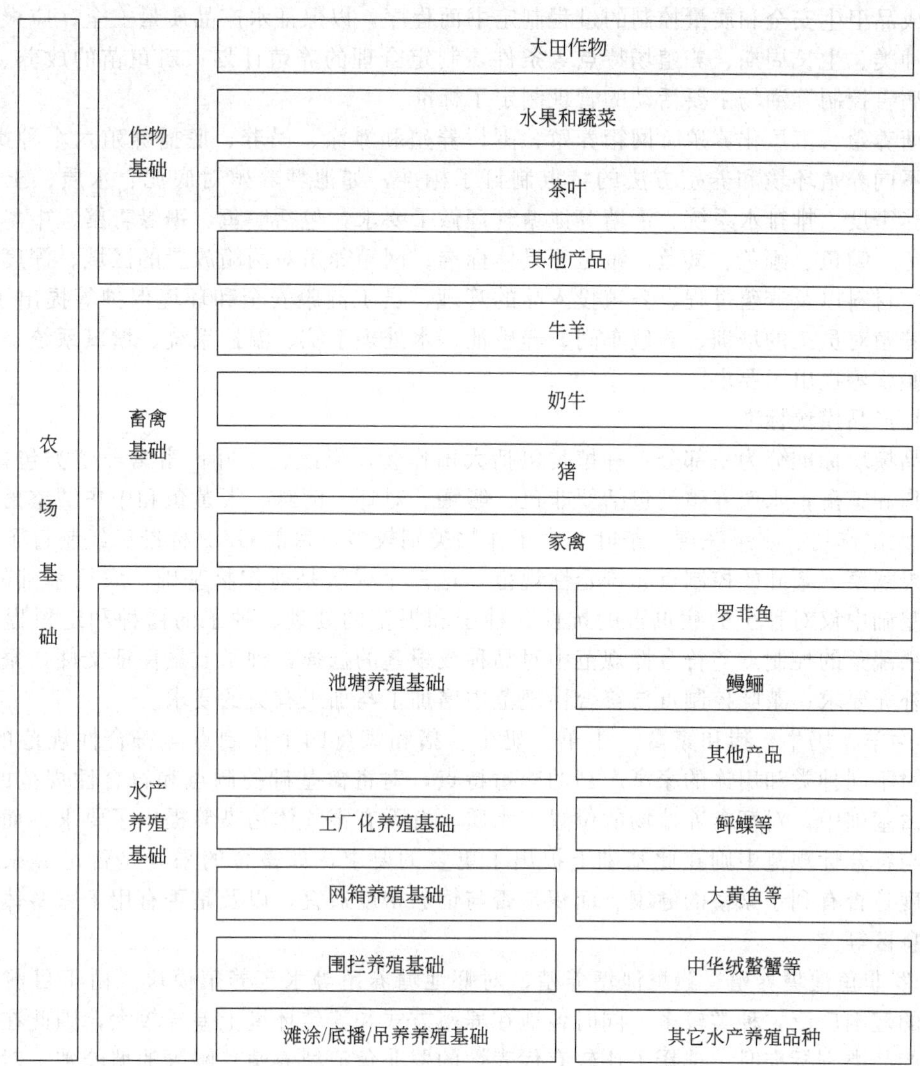

图 3-1　基础模块、种类模块和产品模块的关系图

畜禽基础控制点与符合性规范中，对农场中畜禽舍的位置、朝向、布局、设备、设施、清洁、光照、采暖、通风、饮水、排泄物的综合利用等具体要求，为保证动物福利提供了可能。在动物饲料方面，畜禽基础标准对外购饲料、自制饲料、草料、动物源性饲料、鱼粉和加药饲料等都提出了保持可追溯性等方面的要求。畜禽基础标准还系统制定了畜禽健康和用药的要求，以及兽药的选择、购买、使用、休药期的规定、兽药残留的检测等均提出了要求。具体要求有：畜禽舍的地址、设备和设施、员工的能力、畜禽种源标识、饲料和饮水、畜禽健康、用药病死畜禽的处理等。

水产养殖基础控制点和符合性规范中，规定了渔场的厂址设备设施、水产养殖投入品（鱼苗、化学品、鱼药、疫苗、渔用饲料）、水产养殖管理（养殖计划、鱼苗放养、转移管理、卫生管理、病害防治、病死养殖动物处理、药残控制、收获、冰的卫生、包装和运输、动物福利、灾害防治）、环境保护等。规范中突出了法规和体系与养殖管理的重要性，规定所有养殖活动应符合国家和行政主管部门的规定的食品安全法规要求，新建或改扩建养殖场应经有关行政主管部门批准；养殖场还需要建立从养殖场成品到苗种的可追溯性体系，对涉及养殖成品卫生安全和质量控制的过程制定书面程序，以保证水产品质量安全；应根据养殖对象和种类、生长周期、养殖场特点等条件，制定合理的养殖计划；对鱼苗的放养、转移、卫生、病害控制等渔场主要活动的管理制定了标准。

池塘养殖、工厂化养殖、网箱养殖、围栏养殖和滩涂、吊养、底播养殖六个种类标准，分别就不同养殖环境和养殖方法的特点制订了标准，如池塘养殖对底泥、水质、土壤重金属、放养密度、排排水系统、清塘等池塘管理做了要求，包括鲈鱼、锯缘青蟹、中华鳖、青鱼、鲢鱼、鳙鱼、鲤鱼、鲫鱼、鳊鱼等具体标准；网箱养殖对网箱放置的区域、深度、网箱的大小、材料以及养殖过程、养殖投入品的管理、员工健康安全和环境保护等提出了要求；工厂化养殖对员工的培训、养殖车间、养殖池、水处理系统、温控系统、增氧系统、供电系统、实验室等提出了要求。

(3) 产品模块标准

产品模块标准分为三部分：种植类包括大田作物、果蔬、茶叶；畜禽养殖类包括牛羊、奶牛、猪和家禽；水产养殖类包括罗非鱼、鳗鲡、对虾、鲆鲽、大黄鱼和中华绒螯蟹等。

① 大田作物、水果蔬菜、茶叶　由于作物类别较多，目前GAP标准已经制订了大田作物、水果蔬菜、茶叶的控制点和符合性规范，这三个模块是对作物基础、农场基础的补充。如作物基础中仅对种子的病虫害的抗性、种子和根茎的处理、种子的播种和定植提出了要求；水果蔬菜的控制点与符合性规范中对品种或根茎的选择，种子质量保证文件，繁殖材料提出了补充要求；茶叶控制点与符合性规范中增加了与加工有关的要求。

② 牛羊、奶牛、猪和家禽　牛羊、奶牛、猪和家禽四个控制点与符合性规范的制定，也是针对不同种类和用途的家禽产品的养殖特点，对畜禽基础控制点和符合性规范的补充。如在畜禽基础中，对畜禽养殖场的位置、水质、有无有害气体污染等提出了要求，而在牛羊控制点与符合性规范中则在此基础上提出了更多的要求，如畜舍的采光是否足够家畜的辨认、温度是否有利于家畜的健康、面积是否与饲养密度适宜，以及是否有用于家畜休息的干燥的休息区等。

③ 罗非鱼池塘养殖、鳗鲡池塘养殖、对虾池塘养殖等水产养殖模块　由于目前我国水产养殖的范围广泛，种类较多，同时各地在养殖方式和养殖环境上差异较大，因此在制定水产养殖产品类别标准时，选择了比较有代表性的罗非鱼池塘养殖、鳗鲡池塘养殖、对虾池塘养殖、鲆鲽工厂化养殖、大黄鱼网箱养殖、中华绒螯蟹围栏养殖，为水产良好农业规范认证的实际操作提供指导。

3.1.2.3 良好农业规范（GAP）标准的使用

在进行良好农业规范认证活动时，需要对相应模块的控制点与符合性规范进行判定。判定时应根据所认证的产品，确定所属范围，并根据产品生产所处的环境，选择适用的基础模块和类别模块。例如，苹果的良好农业规范认证，应选择农场基础、作物基础以及水果和蔬菜模块，对所有控制点与符合性规范进行判定；养猪的良好农业规范认证，应选择农场基础、畜禽养殖基础以及猪模块，对所有控制点与符合性规范进行判定。各种产品所适用的标准见表3-1。

表3-1　各种产品所适用的标准汇总

产品名称	适用标准
大田作物	GB/T 20014.2、GB/T 20014.3、GB/T 20014.4
水果和蔬菜	GB/T 20014.2、GB/T 20014.3、GB/T 20014.5

续表

产品名称	适用标准
茶叶	GB/T 20014.2、GB/T 20014.3、GB/T 20014.12
牛羊	GB/T 20014.2、GB/T 20014.6、GB/T 20014.7
奶牛	GB/T 20014.2、GB/T 20014.6、GB/T 20014.7、GB/T 20014.8
猪	GB/T 20014.2、GB/T 20014.6、GB/T 20014.9
家禽	GB/T 20014.2、GB/T 20014.6、GB/T 20014.10
罗非鱼	GB/T 20014.2、GB/T 20014.13、GB/T 20014.14、GB/T 20014.19
鳗鲡	GB/T 20014.2、GB/T 20014.13、GB/T 20014.14、GB/T 20014.20
对虾	GB/T 20014.2、GB/T 20014.13、GB/T 20014.14、GB/T 20014.21
鲆鲽	GB/T 20014.2、GB/T 20014.13、GB/T 20014.15、GB/T 20014.22
大黄鱼	GB/T 20014.2、GB/T 20014.13、GB/T 20014.16、GB/T 20014.23
中华绒螯蟹	GB/T 20014.2、GB/T 20014.13、GB/T 20014.17、GB/T 20014.24

未列入认证产品目录的产品，《良好农业规范认证实施规则》中规定：各认证机构应当依据良好农业规范系列国家标准对该产品的适用性进行技术分析，并将有关技术分析报告和需补充的相关技术规范报国家认证认可监督管理委员会审定，经批准后方可实施。也就是说，当企业申请认证的产品超出产品目录时，认证机构通过对该产品的适用性进行技术分析，并将有关分析报告和技术规范报国家认证认可监督管理委员会审定，批准后可以进行认证活动。

由于良好农业规范系列国家标准采用了危害分析与关键控制点（HACCP）的方法识别、评价和控制整个农产品种植、养殖过程，因此所有模块的控制点和符合性规范，依据其在实施良好农业规范认证活动中的影响或危害的因素，被划分为1级、2级和3级三个等级。基于危害分析与关键控制点和与此相关的动物福利要求的控制点，定为1级控制点；由此带来的涉及环境保护、员工福利和动物福利的要求，定为2级控制点，基于1级和2级控制点要求的环境保护、员工福利和动物福利的持续改善措施要求，定为3级控制点。不同级别控制点的符合性程度决定良好农业规范认证所达到的水平。所有标准适用的1级控制点都满足要求，同时2级控制点95%以上满足要求，则可以达到良好农业规范认证一级认证水平；所有使用标准的1级控制点有95%满足要求，则达到良好农业规范认证二级认证水平。

控制点数量和等级划分是一个动态过程，随着生产管理水平、经济发展和关注的重点，控制点等级会适当进行修改，比如在2007年标准修订过程中，部分2级控制点升级为1级控制点，3级控制点升级为2级控制点。同时，随着我国政府对能源和资源利用的高度重视，在下次标准修订时，部分涉及能源和资源利用的条款的要求可能会提高。因此，生产者在标准实施过程中，应对3级控制点给予较多的关注，宜尽可能按照标准的要求实施，而不应该不重视3级控制点的要求。

我国良好农业规范标准具有结构合理、体系完整、可操作性强的特点，完善并发展了我国农业标准体系，既体现了与国际接轨的要求，又结合了我国农业发展的现状，达到了国际先进水平。通过GAP标准的实施，将进一步规范我国农业生产经营活动，对提高农产品质量安全，促进我国农业持续健康发展，增加农民收入起到积极的作用。

国家认证认可监督管理委员会已与EurepGAP委员会签署了技术合作备忘录，就良好农业规范技术交流和认证基准性比较等方面达成一致。这将有力推进我国良好农业规范与国际接轨的进程，最终确保我国农产品和食品的质量安全，保护生态环境以及人与动物的安全。

3.1.3 良好农业规范（GAP）管理体系的建立

目前，由于管理的需要或客户的需求，很多农业生产企业开始按照良好农业规范（GAP）标准要求进行生产，建立了科学种养殖技术规范，但从规定内容上看，多数还只是对过程的技术要求，没有涉及管理方面的要求，因此还不算真正意义上的管理体系。对于农业生产经营者组织的管理模式和中国小农户联合种养殖的特殊国情，良好农业规范（GAP）管理体系的建立更显得尤为重要。本小节只针对农业生产经营者组织（选项 2）管理体系的建立进行探讨和引导，对农业生产经营者（选项 1）而言，只需按照 GAP 标准要求编制作业指导书即可，没有建立管理体系的强制要求。

3.1.3.1 农业生产组织 GAP 管理体系建立的准备

(1) GAP 管理体系建立的依据

GAP 管理体系是农业生产经营者组织实施 GAP 管理所必需的过程。一个 GAP 管理体系的建立就是通过对组织内各种过程进行管理来实现的，因而就应明确：过程管理的要求、管理的人员、管理人员职责以及管理所需的资源等。农业生产经营者组织 GAP 管理体系的建立源于国家认证认可监督管理委员会 2007 年第 22 号公告《良好农业规范认证实施细则》附件 4 的要求，共 13 部分，包括：管理和组织机构，组织管理，人员能力和培训，质量手册，文件控制，记录，抱怨的处理，内部审查/检查，产品的可追溯性和区分，罚则，认证产品的召回，认证标准的使用，分包方。

(2) GAP 管理体系建立的准备工作

① 明确组织的合法性　农业生产经营者组织由于某种需求与其他农业生产经营者合作并以组织的形式按照选项 2 的模式建立 GAP 管理体系，同时要求该组织必须是合法注册的实体，如合作社、生产协会、加工企业、贸易公司、农产品种植、养殖公司等，其合法性要以营业执照的方式等形式体现出来。

② 明确组织和合作成员的组织结构　要描述清楚农场、农业生产经营者、农业生产经营者组织的法律依存关系，这是 GAP 管理体系建立的基础。根据我国国情，常见的组织形式有："公司＋农户"，"公司＋加工企业"，"公司＋加工企业＋农户"，"农村专业合作社＋农户"等。

③ 组织与成员签订合作合同　农场/农业生产经营者必须与农业生产经营者组织签订书面合同，以确定其合法的合作关系及明确其责任和利益关系。合同的内容至少包括以下方面：农场/农业生产经营者的名称，联系地址，农场具体位置，遵守良好农业规范要求的承诺，同意遵守组织的文件化程序、方针、规定和技术要求，罚则。合同签订可确保农业生产经营者组织的所有认证产品完全按照良好农业规范标准进行生产。

④ 合作成员向组织进行注册　农业生产经营者与农业生产经营者组织签订合同后，应将农场/农业生产经营者、所有适用模块的场所向农业生产经营者组织注册，填写注册表，且在农业生产经营者组织统一管理下进行生产活动。

3.1.3.2 农业生产组织 GAP 管理体系建立的步骤

(1) 成立 GAP 管理小组，明确 GAP 管理组织结构

由于选项 2 中的申请者是一个由多个农业生产经营者组合在一起的生产模式，其核心管理层的组成至关重要，其不仅担负着整个组织的行政管理，更重要的是负责组织内所有的注

册成员、注册基地、注册产品的技术指导。因此在GAP管理体系建立初期建议企业成立GAP管理小组，负责GAP体系的建立、保持、评审和更新。GAP管理小组成员可由生产、质量保证、卫生、植保或动物防疫、检验、员工福利等方面的人员组成。企业最高管理者应该指定一名GAP管理者代表，并规定其职责和权限：保证GAP管理体系的建立、实施、保持和更新，向最高管理者报告GAP管理体系运行的有效性和符合性，组织实施GAP管理体系的内部审核及对注册成员的内部检查，以此作为体系更新的基础。

(2) GAP管理体系的策划

① 明确GAP体系覆盖的范围，注册成员的注册产品和基地。

② 确定适宜的管理框架，以达到管理的有效性，满足良好农业规范的要求。管理结构至少包括以下人员和（或）部门：农业技术人员和（或）部门，GAP管理体系的管理人员和（或）部门。各部门的职责和义务必须清晰明确，且应形成文件。

③ 制定GAP管理体系的方针和目标，并经最高管理者审批。

④ 确定GAP体系建立的步骤，明确任务、分工、接口和时间安排等事项。

(3) 企业基地、加工现场考察，明确种植、养殖过程，进行初步风险分析

GAP管理小组应根据各注册成员注册的产品和基地以及加工厂进行现场考察，根据生产现场的软硬件条件判断是否符合GAP标准（GB/T 20014）相关技术要求，并对关键生产环节进行初步风险评估，针对高风险环节制定相应的控制措施，如畜禽养殖类，至少作出以下风险评估：新增养殖场所风险评估、员工安全健康风险评估、兽药使用风险评估、饲料添加剂风险评估、药物残留风险评估以及畜禽运输风险评估。

(4) 收集相关法律法规

GAP管理体系除了保证符合国家认证认可监督管理委员会2007年第22号公告《良好农业规范认证实施规则》及GB/T 20014相关控制点和符合性规范外，还应满足我国和出口国的相关法律法规要求，这些是GAP管理体系文件的基础。获取相关法律法规的途径多样化，如官方主管部门、互联网、客户等，收集的法律法规要注意及时更新。

(5) 编写GAP管理体系文件

质量管理体系通常是通过文件化的形式表现出来。编写的质量管理体系文件一方面是为了企业管理和规范每位员工的行为；另一方面又包括企业的作业指导书，指导企业如何去生产、去操作，以及发生问题时如何处理。

文件化是GAP管理体系存在的基础和证据，能规范种、养殖生产和员工的行为，是实现质量目标的依据。GAP管理体系文件具有法规性、唯一性、适用性、见证性等特点。所谓法规性是指GAP管理体系文件一旦批准实施，就必须认真执行，文件如需修改，需要按规定的程序执行，文件是评价GAP体系实际运行符合性的依据。所谓唯一性是指一个企业或组织只能有唯一的GAP体系文件系统，一般一项活动只能规定唯一的程序，一项规定只能有唯一的理解，因此，不能使用重复或无效的版本。所谓适用性是指农场应根据各自的种养殖类型、生产任务和特点，制定适合自身质量方针以及生产特点的、具有可操作性的GAP体系文件。所谓见证性是指各项GAP活动具有可追溯性，并可通过各项记录为社会提供各种GAP活动的公正数据，及时发现GAP体系偏离的未受控环节以及GAP体系的缺陷和漏洞，对GAP体系进行自我监督、自我完善和自我提高。

《良好农业规范认证实施细则》附件44.5.1明确指出，组织建立的体系文件包括：质量手册、程序文件、作业指导书、记录表格和外来文件。

(6) 文件发布，并对各级相关人员进行GAP培训以确保各级人员能力

GAP管理体系文件发放前应得到最高管理者的审批，以确保文件是充分的、适宜的。

文件的发放可根据各层人员的需求进行，尤其对直接从事操作的人员，技术操作规程、农兽药使用要求等作业指导书的发放是必需的。文件发放后需对各级人员进行培训，提高员工的能力，以胜任各岗位的职责要求，增强员工良好的种养殖意识，满足产品的质量需求。

应保证所有注册成员和各岗位员工操作的一致性，若GAP标准运行中出现的修订、法律法规依据变更等情况，应及时更新GAP管理体系文件，并确保相关岗位的员工及时了解。

(7) 基地和加工厂的硬件设备

在编制GAP管理体系文件的同时，组织及各注册成员应按GB/T 20014相关技术标准要求对生产基地和加工厂进行硬件准备。例如果蔬种植应有统一的办公室、农药库、肥料库、工器具库、各种标识牌、洗手消毒设施等。

(8) 组织按文件要求运行GAP管理体系

文件发布后，GAP管理小组应组织各部门及各注册成员运行GAP管理体系，尤其是加入组织时间较短的注册成员更应熟悉并严格按照组织统一的文件进行生产操作。体系运行期至少3个月，运行期适宜安排在农事活动期间。

(9) 实施内部审核

GAP管理体系运行3个月左右，组织可对体系实施内部审核，以验证体系与标准的符合性。内部审核是组织对GAP管理体系所有要素的全面自我审核，主要针对与良好农业操作有关的所有部门。内部审核分为两部分：一是组织对每个注册成员的内部检查，依据GB/T 20014相关技术标准；二是对整个GAP管理体系的内部审核，依据《良好农业规范认证实施规则》附件4要求。

内部审核工作由内部检查员完成，内部审核应确保独立、客观、公正。内部审核应该有完整的审核计划，在审核过程中找出不符合项，确定纠正措施，并跟踪验证，整个过程要有记录，且易于查找。

(10) 重新确认体系文件

组织应根据内部审核的结论对体系文件进行评价、更新、确认、审批并重新发放。注意作废文件的回收，确保各级人员获得唯一有效的文件版本。

3.1.4 良好农业规范（GAP）认证程序

2006年1月24日，国家认证认可监督管理文员会发布《良好农业规范认证实施细则（试行）》（国家认监委2006年第4号公告），2007年7月进行了修订并发布，这标志着我国良好农业规范国家认证制度的正式建立，GAP认证步骤见表3-2，开展良好农业规范活动获取China GAP认证证书流程如图3-2。

表3-2 GAP认证步骤

流程	步骤	认证机构	认证申请人配合工作内容
认证申请	认证意向	提供GAP认证宣传资料	介绍企业基本情况
	申请受理	提供申请表格	提交申请资料
	初访(必要时)	了解申请人的基本情况	介绍申请的基本情况、生产过程及控制
	申请评审	受理申请，给予注册号码	获取注册号码
	认证合同	签署认证合同	签署认证合同、准备外部检查

续表

流程	步骤	认证机构	认证申请人配合工作内容
产品评价	提供产品检测报告	评估提供的产品检测报告是否符合要求	提供产品检测报告
	没有产品检查报告时	现场检查前或现场检查期间进行产品抽样	配合产品抽样，并送到指定的检测机构
检查	检查通知	发送检查通知	确认检查时间、检查组成员
	检查任务	给检查组下达检查任务书	
	检查计划	给申请人发送检查计划	确认检查计划并反馈至检查组长，准备现场检查
	现场检查	检查组实施现场检查	配合检查组做好现场检查
	样品采集（必要时）	检查员与申请认证者一起到现场采样、封样	确定时间、配合采样、封样
	样品检测	委托签约的具备资质的实验室检测	必要时，传递检测报告
	检查报告、验证不符合报告	评价检测结果，形成检查结论、编写检查报告	对不符合实施纠正，分析不符合原因、制定纠正措施、纠正不符合项
	认证推荐	提出推荐或不推荐建议	
	认证审查	审查所需文件资料是否完整	补充材料（如不完整）
合格评定	合格评定	按照评定标准进行评定	补充材料（如需要）
	认证批准	认证批准，颁发证书；不批准认证，发放通知；检查卷宗归档	
	颁证	发放证书和证书标志使用规定	按照合同规定交付费用、确认收到证书、按规定使用证书及标志等
监督管理	跟踪检查	根据认证机构的要求，实施不通知检查	接受不通知的检查
	变更（需要时）	场地扩大或搬迁、产品类别扩大，检查依据变更	提出变更申请，确认相关费用、提供必要信息和文件、配合认证机构检查
复评		受理客户换证申请	证书有效期期满前3个月提出复审换证申请，与初次申请工作流程相同

3.1.5 良好农业规范认证证书和标志的使用

良好农业规范认证标志的使用应符合《认证证书和认证标志管理办法》（国家质检总局2004年第63号令）的规定，认证标志式样见图3-3。

申请人在获得认证机构颁发的认证证书后可以在非零售产品的包装、产品宣传材料、商务活动中使用认证标志。认证标志使用时可以等比例放大或缩小，但不允许变形、变色；在使用认证标志时，必须在认证标志下注明认证证书编号。

认证证书持有人应对认证证书和认证标志的使用和展示进行有效的控制，并保存使用该标志的获证产品、认证证书持有人以及商号的记录。另外要注意颁证的认证机构对此项的管理要求，如是否有在包装上使用标志前向认证机构备案等附加内容，这些都应该遵守。

农业生产经营者组织应证明认证标志的使用得到了有效控制，且符合良好农业规范相关技术规范和《良好农业规范认证实施细则》的要求。一旦发现错误的宣传和使用，认证机构有权采取适当措施进行处置。认证机构对认证证书持有人和农业生产经营者组织对其成员的制裁方式有：告诫、暂停和撤销。

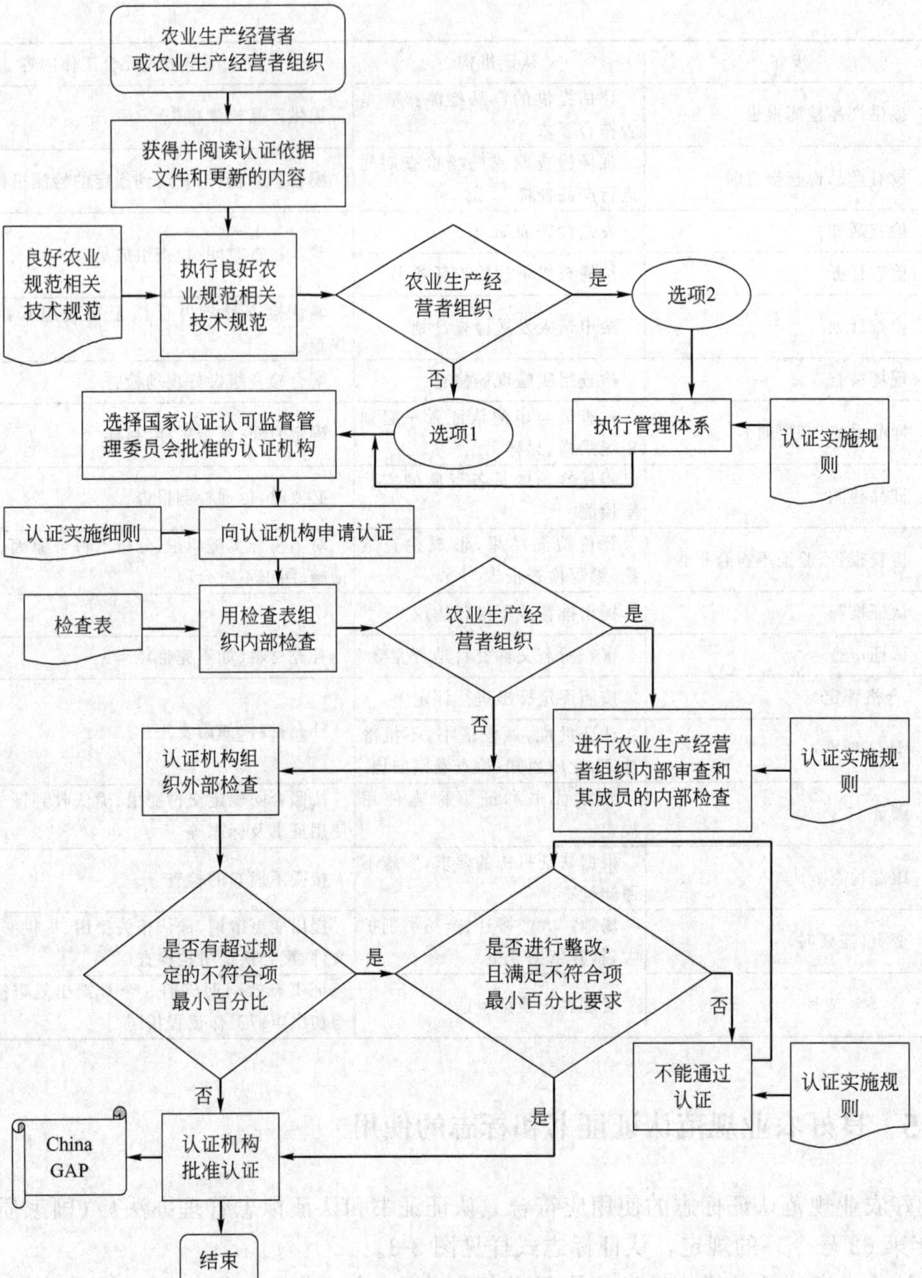
农业生产经营者
或农业生产经营者组织
获得并阅读认证依据文件和更新的内容
良好农业规范相关技术规范
执行良好农业规范相关技术规范
农业生产经营者组织
是
选项2
否
选项1
选择国家认证认可监督管理委员会批准的认证机构
执行管理体系
认证实施规则
认证实施细则
向认证机构申请认证
检查表
用检查表组织内部检查
农业生产经营者组织
是
否
认证机构组织外部检查
进行农业生产经营者组织内部审查和其成员的内部检查
认证实施规则
是否有超过规定的不符合项最小百分比
是
是否进行整改，且满足不符合项最小百分比要求
否
不能通过认证
认证实施规则
否
是
China GAP
认证机构批准认证
结束

图 3-2　获取 China GAP 认证证书流程图

中国良好农业规范认证
CHINA GOOD AGRICULTURAL PRACTICE CERTIFICATION
GAP+
GAP
C 100 M 0 Y 100 K 0
C 0 M 60 Y 100 K 0
一级认证标志
二级认证标志
色标

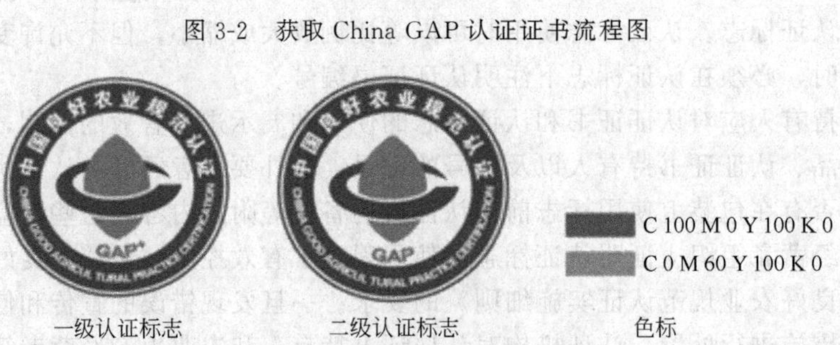

图 3-3　良好农业规范认证标志式样

3.2 无公害农产品

3.2.1 无公害农产品概述

3.2.1.1 无公害农产品的概念

无公害农产品来源于无公害农业。无公害农业是20世纪90年代在我国农业和农产品加工领域提出的一个全新概念，它是指在无污染区域或已经消除污染的区域内，充分利用自然资源，最大限度地限制外源污染物质进入农业生产系统，以确保生产出无污染的安全、优质、营养类产品，同时生产及加工过程不对环境造成危害。由无公害农业生产出来的农产品即为无公害食品，它强调的是安全性，是最基本的市场准入标准，产品符合大众化的消费，其产品经营主要靠政府推动，是一种强制行为。

无公害农产品是农业部2001年提出的新概念，是根据我国国情出台的行业标准，是一种质量安全的标志。根据国家质量监督检验检疫总局《无公害农产品标志管理规定》的定义，无公害农产品是指其安全质量符合有关强制性国家标准及法律、法规要求的农产品及初加工品，规定中没有明确无公害农产品的标准涉及范围和产品涵盖范围，但从国家质量监督检验检疫总局发布的无公害农产品标准看，主要是环境质量标准和安全指标两方面，产品只涉及食用农产品。根据农业部、国家质量监督检验检疫总局发布的《无公害农产品管理办法》的定义，无公害农产品是指产地环境、生产过程和产品质量符合国家有关标准和规范的要求，经认证合格获得认证证书并允许使用无公害农产品标志的未经加工或者初加工的食用农产品。无公害农产品是一种具有独特标志的专利性产品，而这种独特标志包含了其生产技术的独特性、管理办法的独特性。

3.2.1.2 无公害农产品必须具备的条件

无公害农产品必须具备以下条件：产品的原料产地符合无公害农产品生产基地的生态环境质量标准；农作物种植、畜禽饲养、水产养殖及食品加工符合无公害农产品生产技术操作规程；产品符合无公害农产品产品标准；产品的包装、贮运符合无公害农产品包装贮运标准；产品生产和质量必须符合国家食品安全法的要求和食品行业质量标准。

3.2.1.3 无公害农产品在我国的发展历程

中国无公害农产品的研究和开发始于20世纪80年代初。1982年农业部召开了全国农业生物防治会议，在会议上许多农业专家根据当时农业的化学污染状况，提出了用生物技术防治农业上的病虫害。1983年，湖北省农业厅和湖北省农科院合作，开展了无公害茶叶生产技术研究、无公害蔬菜生产技术研究，并取得了一系列的科研成果，获得了多项省、部级科技进步奖。随后，又有一部分省市相继开展了无公害生产技术的研究与推广。特别是从1996年起，原农业部环保能源司组织湖北、黑龙江、山东、河北、云南等省开展了“无公害农产品生产技术研究与基地示范”，既扩大了无公害农产品研究的范围，又加速了无公害生产技术的推广应用。2000年，湖北省人民政府以208号令颁布了《湖北省无公害农产品管理办法》，这是我国省级人民政府颁布的第一个“无公害农产品管理”的法规，随后有海南、新疆、江苏等省、区相继颁布了无公害农产品管理法规。2001年4月，农业部启动了

“无公害食品行动计划”，旨在用8～10年时间，基本解决我国农产品的质量安全问题，并先后在北京、天津、上海和深圳四城市试点，并逐渐向全国推进。同年10月，无公害蔬菜、水果、畜禽肉、水产品产地环境要求、安全要求的8项国家标准和78种无公害农产品的农业行业标准在全国范围内实施。2003年，新增GB/T 18407.5—2003《农产品安全质量　无公害乳与乳制品产地环境要求》，截至2010年底，有关无公害食品的国家标准共有9项，行业标准287项。

为加强对无公害农产品的管理、维护消费者权益，提高农产品质量，保护农业生态环境，促进可持续发展，中华人民共和国农业部和国家质量监督检验检疫总局于2002年4月联合签发了第12号令，颁布了《无公害农产品管理办法》，标志着我国无公害食品生产、营销步入了标准化、法制化的轨道。2003年农业部全面启动全国统一、规范的无公害农产品认证工作，由中国绿色食品发展中心负责筹建，成立了农产品质量安全中心，受农业部委托，组织协调全国无公害农产品的认证工作。据此，无公害农产品在全国统一了要求、标准、标识。目前，我国市场上的蔬菜、水果、畜禽肉以及水产品大部分都进行了无公害产品的认证与管理，保证了消费者食用的安全性，取得了较好的经济效益、生态效益和社会效益。

3.2.2　无公害农产品标准概述

无公害农产品标准是一个标准体系，主要由“产地环境要求”、“生产技术规范”和“产品质量安全标准”等组成。2001年8月，国家质量监督检验检疫总局批准发布了GB 18406和GB/T 18407“农产品安全质量”系列国家标准8项，它们分别是GB 18406.1—2001《农产品安全质量　无公害蔬菜安全要求》、GB 18406.2—2001《农产品安全质量　无公害水果安全要求》、GB 18406.3—2001《农产品安全质量　无公害畜禽肉产品安全要求》、GB 18406.4—2001《农产品安全质量　无公害水产品安全要求》、GB/T 18407.1—2001《农产品安全质量　无公害蔬菜产地环境要求》、GB/T 18407.2—2001《农产品安全质量　无公害水果产地环境要求》、GB/T 18407.3—2001《农产品安全质量　无公害畜禽产地环境评价要求》、GB/T 18407.4—2001《农产品安全质量　无公害水产品产地环境评价要求》，其中“安全要求”是强制性的，“产地环境要求”是推荐性的。2003年国家质量监督检验检疫总局又发布了GB/T 18407.5—2003《农产品安全质量　无公害乳与乳制品产地环境要求》，这样有关无公害食品的国家标准共有9项。

在国家质量监督检验检疫总局首次发布8项“农产品安全质量”标准的同时，农业部也公布了首批73项无公害食品行业标准，并于2001年10月1日在全国范围内开始实施。标准内容包括产品产地环境条件、生产技术规范、产品质量安全标准以及相应的检测检验方法，其中25项是产品质量安全标准，38项是配套的生产技术规程，10项为产品产地环境标准，如NY/T 5011—2001《无公害食品　苹果》、NY/T 5012—2001《无公害食品　苹果生产技术规程》、NY/T 5013—2001《无公害食品　苹果产地环境条件》。为了适应我国无公害食品事业的发展，国家部委和地方政府制定了相应的新标准，截至2010年底，由农业部发布的无公害食品标准共286项，林业部发布的无公害食品标准1项，有关无公害食品的地方标准达到1442项，其中甘肃省最多，达到526项。

3.2.3　无公害农产品认证与管理

认证是一种出具证明文件的行为，它是由可以充分信任的第三方证实某一经鉴定的产品或服务符合特定标准或规范性文件的活动。获得国家资格认可的认证机构依据无公害农产品认证技术准则、生产技术操作规程，对申请的无公害农产品及其初加工产品实施规定程序的系统评估，并颁发证书的过程被称为无公害农产品认证。经过认证的无公害农产品便于消费者识别，有利于销售也有利于市场监督。

3.2.3.1 无公害农产品产地认证

根据《无公害农产品管理办法》，省级农业行政主管部门负责组织实施本辖区内无公害农产品产地的认定工作。申请无公害农产品产地认定的单位或者个人（以下简称申请人），应当向县级农业行政主管部门提交书面申请，书面申请应当包括以下内容：①申请人的姓名（名称）、地址、电话号码；②产地的区域范围、生产规模；③无公害农产品生产计划；④产地环境说明；⑤无公害农产品质量控制措施；⑥有关专业技术和管理人员的资质证明材料；⑦保证执行无公害农产品标准和规范的声明；⑧其他有关材料。

县级农业行政主管部门自收到申请之日起，在10个工作日内完成对申请材料的初审工作。申请材料初审不符合要求的，应当书面通知申请人。申请材料初审符合要求的，县级农业行政主管部门应当逐级将推荐意见和有关材料上报省级农业行政主管部门。

省级农业行政主管部门自收到推荐意见和有关材料之日起，在10个工作日内完成对有关材料的审核工作，符合要求的，组织有关人员对产地环境、区域范围、生产规模、质量控制措施、生产计划等进行现场检查。现场检查不符合要求的，应当书面通知申请人。现场检查符合要求的，应当通知申请人委托具有资质资格的检测机构，对产地环境进行检测。承担产地环境检测任务的机构，根据检测结果出具产地环境检测报告。

省级农业行政主管部门对材料审核、现场检查和产地环境检测结果符合要求的，应当自收到现场检查报告和产地环境检测报告之日起，30个工作日内颁发无公害农产品产地认定证书，并报农业部和国家认证认可监督管理委员会备案。不符合要求的，应当书面通知申请人。

无公害农产品产地认定证书有效期为3年。期满需要继续使用的，应当在有效期满90日前按照本办法规定的无公害农产品产地认定程序，重新办理。

3.2.3.2 无公害农产品认证

根据《无公害农产品管理办法》，实施无公害农产品认证的产品范围由农业部、国家认证认可监督管理委员会共同确定、调整。无公害农产品的认证机构，由国家认证认可监督管理委员会审批，并获得国家认证认可监督管理委员会授权的认可机构的资格认可后，方可从事无公害农产品认证活动。凡生产产品在农业部和国家认监委发布《实施无公害农产品认证的产品目录》内的产品，并获得无公害农产品产地认定证书的单位和个人，均可申请无公害农产品认证。

申请无公害产品认证的单位或者个人（以下简称申请人），应当向认证机构提交书面申请，书面申请应当包括以下内容：①申请人的姓名（名称）、地址、电话号码；②产品品种、产地的区域范围和生产规模；③无公害农产品生产计划；④产地环境说明；⑤无公害农产品质量控制措施；⑥有关专业技术和管理人员的资质证明材料；⑦保证执行无公害农产品标准和规范的声明；⑧无公害农产品产地认定证书；⑨生产过程记录档案；⑩认证机构要求提交的其他材料。

认证机构自收到无公害农产品认证申请之日起，应当在15个工作日内完成对申请材料的审核。材料审核不符合要求的，应当书面通知申请人。符合要求的，认证机构可以根据需要派员对产地环境、区域范围、生产规模、质量控制措施、生产计划、标准和规范的执行情况等进行现场检查。现场检查不符合要求的，应当书面通知申请人。对于材料审核符合要求的、或者材料审核和现场检查符合要求的（限于需要对现场进行检查时），认证机构应当通知申请人委托具有资质资格的检测机构对产品进行检测。承担产品检测任务的机构，根据检测结果出具产品检测报告。认证机构对材料审核、现场检查（限于需要对现场进行检查时）和产品检测结果符合要求的，应当在自收到现场检查报告和产品检测报告之日起，30 个工作日内颁发无公害农产品认证证书。不符合要求的，应当书面通知申请人。另外，认证机构应当自颁发无公害农产品认证证书后 30 个工作日内，将其颁发的认证证书副本同时报农业部和国家认证认可监督管理委员会备案，由农业部和国家认证认可监督管理委员会公告。

无公害农产品认证证书有效期为 3 年。期满需要继续使用的，应当在有效期满 90 日前按照规定的无公害农产品认证程序，重新办理。在有效期内生产无公害农产品认证证书以外的产品品种的，应当向原无公害农产品认证机构办理认证证书的变更手续。

3.2.3.3 监督管理

农业部、国家质量监督检验检疫总局、国家认证认可监督管理委员会和国务院有关部门根据职责分工依法组织对无公害农产品的生产、销售和无公害农产品标志使用等活动进行监督管理。监督管理的方式有：①查阅或者要求生产者、销售者提供有关材料；②对无公害农产品产地认定工作进行监督；③对无公害农产品认证机构的认证工作进行监督；④对无公害农产品的检测机构的检测工作进行检查；⑤对使用无公害农产品标志的产品进行检查、检验和鉴定；⑥必要时对无公害农产品经营场所进行检查。认证机构对获得认证的产品进行跟踪检查，受理有关的投诉、申诉工作。

任何单位和个人不得伪造、冒用、转让、买卖无公害农产品产地认定证书、产品认证证书和标志。违反者，由县级以上农业行政主管部门和各地质量监督检验检疫部门根据各自的职责分工责令其停止，并可处以违法所得 1 倍以上 3 倍以下的罚款，但最高罚款不得超过 3 万元；没有违法所得的，可以处 1 万元以下罚款。

获得无公害农产品产地认定证书的单位或者个人有下列情形之一的，由省级农业行政主管部门予以警告，并责令限期改正；逾期未改正的，撤销其无公害农产品产地认定证书：①无公害农产品产地被污染或者产地环境达不到标准要求的；②无公害农产品产地使用的农业投入品不符合无公害农产品相关标准要求的；③擅自扩大无公害农产品产地范围的。

获得无公害农产品认证并加贴标志的产品，经检查、检测、鉴定，不符合无公害农产品质量标准要求的，由县级以上农业行政主管部门或者各地质量监督检验检疫部门责令停止使用无公害农产品标志，由认证机构暂停或者撤销认证证书。

从事无公害农产品管理的工作人员滥用职权、徇私舞弊、玩忽职守的，由所在单位或者所在单位的上级行政主管部门给予行政处分；构成犯罪的，依法追究刑事责任。

3.2.4 无公害农产品标志管理

3.2.4.1 无公害农产品标志的式样

无公害农产品标志是加施于获得无公害农产品认证的产品或者其包装上的证明性标记。2003 年 5 月 7 日，国家农业部和国家认证认可监督管理委员会公布了全国统一的无公害农产品标志，如图 3-4 所示。在此前，国内各省区的认证机构，分别制作了不同的无公害农产品标志，在此之后，全国使用统一的无公害农产品标志。目前，无公害农产品标志图案主要由麦穗、对钩和无公害农产品字样组成，麦穗代表农产品，对钩代表合格，橙色寓意成熟和丰收，绿色象征环保和安全。无公害农产品标志标准颜色由绿色和橙色组成，其规格分为五种，规格1号至5号尺寸（直径）分别为：10mm、15mm、20mm、30mm、60mm。

图 3-4 无公害农产品标志基本图案

3.2.4.2 无公害农产品标志的申请与发放

根据《无公害农产品管理办法》的规定获得无公害农产品认证资格的认证机构（以下简称认证机构），负责无公害农产品标志的申请受理、审核和发放工作。凡获得无公害农产品认证证书的单位和个人，均可以向认证机构申请无公害农产品标志。认证机构应当向申请使用无公害农产品标志的单位和个人说明无公害农产品标志的管理规定，并指导和监督其正确使用无公害农产品标志。另外，认证机构应当按照认证证书标明的产品品种和数量发放无公害农产品标志，同时建立无公害农产品标志出入库登记制度。无公害农产品标志出入库时，应当清点数量，登记台账；无公害农产品标志出入库台账应当存档，保存时间为5年。认证机构应当将无公害农产品标志的发放情况每6个月报农业部和国家认监委。

3.2.4.3 无公害农产品标志的使用规则

获得无公害农产品认证证书的单位和个人，可以在证书规定的产品或者其包装上加施无公害农产品标志，用以证明产品符合无公害农产品标准。印制在包装、标签、广告、说明书上的无公害农产品标志图案，不能作为无公害农产品标志使用。

使用无公害农产品标志的单位和个人，应当在无公害农产品认证证书规定的产品范围和有效期内使用，不得超范围和逾期使用，不得买卖和转让，同时应当建立无公害农产品标志的使用管理制度，对无公害农产品标志的使用情况如实记录并存档。

3.2.4.4 无公害农产品标志的印制管理

无公害农产品标志的印制工作应当由经农业部和国家认监委考核合格的印制单位承担，其他任何单位和个人不得擅自印制。无公害农产品标志的印制单位应当按照《无公害农产品标志管理办法》规定的基本图案、规格和颜色印制无公害农产品标志，同时建立无公害农产品标志出入库登记制度。无公害农产品标志出入库时，应当清点数量，登记台账；无公害农产品标志出入库台账应当存档，期限为5年。对废、残、次无公害农产品标志应当进行销毁，并予以记录。无公害农产品标志的印制单位，不得向具有无公害农产品认证资格的认证机构以外的任何单位和个人转让无公害农产品标志。

3.2.4.5 标志使用的监督管理

农业部和国家认证认可监督管理委员会（以下简称国家认监委）对全国统一的无公害农产品标志实行统一监督管理。县级以上地方人民政府农业行政主管部门和质量技术监督部门按照职责分工依法负责本行政区域内无公害农产品标志的监督检查工作。对于伪造、变造、盗用、冒用、买卖和转让无公害农产品标志以及违反《无公害农产品标志管理办法》规定的，按照国家有关法律法规的规定，予以行政处罚；构成犯罪的，依法追究其刑事责任。从事无公害农产品标志管理的工作人员滥用职权、徇私舞弊、玩忽职守，由所在单位或者所在单位的上级行政主管部门给予行政处分；构成犯罪的，依法追究刑事责任。对违反《无公害农产品标志管理办法》规定的，任何单位和个人可以向认证机构投诉，也可以直接向农业部或者国家认监委投诉。

3.3 绿色食品

3.3.1 绿色食品概述

3.3.1.1 绿色食品的概念及特征

(1) 绿色食品的概念

绿色食品是对无污染、安全、优质、营养类食品的一种形象的表述，与食品本身的颜色并无关系。我们知道，自然资源和生态环境是食品生产的基本条件，食品是维系人类生命的物质基础，绿色则是生命和活力的象征。由于人们通常将与生命、环境、健康和安全相关的事物冠之以“绿色”，为了突出这类食品出自良好的生态环境以及对环境保护的有利性和产品自身的无污染与安全性，因此命名为“绿色食品”。

绿色食品更确切的定义是：在遵循可持续发展原则的基础上，按照特定生产方式生产，经专门机构认定，允许使用绿色食品标志的无污染、安全、优质、营养食品的统称。

当前，保护环境、保持资源可持续利用和提高生命质量是世界各国人民的共同使命。发展绿色食品，正是从保护、改善生态环境的角度出发，改革传统食物的生产方式和管理手段，实现农业和食品工业的可持续发展，最终达到环境、资源、经济、社会发展的良性循环目的。

(2) 绿色食品必须具备的条件

绿色食品必须同时具备以下条件：产品或产品原料产地必须符合绿色食品生态环境质量标准；农作物种植、畜禽饲养、水产养殖及食品加工必须符合绿色食品的生产操作规程；产品必须符合绿色食品质量和卫生标准；产品标签必须符合国家食品标签通用标准及《绿色食品标志设计标准手册》中的有关规定；必须通过独立的绿色食品认证机构的认证。

(3) 绿色食品的特征

绿色食品特定的生产方式是指按照标准生产、加工，对产品实施全程质量控制和实行标志管理，这种生产方式将使经济效益、社会效益和生态效益得以同步增长。绿色食品的无污染特性是指在绿色食品生产、加工过程中，通过严密监测、控制，防范农药残留、放射性物质、重金属、有害细菌等对食品生产各个环节的污染，以确保绿色食品产品的洁净、安全。因此，绿色食品的开发和生产必须有一套完整的质量标准体系，包括产地环境质量标堆、生产技术标准、产品质量和卫生标准、包装标准、贮藏和运输标准以及其他相关标准。具体来说，绿色食品与普通食品相比有三个显著特征。

① 强调产品出自优良的生态环境　绿色食品生产从原料产地的生态环境入手，通过对原料产地及其周围的生态环境因素严格监测，判定其是否具备生产绿色食品的基础条件，而不是简单地禁止生产过程中化学合成物质的使用。这样既可以保证绿色食品生产原料和初级产品的质量，又有利于强化企业和农民的资源及环境保护意识，最终将农业和食品工业的发展建立在资源和环境可持续利用的基础上。

② 对产品进行全程质量控制　绿色食品生产实施“从土地到餐桌”全程质量控制，而不是简单地对最终产品的有害成分含量和卫生指标进行测定，从而在农业和食品生产领域树

立了全新的质量观。通过产前环节的环境监测和原料检测，产中环节具体生产、加工操作规程的落实，以及产后环节产品质量、卫生指标、包装、保鲜、运输、贮藏、销售的控制，确保绿色食品的整体产品质量，并提高整个生产过程的技术含量。

③ 对产品依法实行标志管理　绿色食品标志是一个质量证明商标，属于知识产权范畴，受《中华人民共和国商标法》保护。政府授权专门机构管理绿色食品标志，这是一种将技术手段和法律手段有机结合起来的生产组织和管理行为，使绿色食品认定既具备产品质量认证的严格性和权威性，又具备商标使用的法律地位。对绿色食品产品实行统一、规范的标志管理不仅使生产行为纳入了技术和法律监控的轨道，而且使生产者明确了自身和对他人的权益责任，同时也有利于企业争创名牌，树立品牌保护意识，提高企业和产品的社会知名度和影响力。

由此可见，绿色食品不仅代表食品的无污染、安全、优质和营养，而且蕴含了食品特定的生产方式、独特的管理模式和全新的消费观念，同时也表明开发绿色食品是一项利国利民、造福子孙的崇高事业。

3.3.1.2　我国绿色食品的发展现状

20 世纪 90 年代初，我国绿色食品在国务院和农业部的高度重视下，以其可持续发展的鲜明时代特点和造福子孙后代的理念，始终遵循“保护生态环境，提高农产品质量”的基本原则，借鉴国际经验，结合中国国情，开拓创新，经过艰苦地探索，短短 20 余年间，绿色食品从一个鲜为人知的概念发展成为一个具有鲜明特色的事业，产生了巨大的影响，取得了巨大的成就，完成了从提出绿色食品的科学概念到建立绿色食品生产体系和管理体系，最后稳步向社会化、产业化、市场化、国际化方向推进的转变，具体表现在以下几个方面。

(1) 建立了覆盖全国的绿色食品管理系统和监测体系

绿色食品从起步至今，由农业部牵头组织在全国构建了三大管理组织和系统，逐步形成了能够有效覆盖全国的高效的绿色食品管理和监督网络。

① 绿色食品认证管理职能机构的建立　目前，全国 30 个省、区、市成立了 38 个由农业部直接委托的绿色食品管理机构和 432 个基层管理组织，包括广州、大连等经济发达城市成立了农业部直接的委托管理机构。北京、天津、河北、湖南、湖北等近 20 个省市成立了由省（市）长担任组长的绿色食品工作领导小组。2009 年底全国共有绿色食品专职管理人员 400 多人。

② 绿色食品产地环境质量监测和评价机构的建立　目前，全国各地共有 56 个省市级环境监测机构负责绿色食品产地环境监测与评价，这些环境监测机构都具有省级以上计量认证资格并经农业部审核认可备案。

③ 区域性的食品质量监测机构的建立　为了确保绿色食品产品质量，农业部在全国分区建立了沈阳、佳木斯、石河子、济南、天津、湛江、武汉、成都、上海、南昌、青岛等多个绿色食品产品质量监测机构，依据全国统一的绿色食品产品标准进行绿色食品产品质量监测与监督。各地绿色食品管理机构、生产企业和经营单位可以自愿选择上述任何一家定点的绿色食品产品质量监测机构进行产品质量监测。

(2) 绿色食品标志管理工作逐步法制化、规范化

我国绿色食品管理以标准为基础，以质量认证为形式，以商标标志管理为手段，是一个开放式的管理模式，是被实践证明了的行之有效的运行模式，它有效地实现了质量认证与商标管理的结合。其中，绿色食品商标标志管理是绿色食品工作的一个重要特点。

1992 年，国家工商行政管理总局、农业部下发了《关于依法使用、保护“绿色食品”商标标志的通知》，明确规定了绿色食品商标标志的申请、使用及其监管办法。1993 年，农

业部又颁布了《绿色食品标志管理办法》，奠定了标志管理工作的法律基础。1996 年，国家工商行政管理总局批准绿色食品标志图形、中英文及图形、文字组合等 4 种形式在 9 大类商品共 33 件证明商标的注册，同年国家工商行政管理总局进一步明确了对“绿色食品”企业冠名的管理意见。这些工作标志着我国绿色食品作为一项拥有自主知识产权的产业在中国的形成，同时也表明中国绿色食品开发和管理步入了法制化、规范化的轨道。

(3) 建立了较完善的绿色食品质量标准体系

绿色食品标准是绿色食品认证管理的基础性文件，20 年来，由中国绿色食品发展中心牵头组织，制定了一系列的绿色食品标准，并经农业部批准发布执行，目前初步形成了涵盖绿色食品产地环境质量、生产过程、产品质量、包装储运、专用生产资料等环节的质量标准体系。目前，农业部已经制定了 127 项国家绿色食品农业行业标准。

(4) 绿色食品产品开发速度加快，产品数量和基地面积迅速扩大

① 产品数量迅速增加　根据全国历年来批准使用绿色食品标志的产品数的统计，我国绿色食品起步阶段产品开发形势不稳定，新开发的绿色食品产品数在年度间波动较大。但是，随着社会各界对绿色食品的广泛认同和各级政府的广泛重视，近年来我国绿色食品产品开发速度明显加快，产品数量呈稳步增长的势头。1999 年全国有 598 个产品被新认证批准使用绿色食品标志，比 1998 年实际增长了近 43%，是历年申报最多的一年。到 2001 年底，全国共有 2400 多个产品被允许使用绿色食品商品标志。2004 年，全国共有个 2836 家企业的 6496 了产品获得绿色食品标志使用权，而到 2010 年全国获得绿色食品标志使用权的产品达到 9102 个，涵盖了中国绿色食品分类标准中的 5 大类 57 小类中的绝大多数产品，包括粮油、果品、蔬菜、畜禽蛋奶、水海产品、酒类、饮料类等，其中初级产品占 30%，加工产品占 70%。目前，绿色食品生产企业和产品分布全国各地，许多企业是大型知名企业，许多产品是我国名牌产品。

② 绿色食品总产量和基地面积迅速增加　1999 年全国绿色食品总产量达到了 1106 万吨，比 1998 年增长了 32%。1998 年全国绿色食品总产量为 841 万吨，比 1997 年增长了 33.5%。1999 年全国绿色食品基地监测面积达到 230 多万公顷，比上一年实际增长了 12 万公顷。到 2004 年底，全国绿色食品总产量达到了 4600 万吨，产地监测面积 596 万公顷。在 2010 年底，中国绿色食品总产量突破了 10000 万吨，产地监测面积超过 1000 万公顷。

(5) 绿色食品开发取得了显著的经济效益

经过 20 年努力，我国绿色食品已初具规模并正在成为一项新兴产业。到 2000 年底，全国绿色食品生产企业总产值已达 494 亿元，年销售额 302 亿元，税后利润 20 亿元，出口 2 亿美元。到 2007 年，全国绿色食品生产总量达到 8300 万吨，产品销售额超过 2000 亿元，出口额近 23 亿美元，约占全国农产品出口总额的 7%，产地环境监测面积达 2.5 亿亩。2012 年，全国绿色食品种植面积 3.36 亿亩，国内销售额高达 3178 亿元，出口额增至 28.4 亿美元，为我国农业的发展做出了卓越的贡献。目前，相当一部分绿色食品已成功地进入了日本、美国、欧洲、中东等国家和地区的市场，并显示出了在技术、质量、价格、品牌上的明显优势，展示出了绿色食品广阔的出口前景。

3.3.2 绿色食品标准介绍

3.3.2.1 绿色食品标准制定的原则及主要依据

绿色食品标准从发展经济和保护生态环境相结合的角度规范绿色食品生产者的行为。在

保证食品产量的前提下，最大限度地通过促进生物循环，合理配置和节约资源，减少经济行为对生态环境的不良影响和提高食品质量，维护和改善人类生存环境。为此，制定“绿色食品标准”必须遵循以下原则。

原则一：生产优质、营养、对人畜安全的食品和饲料，并保证获得一定产量和经济效益，兼顾生产者和消费者双方的利益。

原则二：保证生产地域内环境质量不断提高，其中包括保持土壤的长期肥力和洁净，有助于水土保持；保证水资源和相关生物不遭受损害；有利于生物循环和生物多样性的保持。

原则三：有利于节省资源，其中包括要求使用可循环资源、可自然降解和回收利用材料，避免过度包装等。

原则四：有利于先进科技的应用，以保证及时利用最新科技成果为绿色食品发展服务。

原则五：有关标准和技术要求能够被验证。有关标准要求采用的检验方法和评价方法必须是国际、国家标准或技术上能够保证重复性的试验方法。

原则六：绿色食品标准的综合技术指标不低于国际标准和国外先进标准的水平。生产技术标准要有很强的可操作性，易于生产者接受。

原则七：严格控制使用基因工程技术。在AA级绿色食品生产中禁止使用基因工程品种和产品。

制定绿色食品标准的主要依据有：欧共体关于有机农业及其有关农产品和食品条例（第2092/91）；IFOAM有机农业和食品加工基本标准；联合国食品法典委员会（CAC）标准；我国国家环境标准；我国食品质量标准；我国绿色食品生产技术研究成果。

至2010年底，我国由农业部制定的绿色食品标准有127项。另外，一些地方政府为了发展当地的绿色食品产业，也制定了一些地方标准，如甘肃省制定了绿色食品地方标准106个，湖北省制定了绿色食品地方标准19个，四川省制定了绿色食品地方标准15个，内蒙古自治区制定了绿色食品地方标准12个，新疆维吾尔自治区制动了绿色食品地方标准10个，安徽省制定了6个，吉林省制定了5个。

3.3.2.2 绿色食品标准体系概述

绿色食品标准是应用科学技术原理，结合绿色食品生产的实践，借鉴国内外相关标准制定的，在绿色食品生产中必须遵循，绿色食品认证必须依据的技术性文件。它既是绿色食品生产技术规范，也是绿色食品质量认证的前提和基础，更是绿色食品管理人员管理和监督的依据。绿色食品标准以全程质量控制为核心，由以下六个部分构成。

(1) 绿色食品产地环境质量标准

该标准的制定一是强调绿色食品必须产自良好的生态环境地域，以保证绿色食品最终产品的无污染、安全性；二是促进对绿色食品产地环境的保护和改善。绿色食品产地环境质量标准规定了产地的空气质量标准、农田灌溉水质标准、渔业水质标准、畜禽养殖用水标准和土壤环境质量标准的各项指标以及浓度限值、监测和评价方法，提出了绿色食品产地土壤肥力分级和土壤质量综合评价方法。对于一个给定的污染物在全国范围内其标准是统一的，必要时可增设项目，适用于绿色食品（AA级和A级）生产的农田、菜地、果园、牧场、养殖场和加工厂。绿色食品产地环境质量相关标准有《绿色食品　产地环境技术条件》NY/T 391—2000和《绿色食品　产地环境调查、监测与评价导则》NY/T 1054—2006。

(2) 绿色食品生产技术标准

绿色食品生产过程的控制是绿色食品质量控制的关键环节。绿色食品生产技术标准是绿色食品标准体系的核心，它包括绿色食品生产资料使用准则和绿色食品生产技术操作规程两部分。绿色食品生产资料使用准则是对生产绿色食品过程中物质投入的一个原则性规定，它包括生产绿色食品的农药、肥料、食品添加剂、饲料添加剂、兽药和水产养殖药的使用准则，对允许、限制和禁止使用的生产资料及其使用方法、使用剂量、使用次数和休药期等作出了明确规定。绿色食品生产技术操作规程是以上述准则为依据，按种植种类、畜牧种类和不同农业区域的生产特性分别制定的，用于指导绿色食品生产活动，规范绿色食品生产技术的技术规定，包括农产品种植、畜禽饲养、水产养殖和食品加工等技术操作规程，主要有以下 9 个标准，如表 3-3 所示。

表 3-3　绿色食品生产技术标准

序号	标准号	标准名称
1	NY/T 392—2000	绿色食品　食品添加剂使用准则
2	NY/T 393—2000	绿色食品　农药使用准则
3	NY/T 394—2000	绿色食品　肥料使用准则
4	NY/T 471—2010	绿色食品　畜禽饲料及饲料添加剂使用准则
5	NY/T 472—2006	绿色食品　兽药使用准则
6	NY/T 473—2001	绿色食品　动物卫生准则
7	NY/T 755—2003	绿色食品　渔药使用准则
8	NY/T 1891—2010	绿色食品　海洋捕捞水产品生产管理规范
9	NY/T 1892—2010	绿色食品　畜禽饲养防疫准则

(3) 绿色食品产品标准

该标准是衡量绿色食品最终产品质量的指标尺度。它虽然跟普通食品的国家标准一样，规定了食品的外观品质、营养品质和卫生品质等内容，但其卫生品质要求高于国家现行标准，主要表现在对农药残留和重金属的检测项目种类多、指标严。而且，使用的主要原料必须是来自绿色食品产地的、按绿色食品生产技术操作规程生产出来的产品。绿色食品产品标准反映了绿色食品生产、管理和质量控制的先进水平，突出了绿色食品产品无污染、安全的卫生品质。到 2010 底，由农业部发布的相关绿色食品产品标准有 112 项，如表 3-4 所示。

表 3-4　农业部发布的绿色食品产品标准

序号	标准号	标准名称	序号	标准号	标准名称
1	NY/T 268—1995	绿色食品　苹果	12	NY/T 418—2007	绿色食品　玉米及玉米制品
2	NY/T 273—2002	绿色食品　啤酒	13	NY/T 419—2007	绿色食品　大米
3	NY/T 274—2004	绿色食品　葡萄酒	14	NY/T 420—2009	绿色食品　花生及制品
4	NY/T 285—2003	绿色食品　豆类	15	NY/T 421—2000	绿色食品　小麦粉
5	NY/T 286—1995	绿色食品　大豆油	16	NY/T 422—2006	绿色食品　食用糖
6	NY/T 287—1995	绿色食品　高级大豆烹调油	17	NY/T 423—2000	绿色食品　鲜梨
7	NY/T 288—2002	绿色食品　茶叶	18	NY/T 424—2000	绿色食品　鲜桃
8	NY/T 289—1995	绿色食品　咖啡粉	19	NY/T 425—2000	绿色食品　猕猴桃
9	NY/T 290—1995	绿色食品　橙汁和浓缩橙汁	20	NY/T 426—2000	绿色食品　柑橘
10	NY/T 291—1995	绿色食品　番石榴果汁饮料	21	NY/T 427—2007	绿色食品　西甜瓜
11	NY/T 292—1995	绿色食品　西番莲果汁饮料	22	NY/T 428—2000	绿色食品　葡萄

续表

序号	标准号	标准名称	序号	标准号	标准名称
23	NY/T 429—2000	绿色食品　黑打瓜籽	60	NY/T 900—2007	绿色食品　发酵调味品
24	NY/T 430—2000	绿色食品　食用红花籽油	61	NY/T 901—2004	绿色食品　香辛料
25	NY/T 431—2009	绿色食品　果(蔬)酱	62	NY/T 902—2004	绿色食品　瓜子
26	NY/T 432—2000	绿色食品　白酒	63	NY/T1039—2006	绿色食品　淀粉及淀粉制品
27	NY/T 433—2000	绿色食品　植物蛋白饮料	64	NY/T 1040—2006	绿色食品　食用盐
28	NY/T 434—2007	绿色食品　果蔬汁饮料	65	NY/T 1041—2010	绿色食品　干果
29	NY/T 435—2000	绿色食品　水果、蔬菜脆片	66	NY/T 1042—2006	绿色食品　坚果
30	NY/T 436—2009	绿色食品　蜜饯	67	NY/T 1043—2006	绿色食品　人参及西洋参
31	NY/T 437—2000	绿色食品　酱腌菜	68	NY/T 1044—2007	绿色食品　藕及其制品
32	NY/T 654—2002	绿色食品　白菜类蔬菜	69	NY/T 1045—2006	绿色食品　脱水蔬菜
33	NY/T 655—2002	绿色食品　茄果类蔬菜	70	NY/T 1046—2006	绿色食品　焙烤食品
34	NY/T 657—2007	绿色食品　乳制品	71	NY/T 1047—2006	绿色食品　水果、蔬菜罐头
35	NY/T 743—2003	绿色食品　绿叶类蔬菜	72	NY/T 1048—2006	绿色食品　笋及笋制品
36	NY/T 744—2003	绿色食品　葱蒜类蔬菜	73	NY/T 1049—2006	绿色食品　薯芋类蔬菜
37	NY/T 745—2003	绿色食品　根菜类蔬菜	74	NY/T 1050—2006	绿色食品　龟鳖类
38	NY/T 746—2003	绿色食品　甘蓝类蔬菜	75	NY/T 1051—2006	绿色食品　枸杞
39	NY/T 747—2003	绿色食品　瓜类蔬菜	76	NY/T 1052—2006	绿色食品　豆制品
40	NY/T 748—2003	绿色食品　豆类蔬菜	77	NY/T 1053—2006	绿色食品　味精
41	NY/T 749—2003	绿色食品　食用菌	78	NY/T 1323—2007	绿色食品　固体饮料
42	NY/T 750—2003	绿色食品　热带、亚热带水果	79	NY/T 1324—2007	绿色食品　芥菜类蔬菜
43	NY/T 751—2007	绿色食品　食用植物油	80	NY/T 1325—2007	绿色食品　芽苗类蔬菜
44	NY/T 752—2003	绿色食品　蜂产品	81	NY/T 1326—2007	绿色食品　多年生蔬菜
45	NY/T 753—2003	绿色食品　禽肉	82	NY/T 1327—2007	绿色食品　鱼糜制品
46	NY/T 754—2003	绿色食品　蛋与蛋制品	83	NY/T 1328—2007	绿色食品　鱼罐头
47	NY/T 840—2004	绿色食品　虾	84	NY/T 1329—2007	绿色食品　海水贝
48	NY/T 841—2004	绿色食品　蟹	85	NY/T 1330—2007	绿色食品　方便主食品
49	NY/T 842—2004	绿色食品　鱼	86	NY/T 1405—2007	绿色食品　水生蔬菜
50	NY/T 843—2009	绿色食品　肉及肉制品	87	NY/T 1406—2007	绿色食品　速冻蔬菜
51	NY/T 844—2010	绿色食品　温带水果	88	NY/T 1407—2007	绿色食品　速冻预包装面米食品
52	NY/T 891—2004	绿色食品　大麦	89	NY/T 1506—2007	绿色食品　食用花卉
53	NY/T 892—2004	绿色食品　燕麦	90	NY/T 1507—2007	绿色食品　山野菜
54	NY/T 893—2004	绿色食品　粟米	91	NY/T 1508—2007	绿色食品　果酒
55	NY/T 894—2004	绿色食品　荞麦	92	NY/T 1509—2007	绿色食品　芝麻及其制品
56	NY/T 895—2004	绿色食品　高粱	93	NY/T 1510—2007	绿色食品　麦类食品
57	NY/T 897—2004	绿色食品　黄酒	94	NY/T 1511—2007	绿色食品　膨化食品
58	NY/T 898—2004	绿色食品　含乳饮料	95	NY/T 1512—2007	绿色食品　生面食、米粉制品
59	NY/T 899—2004	绿色食品　冷冻饮品	96	NY/T 1513—2007	绿色食品　畜禽可食用副产品

续表

序号	标准号	标准名称	序号	标准号	标准名称
97	NY/T 1514—2007	绿色食品　海参及制品	105	NY/T 1714—2009	绿色食品　婴幼儿谷粉
98	NY/T 1515—2007	绿色食品　海蜇及制品	106	NY/T 1884—2010	绿色食品　果蔬粉
99	NY/T 1516—2007	绿色食品　蛙类及制品	107	NY/T 1885—2010	绿色食品　米酒
100	NY/T 1709—2007	绿色食品　藻类及其制品	108	NY/T 1886—2010	绿色食品　复合调味料
101	NY/T 1710—2009	绿色食品　水产调味品	109	NY/T 1887—2010	绿色食品　乳清制品
102	NY/T 1711—2009	绿色食品　辣椒制品	110	NY/T 1888—2010	绿色食品　软体动物休闲食品
103	NY/T 1712—2009	绿色食品　干制水产品	111	NY/T 1889—2010	绿色食品　烘炒食品
104	NY/T 1713—2009	绿色食品　茶饮料	112	NY/T 1890—2010	绿色食品　蒸制类糕点

(4) 绿色食品包装标签标准

该标准规定了进行绿色食品产品包装时应遵循的原则，包装材料选用的范围、种类，包装上的标识内容等。要求产品包装从原料、产品制造、使用、回收和废弃的整个过程都应有利于食品安全和环境保护，包括包装材料的安全、牢固性，节省资源、能源，减少或避免废弃物产生，易回收循环利用，可降解等具体要求和内容。

绿色食品产品标签，除要求符合国家《食品标签通用标准》外，还要求符合《中国绿色食品商标标志设计使用规范手册》（以下简称《手册》）规定，该《手册》对绿色食品的标准图形、标准字形、图形和字体的规范组合、标准色、广告用语以及在产品包装标签上的规范应用均作了具体规定。由农业部发布的绿色食品包装标签标准有：NY/T 658—2002《绿色食品　包装通用准则》。

(5) 绿色食品贮藏、运输标准

该项标准对绿色食品贮运的条件、方法、时间作出规定，以保证绿色食品在贮运过程中不遭受污染、不改变品质，并有利于环保、节能，由农业部发布的相关标准有：NY/T 1056—2006《绿色食品　贮藏运输准则》。

(6) 绿色食品其他相关标准

包括"绿色食品生产资料"认定标准、"绿色食品生产基地"认定标准、产品抽样及检验规则等，这些标准都是促进绿色食品质量控制管理的辅助标准。由农业部发布的相关标准有：NY/T 896—2004《绿色食品　产品抽样准则》和 NY/T 1055—2006《绿色食品　产品检验规则》。

以上六项标准对绿色食品产前、产中和产后全过程质量控制技术和指标作了全面的规定，构成了一个科学、完整的标准体系。

3.3.2.3　绿色食品标准的等级

绿色食品标准是应用科学技术原理，结合绿色食品生产实践，借鉴国内外相关标准所制定的技术文件。绿色食品标准分为两个技术等级，即 AA 级绿色食品标准和 A 级绿色食品标准。

(1) AA 级绿色食品标准

环境质量标准：AA 级绿色食品大气环境质量评价采用 GB 3095—1996《大气环境质量标准》中所列的一级标准；农田灌溉用水评价采用 GB 5084—2005《农田灌溉水质标准》；养殖用水评价采用 GB 11607—1989《渔业水质标准》；畜禽饮用水评价采用 GB 3838—2002《地表水环境质量标准》中所列三类标准；土壤评价采用土壤类型背景值（详见中国环境监

测总站编《中国土壤环境背景值》）的算术平均值加2倍标准差。AA级绿色食品产地的各项环境监测数据均不得超过有关标准。

生产操作规程：AA级绿色食品在生产过程中不使用化学合成的农药、肥料、食品添加剂、饲料添加剂、兽药及有害于环境和人体健康的生产资料，而是通过使用有机肥、种植绿肥、作物轮作、生物或物理等技术手段，培肥土壤、控制病虫草害、保护或提高产品品质，从而保证产品质量符合绿色食品产品标准要求。其评价标准采用生产绿色食品的农药使用准则、肥料使用准则等绿色食品生产技术标准及有关地区绿色食品生产操作规程的相应条款。

产品标准：AA级绿色食品中各种化学合成农药及合成食品添加剂均不得检出。其他指标应达到农业部A级绿色食品产品行业标准。

包装标准：AA级绿色食品包装评价采用GB 7718—2004《预包装食品标签通则》和NY/T 658—2002《绿色食品　包装通用准则》。绿色食品标志与标准字体为绿色，底色为白色，其防伪标签的底色为蓝色，标志编号以双数结尾。

（2）A级绿色食品标准

环境质量标准：A级绿色食品的环境质量评价标准与AA级绿色食品相同，但其评价方法采用综合污染指数法。绿色食品产地的大气、土壤和水等各项环境监测指标的综合污染指数均不得超过1。

生产操作规程：A级绿色食品在生产过程中允许限量使用限定的化学合成物质，其评价标准采用生产绿色食品的农药使用准则、肥料使用准则等绿色食品生产技术标准及有关地区绿色食品生产操作规程的相应条款。

产品标准：采用农业部A级绿色食品产品行业标准。

包装标准：A级绿色食品包装评价采用GB 7718—2004《预包装食品标签通则》和NY/T 658—2002《绿色食品　包装通用准则》。在产品包装上，绿色食品标志与标准字体为白色，底色为绿色，其防伪标签的底色也为绿色，标志编号以单数结尾。

3.3.3 绿色食品认证及标志使用权申请

3.3.3.1 绿色食品标志申请人的条件及申报产品范围

（1）申请人的条件

凡具备绿色食品生产条件的单位和个人均可作为绿色食品标志使用权的申请人，但是随着绿色食品事业的发展，申请人的范围有所拓宽，为进一步规范管理，做如下规定：①申请人必须要能控制产品生产过程，落实绿色食品生产操作规程，确保产品质量符合绿色食品标准；②申报企业应有一定的规模，能建立稳定的质量保证体系，能承担起绿色食品标志使用费；③乡、镇以下从事生产管理、服务的企业作为申请人，必须要有生产基地，并直接组织生产；乡、镇以上的经营、服务企业必须要有隶属于本企业的稳定生产基地；④申报加工产品的企业需生产经营一年以上，待质量体系稳定后再申报；⑤有下列情况之一者，不能作为申请人：a. 与中国绿色食品发展中心及各级绿色食品委托管理机构有经济和其他利益关系的；b. 可能引起消费者对产品（原料）的来源产生误解或不信任的企业，如批发市场、粮库等；c. 纯属商业经营的企业；d. 政府和行政机构。

（2）申报产品的范围

绿色食品申报产品范围如下：①符合绿色食品标准的5大类57小类产品均可申报；②新开发产品，要经卫生部门以“食”或“健”字登记；③经卫生公告是药品也是食品名单中的产品，如紫苏、白果、菊花、陈皮、红花等，可以申报绿色食品标志；④不受理药品、香烟的申报；暂不受理蕨菜、方便面、火腿肠、叶菜类酱菜的申报；⑤对作用机理不甚清楚的产品，暂不受理，如减肥茶等。

3.3.3.2 申报使用绿色食品标志的材料准备

申报使用绿色食品标志应包括以下材料：

企业的申请报告；《绿色食品标志使用申请书》（一式两份）；《企业生产情况调查表》（一式两份）；产地《农业环境质量监测报告》及《农业环境质量现状评价报告》；省委托管理机构考察报告及《企业情况调查表》；产品的执行标准；产品及产品原料种植（养殖）规程、加工规程；企业营业执照复印件、商标注册证复印件；企业质量管理手册；加工产品的现用包装式样及产品标签；原料购销合同（原件、附购销发票复印件）；其他（比如企业绿色食品生产保证书）。

3.3.3.3 绿色食品标志的申报程序

绿色食品标志是经中国绿色食品发展中心注册的质量证明商标，企业如需在其生产的产品上使用绿色食品标志，必须按以下程序提出申报。

① 申请人向所在省绿色食品委托管理机构提交正式的书面申请，并填写《绿色食品标志使用申请书》（一式两份）、《企业生产情况调查表》（一式两份）及其他所需材料。

② 各省绿色食品委托管理机构将依据企业的申请，委派至少两名绿色食品标志专职管理人员赴申请企业进行实地考察。如考察合格，省绿色食品委托管理机构将委托定点的环境监测机构对申报产品或产品原料产地的大气、土壤和水进行环境监测和评价。

③ 省绿色食品委托管理机构的标志专职管理人员将结合考察情况及环境监测和评价的结果对申请材料进行初审，并将初审合格的材料上报中国绿色食品发展中心。

④ 中国绿色食品发展中心对上述申报材料进行审核，并将审核结果通知申报企业和省绿色食品委托管理机构。合格者，由省绿色食品委托管理机构对申报产品进行抽样，并由定点的食品监测机构依据绿色食品标准进行检测。不合格者，当年不再受理其申请。

⑤ 中国绿色食品发展中心对检测合格的产品进行终审。

⑥ 终审合格的申请企业与中国绿色食品发展中心签订绿色食品标志使用合同。不合格者，当年不再受理其申请。

⑦ 中国绿色食品发展中心对上述合格的产品进行编号，颁发绿色食品标志使用证书，并向社会发布通告。

⑧ 申报企业对环境监测结果或产品检测结果有异议，可向中国绿色食品发展中心提出仲裁检测申请。中国绿色食品发展中心委托两家或两家以上的定点监测机构对其重新检测，并依据有关规定做出裁决。

3.3.4 绿色食品标志管理

3.3.4.1 我国绿色食品标志

绿色食品标志是经权威机构认证的在绿色食品上使用、以区分此类产品与普通食品的特定标志。该标志已作为我国第一例证明商标由中国绿色食品发展中心在国家商标局注册，受法律保护。

绿色食品标志图形由三部分构成：上方的太阳、下方的叶片和蓓蕾，象征自然生态；标志图形为正圆形，意为保护、安全；颜色为绿色，象征着生命、农业、环保。AA 级绿色食品标志与字体为绿色，底色为白色，A 级绿色食品标志与字体为白色，底色为绿色。整个图形描绘了一幅明媚阳光照耀下的和谐生机，告诉人们绿色食品是出自纯净、良好生态环境的安全、无污染食品，能给人们带来蓬勃的生命力。绿色食品标志还提醒人们要保护环境和防止污染，通过改善人与环境的关系，创造自然界新的和谐。完整的绿色食品标志是指“绿色食品”，“Green Food”，绿色食品标志图形以及三者相互组合而形成的标准图样，注册在以食品为主的共九大类食品上，并扩展到肥料等绿色食品相关类产品上。绿色食品标志商标作为特定的产品质量证明商标，已由中国绿色食品发展中心在国家工商行政管理局注册，其商标专用权受《中华人民共和国商标法》保护。凡具有生产“绿色食品”条件的单位和个人欲使用“绿色食品”标志，必须向中国绿色食品发展中心或省（自治区、直辖市）绿色食品办公室提出申请，经有关部门调查、检测、评价、审核、认证等一系列过程，合格者方可获得“绿色食品”标志使用权。中国绿色食品发展中心对许可使用绿色食品标志的产品进行统一编号，并颁发绿色食品标志使用证书。编号形式为：LB－XX－XXXXXXXXXXA（AA），“LB”是绿色食品标志代码，后面的两位数代表产品类别，最后 10 位数字含义如下：一、二位是批准年度，三、四位是批准月份，五、六位是省区（国别）代号，七、八、九、十位是产品序号，最后还有产品级别（A 级或 AA 级）。编号所示的产品类别和全国行政区（国别）代号见表 3-5 和表 3-6。从序号中能够辨别出此产品相关信息，同时鉴别出“绿色食品标志”是否已过使用期。

表 3-5　绿色食品标志编号所示产品类别代码

一、农业产品及其加工产品	01 小麦；02 小麦粉；03 大米；04 大米加工品；05 玉米；06 玉米加工品；07 大豆；08 大豆加工品；09 油料作物产品；10 食用植物油及其制品；11 糖料作物产品；12 机制糖；13 杂粮；14 杂粮加工品；15 蔬菜；16 冷冻、保鲜蔬菜；17 蔬菜加工品；18 鲜果类；19 干果类；20 果类加工品；21 食用菌及山野菜；22 食用菌及山野菜加工品；23 其他食用农林产品；24 其他农林加工食品
二、畜禽类产品	25 猪肉；26 牛肉；27 羊肉；28 禽肉；29 其他肉类；30 肉类加工品；31 禽蛋；32 蛋制品；33 液体乳；34 乳制品；35 蜂产品
三、水产类产品	36 水产品；37 水产加工品
四、饮品类产品	38 瓶（罐）装饮用水；39 碳酸饮料；40 果蔬汁及其饮料；41 固体饮料；42 其他饮料；43 冷冻饮品；44 精制品；45 其他茶；46 白酒；47 啤酒；48 葡萄酒　49 其他酒类
五、其他产品	50 方便主食；51 糕点；52 糖果；53 果脯蜜饯；54 食盐；55 淀粉；56 调味品类；57 食品添加剂

表 3-6　绿色食品标志编号中省份（国别）代号

行政区	代号	行政区	代号	行政区	代号
北京	01	福建	13	西藏	25
天津	02	江西	14	陕西	26
河北	03	山东	15	甘肃	27
山西	04	河南	16	宁夏	28
内蒙古	05	湖北	17	青海	29
辽宁	06	湖南	18	新疆	30
吉林	07	广东	19	香港	31
黑龙江	08	广西	20	澳门	32
上海	09	海南	21	台湾	33
江苏	10	四川	22	重庆	34
浙江	11	贵州	23	法国	51
安徽	12	云南	24		

目前，绿色食品商标已在国家工商行政管理局注册的主要有以下几种形式，如图 3-5～图 3-13 所示。

图 3-5　AA 级绿色食品标志图形

图 3-6　A 级绿色食品标志图形

图 3-7　绿色食品中文文字商标

图 3-8　绿色食品英文文字商标

图 3-9　AA 级绿色食品标志与中英文居中署式

图 3-10　AA 级绿色食品标志与中文居中署式

图 3-11　A 级绿色食品标志与中英文左右署式

图 3-12　A 级绿色食品标志与中文左右署式

图 3-13　A 级绿色食品标志与英文左右署式

3.3.4.2 绿色食品标志管理

绿色食品标志管理，即依据绿色食品标志证明商标特定的法律属性，通过该标志商标的使用许可，证明企业的生产过程及其产品的质量符合特定的绿色食品标准，并监督符合标准的企业严格执行绿色食品生产操作规程、正确使用绿色食品标志的过程。

(1) 绿色食品标志管理的特点

绿色食品标志管理有两大特点：一是依据标准认定；二是依据法律管理。所谓依据标准认定即把可能影响最终产品质量的生产全过程（从土地到餐桌）逐环节地制定出严格的量化标准，并按国际通行的质量认证程序检查其是否达标，确保认定本身的科学性、权威性和公正性。所谓依法管理，即依据国家《商标法》、《反不正当竞争法》、《广告法》、《产品质量法》等法规，切实规范生产者和经营者的行为，打击市场假冒伪劣现象，维护生产者、经营者和消费者的合法权益。

(2) 绿色食品标志使用规范

根据农业部印发的《绿色食品标志管理办法》的规定，各企业取得绿色食品标志使用权的产品在使用绿色食品标志时应注意以下几点。

① 绿色食品标志在产品上使用时，须严格按照《绿色食品标志设计标准手册》的规范要求正确设计，并经中国绿色食品发展中心审定。

② 使用绿色食品标志的单位和个人须严格履行《绿色食品标志使用协议》。

③ 作为绿色食品生产企业，在改变其生产条件、工艺、产品标准及注册商标前须报中国绿色食品发展中心批准。

④ 由于不可抗拒的因素暂时丧失绿色食品生产条件的，生产者应在一个月内报告省、中国绿色食品发展中心两级绿色食品管理机构，暂时终止使用绿色食品标志，待条件恢复后，经中国绿色食品发展中心审核批准后方可恢复使用。

⑤ 绿色食品标志编号的使用权，以核准使用的产品为限。未经中国绿色食品发展中心批准，不得将绿色食品标志及其编号转让给其他单位或个人。绿色食品生产企业不能扩大绿色食品标志使用范围。

⑥ 绿色食品标志使用权自批准之日起三年有效。要求继续使用绿色食品标志的，须在有效期满前九十天内重新申报，未重新申报的，视为自动放弃其使用权。

⑦ 使用绿色食品标志的单位和个人，在有效的使用期限内，应接受中国绿色食品发展中心指定的环保、食品监测部门对其使用标志的产品及生态环境进行抽检，抽检不合格的，撤销标志使用权，在本使用期限内，不再受理其申请。

⑧ 对侵犯标志商标专用权的，被侵权人可以根据《中华人民共和国商标法》向侵权人所在地的县级以上工商行政管理部门要求处理，也可以直接向人民法院起诉。

(3) 绿色食品标志管理的手段

绿色食品标志管理的手段包括技术手段和法律手段。技术手段是指按照绿色食品标准体系对绿色食品产地环境、生产过程及产品质量进行认证，只有符合绿色食品标准的企业和产品才能使用绿色食品标志商标。法律手段是指对使用绿色食品标志的企业和产品实行商标管理。具体做好以下几点：①标志专职管理人员对企业的监督检查。绿色食品标志专职管理人员对所辖区内绿色食品生产企业每年至少进行一次监督检查，将企业履行合同情况，种植、养殖、加工等规程执行情况向中心汇报。②产品及环境抽检。中国绿色食品发展中心每年年初下达抽检任务，指定定点的食品监测机构、环境监测机构对企业使用标志的产品及原料产地生态环境质量进行抽检，抽检不合格者取消其标志使用权，并公告于众。③市场监督。所有消费者对市场上的绿色食品都有监督的权利。消费者有权了解市场上绿色食品的真伪，对质量有问题的产品向中心举报。④获得绿色食品标志使用权的企业，在其出口产品上使用绿色食品标志时，必须经中国绿色食品发展中心许可，并备案。⑤企业应该按照中国绿色食品发展中心的要求，定期提供有关获得标志使用权的产品的当年产量，原料供应情况，肥料和农药的使用种类、方法、用量，添加剂的使用情况，产品的价格以及防伪标签的使用情况等内容。

3.3.5 绿色食品的包装与贮运

3.3.5.1 绿色食品的包装与标签标准

(1) 绿色食品的包装要求

食品包装是指为了在食品流通过程中保护产品、方便储运、促进销售，按一定技术而采用的容器、材料及辅助物的总称，也指为了在达到上述目的而采用容器、材料和辅助物的过程中施加一定的技术方法等的操作活动。

绿色食品包装的基本要求是：包装能使产品达到较长的保质期（货架寿命）；包装过程和包装材料不带来二次污染；包装过程和包装材料要尽量保留原来食品的营养及风味；包装成本要低；包装产品要牢实、安全、可靠，便于贮藏、运输、销售；增加美感，引起食欲；包装材料要选择无毒无害、不污染食品、不影响人体健康，在环境中可自然降解的材料，有些材料还要能重复利用；符合绿色食品包装特定的标准。

(2) 绿色食品的标签标准

绿色食品标签的基本要求：绿色食品包装标签应符合 GB 7718—1994《食品标签通用标准》有关食品标签的规定。

绿色食品标签标准：绿色食品产品标签，除应符合国家《食品标签通用标准》要求外，还应符合《中国绿色食品商标标志设计使用规范手册》的要求。凡取得绿色食品标志使用资格的单位，应严格按手册规范要求将绿色食品标志用于产品的标签上。产品标签上的标志图形、绿色食品文字、编号应同时具备。另外，绿色食品包装上还必须贴有防伪标签，绿色食品防伪标签对绿色食品具有保护和监控作用。防伪标签具有技术上的先进性、使用的专用性、价格的合理性，标签类型多样，可以满足不同产品的包装。

3.3.5.2 绿色食品的贮藏与运输

(1) 贮藏

绿色食品应依据贮藏原理和食品特性，选择适当的贮藏方法和较好的贮藏技术。在贮藏期内，要通过科学的管理，最大限度地保持食品的原有品质，不带来二次污染，降低损耗，节省费用，促进食品流通，更好地满足人们对绿色食品的需求。绿色食品产品的贮藏需遵循以下原则和要求。

① 贮藏环境必须洁净卫生，不能对绿色食品产品引入污染。

② 选择的贮藏方法不能使绿色食品品质发生变化、引入污染。如化学储藏方法中，选用化学制剂需符合《绿色食品添加剂使用准则》。

③ 在贮藏中，绿色食品产品不能与非绿色食品混堆储存。

④ A 级绿色食品与 AA 级绿色食品必须分开贮藏。

(2) 运输

绿色食品的运输除要符合国家对食品运输的有关要求外，还要遵循以下原则和要求：

① 绿色食品的运输，必须根据产品的类别、特点、包装要求、贮藏要求、运输距离及季节不同等，采用不同的运输手段；

② 绿色食品在装运过程中，所用工具（容器及运输设备）必须洁净卫生，不能对绿色食品引入污染；

③ 绿色食品禁止和农药、化肥及其他化学制品等一起运输；

④ 在运输过程中，绿色食品不能与非绿色食品混堆，一起运输；

⑤ 绿色食品的 A 级和 AA 级产品，也不得混堆一起运输。

3.4 有机食品

3.4.1 有机食品概述

3.4.1.1 有机食品的概念

有机食品是英文“Organic Food”的直译名，是有机农业的产物。根据国际有机农业联盟（IFOAM）的定义，有机食品是根据有机农业种养殖标准和有机产品生产、加工技术规范而产生的，经过授权的有机食品颁证组织认证并颁发证书的一切农产品及其加工品。有机食品是一类注重环境保护的安全性食品，在生产中不使用化学合成的肥料、农药、生长调节剂和畜禽饲料添加剂等物质，不采用基因工程获得的生物及其产物，而是遵循自然规律和生态学原理，采取一系列可持续发展的农业技术，协调种植业和养殖业的关系，促进生态平衡、物种的多样性和资源的可持续利用。

3.4.1.2 有机食品必须具备的条件

有机食品对产地环境、生产加工技术条件的要求较高，通常需要具备以下几个条件：

① 原产地无任何污染，种植（或养殖）过程中不使用任何化学合成的农药、肥料、饲料、除草剂和生长激素等，符合有机食品的生产要求；

② 有机食品加工原料必须来自有机农业生产基地，或采用有机方式采集的野生天然产品；

③ 产品在整个生产过程中必须严格遵循有机食品的加工、包装、贮藏、运输等要求和标准，不使用任何化学合成的食品添加剂；

④ 在生产加工中不采用基因工程获得的生物及其产物；

⑤ 贮藏、运输和销售过程中不受有害化学物质的污染；

⑥ 生产者在有机食品的生产加工和流通过程中，有完善的跟踪追溯体系和完整的生产、加工和销售记录；

⑦ 必须通过独立的有机食品认证机构的认证。

3.4.1.3 我国有机食品产生和发展历程

中国农作物品种资源丰富，传统农业技术中有机农业管理成分较多，特别是一些边远山区生态环境优越，农药、化肥使用少，污染轻，这些地区相对比较容易转换成有机农业生产基地。我国有机农业的发展起始于 20 世纪 80 年代中后期，1984 年北京农业大学（现中国农业大学）开始进行生态农业和有机食品的研究与开发。1988 年国家环境保护总局南京环科所开始进行有机食品的研究工作，并于 1989 年加入国际有机农业运动联合会。1990 年，该研究所和国外认证机构配合，经认证的中国有机红茶和绿茶首次进入欧洲有机食品市场。

1994 年，国家环境保护总局有机食品发展中心（OFDC）成立。随后，国家环境保护总局有机食品发展中心在云南、黑龙江、山东、河北、辽宁、山西、内蒙古、青海、湖南、安徽、浙江等 21 个省、市或自治区建立了分中心。1994 年通过有机食品生产认证的土地面积达到 60000～70000hm^2，出口销售额约为 1000 万美元。1995 年原国家环境保护总局有机食品发展中心为了推动我国有机农业的发展，按照国际有机农业运动联盟《有机食品生产和加工基本标准》，制定并发布了《有机（天然）食品标准管理章程》和《有机（天然）食品生产和加工技术规范》，初步建立了有机食品生产标准和认证管理体系。在规范和实践的基础上，中国有机食品发展中心参照欧盟委员会有机农业生产标准以及其他国家有机农业标准和规定，结合中国农业生产和食品行业的有关标准，于 1999 年制定了《有机产品认证标准（试行）》，该标准是我国有机食品生产和认证的基本依据，并与国际通行标准基本接轨，为我国有机食品进入国际市场提供了通行证。2001 年 12 月 25 日原国家环保总局发布环境保护行业标准 HJ/T 80—2001《有机食品技术规范》，于 2002 年 4 月 1 日实施。

为促进有机产品质量和管理水平的提升，保护生态环境，同时规范认证认可的各项工作和行为，国家质量监督检验检疫总局于 2004 年 11 月 5 日发布《有机产品认证管理办法》，并于 2005 年 1 月 19 日发布国家标准《有机产品》（GB/T 19630.1—2005～19630.4—2005）。该国家标准是借鉴 IFOAM 基本标准、联合国食品法典委员会 CODEX 标准、欧盟 EU2092/91 标准、美国 NOP 标准以及日本 JAS 标准，并结合我国的实际制定的。上述工作为中国有机食品认证国际化创造了条件，为争取通过国际有机农业运动联盟组织的评估，获得国际机构的认可提供了基础。2000 年我国通过有机食品生产认证的土地面积达到 10 万公顷，出口贸易额达到 2000 万美元。2005 年，我国有机农业面积达到 1541426hm^2，野生面积 843990hm^2，有机产品产量 4350422t，许多有机产品已销往美国、加拿大、日本、欧洲等地。

目前，我国已经建立了较完善的有机农业和有机食品发展机构，并制订了较规范的有机产品生产、加工、标识、销售和管理体系标准以及有机产品的认证办法和出口要求。近年来有一批有机产品生产基地获得了欧盟有机农业生产基地和有机农业转换基地的认证，为有机农业的发展奠定了良好的基础。我国有机食品产业的发展，对于促进生态破坏区的治理和恢复，保护农村生态环境，促进农村社会和经济的可持续发展必将起到重大作用。

3.4.2 有机食品标准介绍

目前，我国有机食品方面的国家标准是由中国国家质量监督检验检疫总局和中国国家标准化管理委员会于 2005 年 1 月 19 日联合发布的 GB/T 19630—2005《有机产品》，该标准共分为 4 个部分：第 1 部分 生产；第 2 部分 加工；第 3 部分 标识与销售；第 4 部分 管理体系。该标准于 2005 年 4 月 1 日正式实施，是我国有机产品认证机构从事有机产品质量认证的依据，也是有机产品生产加工的指导原则。《有机产品》标准是对一种特定生产和加工体系的共性要求，它并不针对某单个品种和类别，凡是遵守这种规范的产品，通过认证后都可以冠以“有机产品”或“有机转换产品”的称谓并使用特定的统一标识进行销售。

GB/T 19630.1—2005《有机产品 第 1 部分：生产》规定了有机生产通用规范和要求，适用于有机生产的全过程，主要包括：作物种植、食用菌栽培、野生植物采集、畜禽养殖、水产养殖、蜜蜂养殖及其产品的运输、储藏和包装。例如在作物种植方面，GB/T 19630.1—2005对农场范围、产地环境要求、转换期和平行生产、种子和种苗的选择、作物栽培、土肥管理、病虫草害防治、污染控制、水土保持和生物多样性保护以及产品的运输、储藏和包装等方面都作了明确规定。另外GB/T 19630.1—2005还包括3个规范性附录和一个资料性附录，它们分别是：附录A《有机作物种植允许使用的土壤培肥和改良物质》、附录B《有机作物种植允许使用的植物保护产品物质和措施》、附录C《有机畜禽饮用水水质要求、有机畜禽饲养场所允许使用的消毒剂》和附录D《评估有机生产中使用其他物质的准则》，其中资料性附录D用于当附录A和附录B中用于培肥和植物病虫害防治的产品不能满足有机生产要求的情况下，可以根据本附录描述的评估准则对附录A和附录B以外的其他物质进行评估，以决定其是否可以用于有机农业的生产。

GB/T 19630.2—2005《有机产品　第2部分：加工》规定了有机加工的通用规范和要求，适用于以GB/T 19630.1生产的未加工产品为原料进行加工及包装、储藏和运输的全过程。本部分有机纺织品的适用范围为棉花或蚕丝纤维材料的制品。GB/T 19630.2—2005对加工厂的环境，配料、添加剂和加工助剂的使用，加工设备和加工工艺，以及有害生物的防治，有机产品的包装、储藏和运输等都作了明确的要求。对于纺织品从原料、加工、染料和染整以及制成品方面作了规范性要求。另外GB/T 19630.2—2005还包括1个规范性附录和1个资料性附录，即附录A《有机食品加工中允许使用的非农业源配料及添加剂》和附录B《评估有机食品添加剂和加工助剂的准则》，其中资料性附录B是认证机构用于评估未被列入附录A中的物质，以确定其是否适合在有机食品加工中使用。

GB/T 19630.3—2005《有机产品　第3部分：标识与销售》规定了有机产品标识和销售的通用规范及要求，适用于按GB/T 19630.1—2005和GB/T 19630.2—2005生产或加工并获得认证认可的产品的标识和销售。GB/T 19630.3—2005对标识通则、产品的标识要求、有机配料百分比的计算、中国有机产品认证标志以及认证机构标识和销售要求都作了明确规定。

GB/T 19630.4—2005《有机产品　第4部分：管理体系》规定了有机产品生产、加工、经营过程中应建立和维护的管理体系的通用规范和要求，适用于有机产品的生产者、加工者、经营者及相关的供应环节。GB/T 19630.4—2005对有机生产、加工及经营管理的文件要求、资源管理、内部检查、追踪体系和持续改进作了明确规定。

目前，我国有机食品方面的行业标准有2个，一个是2001年12月25日由原国家环保总局发布的HJ/T 80—2001《有机食品技术规范》，另一个是由农业部2009年4月23发布的NY/T 1733—2009《有机食品　水稻生产技术规程》。截止到2010年底，有关我国有机食品的地方标准共17项，其中江西省8项、新疆维吾尔自治区7项、甘肃省2项。江西省有机食品标准主要是婺源绿茶、有机毛豆、有机优质中稻和有机生姜方面的，它们分别是：DB36/T 494—2006《有机食品　婺源绿茶：质量要求》、DB36/T 495—2006《有机食品　婺源绿茶：管理体系》、DB36/T 496—2006《有机食品　婺源绿茶：标识与销售》、DB36/T 497—2006《有机食品　婺源绿茶：生产技术规程》、DB36/T 498—2006《有机食品　婺源绿茶：加工技术规程》、DB36/T 520—2007《有机食品　毛豆生产技术规程》、DB36/T 521—2007《有机食品　优质中稻生产技术规程》和DB36/T 522—2007《有机食品　生姜生产技术规程》。新疆有机食品标准是番茄和肉羊方面的，具体如下：DB65/T 2216—2005《有机食品　加工番茄栽培技术规程》、DB65/T 2681—2006《有机食品　羊肉生产标准体系总则》、DB65/T 2682—2006《有机食品　肉羊饲养管理规范》、DB65/T 2684—2006《有机食品　肉羊饲料使用规范》、DB65/T 2685—2006《有机食品　肉羊疫病防治规范》、DB65/

T 2686—2006《有机食品　肉羊兽药使用规范》和 DB65/T 2785—2007《有机农产品　肉羊繁育规范》。甘肃省有机食品标准是 DB62/T 1494—2006《有机食品　陇南半茶生产技术规程》和 DB62/T 1703—2007《有机食品　人参果》。

3.4.3　我国有机产品的认证

3.4.3.1　我国有机产品的认证流程

中国有机食品的认证起步较晚，2003 年国家认监委等 9 个部委联合下发的《关于建立农产品认证认可工作体系实施意见》2004 年联合商务部等 11 部委下发的《关于积极推进有机食品产业发展的若干意见》，基本建立起一套完整的有机产品法规标准体系。虽然不同的认证机构认证程序有一定差距，但都必须符合《中华人民共和国认证认可条例》、《有机产品认证管理办法》、《有机产品认证实施细则》和《产品认证机构通用要求　有机产品认证应用指南》的要求以及国际通用做法。目前国内的有机食品认证机构主要有农业部系统的中绿华夏有机食品认证中心，国家环保总局系统由南京环保所组建的国环有机产品认证中心，中国质量认证中心（CQC），以及部分国际有机食品认证机构在我国的代理机构。现在介绍中国质量认证中心（CQC）对有机食品的认证流程，具体包括以下 8 个步骤。

① 申请人向 CQC 索取申请书。

② 申请人将填写好的申请表反馈给 CQC，CQC 有机认证评审组根据申请表中所反映的情况决定是否受理申请。若同意受理，则书面通知申请人，并将全套的调查表（申请文件清单）及有关资料发给申请人。

③ 申请人将填写好的调查表及申请文件提交 CQC 有机产品认证合同评审组，合同评审组将对返回的调查表及有关文件进行审查，若审查符合要求，将与申请人签订认证协议。协议生效，中心将派出检查组，对申请人的生产基地、加工厂及贸易情况等进行现场审查（包括采集样品）。

④ 检查组将现场检查情况（包括样品检查结果）写成正式报告连同相关材料报送 CQC 有机认证合格评定委员会。

⑤ 有机认证合格评定委员会对检查组提交的检查报告及相关材料依照有关程序和规范进行评审，并写出评定意见，并将评定意见及相关材料报有机颁证委员会审议。a. 同意推荐颁证，申请者的管理活动若全部符合有机产品认证要求，合格评定通过，可向有机认证颁证委员会推荐发证。b. 有条件推荐颁证，申请者的某些生产条件或管理措施需要改进，只有在申请者的这些生产条件或管理措施满足认证要求，并经检查组和合格评定委员会确认后，才获准推荐发证。c. 不能推荐颁证，生产者的某些环节、管理措施不符合生产标准，不能通过 CQC 认证。在此情况下，合格评定委员会将书面通知申请人不能推荐颁证的原因。d. 如果申请人的生产基地是因为在一年前使用了禁用物质或生产管理措施尚未完全建立等原因而不能获得颁证，其他方面基本符合要求，并且计划以后完全按照有机农业方式进行生产和管理，则可推荐颁发“有机产品生产基地转换证书”，从该基地收获的产品可作为有机转换产品进行销售。

⑥ 有机颁证委员会对认证材料进行审查，作出同意颁证、有条件颁证、有机转换颁证或拒绝颁证的决定。

⑦ 根据颁证委员会的决议，向符合条件的申请者分别颁发“CQC 有机产品生产认证证书”，“CQC 有机产品加工认证证书”、“CQC 有机产品贸易认证证书”或“CQC 有机转换产

品认证证书”。

⑧ 根据有机产品证书和有机产品标识管理办法，签订有机产品标志使用许可合同，办理有机标志的使用手续。

3.4.3.2 有机产品认证过程

(1) 有机认证的申请与受理

申请有机产品认证的单位和个人应向认证机构提出书面申请，并提交以下材料。

① 有机种植业申请者需要提供的资料清单：包括产地环境情况、合同关系及认证情况、有机质量管理手册、内部规程文件、其他需提供的资料及记录。

② 有机食品加工业申请者需要提供的资料清单：包括环境情况、合同关系及认证情况、有机质量管理手册、内部规程文件、其他需提供的资料及记录。

认证机构收到申请材料后要进行评审，并作出是否受理认证的决定。经评审决定受理认证的，认证机构和申请者要签订正式的书面协议，明确认证的依据、认证的范围、认证的费用、双方责任、证书使用规定、违约责任等事项。

(2) 有机产品的认证检查

有机食品认证检查员对有机食品生产过程进行实地检查，是有机食品生产、加工、贸易认证程序中的一个重要环节，也是确保消费者购买的有机食品完全按照有机食品标准进行生产的关键。在有机食品的生产、加工过程中，不应只重视生产终产品的质量，还应重视在有机食品生产、加工以及贸易过程的每个环节是否符合有机食品生产、加工的技术标准，因此，有机食品检查员就必须重点检查有机食品生产、加工和贸易的全过程。

① 检查活动的启动　认证机构在受理有机产品认证申请后，选择并委派进行现场检查的检查员组成检查组，同时向检查组下达检查任务，即标志着现场检查活动的开始。检查组由国家注册的具有相应专业知识和能力的有机产品认证检查员组成，必要时配备相应的技术专家，并征得受检查方同意，且同一受检方不能连续派同一检查员实施检查。

② 文件审核　在接受认证机构委托后，检查组要对即将实施的认证检查进行整体的策划，对各阶段的工作目标、活动计划做出周到的安排，使全部检查活动能够有条不紊的展开。

检查和阅读认证机构移交的文件资料，熟悉申请者的情况。文件审核的重点是：了解申请者的地块或场所的分布情况；产地环境和生态状况；产品种类及其加工方式或模式；终端产品的形式和销售情况；以往产品质量和卫生检测情况；确保有机产品质量的生产技术规程；与保持有机完整性有关的基本情况以及控制程序；法律法规的基本要求及满足程序。

在文件审核的基础上，检查员要结合以往同类检查的经验以及通过检阅相关技术资料，确定受检方的有机生产的关键控制点，评估可能存在的风险，以供编制现场检查计划和检查表作参考。

③ 现场检查活动的准备　现场检查活动准备的第一项重要工作是编制检查计划，检查计划应包括检查依据、检查内容、访谈人员、检查场所及时间安排。检查员应在现场检查之前将检查计划以书面形式通知受检查方，请受检查方做好准备，配合现场检查工作，并对计划进行确认。

第二项工作是编制现场检查表，结合受检方的实际及认证标准的要求，每名检查员要按检查计划的分工编制检查表，明确检查的内容和方法。

第三项工作是准备必要的资料和工具，包括认证标准及相关法律法规、调查表/检查表、检查报告母本、前一年的检查报告及认证建议、必要的文具、相机、采样用品（样品袋、标签）。

④ 现场检查活动的实施　现场检查的目的是根据认证依据的要求对受检方认证产品的生产、加工等相关活动进行检查、核实和评估，确定生产过程的操作活动及其产品与标准的符合程度。

现场检查的主要任务是在受检方的现场对照检查依据检查有机生产、加工、包装、仓储和储运等全过程及其场所，核实保证有机生产过程的技术措施与管理措施，核对产品检测报告，收集相关技术文件和管理体系文件，进行风险评估，收集相关证据和资料。

对初次认证的检查，重点要检查质量保证体系和投入品的使用，对于年度复查，重点要检查认证机构提出的改进要求的落实情况及质量跟踪体系。现场检查工作主要包括以下内容。

a. 核实：主要对以下内容进行核实：提供的申请材料及现场证实的材料是否完整、真实；生产的产品是否和认证的产品一致；生产、加工场所的位置、面积和生产能力；生产、加工的方法和模式与申报的是否一致；在认证年内的产量；法律法规要求是否满足。

b. 检查：有机农场主要检查以下内容：农场的整体情况；种子和种苗；土壤肥力保持；轮作措施；杂草的防治；作物虫害的防治；作物病害的防治；灌溉用水；边界和缓冲区；物料储藏室；限制或控制和禁止使用的物质；检查农器具；收获计划；收获后的处理和储藏以及储藏场所和设施；包装和标签；文档记录；风险评估。

c. 有机食品加工厂主要检查内容：加工厂的基本情况；管理框架；产品执行标准；产品的原料构成和添加剂及加工助剂；主要设备和工艺流程；加工用水；废弃物的处理情况；产品的包装、运输和保管；虫害的防治；卫生管理程序，包括设备和清洗程序；生产加工、储存、运输档案的记录和跟踪检查；质量保证体系；产品销售；采集样品分析。

d. 有机食品贸易实地主要检查内容：贸易基本情况；管理框架；贸易流转程序；有机产品来源情况；有机产品的运输和储藏以及卫生管理情况；有机产品在贸易前后的处理情况；有机产品质量跟踪系统；有机贸易产品标志。

e. 访谈：现场检查时与有机产品负责人、生产管理人员、质量控制人员、生产操作者进行交流访谈，了解他们对有机产品标准的理解程度、是否受过有机产品相关知识的培训，以及具体的管理、实施和操作方面的情况。

f. 分析和评估：对照认证依据分析并评估有害生物的管理、生产过程中的有机控制点和有机完整性；生产和加工过程中不符合的纠正。

g. 审核：对记录和可追溯系统进行审核，主要是产品的标识和批次号，包括从有机生产、采收、加工、包装、储藏到运输全过程的完整档案记录以及各类票据的审核。

(3) 检查报告的编写

检查报告是决定申请单位能否通过认证的主要文件，检查员虽然不能决定颁证与否，但能通过检查报告为颁证委员会提供最基本的决策依据。因此，报告的全面性、真实性、公正性和准确性就显得尤为重要。

现场检查活动结束后，检查组长要根据现场检查的结果，编写检查报告，总结整个认证情况，对企业的生产、加工、管理与标准的符合程度、企业的绩效、存在的问题以及不符合项等进行详细描述，要求客观、公正、准确、全面地报告申请人有机生产情况及产品与标准的符合情况，对有机生产过程、产品质量与安全的符合性作出判定，提出是否推荐认证的决定，并将所有检测/监测报告、标签以及其他支持性材料附到报告后面。认证机构或检查组及时将完整的检查报告提交受检查的申请人，申请人有异议时可要求认证机构予以澄清。

(4) 问题跟踪与整改

申请人应根据检查组现场提出的问题，分析原因，提出整改措施与计划并实施整改。实施后要对整改措施效果进行验证，将整改材料、报告、照片等寄交认证机构。经认证机构确认有效后进入认证决定流程。

（5）认证决定及证书管理

认证机构对检查组提交的检查报告及相关材料依照有关程序和规范进行评审，评价现场检查的合理性和充分性，以及检查报告、证据及材料的客观性、真实性和完整性，并重点进行有机生产和产品质量符合性判定，最终作出是否通过认证并颁发认证证书的决定。

当申请人的生产活动及管理体系符合认证标准的要求，认证机构予以批准认证。当申请人的生产活动、管理体系及其他方面不完全符合认证要求的，认证机构提出整改要求，申请人在规定的期限内完成整改或已经提交整改措施并有能力在规定期限内完成整改以满足认证要求的，认证机构经验证后可以批准认证。

申请人的生产活动存在以下情况之一的，认证机构不予批准认证：①未建立管理体系或建立的管理体系没有有效实施；②使用禁用物质；③生产过程不具备可追溯性；④未能按认证机构规定的时间完成整改，或提交的整改措施未满足认证要求；⑤其他严重不符合有机产品标准的事项。

对于符合有机产品认证要求的，认证机构向申请人出具有机产品认证证书，并批准使用有机产品认证标志。属于有机产品转换期间的产品，证书中应注明“转换”字样和转换期限。获证单位和个人只能使用注明“转换”字样的有机产品认证标志。

有机产品认证证书一般包括以下信息：①获证单位或个人的名称；②获证产品的产地面积、产品种类和数量；③有机产品认证的类别；④认证依据的标准或者技术规范；⑤有机产品认证标志的使用范围、数量、使用形式或方式；⑥颁证机构、日期、有效期和负责人签字；⑦属于有机产品转换期的要注明“转换”字样和转换期。

有机产品认证证书必须在限定的范围内使用，任何单位不得伪造、涂改和转让。取得认证证书的单位或个人应当在其生产基地划定地域范围，标注地理位置，设立保护标志，并及时予以公告。有机产品认证证书的有效期通常为一年，获证者应当在有效期满前1个月向原认证机构申请年度换证。在认证证书有效期内，当持证单位或个人、产品类型（规格）、产品名称、原料来源等发生变更时，有机产品生产经营单位或个人应向原认证机构办理证书变更手续。在认证证书有效期内，当产地（基地）、加工场所、经营活动发生变更，或者出现其他不能持续符合有机产品标准、相关技术规范要求的，获证单位或者个人应当向有机产品认证机构重新申请认证。有机产品生产经营单位或个人应接受有机产品认证机构的监督检查，在进行产品宣传时，必须保证宣传内容的真实性。

3.4.4 有机产品标志管理

3.4.4.1 我国有机产品标志

按照《有机产品认证管理办法》规定，我国有机产品实行统一的标志，分为“中国有机产品”标志和“中国有机转换产品”标志，相应的英文为“ORGANIC”和“CONVERSION TO ORGANIC”。这两个标志的图案基本一致，只是在颜色上有所区别，“中国有机产品”标志为绿色，而“中国有机转换产品”标志为褐黄色，如图3-14和图3-15所示。

“中国有机产品”标志和“中国有机转换产品”标志的主要图案由三部分组成，即外围的圆形、中间的种子图形和周围的环形线条。标志的外围形似地球，象征和谐、安全，圆形

C:100 M:0 Y:100 K:0
C:0 M:60 Y:100 K:0

图 3-14　中国有机产品认证标志

C:0 M:40 Y:100 K:40
C:0 M:60 Y:100 K:0

图 3-15　中国有机转换产品认证标志

中的“中国有机产品”和“中国有机转换产品”字样为中英文结合方式，既表示中国有机产品与世界同行，也有利于国外消费者识别。

标志中间类似种子的图形代表生命萌芽之际的勃勃生机，象征有机产品从种子开始的全过程认证，同时也昭示着有机产品就如同刚刚萌芽的种子，正在中国大地茁壮成长。种子图形周围圆润自如的线条象征环形的道路，与种子图形合并构成汉字“中”，体现出有机产品植根中国，有机之路越走越广。同时，处于平面的环形又是英文字母“C”的变形，种子形状也是“O”的变形，意为“China Organic”。

标志图形的绿色代表环保、健康，表示有机产品给人类的生态环境带来完美与协调。橘红色代表旺盛的生命力，表示有机产品对可持续发展的作用。“中国有机转换产品”标志中的褐黄色代表肥沃的土地，表示有机产品在肥沃的土壤上不断发展。

认证标志根据使用的需要，分为 10mm、15mm、20mm、30mm 和 60mm 五种规格，可按比例放大或者缩小，但不得变形、变色。

3.4.4.2　有机产品标志管理

2004 年 9 月 27 日，国家质量监督检验检疫总局发布的《有机产品认证管理办法》规定：有机产品认证标志分为中国有机产品认证标志和中国有机转换产品认证标志。在有机产品转换期内生产的产品或者以转换期内生产的产品为原料的加工品，应当使用中国有机转换产品认证标志。有机产品认证标志应当在有机产品认证证书限定的产品范围、数量内使用。获证单位和个人应当按照规定在获证产品或者产品的最小包装上加施有机产品认证标志。获证单位和个人可以将有机产品标志印制在获证产品的标签、说明书及广告宣传材料上，并可以按照比例放大或者缩小，但不得变形、变色。在获证产品或者产品最小包装上加施有机产品认证标识的同时，应当在相邻部位标注有机产品认证机构的标识或者机构名称，其相关图案或者文字应当不大于有机产品认证标志。未获得有机产品认证的产品，不得在产品或者产品包装及标签上注明“有机产品”、“有机转换产品”（“ORGANIC”、“CONVERSION TO ORGANIC”）和“无污染”、“纯天然”等其他误导公众的文字表述。

有机认证获证单位或个人应当接受认证机构或国家相关部门对标志使用情况的监督检查。在认证有效期内的产品不符合认证要求时，认证机构应责令申请人限期改正，在纠正期间不得使用有机认证标志。如果发现获证方有影响有机产品完整性的违规行为，获证方应将认证标志或任何其他认证证明从所有与违规行为有关的全部产品中撤销。对作出撤销、暂停使用有机产品认证证书的有关单位或个人，认证机构在作出撤销、暂停使用有机产品认证证书决定的同时，应监督有关单位或者个人停止使用、暂时封存或者销毁有机产品认证标志。对于伪造、变造、盗用、冒用、买卖和转让认证标志以及其他违反认证标志管理规定的，认证机构应该按照有关规定对其进行暂停或撤销认证证书的处理；触犯法律的，依法追究其法律责任。

课后思考题

1. 为什么要实施 China GAP 认证？
2. China GAP 认证与无公害农产品、绿色食品、有机食品认证的区别是什么？
3. 取得 China GAP 认证证书后如何使用认证标志，在使用过程中应注意哪些问题？
4. 什么是无公害农产品？无公害农产品必须具备哪些基本条件？
5. 绿色食品必须具备哪些基本条件？其特征有哪些？
6. 简述绿色食品标志的申报程序。
7. 绿色食品标志在使用过程中应该注意哪些问题？
8. 我国有机食品包括哪些？有机食品必须具备哪些基本条件？
9. 简述我国有机食品认证的流程。
10. 请叙述无公害农产品、绿色食品和有机食品的异同点。

第4章 食品加工安全控制技术

4.1 食品良好操作规范（GMP）概况

良好操作规范（GMP）是英文 Good Manufacturing Practice 的缩写，是指政府制定颁布的强制性食品生产加工、包装、贮存、运输等卫生法律。它规定了适合食品生产的条件和食品生产必须满足的卫生条件。人们有权利期望所食用的食品是安全的和适宜的，但人们往往不愿意看到的是食源性疾病对身体健康的伤害，甚至带来不幸。为了满足人们日益增长的期望，保证所食用的食品是安全的和适宜的，避免由于食源性疾病、食源性伤害和食品腐败给人们身体健康带来的损害及造成的经济损失，食品法典委员会（CAC）于 1969 年颁布了“食品卫生通则（Codex General Principle of Food Hygiene）”，随后又经过三次修订。通则对食品的初级生产、加工厂设计和设施、生产控制、工厂养护与卫生、工厂个人卫生、运输等作了规定。各国政府根据 CAC 的“食品卫生通则”分别制定了相关的法律法规，以达到对食品卫生进行有效控制的目的。

良好操作规范（GMP）在 20 世纪 60 年代产生于美国，先是美国 FDA 制定了药品的 GMP，目的是为了保证药品的质量，强制性地规定药品生产厂必须达到的要求，如厂房设施、机构人员、设备、物料、卫生生产管理、质量管理、销售回收、投诉等。1969 年美国又公布了食品 GMP，随后在 1985 年、1997 年和 1999 年做了七次修改。

我国也制定了类似 GMP 的出口食品法规和一系列食品生产卫生规范，例如 1984 年由原国家商检局制定的“出口食品厂、库最低卫生要求”对出口食品生产企业及仓库实行卫生注册制度，其标准要达到出口食品厂、库最低卫生要求。1994 年对此进行了修订，名称为“出口食品厂、库卫生要求”。2002 年 4 月国家质检总局颁布了“出口食品生产企业卫生注册登记管理规定”对出口食品厂、库卫生要求修订为“出口食品生产企业卫生要求”于 2002 年 5 月 20 日施行。

4.1.1 我国食品生产的良好操作规范

4.1.1.1 食品厂、库的环境卫生要求

厂、库不得建在有碍食品卫生的区域，不得兼营、生产、存放有碍食品的其他产品。厂

区路面平整，无积水，厂区应当绿化。

厂区卫生间应当有冲水、洗手、防蝇虫、防鼠设施。采用浅色平滑、不透水、耐腐蚀的材料修建，并保持清洁。生产废水、废料处理符合国家有关规定。

厂区建设与生产能力相适应。生产区与生活区应当隔离。

(1) 对周围环境的要求

食品厂应选择在环境卫生状况比较好的区域建厂，注意远离粉尘、有害气体、放射性物质和其他扩散性污染源。食品厂应与其保持1～1.5km距离，食品厂也不宜建在闹市区和人口比较稠密的居民区。工厂所处的位置应在地势上相对周围要高些，以便工厂废水的排放和防止厂外污水和雨水流入厂区。

(2) 对水源的要求

充足的、符合卫生要求的水源，是保证食品生产正常进行的基本条件，因此，建厂的地方必须有充足的水源供应。工厂自行供水者，水源的水质必须符合国家规定的生活饮用水卫生标准。如果要取用井水，水需经过至少6.0m厚泥土层的过滤，井的周围附近不得有人畜粪池、垃圾掩埋场等污染源，同时要经过布点勘探取样进行水质分析，各项物理、化学、微生物以及放射性等指标符合国家生活饮用水的卫生要求后方可用于生产，否则必须采取相应的水处理措施，如沉淀、过滤和消毒等，使水质达到卫生要求后方可用于生产。

(3) 工厂布局要求

各个工厂应按照产品生产的工艺特点、场地条件等实际情况，本着既方便生产的顺利进行，又便于实施生产过程的卫生质量控制这一原则进行厂区的规划和布局。

生产区和生活区必须严格分开。生产区内的各管理区应通过设立标示牌和必要的隔离设施来加以界定，以控制不同的区域的人员和物品相互间的交叉流动。工厂应该为原料运入、成品的运出分别设置专用的门口和通道，这一点在肉类加工厂特别重要，运送活畜活禽入厂的大门应该设置有一个与门同宽（长3m，深10～15cm）的车轮消毒池。肉类加工厂最好能为人员的出入、生产废料和垃圾的运出分设专用的门道。

厂区的道路应该全部用水泥和沥青铺制的硬质路面，路面要平坦，不积水、无尘土飞扬。厂区内要植树种草进行立体绿化。

生产废料和垃圾放置的位置、生产废水处理区、厂区卫生间以及肉类加工厂的畜禽宰前暂养区，要远离加工区，并且不得处于加工区的上风向，生产废料和垃圾应该用有盖的容器存放，并于当日清理出厂。厂区的污水管道至少要低于车间地面50cm。厂区卫生间要有严密的防蝇防虫设施，内部用易清洗、消毒、耐腐蚀、不渗水的材料建造，安装有冲水、洗手设施。

加工车间要与厂外公路至少保持25m的距离，并在中间通过植树、建墙等方式进行隔离。

此外，厂区内不得兼营、生产和存放有碍食品卫生的其他产品。

4.1.1.2 食品生产车间的卫生要求

车间面积与生产相适应，布局合理，排水畅通；车间地面用防滑、坚固、不透水、耐腐蚀的材料修建，且平坦、无积水、并保持清洁；车间出口及与外界相连的排水、通风处装有防鼠、防蝇、防虫设施。

车间内墙壁、天花板和门窗使用无毒、浅色、防水、防霉、不脱落、易于清洗的材料修建。墙角、地角、顶角应当具有弧度（曲率半径应不小于3cm)。

车间内的操作台、传送带、运输车、工器具应当用无毒、耐腐蚀、不生锈、易清洗消毒、坚固的材料制作。

应当在适当的地点设足够数量的洗手、消毒、干手设备或用品，水龙头应当为非手动开关。根据产品加工需要，车间入口处应当设有鞋、靴和车轮消毒设施。应当设有与车间相连接的更衣室。根据产品加工需要，还应当设立与车间相连接的卫生间和淋浴室。

(1) 车间结构

食品加工车间以采用钢混或砖砌结构为主，并根据不同产品的需要，在结构设计上，适合具体食品加工的特殊要求。

车间的空间要与生产相适应，一般情况下，生产车间内的加工人员的人均拥有面积（除设备外），应不少于 $1.5m^2$。过于拥挤的车间，不仅妨碍生产操作，而且人员之间的相互碰撞，人员工作服与生产设备的接触，很容易造成产品污染。车间的顶面高度不应低于 3m，蒸煮间不应低于 5m。

加工区与加工人员的卫生设施，如更衣室、淋浴间和卫生间等，应该在建筑上为联体结构。水产品、肉类制品和速冻食品的冷库与加工区也应该是联体式结构。

(2) 车间布局

车间的布局既要便于各生产环节的相互衔接，又要便于加工过程的卫生控制，防止生产过程交叉污染的发生。

食品加工过程基本上都是从原料──→半成品──→成品的过程，即从非清洁到清洁的过程，因此，加工车间的生产原则上应该按照产品的加工进程顺序进行布局，使产品加工从不清洁的环节向清洁环节过渡，不允许在加工流程中出现交叉和倒流。

清洁区与非清洁区之间要采取相应的隔离措施，以便控制彼此间的人流和物流，从而避免产生交叉污染，加工品传递通过传递窗进行。

要在车间内适当的地方，设置工器具清洗、消毒间，配置供工器具清洗、消毒用的清洗槽、消毒槽和漂洗槽，必要时，有冷热水供应，热水的温度应不低于 82℃。

(3) 车间地面、墙面、顶面及门窗

车间的地面要用防滑、坚固、不渗水、易清洁、耐腐蚀的材料铺制，车间地面表面要平坦，不积水。车间整个地面的水平在设计和建造时应该比厂区的地面水平略高，地面有斜坡度。

车间的墙面应该铺有 2m 以上的墙裙，墙面用耐腐蚀、易清洗消毒、坚固、不渗水的材料铺制及用浅色、无毒、防水、防霉、不易脱落、可清洗的材料覆涂。车间的墙角、地角和顶角曲率半径不小于 3cm 呈弧形。

车间的顶面用的材料要便于清洁，有水蒸气产生的作业区域，顶面所用的材料还要不易凝结水球，在建造时要形成适当的弧度，以防冷凝水滴落到产品上。车间门窗有防虫、防尘及防鼠设施，所用材料应耐腐蚀易清洗。窗台离地面不少于 1m，并有 45°斜面。

(4) 供水与排水设施

车间内生产用水的供水管应采用不易生锈的管材，供水方向应逆加工进程方向，即由清洁区向非清洁区流。

车间内的供水管路应尽量统一走向，冷水管要避免从操作台上方通过，以免冷凝水凝集滴落到产品上。

为了防止水管外不洁的水被虹吸和倒流入管路内，须在水管适当的位置安装真空消除器。

车间的排水沟应该用表面光滑、不渗水的材料铺砌，施工时不得出现凹凸不平和裂缝，并形成 3%的倾斜度，以保证车间排水的通畅，排水的方向也是从清洁区向非清洁区方向排放。排水沟上应加不生锈材料制成活动的箅子。

车间排水的地漏要有防固形物进入的措施，畜禽加工厂的浸烫打毛间应采用明沟，以便于清除羽毛和污水。

排水沟的出口要有防鼠网罩，车间的地漏或排水沟的出口应使用U型或P型、S型等有存水弯的水封，以便防虫防臭。

(5) 通风与采光

车间应该拥有良好的通风条件，如果是采用自然通风，通风的面积与车间地面面积之比应不小于1∶16。若采用机械通风，则换气量应不小于3次/小时，采用机械通风，车间的气流方向应该是从清洁区向非清洁区流动。

靠自然采光的车间，车间的窗户面积与车间面积之比应不小于1∶4。车间内加工操作台的照度应不低于220 lx，车间其他区域不低于110 lx，检验工作场所工作台面的照度应不低于540 lx，瓶装液体产品的灯检工作点照度应达到1000 lx，并且光线不应改变被加工物的本色。车间灯具须装有防护罩。

(6) 控温设施

加工易腐易变质产品的车间应具备空调设施，肉类和水产品加工车间的温度在夏季应不超过15～18℃，肉制品的腌制间温度应不超过4℃。

(7) 工具器、设备

加工过程使用的设备和工器具，尤其是接触食品的机械设备、操作台、输送带、管道等设备和篮筐、托盘、刀具等工器具的制作材料应符合以下条件：无毒，不会对产品造成污染；耐腐蚀、不易生锈、不易老化变形；易于清洗消毒；车间使用的软管，材质要符合有关食品卫生标准（GB 11331—1989）要求。

食品加工设备和工器具的结构在设计上应便于日常清洗、消毒和检查、维护。槽罐设备在设计和制造时，要能保证使内容物排空。

车间内加工设备的安装，一方面要符合整个生产工艺布局的要求；另一方面则要便于生产过程的卫生管理，同时还要便于对设备进行日常维护和清洁。在安放较大型设备的时候，要在设备与墙壁、设备与顶面之间保留有一定的距离和空间，以便设备维护人员和清洁人员的出入。

(8) 人员卫生设施

① 更衣室　车间要设有与加工人员数量相适宜的更衣室，更衣室要与车间相连，必要时，要为在清洁区和非清洁区作业的加工人员分别设置更衣间，并将其出入各自工作区的通道分开。

个人衣物、鞋要与工作服、靴分开放置。挂衣架应使挂上去的工作服与墙壁保持一定的距离，不与墙壁贴碰。更衣室要保持良好的通风和采光，室内可以通过安装紫外灯或臭氧发生器对室内的空气进行灭菌消毒。

② 淋浴间　肉类食品（包括肉类罐头）的加工车间要设有与车间相连的淋浴间，淋浴间的大小要与车间内的加工人员数量相适应，淋浴喷头可以按照每10人1个的比例进行配置。淋浴间内要通风良好，地面和墙裙应采用浅色、易清洁、耐腐蚀、不渗水的材料建造，地板要防滑，墙裙以上部分和顶面要涂刷防霉涂料，地面要排水通畅，通风良好，有冷热水供应。

③ 洗手消毒设施　车间入口处要设置有与车间内人员数量相适应的洗手消毒设施，洗手龙头所需配置的数量，配置比例应该为每10人1个，200人以上每增加20人增设1个。洗手龙头必须为非手动开关，洗手处须有皂液器，并有热水供应，出水为温水。盛放手消毒

液的容器，在数量上也要与使用人数相适应，并合理放置，以方便使用。

干手用具必须是不会导致交叉污染的物品，如一次性纸巾、消毒毛巾等。

在车间内适当的位置，应安装足够数量的洗手、消毒设施和配备相应的干手用品，以便工人在生产操作过程中定时洗手、消毒，或在弄脏手后能及时和方便地洗手。从洗手处排出的水不能直接流淌在地面上，要经过水封导入排水管。

④ 卫生间　为了便于生产卫生管理，与车间相连的卫生间，不应设在加工作业区内，可以设在更衣区内。卫生间的门窗不能直接开向加工作业区，卫生间的墙面、地面和门窗应该用浅色、易清洗消毒、耐腐蚀、不渗水的材料建造，并配有冲水、洗手消毒设施，窗口有防虫蝇装置。

(9) 仓贮设施

① 原辅料库　原、辅料的存贮设施，应能保证为生产加工所准备的原料和辅助用料在贮存过程中，品质不会出现影响生产使用的变化和产生新的安全卫生危害。清洁、卫生，防止鼠虫危害是对各类食品加工用原料/辅料存贮设施的基本要求。

果蔬类原料存放的场所还应具备遮阳挡雨条件，而且通风良好，在气温较高的地区，应设有专用的保鲜库。

② 包装材料库　食品厂应该为包装材料的存放、保管设置专用的存贮库房，库房应清洁、干燥，有防蝇虫和防鼠设施，内外包装材料应分开放置，材料堆垛与地面、墙面要保持一定的距离，并应加盖有防尘罩。

③ 成品库　食品厂成品存贮设施的规模和容量要与工厂的生产相适应，并应具备能保证成品在存放过程中品质能保持稳定，不受污染。成品贮存库内应安装有防止昆虫、鼠类及鸟类进入的设施。冷库的建筑材料必须符合国家的有关用材规定要求。贮存出口产品的冷库和保（常）温库，必须安装有自动温度记录仪。

4.1.1.3　生产过程的卫生控制

原、辅料的卫生要求具有检验检疫合格证。加工用水（冰）必须符合国家生产饮用水卫生标准。食品生产必须符合安全、卫生的原则，对关键工序的监控必须有记录（监控记录，纠正记录）。

原料、半成品、成品以及生、熟品应分别存放。废弃物设有专用容器。容器、运输工具应及时分别消毒。

不合格产品及落地产品应设固定点分别收集处理。班前班后必须进行卫生清洁工作及消毒工作。

包装食品的物料必须符合卫生标准，存放间应清洁卫生、干燥通风，不得污染。冷库应符合工艺要求，配有自动温度记录装置，库内保持清洁，定期消毒，有防霉、防鼠、防虫设施。

设有独立的检验机构和仪器设备。制定有对原辅料、半成品、成品及生产过程卫生监控检验。

(1) 环境卫生控制

老鼠、苍蝇、蚊子、蟑螂和粉尘可以携带和传播大量的致病菌，因此，它们是厂区环境中威胁食品安全卫生的主要危害因素。最大限度地消除和减少这些危害因素对产品卫生质量的威胁。

保持工厂道路的清洁，消除厂区内的一切可能聚集、孳生蚊蝇的场所，并经常在这些地方喷洒杀虫药剂。工厂要针对灭鼠工作制定出切实可行的工作程序和计划，保证相应的措施得到落实，做好记录。食品工厂内不宜采用药物灭鼠的方法来进行灭鼠，可以采用捕鼠器、粘鼠胶等方法。

(2) 生产用水（冰）的卫生控制

必须符合国家规定的生活饮用水卫生标准 GB 5649 的指标要求。某些食品，如啤酒、饮料等，水质理化指标还要符合软饮料用水的质量（GB 1079—1989）。水产品加工过程使用的海水必须符合国家 GB 3097《海水水质标准》。对达不到卫生质量要求的水源，工厂要采取相应的消毒处理措施，加氯量为 1～3mg/L，最高不超过 5mg/L，加氯后经过一定的消毒时间（通常为 30min），厂内饮用水的供水管路和非饮用水供水管路必须严格分开，生产现场的各个供水口应按顺序编号。工厂应保存供水网络图，以便日常对生产供水系统的管理和维护。

有蓄水池的工厂，水池要有完善的防尘、防虫、防鼠措施，并定期对水池进行清洗、消毒。

工厂的检验部门应每天监测余氯含量和水的 pH 值，至少每月应该对水的微生物指标进行一次化验。工厂每年至少要对 GB 5749 所规定的水质指标进行两次全项目分析。

制冰用水的水质必须符合饮用水卫生要求，制冰设备和盛装冰块的器具必须保持良好的清洁卫生状况。

(3) 原、辅料的卫生控制

对原、辅料进行卫生控制，分析可能存在危害，制定控制方法。生产过程中使用的添加剂必须符合国家卫生标准，由具有合法注册资格生产厂家生产的产品。向不同国家出口的产品还要符合进口国的规定。

(4) 防止交叉污染

在加工区内划定清洁区和非清洁区，限制这些区域间人员和物品的交叉流动，通过传递窗进行工序间的半成品传递等。

对加工过程使用的工器具，与产品接触的容器不得直接与地面接触；不同工序、不同用途的器具用不同的颜色，加以区别，以免混用。

(5) 车间、设备及工器具的卫生控制

严格日常对生产车间、加工设备和工器具的清洗、消毒工作。每天都要进行清洗、消毒。加工易腐易变质食品，如水产品、肉类食品、乳制品的设备和工器具还应该在加工过程中定时进行清洗、消毒，如禽肉加工车间宰杀用的刀每使用 3min 就要清洗、消毒一次。

生产期间，车间的地面和墙裙应每天都要进行清洁，车间的顶面、门窗、通风排气（汽）孔道上的网罩等应定期进行清洁。

车间的空气消毒采用臭氧消毒法和药物熏蒸法。

臭氧消毒法，与紫外线照射法相比，用臭氧发生器进行车间空气消毒，具有不受遮挡物和潮湿环境影响，杀菌彻底，不留死角的优点，并能以空气为媒体对车间器具的表面进行消毒杀菌。

药物熏蒸法，常用的药品有过氧乙酸、甲醛等。

无论是车间进行臭氧消毒和药物熏蒸，都应该是在车间内无人的情况下进行。

车间要专门设置化学药品，即洗涤剂、消毒剂的可上锁存储间或存储柜，并制定出相应的管理制度，由专人负责保管，领用必须登记。药品要用明显的标志加以标识。

(6) 储存与运输卫生控制

定期对储存食品仓库进行清洁，保持仓库卫生，必要时进行消毒处理。相互串味的产品、原料与成品不得同库存放。

库内产品要堆放整齐，批次清楚，堆垛与地面的距离应不少于10cm，与墙面、顶面之间要留有30～50cm的距离。为便于仓储货物的识别，各堆垛应挂牌标明本堆产品的品名/规格、产期、批号、数量等情况。存放产品较多的仓库，管理人员可借助仓储平面图来帮助管理。

成品库内的产品要按产品品种、规格、生产时间分垛堆放，并加挂相应的标识牌，在牌上将垛内产品的品名/规格、批次和数量等情况加以标明，从而使整个仓库、堆垛整齐，批次清楚，管理有序。

存放出口冷冻水产、肉类食品的冷库要安装有自动温度记录仪，自动温度记录仪在库内的探头，应安放在库内温度最高和最易波动的位置，如库门旁侧。同时要在库内安装有已经校准的水银温度计，以便于自动温度记录仪进行校对，确保对库内温度监测的准确，冷库管理人员要定时对库内温度进行观测记录。

食品的运输车、船必须保持良好的清洁卫生状况，冷冻产品要用制冷或保温条件符合要求的车、船运输。为运输工具的清洗、消费配备必要的场地、设施和设备。装运过有碍食品安全卫生的货物，如化肥、农药和各种有毒化工产品的运输工具，在装运出口食品前必须经过严格的清洗，必要时需经过检验检疫部门的检验合格后方可装运出口食品。

4.1.1.4 人员的卫生控制

食品厂的加工和检验人员每年至少要进行一次健康检查，必要时还要作临时健康检查，新进厂的人员必须经过体检合格后方可上岗。生产、检验人员必须经过必要的培训，经考核合格后方可上岗。生产、检验人员必须保持个人卫生，进车间不携带任何与生产无关的物品。

进车间必须穿着清洁的工作服、帽、鞋。凡患有有碍食品卫生的疾病者，必须调离加工、检验岗位，痊愈后经体检合格方可重新上岗。

有碍食品卫生的疾病主要有：病毒性肝炎；活动性肺结核；肠伤寒和肠伤寒带菌者；细菌性痢疾和痢疾带菌者；化脓性或渗出性脱屑性皮肤病；手有开放性创伤尚未愈合者。

加工人员进入车间前，要穿着专用的清洁的工作服，更换工作鞋靴，戴好工作帽，头发不得外露。加工供直接食用产品的人员，尤其是在成品工段工作人员，要戴口罩。为防止杂物混入产品中，工作服应该无明扣，并且前胸无口袋。工作服、帽不得由工人自行保管，要由工厂统一清洗消毒，统一发放。与工作无关的个人用品不得带入车间，并且不得化妆，不得戴首饰、手表。工作前要进行认真的洗手、消毒。

4.1.2 国外良好操作规范

4.1.2.1 美国良好操作规范

在美国已将“良好操作规范（GMP）”批准为法规，代号为21 CFR part 110，此法规适用于所有食品，作为食品的生产、包装、贮藏卫生品质管理体制的技术基础，具有法律上的强制性。

(1) 21 CFR part 110 内容

A分部——总则：110.3定义；110.5现行的良好操作规范；110.10人员；110.19例外情况。

B分部——建筑物和设施：110.30厂房和场地；110.35卫生操作；110.37卫生设施及

管理。

C 分部——设备：110.40 设备和工器具。

D 分部——（本节预留作将来补充）。

E 分部——生产和加工控制：110.80 加工和控制；110.93 仓储与销售。

F 分部——（本节预留作将来补充）。

G 分部——缺陷行动水平：110.110 食品中对人体无害的天然或不可避免的缺陷。

(2) CFR part 110 的内容要点

① 110.10 人员

a. 疾病控制：经体检或监督人员观察发现，凡患有或可能患有有碍食品生产卫生的疾病的人员不得进入车间。

b. 清洁卫生：加工人员讲究卫生；穿着清洁、卫生的工作服、发网、帽子等；进入车间或手弄脏后要洗手、消毒；不将私人用品存放在加工区；不佩戴不稳固的饰物，不化妆；禁止在加工区内吃东西、吸烟、喝饮料等。

c. 接受食品卫生、安全培训。

② 110.30 厂房与场地

a. 场地：食品厂四周的场地必须保持良好的状态，防止食品受污染。例如场地清扫，杂草、害虫孳生地清除，垃圾处理，排水畅通。

b. 厂房结构与设计：面积与生产能力相适应；能够采取适当的预防措施防止外来污染物的潜在危害；结构合理，地板、墙面、天花板易于清扫，保持清洁和维修良好状况；人员卫生区、加工区照明充足，采用安全灯具；车间装有足够通风或控制设备，防止冷凝水下滴污染食品；必要之处设置虫害防治设施。

③ 110.35 卫生操作

a. 一般保养：工厂建筑物、固定装置及其他有形设施必须在卫生条件下进行保养，并保持良好状态，防止食品污染。用于清洁消毒杀灭虫害的有毒物质应有供应商担保或证明书，必须遵守地方政府机构制定的有关使用或存放这些产品的一切有关法规。

b. 虫害控制：食品厂的任何区域均不得存在任何动物或害虫。

c. 食品接触面的卫生：所有食品接触面都必须尽可能经常地进行清洁。使用消毒剂必须量足有效而且安全。经清洗干净的可移动设备及工器具存放适当地方，防止受到污染。

④ 110.37 卫生设施及管理

a. 供水：供水满足预期的作业使用要求，水源充足，水质安全、卫生。

b. 输水设施：输水设施的尺寸、设计及安装得当，维护良好，能将充足的水送到全厂需要用水的地方。

c. 确保排放废水或污水和管道系统不回流，不造成交叉污染。厂里污水、废水排放畅通。

d. 污水处理：排污系统适当。

e. 卫生间设施：足够的、方便进出的卫生设施，设有自动关闭的门，门不能开向食品车间，保持卫生，设施处于良好状况下。

f. 洗手设施：洗手设施充足而方便，厂内的每个地方都提供洗手和消毒设施，非手动水龙头，并提供适当温度的流动水，且设有标示牌。

⑤ 110.40 设备及用具　工厂的所有设备和用具，其设计、采用的材料和制作工艺，必须便于充分的清洗和适当的维护。使用时不会造成润滑剂、燃料、金属碎片、污水或其他等

污染。

接触食品表面的接缝必须平滑，维护得当。

凡是用来贮存和放置食品的冷藏、冷冻库都必须装上能准确表明室内温度的温度计，自动测量装置及温度自动记录仪和自动报警系统。

⑥ 110.80 加工及控制　食品的进料、检查、运输、分选、预制、加工、包装及贮存等所有作业都必须严格按照卫生要求进行，确保食品适合人们食用。

⑦ 110.93 仓储与销售　食品成品的储存、运输防止污染。食品和包装材料不变质。

4.1.2.2　CAC 有关卫生实施法规

CAC 是食品法典委员会，隶属于联合国粮农组织（FAO）和世界卫生组织（WHO）。CAC 一直致力于制定一系列的食品卫生规范、标准，以促进国际间食品贸易的发展。这些规范或标准是推荐性的，一旦被进口国采纳，那么这些国家就会要求出口国的产品达到此规范要求或标准规定。

CAC 现已制定有食品卫生通则（CAC/RCP 2 1985）等 37 个卫生规范，其中包接鲜鱼、冻鱼、贝类、蟹类、龙虾、水果、蔬菜、蛋类、鲜肉、低酸罐头食品、禽肉、饮料、食用油脂等食品生产的卫生规范。

“食品卫生通则”适用于全部食品加工的卫生要求，作为推荐性的标准，提供给各国。

总则为保证食品卫生奠定了坚实的基础，在应用总则时，应根据情况结合卫生操作规范和微生物标准导则来使用。本文件是按食品由最初生产到最终消费的食品链，说明每个环节的关键控制措施。尽可能地推荐使用以 HACCP 为基础的方法，提高食品的安全性，达到 HACCP 体系及其应用导则的要求。

总则中所述的控制措施是保证食品食用的安全性和适宜性的国际公认的重要方法。可用于政府、企业（包括个体初级食品生产者、加工和制作者、食品服务者和零售商）和消费者。

总则包括十部分，重点介绍如下。

(1) 目标

明确可用于整个食品链的必要卫生原则，以达到保证食品安全和适宜消费的目的；推荐采用 HACCP 体系提高食品的安全性。

(2) 范围、使用和定义

范围：由最初生产到最终消费者的食品链制定食品生产必要的卫生条件。政府可参考执行以达到确保企业生产食品适于人类食用、保护消费者健康，维护国际贸易食品的信誉。

(3) 初级生产

该部分目标是：最初生产的管理应根据食品的用途保证食品的安全性和适宜性。在此对环境卫生要求最初食品生产加工应避免在有潜在有害物的场所进行。生产采用 HACCP 体系预防危害，为此生产者要实行避免由空气、泥土、水、饮料、化肥、农兽药等的污染，保护不受粪便或其他污染。在搬运、储藏和运输期间保护食品及配料免受化学、物理及微生物污染物的污染，并注意温度、湿度控制，防止食品变质、腐败。

设备清洁和养护工作能有效进行，个人卫生能保持。

(4) 加工厂：设计与设施

加工厂设计目标是使污染降到最低；厂库设备及清洁和消毒；与食品接触表面无毒；必要时带配有温度湿度等控制仪器；防止害虫。

在本部分对加工厂选址；厂房和车间（设计与布局、内部结构及装修）；设备（控制与监测设备、废弃物及不可食用物质容器)；设施（供水、排水和废物处理、清洁、个人卫生设施和卫生间、温度控制、通风、照明、贮藏等设施）规定了要求；选址远离污染区；厂房和车间设计布局满足良好食品卫生操作要求；设备保证在需要时可以进行充分的清理、消毒及养护；废弃物、不可食用品及危险物容器结构合理、不渗漏、醒目；供水达到 WHO“饮用水质量指南”标准；供水系统易识别；排水和废物处理避免污染食品；清洁设备完善。

配有个人卫生设施，保证个人卫生，保持并避免污染食品。有完善的更衣设施和满足卫生要求的卫生间。温度控制满足要求。通风（自然和机械）保证空气质量。照明色彩不应产生误导。贮藏设施设计与建造可避免害虫侵入，易于清洁，保护食品免受污染。

(5) 生产控制

目标是通过食品危害的控制、卫生控制等生产安全的和适宜人们消费的食品。食品危害的控制采用 HACCP 体系。卫生控制体系关键是时间和温度为防止微生物交叉感染，原料、未加工食品与即食食品要有效地分离，加工区域进出的控制，人员卫生保持，工器具的清洁消毒要求等。物理和化学污染的防止，必要时要配备探测仪、扫描仪等。包装设计和材料能为产品提供可靠的保护，以尽量减少污染，并提供适当的标识。水的控制，在食品加工和处理中都应采用饮用水。生产蒸汽、消防及其他不与食品直接相关场合用水除外。管理与监督工作应有效进行。

文件与记录应当保留超过产品保持期。建立撤回产品程序，以便处理食品安全问题，并在发现问题时能完全、迅速地从市场将该批食品撤回。

(6) 工厂：养护与卫生

本部分目标是通过建立有效程序达到适当养护和清洁；控制害虫；管理废弃物；监测养护和卫生有效性。本部分包括：清洁程序和方法；清洁计划；害虫控制（防止进入、栖身和出没、消除隐患、监测)；废弃物管理等。

(7) 工厂：个人卫生

本部分目标是通过保持适当水平的个人清洁及适当的工作方法，保证生产人员不污染食品。人员健康状况：不携带通过食品将疾病传给他人的疾病。患疾病与受伤者调离食品加工岗位（黄胆、腹泻、呕吐、发烧、耳眼或鼻中有流出物、外伤等)。个人清洁：应保持良好的个人清洁卫生，在食品处理开始，去卫生间后、接触污染材料后均要洗手。个人行为：生产时抑制可能导致食品污染的行为，例如吸烟、吐痰、吃东西、在无保护食品前咳嗽等；不佩戴饰物进入食品加工区。参观者进入食品加工区按食品生产人员要求办。

(8) 运输

本部分目标是为食品提供一个良好环境，保护食品不受潜在污染危害、不受损伤，有效控制食品病源菌或毒素产生。运输工具的设计和制造应达到：不对食品和包装造成污染；可进行有效消毒；有效保护食品避免污染，有效保持食品温度、湿度等。

(9) 产品信息和消费者的意识

产品应具有适当的信息以保证：为食品链中的下一个经营者提供充分、易懂的产品信息，以使他们能够安全、正确地对食品进行处理、贮存、加工、制作和展示；对同一批或同一宗产品应易于辨认或者必要时易于撤回。消费者应对食品卫生知识更新足够的了解，以保证消费者：认识到产品信息的重要性；作出适合消费者的明智选择；通过食品的正确存放、烹饪和使用，防止食品污染和变质，或者防止食品引发病菌的残存或滋生。本部分包括：不同批产品的标识；产品信息（正确对食品进行处理)；标识（预包装食品)；对消费者的教育（健康教育、食品卫生常识等)。

(10) 培训

a. 目标：对于从事食品生产与经营，并直接或间接与食品接触的人员应进行食品卫生知识培训和（或者）指导，以使他们达到其职责范围内的食品卫生标准要求。

b. 意识与责任：每个人都应该认识到自己在防止食品污染和变质中的任务和责任。食品加工处理者应有必要的知识和技能，以保证食品的加工处理符合卫生要求。培训计划，要求达到的培训水平包括：食品的性质，尤其是维持病原微生物和致病微生物滋生的能力；食品加工处理和包装的方式，包括造成食品污染的可能性；加工的深度和性质或者在最终消费前还要进行烹调；食品贮存的条件；食品的保持期限。

c. 指导与监督：做好日常的监督和检查工作，以保证卫生程序得以有效的贯彻和执行；食品加工厂的管理人员和监督人员应具有必要的食品卫生原则和规范知识。

d. 回顾性培训：对培训计划应进行常规性复查，必要时可作修订，培训制度应正常运作以保证食品操作者在工作中始终注意保证食品的安全性和适宜性所必需的操作程序。

4.1.2.3 欧盟食品卫生规范和要求

欧共体理事会、委员会发布了一系列管理食品生产进口和投放市场的卫生规范和要求。从内容上可以划分为以下六类：①对疾病实施控制的规定；②对农、兽药残实施控制的规定；③对食品生产、投放市场的卫生规定；④对检验实施控制的规定；⑤对第三国食品准入的控制规定；⑥对出口国当局卫生证书的规定。

生产企业一般条件要点介绍如下。

① 厂库和设备的一般条件　设计和布局不使产品受污染、污染区与清洁区分离；足够的面积；地面易清洁、消毒，便于排水；墙面光滑易清洁，耐用，不透水；顶面易清洁材料；门、窗材料易清洁；通风良好；照明充足；数量充足非手动洗手水龙、消毒手设备及一次性使用毛巾；具有清洁厂区、设备、工器具的设施；冷库地面、墙面、顶面、照明符合上述规定；具有防虫害的设施；水的供应压力和水量充足，符合 80/778/EEC 水质要求；具有废水处理系统；有足够的更衣室，内设洗手盆和水冲厕所，洗手用品和一次性手巾；地面、墙面要求如上；厕所门不得直接对着加工车间；供有检验专用的装备。

② 卫生条件　车间必须保持清洁，维护良好，不造成污染产品；系统地清除厂库内虫害；洗涤剂、消毒剂等类物质必须经主管当局批准后使用，并存放在上锁的房屋小柜内，不会造成对生产的污染；工作区的加工设备、工器具专用。

③ 工作人员卫生条件　工作人员穿戴合适、洁净的工作服、帽等；加工人员每次工作恢复前洗手；加工和贮存库内禁止吸烟、吐痰、吃喝东西；雇员必须提供一份健康证明书，证明可从事食品加工。

④ 加工卫生要求　规定了新鲜产品、冷冻产品、鲜冻产品、加工产品、罐藏、烟熏、熟甲壳和软体贝类等产品必须达到条件；包装须在良好卫生条件下进行，包装材料符合所有卫生规定，包装材料不得重复使用；包装物存放于加工区以外的库房内，并予以防尘、防污染的保护；发送产品标记清晰；储存和运输期间符合规定温度，冷冻品在-18℃及以下，不允许超过 3℃的短时升温；产品不能与可能将其污染或影响卫生的其他产品共同贮存运输；运输工具可被彻底清洁和消毒。

⑤ 生产条件的卫生监控　主管当局必须对卫生监控作出安排，确定本指令是否被遵守。

⑥ 水产品的卫生标准　感官检查是符合供人类食用；寄生虫检查明显感染了寄生虫，不得投放市场；化学检验：TVB-N 和 TMA-N，组胺，重金属与有机氯化合物；微生物分析。

4.2 卫生标准操作程序（SSOP）

4.2.1 SSOP 概述

卫生标准操作程序（SSOP）是英文 Sanitation Standard Operating Procedure 的缩写。建立、维护和实施一个良好的卫生计划文件是实施 HACCP 计划的基础和前提，如果没有对食品生产环境的卫生控制，仍然会导致食品的不安全。美国规定，在不适合生产食品条件下或在不卫生条件下加工的产品为掺假食品，这样的产品不适于人们食用。无论是从人类健康的角度来看，还是食品国际贸易要求来看，都需要食品的生产者在建立一个良好的卫生条件下生产食品。

在我国，食品生产企业都制订有各种卫生规章制度，对食品生产的环境、加工的卫生、人员的健康进行控制。美国“水产品 HACCP 法规”中强制性的要求加工者应采取有效的卫生控制，充分保证达到 GMP 的要求，并且推荐加工者按八个主要卫生控制方面起草一个卫生操作控制文件——卫生标准操作程序（SSOP），加以实施，以消除与卫生有关的危害。实施过程中还必须有检查，如果实施不力还要进行纠正和记录保持。

4.2.2 卫生标准操作程序内容

SSOP 至少包括 8 项内容，分别是：与食品接触或与食品接触物表面接触的水（冰）的安全；与食品接触的表面（包括设备、手套、工作服）的清洁度；防止发生交叉污染；手的清洗与消毒、厕所设施的维护与卫生保持；防止食品被污染物污染；有毒化学物质的标记、储存和使用；雇员的健康与卫生控制；虫害的防治。

4.2.2.1 水（冰）的安全

生产用水（冰）的卫生质量是影响食品卫生的关键因素，食品加工厂应有充足供应的水源。对于任何食品的加工，首要的一点就是要保证水的安全。食品加工企业一个完整的 SSOP，首先要考虑与食品接触或与食品接触物表面接触用水（冰）来源与处理应符合有关规定，并要考虑非生产用水及污水处理的交叉污染问题。

水源：使用城市公共用水，要符合国家饮用水标准。

使用自备水源要考虑：井水——周围环境、井深度、污水等因素对水的污染；海水——周围环境、季节变化、污水排放等因素对水的污染。

对两种供水系统并存的企业采用不同颜色管道，防止生产用水与非生产用水混淆。

无论是城市公用水还是用于食品加工的自备水源都必须充分有效地加以监控，经官方检验有合格的证明后方可使用。

供水设施要完好，一旦损坏后就能立即维修好，管道的设计要防止冷凝水集聚下滴污染裸露的加工食品，防止饮用水管、非饮用水管及污水管间交叉污染。

工厂保持详细供水网络图，以便日常对生产供水系统管理与维护。供水网络图是质量管理的基础资料。

直接与产品接触的冰必须采用符合饮用水标准的水制造。制冰设备和盛装冰块的器具，必须保持良好的清洁卫生状况。冰的存放、粉碎、运输、盛装贮存等都必须在卫生条件下进行，防止与地面接触造成污染。

监控时发现加工用水存在问题或管道有交叉连接时应终止使用这种水源和终止加工，直到问题得到解决。

水的监控、维护及其他问题处理都要记录、保持。

4.2.2.2 与食品接触的表面（包括设备、手套、工作服）的清洁度

与食品接触的表面：加工设备；案台和工器具；加工人员的工作服、手套等；包装物料。

监控：食品接触面的条件；清洁和消毒；消毒剂类型和浓度；手套、工作服的清洁状况。

怎样监控：视觉检查、化学检测（消毒剂浓度）、表面微生物检查；监控频率视使用条件而定。

材料和制作：耐腐蚀、不生锈，表面光滑易清洗的无毒材料；不用木制品、纤维制品、含铁金属、镀锌金属、黄铜等；设计安装及维护方便，便于卫生处理；制作精细，无粗糙焊缝、凹陷、破裂等；始终保持完好的维修状态；安装在加工人员犯错误情况下不至造成严重后果。

清洗消毒：①加工设备与工器具：首先彻底清洗；②消毒（82℃热水、碱性清洁剂、含氯碱、酸、酶、消毒剂、余氯200mg/L浓度、紫外线、臭氧）；③再冲洗；设有隔离的工器具洗涤消毒间（不同清洁度工器具分开）。

工作服、手套：集中由洗衣房清洗消毒（专用洗衣房，设施与生产能力相适应）；不同清洁区域的工作服分别清洗消毒，清洁工作服与脏工作服分区域放置；存放工作服的房间设有臭氧、紫外线等设备，且干净、干燥和清洁。

频率：大型设备，每班加工结束后；工器具根据不同产品而定；被污染后立即进行。

空气消毒：①紫外线照射法，每10～15m^2安装一支30W紫外线灯，消毒时间不少于30min，低于20℃，高于40℃，湿度大于60%时，要延长消毒时间，适用于更衣室、厕所等；②臭氧消毒法，一般消毒1h，适用于加工车间、更衣室等；③药物熏蒸法，用过氧乙酸、甲醛，每平方米10mL，适用于冷库，保温车等。

纠偏：在检查发现问题时应采取适当的方法及时纠正，如：再清洁、消毒、检查消毒剂浓度、培训员工等。

记录：每日卫生监控记录；检查、纠偏记录。

4.2.2.3 防止发生交叉污染

造成交叉污染的来源：工厂选址、设计、车间不合理；加工人员个人卫生不良；清洁消毒不当；卫生操作不当；生、熟产品未分开；原料和成品未隔离。

预防：工厂选址、设计；周围环境不造成污染；厂区内不造成污染；按有关规定（提前与有关部门联系）。

车间布局：工艺流程布局合理；初加工、精加工、成品包装分开；生、熟加工分开；清洗消毒与加工车间分开；所用材料易于清洗消毒。

明确人流、物流、水流、气流方向：①人流——从高清洁区到低清洁区；②物流——不造成交叉污染，可用时间、空间分隔；③水流——从高清洁区到低清洁区；④气流——入气控制、正压排气。

加工人员卫生操作：洗手、首饰、化装、饮食等的控制；培训。

监控：在开工时、交班时、餐后续加工时进入生产车间；生产时连续监控；产品贮存区域（如冷库）每日检查。

纠偏：发生交叉污染，采取步骤防止再发生；必要时停产，直到有改进；如有必要，评估产品的安全性；增加培训程序。

记录：消毒控制记录；改正措施记录。

4.2.2.4 手的清洗和消毒、厕所设施的维护与卫生保持

① 洗手消毒的设施 洗手消毒的设施包括：非手动开关的水龙；有温水供应，在冬季洗手消毒效果好；合适、满足需要的洗手消毒设施，每10～15人设一水龙头为宜；流动消毒车。

② 洗手消毒方法、频率 洗手消毒方法为：清水洗手⟶用皂液或无菌皂洗手⟶冲净皂液⟶于50mg/L（余氯）消毒液浸泡30秒⟶清水冲洗⟶干手（用纸巾或毛巾）。要求每次进入加工车间时，手接触了污染物后均要消毒，或根据不同加工产品规定的消毒频率进行消毒。

③ 监测 每天至少检查一次设施的清洁与完好；卫生监控人员巡回监督；化验室定期做表面样品微生物检验；检测消毒液的浓度。

④ 厕所设施与要求 厕所位置要与车间建筑连为一体，门不能直接朝向车间，有更衣、鞋设备。厕所数量与加工人员相适应，每15～20人设置一个。同时做到如下要求：手纸和纸篓保持清洁卫生；设有洗手设施和消毒设施；有防蚊蝇设施；通风良好，地面干燥，保持清洁卫生；进入厕所前要脱下工作服和换鞋；方便之后要进行洗手和消毒；包括所有的厂区、车间和办公楼、厕所。

⑤ 纠偏 检查发现总是立即纠正。

⑥ 记录 每日对卫生监控和消毒液温度进行记录。

4.2.2.5 防止食品被污染

防止食品、食品包装材料和食品所有接触表面被微生物、化学品及物理的污染物沾污，例如：清洁剂、润滑油、燃料、杀虫剂、冷凝物等。

(1) 污染物的来源

食品污染物主要来源如下：被污染的冷凝水；不清洁水的飞溅；空气中的灰尘、颗粒；外来物质；地面污物；无保护装置的照明设备；润滑剂、清洁剂、杀虫剂等；化学药品的残留；不卫生的包装材料。

(2) 防止与控制

① 包装物料的控制 包装物料存放库要保持干燥清洁、通风、防霉，内外包装分别存放，上有盖布下有垫板，并设有防虫鼠设施。

② 监控 任何可能污染食品或食品接触面的掺杂物，如潜在的有毒化合物、不卫生的水（包括不流动的水）和不卫生的表面所形成的冷凝物。建议在生产开始时及工作时间每4h检查一次。

③ 纠偏 除去不卫生表面的冷凝物；用遮盖防止冷凝物落到食品、包装材料及食品接触面上；清除地面积水、污物、清洗化合物残留；评估被污染的食品；对员工培训正确使用化合物。

4.2.2.6 有毒化学物质的标记、储存和使用

① 食品加工厂有可能使用的化学物质 洗涤剂；消毒剂：次氯酸钠；杀虫剂：1605；润滑剂；食品添加剂：亚硝酸钠、磷酸盐等。

② 有毒化学物质的贮存和使用 编写有毒有害化学物质一览表；所使用的化合物有主管部门批准生产、销售、使用说明的证明，主要成分、毒性、使用剂量和注意事项，正确使用；单独的区域贮存，带锁的柜子，防止随便乱拿，设有警告标示；化合物正确标识，标识清楚，标明有效期，使用登记记录；由经过培训的人员管理。

③ 监控 经常检查确保符合要求；建议一天至少检查一次；全天都应注意。

④ 纠偏 转移存放错误的化合物；对标记不清的拒收或退回；对保管、使用人员的培训。

4.2.2.7 雇员的健康与卫生控制

食品企业的生产人员（包括检验人员）是直接接触食品的人，其身体健康及卫生状况直接影响食品卫生质量。根据食品卫生管理法规定，凡从事食品生产的人员必须经过体检合格，获有健康证者方能上岗。

① 检查 员工的上岗前健康检查；定期健康检查，每年进行一次体检；食品生产企业应制订有体验计划，并设有体验档案，凡患有有碍食品卫生的疾病，不得参加直接接触食品加工，痊愈后经体验合格后可重新上岗；生产人员要养成良好的个人卫生习惯，按照卫生规定从事食品加工，进入加工车间更换清洁的工作服、帽、口罩、鞋等，不得化妆，不得戴首饰、手表等。

食品生产企业应制订有卫生培训计划，定期对加工人员进行培训，并记录存档。

② 监督 目的控制可能导致食品、食品包装材料和食品接触面的微生物污染。

③ 纠偏 调离生产岗位直至痊愈。

④ 记录 健康检查记录；每日卫生检查记录。

4.2.2.8 虫害的防治

昆虫、鸟鼠等东西带一定种类病源菌，虫害的防治对食品加工厂是至关重要的。

① 防治计划 灭鼠分布图、清扫消毒执行规定；全厂范围生活区甚至包括厂周围；重点：厕所、下脚料出口、垃圾箱周围和食堂。

② 防治措施 清除滋生地；预防进入车间，采用风幕、水幕、纱窗、黄色门帘、暗道、挡鼠板、反水弯等；杀灭，产区用杀虫剂，车间入口用灭蝇灯，粘鼠胶、鼠笼，不能用灭鼠药；检查和处理；卫生监控和纠偏；监控频率：根据情况而定；发现问题，立即进行纠偏；严重时需列入 HACCP 计划中。

4.2.3 卫生标准操作程序（SSOP）文件制定

卫生标准操作程序顾名思义就是一个操作程序文件，通过对文件的执行以达到控制卫生的要求。食品加工企业应按照国家关于食品的 GMP 规定的卫生标准（至少 8 个方面）要求编写本企业的 SSOP 文件。

一般来说 SSOP 文件由三个方面组成，即：卫生操作程序（SOP）、卫生控制程序（SCP）和卫生记录。

(1) 卫生操作程序（SOP）

卫生操作程序应包括以下内容。

① 明确每个卫生方面（至少 8 个方面）应达到的目的　例如，对水和冰的卫生要求，目的：直接与食品或食品接触面接触的水和冰，其水源应符合城市饮用水标准，饮用水和非饮用水之间没有交叉联系等。

② 为达到目的所采取的操作步骤　该操作步骤应描述由哪一个部门和人员负责实施，何时去做以及如何操作。例如，对水和冰的卫生要求，操作步骤：在整个加工过程中所使用的水为城市饮用水，符合国家标准的要求，公司的质量部门负责每年两次请市卫生防疫站到工厂抽样进行化验，公司化验室对自来水龙头按编号，进行水的余氯检测及细菌数和粪大肠菌群的化验。

(2) 卫生控制程序（SCP）

卫生控制程序应包括以下内容。

① 对通过卫生操作程序后进行检查是否达到目的　这种检查可以是感官检查、化验结果、微生物检验等，视不同卫生操作而定。要求表明由谁来检查，如何检查和检查频率。例如，公司化验室通过对水和冰的化验和余氯检测结果检查判断是否达到饮用水标准，对余氯检测每天一次，对细菌数和粪大肠菌群化验每月一次。

② 对未达到目的者采用纠正措施　凡通过卫生操作程序而没能达到目的，说明卫生不合格，有可能造成对食品生产的污染，所以必需采取措施进行纠正。这些纠正措施视不同卫生要求而定，要求表明由谁来做，如何做。例如，公司化验室通过对生产用水检测发现细菌数和粪大肠菌群超过了国家标准的规定，立即停止采用此生产用水，检查超标原因，由质检部和化验室负责对在水质超标期间生产的产品进行安全评价，由维修部检查供水设备情况。

(3) 卫生记录

凡是经过对至少 8 个方面的卫生操作检查、控制以及纠正措施后应进行记录，通过记录证明实施了 SSOP、SCP，并达到了目的。卫生记录应预先设计好，记录包括：执行记录、监控检查记录和纠正记录，一般用表格形式。记录格式的设计应做到符合操作实际，具有可操作性，记录栏目的内容应能反映出做事情况的客观实际。记录内容可以用符号表示，但有具体数据或需描述的地方，应记录具体数据或描述内容，有的记录可以合并设计。卫生记录表格信息应有表头（工厂名称、记录标题等）、记录内容、记录日期、记录人等。

4.3 危害分析与关键控制点（HACCP）

危害分析与关键控制点（HACCP）是 Hazard Analysis Critical Control Point 的缩写。HACCP 是一种简便、合理而专业性强、先进的食品安全控制体系，通过对食品生产过程进行危害分析，确定关键控制点，以控制危害消费者健康的安全与卫生问题产生，以最大限度预防食品的不安全与不卫生的危害发生。

4.3.1 危害分析和预防措施

目的是了解：什么是危害分析、怎样进行危害分析、怎样确定显著危害、预防措施是什么和怎样确定预防措施。

危害分析划分为两种活动。

① 自由讨论和危害评估　自由讨论应从原料接受到成品的加工过程（工艺流程图）的每一个操作步骤危害发生的可能性进行讨论。通常根据工作经验、流行病的数据及技术资料的信息来评估其发生的可能性。危害评估是对每一个危害的风险及其严重程度进行分析，以决定食品安全危害的显著性。危害分析要把对安全的关注同对质量的关注分开。

② 预防措施　预防措施是用来防止或消除食品危害或使它降低到可接受水平的行为和活动。

4.3.2 确定关键控制点

目的是了解关键控制点的定义（CCP）、显著危害与关键控制点的关系、关键控制点可随生产变化而变化、用判断树来选择关键控制点。

关键控制点（CCP）是食品安全危害能被控制的，能预防、消除或降低到可接受水平的一个点、步骤或过程。

关键控制点是 HACCP 控制活动将要发生过程中的点，对危害分析确定的每一个显著的危害，必须有一个或多个关键控制点来控制危害，只有这些点作为显著的食品安全卫生危害而被控制时才认为是关键控制点。

① 当危害能被预防时，这些点可以被认为是关键控制点。

② 能将危害消除的点可以确定为是关键控制点。

③ 能将危害降低到可接受的点可以确定为是关键控制点。

④ 多种关键控制点和危害　一个关键控制点能用于控制一种以上的危害，例如：冷冻储藏可能是控制病原体和组胺形成的一个关键控制点，同样，一个以上的关键控制点可以用来控制一个危害。

⑤ 生产和加工的特殊性决定关键控制点的特殊性　在一条加工线上确立的某一产品的关键控制点，可以与另一条加工线上的同样的产品的关键控制点不同，这是因为危害及其控制的最佳点可以随下列因素而变化：厂区、产品配方、加工工艺、设备、配料选择、卫生和支持程序。

4.3.3 关键限值建立

目的是了解关键限值的定义、如何对一个 CCP 建立关键限值、如何发现关键限值的信息来源、关键限值与操作限值之间的关系。

为每一个有关 CCP 的预防建立关键限值，关键限值（CL）：与一个 CCP 相联系的每个预防措施所必须满足的标准。一个关键限值（CL）用来保证一个操作生产出安全产品的界限，每个 CCP 必须有一个或多个关键限值用于显著危害，当加工偏离了关键限值（CL），可能导致产品的不安全，因此必须采取纠偏行动保证食品安全。合适的关键限值可以从科学刊物、法规性指标、专家及实验室研究等渠道收集信息，也可以通过实验来确定。操作限值（OL）比 CL 更严格的限度，有操作人员用以降低偏离的风险的标准。

4.3.4 关键控制点监控

目的是了解监控的定义、为什么需要监控、怎么设计一个监控系统、监控关键限值使用什么方法和设备、监控多长时间进行一次和应由谁进行监控。

监控：实施一个有计划的连续观察和测量，以评估一个CCP是否受控，并且为将来验证时使用做出准确记录。

监控的目的：跟踪加工过程操作并查明和注意可能偏离关键限值的趋势并及时采取措施进行加工调整。

一个好的监控计划包括四个部分。

① 监控什么——对象：通常通过观察和测量来评估是否一个CCP是在关键限值内操作的。

② 怎样监控——方法：通常用物理或化学的测量（数量的关键限）或观察方法（证明或感官观察）要求迅速和准确。

③ 监控频率——何时（频率）：可以是连续的或间断的。

④ 谁监控——人员：受过培训可以进行监控工作的人员。

4.3.5 纠偏行动

目的是了解纠偏行动的定义、纠偏行动的程序、纠偏行动的记录（保存要求）。

当关键控制点上关键限值被超过时，必须采取纠偏行动。如果可能的话，这些行动必须在指定HACCP计划时预先制订纠偏行动计划，也可以是没有预先制订的纠偏行动计划，因为有时会有一些预料不到的情况发生。

纠偏行动选择包括：隔离和保存要进行安全评估的产品、转移受影响的产品成分到另一条不认为偏离是至关重要的生产线上、重新加工、退回原料和销毁产品等。

纠偏行动记录应该包含以下内容：产品确认（如产品描述，持有产品的数量）、偏离的描述、采取的纠偏行动包括受影响产品的最终处理、采取纠偏行动的负责人的姓名和必要时要有评估的结果等。

4.3.6 验证程序

目的是了解怎么样解释说明验证、什么是HACCP计划验证的组成部分、什么是确认的组成部分。

验证：除监控方法之外，用来确定HACCP体系是否按HACCP计划运作或计划是否需要修改及再确认、生效所使用的方法、程序或检测及审核手段。

最复杂的HACCP计划原理之一就是验证，尽管它复杂，然而验证原理的正确制订和执行是HACCP计划成功实施的基础。HACCP产生了新的谚语——“验证才足以置信”；这就是验证原理的核心。HACCP计划的宗旨是防止食品安全的危害，验证的目的是提高置信水平，即：①计划是建立在严谨的、科学的原则基础之上，它足以控制产品和工艺过程中出现的危害；②这种控制措施正被贯彻执行着。

验证内容包括：对HACCP计划和任何修改的复查、CCP监控记录的复查、纠偏记录的复查、验证记录的复查、现场检查HACCP计划是否贯彻执行以及记录是否按规定保存和随机抽样分析等。

4.3.7 记录—保持程序

目的是了解在HACCP体系中需要什么样的记录、什么时候去记录监控信息、怎样进行记录的复查和记录保持多久。

建立有效的记录保持程序，以文件证明 HACCP 体系。“没有记录就等于没有发生”。准确的记录保持是一个成功的 HACCP 计划的重要部分。记录提供关键限值得到满足或当被超过关键限值时采取的适宜的纠偏行动，同样的，也提供一个监控手段，这样可以调整加工，防止失去控制。

HACCP 体系的记录有四种：HACCP 计划和用于制定计划的支持文件、关键控制点监控的记录、纠偏行动的记录和验证活动的记录等。

4.4 食品安全管理体系（ISO 22000）

4.4.1 ISO 22000 产生的背景

进入 21 世纪，世界范围内消费者都要求安全和健康的食品，食品加工企业因此不得不贯彻食品安全管理体系，以确保生产和销售安全食品。为了帮助这些食品加工企业去满足市场的需求，同时，也为了证实这些企业已经建立和实施了食品安全管理体系，从而有能力提供安全食品，开发一个可用于审核的标准成为了一种强烈需求。另外，由于贸易的国际化和全球化，基于 HACCP 原理，开发一个国际标准也成为各国食品行业的强烈需求。

4.4.2 食品安全管理体系标准的内容

4.4.2.1 总要求

组织应按本准则要求建立有效的食品安全管理体系，形成文件，加以实施和保持，并在必要时进行更新。

组织应确定食品安全管理体系的范围。该范围应规定食品安全管理体系中所涉及的产品或产品类别、过程和生产场地。

组织应确保在体系范围内合理预期发生的与产品相关的食品安全危害得以识别和评价，并以组织的产品不直接或间接伤害消费者的方式加以控制。

在食品链范围内沟通与产品安全有关的适宜信息。

在组织内就有关食品安全管理体系建立、实施和更新进行必要的信息沟通，以确保满足本准则要求的食品安全。

对食品安全管理体系定期评价，必要时进行更新，确保体系反映组织的活动，并纳入有关需控制的食品安全危害的最新信息。

针对组织所选择的任何影响终产品符合性的源于外部的过程，组织应确保控制这些过程。对此类源于外部的过程的控制应在食品安全管理体系中加以识别，并形成文件。

4.4.2.2 文件要求

(1) 总则

食品安全管理体系文件应包括：①形成文件的食品安全方针和相关目标的声明；②本准则要求的形成文件的程序和记录。

组织为确保食品安全管理体系有效建立、实施和更新所需的文件。

(2) 文件控制

食品安全管理体系所要求的文件应予以控制。记录是一种特殊类型的文件，应依据标准条款 4.2.3 的要求进行控制。

这种控制应确保所有提出的更改在实施前加以评审，以确定其对食品安全的作用以及对食品安全管理体系的影响。

应编制形成文件的程序，以规定以下方面所需的控制：①文件发布前得到批准，以确保文件是充分与适宜的；②必要时对文件进行评审与更新，并再次批准；③确保文件的更改和现行修订状态得到识别；④确保在使用处获得适用文件的有关版本；⑤确保文件保持清晰、易于识别；⑥确保相关的外来文件得到识别，并控制其分发；⑦防止作废文件的非预期使用，若因任何原因而保留作废文件时，确保对这些文件进行适当的标识。

(3) 记录控制

应建立并保持记录，以提供符合要求和食品安全管理体系有效运行的证据。记录应保持清晰、易于识别和检索。应编制形成文件的程序，以规定记录的标识、贮存、保护、检索、保存期限和处理所需的控制。

4.4.2.3 管理职责

(1) 管理承诺

最高管理者应通过以下活动，对其建立、实施食品安全管理体系并持续改进其有效性的承诺提供证据。表明组织的经营目标支持食品安全；向组织传达满足与食品安全相关的法律法规、本准则以及顾客要求的重要性；制定食品安全方针；进行管理评审；确保资源的获得。

(2) 食品安全方针

最高管理者应制定食品安全方针，形成文件并对其进行沟通。

最高管理者应确保食品安全方针：①与组织在食品链中的作用相适应；②符合与顾客商定的食品安全要求和法律法规要求；③在组织的各层次得以沟通、实施并保持；④在持续适宜性方面得到评审；⑤充分阐述沟通；⑥由可测量的目标来支持。

(3) 食品安全管理体系策划

最高管理者应确保：对食品安全管理体系的策划，满足良好操作规范标准条款以及支持食品安全的组织目标的要求；在对食品安全管理体系的变更进行策划和实施时，保持体系的完整性。

(4) 职责和权限

最高管理者应确保规定各项职责和权限并在组织内进行沟通，以确保食品安全管理体系有效运行和保持。所有员工有责任向指定人员汇报与食品安全管理体系有关的问题。指定人员应有明确的职责和权限，以采取措施并予以记录。

(5) 食品安全小组组长

组织的最高管理者应任命食品安全小组组长，无论其在其他方面的职责如何，应具有以下方面的职责和权限：管理食品安全小组，并组织其工作；确保食品安全小组成员的相关培训和教育；确保建立、实施、保持和更新食品安全管理体系；向组织的最高管理者报告食品安全管理体系的有效性和适宜性；食品安全小组组长的职责可包括与食品安全管理体系有关事宜的外部联络。

(6) 沟通

① 外部沟通　为确保在整个食品链中能够获得充分的食品安全方面的信息，组织应制

订、实施和保持有效的措施，以便与下列各方进行沟通：供方和分包商；顾客或消费者，特别是在产品信息（包括有关预期用途、特定贮存要求以及适宜时含保质期的说明书）、问询、合同或订单处理及其修改，以及包括抱怨的顾客反馈；主管部门；对食品安全管理体系的有效性或更新产生影响，或将受其影响的其他组织。

这种沟通应提供组织的产品在食品安全方面的信息，这些信息可能与食品链中其他组织相关；特别是应用于那些需要由食品链中其他组织控制的已知的食品安全危害，应保持沟通记录。

应获得来自顾客和主管部门的食品安全要求。指定人员应有规定的职责和权限，进行有关食品安全信息的对外沟通。通过外部沟通获得的信息应作为体系更新（见标准条款8.5.2）和管理评审（见标准条款5.8.2）的输入。

② 内部沟通　组织应建立、实施和保持有效的安排，以便与有关的人员就影响食品安全的事项进行沟通。为保持食品安全管理体系的有效性，组织应确保食品安全小组及时获得变更的信息，例如包括但不限于以下方面：产品或新产品；原料、辅料和服务；生产系统和设备；生产场所，设备位置，周边环境；清洁和卫生方案；包装、贮存和分销系统；人员资格水平和（或）职责及权限分配；法律法规要求；与食品安全危害和控制措施有关的知识；组织遵守的顾客、行业和其他要求；来自外部相关方的有关问询；表明与产品有关的食品安全危害的抱怨；影响食品安全的其他条件。

(7) 应急准备和响应

最高管理者应建立、实施并保持程序，以管理可能影响食品安全的潜在紧急情况和事故，并应与组织在食品链中的作用相适宜。

(8) 管理评审

① 总则　最高管理者应按策划的时间间隔评审食品安全管理体系，以确保其持续的适宜性、充分性和有效性。评审应包括评价食品安全管理体系改进的机会和变更的需求，包括食品安全方针。管理评审的记录应予以保持（见标准条款4.2.3）。

② 评审输入　管理评审输入应包括但不限于以下信息：以往管理评审的跟踪措施；验证活动结果的分析；可能影响食品安全的环境变化；紧急情况、事故和撤回；体系更新活动的评审结果；包括顾客反馈的沟通活动的评审；外部审核或检验。

撤回包括召回。资料的提交形式应能使最高管理者能将所含信息与已声明的食品安全管理体系的目标相联系。

③ 评审输出　管理评审输出应包括与如下方面有关的决定和措施：食品安全保证；食品安全管理体系有效性的改进；资源需求；组织食品安全方针和相关目标的修订。

4.4.2.4　资源管理

(1) 资源提供

组织应提供充足资源，以建立、实施、保持和更新食品安全管理体系。

(2) 人力资源

① 总则　食品安全小组和其他从事影响食品安全活动的人员应是能够胜任的，并具有适当的教育、培训、技能和经验。当需要外部专家帮助建立、实施、运行或评价食品安全管理体系时，应在签订的协议或合同中对这些专家的职责和权限予以规定。

② 能力、意识和培训　组织应：a. 识别从事影响食品安全活动的人员所必需的能力；b. 提供必要的培训或采取其他措施以确保人员具有这些必要的能力；c. 确保对食品安全管理体系负责监视、纠正、纠正措施的人员受到培训；评价上述a、b和c的实施及其有效性；

确保这些人员认识到其活动对实现食品安全的相关性和重要性；确保所有影响食品安全的人员能够理解有效沟通的要求；保持培训和 b、c 中所述措施的适当记录。

(3) 基础设施

组织应提供资源以建立和保持实现本准则要求所需的基础设施。

(4) 工作环境

组织应提供资源以建立、管理和保持实现本准则要求所需的工作环境。

4.4.2.5 安全产品的策划和实现

(1) 总则

组织应策划和开发实现安全产品所需的过程。组织应实施、运行策划的活动及其更改，并确保有效；这些活动和更改包括前提方案以及操作性前提计划和（或）HACCP 计划。

(2) 前提方案 [PRP(s)]

① 组织应建立、实施和保持前提方案 [PRP(s)]，以助于控制：食品安全危害通过工作环境进入产品的可能性；产品的生物、化学和物理污染，包括产品之间的交叉污染；产品和产品加工环境的食品安全危害水平。

② 前提方案 [PRP(s)] 应与组织在食品安全方面的需求相适宜；与运行的规模和类型、制造和（或）处置的产品性质相适宜；无论是普遍适用还是适用于特定产品或生产线，前提方案都应在整个生产系统中实施；并获得食品安全小组的批准；组织应识别与以上相关的法律法规要求。

③ 当选择和（或）制订前提方案 [PRP(s)] 时，组织应考虑和利用适当信息（如法律法规要求、顾客要求、公认的指南、国际食品法典委员会的法典原则和操作规范，国家、国际或行业标准）。

当制定这些方案时，组织应考虑如下：建筑物和相关设施的布局和建设；包括工作空间和员工设施在内的厂房布局；空气、水、能源和其他基础条件的提供；包括废弃物和污水处理的支持性服务；设备的适宜性，及其清洁、保养和预防性维护的可实现性；对采购材料（如原料、辅料、化学品和包装材料）、供给（如水、空气、蒸汽、冰等）、清理（如废弃物和污水处理）和产品处置（如贮存和运输）的管理；交叉污染的预防措施；清洁和消毒；虫害控制；人员卫生；其他适用的方面。

应对前提方案的验证进行策划，必要时应对前提方案进行更改。应保持验证和更改的记录。文件宜规定如何管理前提方案中包括的活动。

(3) 实施危害分析的预备步骤

① 总则　应收集、保持和更新实施危害分析所需的所有相关信息，并形成文件。应保持记录。

② 食品安全小组　应任命食品安全小组。食品安全小组应具备多学科的知识和建立与实施食品安全管理体系的经验。这些知识和经验包括但不限于组织的食品安全管理体系范围内的产品、过程、设备和食品安全危害。应保持记录，以证实食品安全小组具备所要求的知识和经验。

③ 产品特性　原料、辅料和与产品接触的材料：应在文件中对所有原料、辅料和与产品接触的材料予以描述，其详略程度为实施危害分析所需。适用时，包括以下方面：化学、生物和物理特性；配制辅料的组成，包括添加剂和加工助剂；产地；生产方法；包装和交付方式；贮存条件和保质期；使用或生产前的预处理；与采购材料和辅料预期用途相适宜的有关食品安全的接收准则或规范。

组织应识别与以上方面有关的食品安全法律法规要求。上述描述应保持更新，包括需要时按照标准条款 7.7 要求进行的更新。

终产品特性：终产品特性应在文件中予以描述，其详略程度为实施危害分析所需，适用时，包括以下方面的信息：产品名称或类似标识；成分；与食品安全有关的化学、生物和物理特性；预期的保质期和贮存条件；包装；与食品安全有关的标识和（或）处理、制备及使用的说明书；分销方法。

④ 预期用途　应考虑终产品的预期用途和合理的预期处理，以及非预期但可能发生的错误处置和误用，并应将其在文件中描述，其详略程度为实施危害分析所需。应识别每种产品的使用群体，适用时，应识别其消费群体；并应考虑对特定食品安全危害的易感消费群体。

⑤ 流程图、过程步骤和控制措施　流程图：应绘制食品安全管理体系所覆盖产品或过程类别的流程图。流程图应为评价食品安全危害可能的出现、增加或引入提供基础。流程图应清晰、准确和足够详尽。适宜时，流程图应包括：操作中所有步骤的顺序和相互关系；源于外部的过程和分包工作；原料、辅料和中间产品投入点；返工点和循环点；终产品、中间产品和副产品放行点及废弃物的排放点。经过验证的流程图应作为记录予以保持。

过程步骤和控制措施的描述：应描述现有的控制措施、过程参数和（或）及其实施的严格度，或影响食品安全的程序，其详略程度为实施危害分析所需。还应描述可能影响控制措施的选择及其严格程度的外部要求（如来自顾客或主管部门）。

(4) 危害分析

① 总则　食品安全小组应实施危害分析，以确定需要控制的危害，确保食品安全所需的控制程度，以及所要求的控制措施组合。

② 危害识别和可接受水平的确定　应识别并记录与产品类别、过程类别和实际生产设施相关的所有合理预期发生的食品安全危害。

在识别危害时，应考虑：a. 特定操作的前后步骤；b. 生产设备、设施/服务和周边环境；c. 在食品链中的前后关联。

针对每个识别的食品安全危害，只要可能，应确定终产品中食品安全危害的可接受水平。确定的水平应考虑已发布的法律法规要求、顾客对食品安全的要求、顾客对产品的预期用途以及其他相关数据。确定的依据和结果应予以记录。

③ 危害评价　应对每种已识别的食品安全危害进行危害评价，以确定消除危害或将危害降至可接受水平是否是生产安全食品所必需的；以及是否需要控制危害以达到规定的可接受水平。

应根据食品安全危害造成不良健康后果的严重性及其发生的可能性，对每种食品安全危害进行评价。应描述所采用的方法，并记录食品安全危害评价的结果。

④ 控制措施的选择和评价　应选择适宜的控制措施组合，预防、消除或减少食品安全危害至规定的可接受水平。在选择的控制措施组合中，对每个控制措施控制确定的食品安全危害的有效性进行评审。应对所选择的控制措施进行分类，以决定其是否需要通过操作性前提方案或 HACCP 计划进行管理。

选择和分类应使用包括评价以下方面的逻辑方法：相对于应用强度，控制措施控制食品安全危害的效果；对该控制措施进行监视的可行性（如及时监视以便能立即纠正的能力）；相对其他控制措施该控制措施在系统中的位置；该控制措施作用失效或重大加工的不稳定性的可能性；一旦该控制措施的作用失效，结果的严重程度；控制措施是否有针对性地制订，并用于消除或将危害水平大幅度降低；协同效应（即两个或更多措施作用的组合效果优于每个措施单独效果的总和)。

(5) 操作性前提方案的建立

操作性前提方案［OPRP(s)］应形成文件，针对每个方案应包括如下信息：由方案控制的食品安全危害；控制措施；有监视程序，以证实实施了操作性前提方案［OPRP(s)］；当监视显示操作性前提方案失控时，采取的纠正和纠正措施；职责和权限；监视的记录。

(6) HACCP 计划的建立

① HACCP 计划　HACCP 计划应形成文件；针对每个已确定的关键控制点，应包括如下信息：关键控制点所控制的食品安全危害；控制措施（CCPs）；关键限值；监视程序；关键限值超出时，应采取的纠正和纠正措施；职责和权限；监视的记录。

② 关键控制点（CCPs）的确定　对于由 HACCP 计划（见标准条款 7.4.4）控制的每个危害，针对已确定的控制措施确定关键控制点。

③ 关键控制点的关键限值的确定　对于每个关键控制点建立的监视，应确定其关键限值。应建立关键限值，以确保终产品食品安全危害不超过其可接受水平。关键限值应可测量。应将选定关键限值合理性的证据形成文件。基于主观信息（如对产品、过程、处置等的感官检验）的关键限值，应有指导书、规范和（或）教育及培训的支持。

④ 关键控制点的监视系统　对每个关键控制点应建立监视系统，以证实关键控制点处于受控状态。该系统应包括所有针对关键限值的、有计划的测量或观察。监视系统应由相关程序、指导书和表格构成，包括以下内容：在适宜的时间框架内提供结果的测量或观察；所用的监视装置；适用的校准方法；监视频次；与监视和评价监视结果有关的职责和权限；记录的要求和方法。

当关键限值超出时，监视的方法和频率应能够及时确定，以便在产品使用或消费前对产品进行隔离。

⑤ 监视结果超出关键限值时采取的措施　应在 HACCP 计划中规定关键限值超出时所采取的策划的纠正和纠正措施。这些措施应确保查明不符合的原因，使关键控制点控制的参数恢复受控，并防止再次发生。应建立和保持形成文件的程序，以适当处置潜在不安全产品，确保评价后再放行。

(7) 预备信息的更新、描述前提方案和 HACCP 计划的文件的更新

制订操作性前提方案和（或）HACCP 计划后，必要时，组织应更新如下信息：产品特性；预期用途；流程图；过程步骤；控制措施。

必要时，应对 HACCP 计划以及描述前提方案的程序和指导书进行修改。

(8) 验证的策划

验证策划应规定验证活动的目的、方法、频次和职责。验证活动应确保：操作性前提方案得以实施；危害分析的输入持续更新；HACCP 计划中的要素和操作性前提方案得以实施且有效；危害水平在确定的可接受水平之内；组织要求的其他程序得以实施，且有效。

该策划的输出应采用适于组织运作的形式。应记录验证的结果，且传达到食品安全小组。应提供验证的结果以进行验证活动结果的分析。当体系验证是基于终产品的测试，且测试的样品不符合食品安全危害的可接受水平时，受影响批次的产品应按照标准条款潜在不安全产品处置。

(9) 可追溯性系统

组织应建立且实施可追溯性系统，以确保能够识别产品批次及其与原料批次、生产和交付记录的关系。可追溯性系统应能够识别直接供方的进料和终产品首次分销途径。应按规定的时间间隔保持可追溯性记录，足以进行体系评价，使潜在不安全产品和如果发生撤回时能够进行处置。可追溯性记录应符合法律法规要求、顾客要求，例如可以是基于终产品的批次标识。

(10) 不符合控制

① 纠正　根据终产品的用途和放行要求，组织应确保关键控制点超出或操作性前提方案失控时，受影响的终产品得以识别和控制。

应建立和保持形成文件的程序、规定：a. 识别和评价受影响的产品，以确定对它们进行适宜的处置；b. 评审所实施的纠正。

所有纠正应由负责人批准并予以记录，记录还应包括不符合的性质及其产生原因和后果以及不合格批次的可追溯性信息。

② 纠正措施　操作性前提方案和关键控制点监视得到的数据应由具备足够知识和具有权限的指定人员进行评价，以启动纠正措施。当关键限值发生超出和不符合操作性前提方案时，应采取纠正措施。

组织应建立和保持形成文件的程序，规定适宜的措施以识别和消除已发现的不符合的原因；防止其再次发生；并在不符合发生后，使相应的过程或体系恢复受控状态，这些措施包括：评审不符合（包括顾客抱怨）；对可能表明向失控发展的监视结果的趋势进行评审；确定不符合的原因；评价采取措施的需求以确保不符合不再发生；确定和实施所需的措施；记录所采取纠正措施的结果；评审采取的纠正措施，以确保其有效。

纠正措施应予以记录。

③ 潜在不安全产品的处置　总则：组织应采取措施处置所有不合格产品，以防止不合格产品进入食品链，除非可能确保：相关的食品安全危害已降至规定的可接受水平；相关的食品安全危害在产品进入食品链前将降至确定的可接受水平；尽管不符合，但产品仍能满足相关食品安全危害规定的可接受水平。

可能受不符合影响的所有批次产品应在评价前处于组织的控制之中。

当产品在组织的控制之外，且被确定为不安全时，组织应通知相关方，采取撤回。

处理潜在不安全产品的控制要求、相关响应和权限应形成文件。

放行的评价：受不符合影响的每批产品应在符合下列任一条件时，才可在分销前作为安全产品放行：除监视系统外的其他证据证实控制措施有效；证据表明，针对特定产品的控制措施的组合作用达到预期效果；抽样、分析和（或）其他验证活动证实受影响批次的产品符合相关食品安全危害确定的可接受水平。

不合格品处置：评价后，当产品不能放行时，产品应按如下之一处理：a. 在组织内或组织外重新加工或进一步加工，以确保食品安全危害消除或降至可接受水平；b. 销毁和（或）按废物处理。

撤回：为能够并便于完全、及时地撤回确定为不安全的终产品批次，最高管理者应指定有权启动撤回的人员和负责执行撤回的人员。

组织应建立、保持形成文件的程序，以通知相关方（如主管部门、顾客和/或消费者）；处置撤回产品及库存中受影响的产品，和采取措施的顺序。

被撤回产品在被销毁、改变预期用途、确定按原有（或其他）预期用途使用是安全的或重新加工以确保安全之前，应在监督下予以保留。

撤回的原因、范围和结果应予以记录，并向最高管理者报告，作为管理评审（见标准条款 5.8.2）的输入。组织应通过使用适宜技术验证并记录撤回方案的有效性（例如模拟撤回或实际撤回）。

4.4.2.6 食品安全管理体系的确认、验证和改进

(1) 总则

食品安全小组应策划和实施对控制措施和控制措施组合进行确认所需的过程，并验证和改进食品安全管理体系。

(2) 控制措施组合的确认

在实施包含于操作性前提方案 OPRP 和 HACCP 计划的控制措施之前，及在变更后，组织应确认：所选择的控制措施能使其针对的食品安全危害实现预期控制；控制措施和（或）其组合时有效，能确保控制已确定的食品安全危害，并获得满足规定可接受水平的终产品。

当确认结果表明不能满足一个或多个上述要素时，应对控制措施和（或）其组合进行修改和重新评价。修改可能包括控制措施（即生产参数、严格度和/或其组合）的变更，和/或原料、生产技术、终产品特性、分销方式、终产品预期用途的变更。

(3) 监视和测量的控制

组织应提供证据表明采用的监视、测量方法和设备是适宜的，以确保监视和测量的结果。为确保结果有效性，必要时，所使用的测量设备和方法应：对照能溯源到国际或国家标准的测量标准，在规定的时间间隔或在使用前进行校准或检定。当不存在上述标准时，校准或检定的依据应予以记录；进行调整或必要时再调整；得到识别，以确定其校准状态；防止可能使测量结果失效的调整；防止损坏和失效。校准和验证结果记录应予保持。

此外，当发现设备或过程不符合要求时，组织应对以往测量结果的有效性进行评价。当测量设备不符合时，组织应对该设备以及任何受影响的产品采取适当的措施。这种评价和相应措施的记录应予保持。

当计算机软件用于规定要求的监视和测量时，应确认其满足预期用途的能力。确认应在初次使用前进行。必要时，再确认。

(4) 食品安全管理体系的验证

① 内部审核　组织应按照策划的时间间隔进行内部审核，以确定食品安全管理体系是否符合策划的安排、组织所建立的食品安全管理体系的要求和本准则的要求；得到有效实施和更新。

策划审核方案要考虑拟审核过程和区域的状况和重要性，以及以往审核产生的更新措施。应规定审核的准则、范围、频次和方法。审核员的选择和审核的实施应确保审核过程的客观性和公正性。审核员不应审核自己的工作。

应在形成文件的程序中规定策划和实施审核以及报告结果和保持记录的职责和要求。

负责受审核区域的管理者应确保及时采取措施，以消除所发现的不符合情况及原因，不得延误。跟踪活动应包括对所采取措施的验证和验证结果的报告。

② 单项验证结果的评价　食品安全小组应系统地评价所策划的验证的每个结果。

当验证证实不符合策划的安排时，组织应采取措施达到规定的要求。该措施应包括但不限于评审以下方面：现有的程序和沟通渠道；危害分析的结论、已建立的操作性前提方案和 HACCP 计划；PRP(s)；人力资源管理和培训活动有效性。

③ 验证活动结果的分析　食品安全小组应分析验证活动的结果，包括内部审核和外部审核的结果。应进行分析，以：证实体系的整体运行满足策划的安排和本组织建立食品安全管理体系的要求；识别食品安全管理体系改进或更新的需求；识别表明潜在不安全产品高事故风险的趋势；建立信息，便于策划与受审核区域状况和重要性有关的内部审核方案；提供

证据证明已采取纠正和纠正措施的有效性。

分析的结果和由此产生的活动应予以记录，并以相关的形式向最高管理者报告，作为管理评审的输入；也应用作食品安全管理体系更新的输入。

(5) 改进

① 持续改进　最高管理者应确保组织采用沟通、管理评审、内部审核、单项验证结果的评价、验证活动结果的分析、控制措施组合的确认、纠正措施和食品安全管理体系更新，以持续改进食品安全管理体系的有效性。

② 食品安全管理体系的更新　最高管理者应确保食品安全管理体系持续更新。

为此，食品安全小组应按策划的时间间隔评价食品安全管理体系，继而应考虑评审危害分析、已建立的操作性前提方案 PRP(s) 和 HACCP 计划的必要性。

体系更新活动应予以记录，并以适当的形式报告，作为管理评审的输入。

4.5 食品企业生产许可（QS）

4.5.1 背景

《中华人民共和国食品安全法》2009 年 6 月 1 日正式实施，《中华人民共和国食品安全法实施条例》（国务院令第 557 号）2009 年 7 月 20 日实施。明确了国家对食品生产实行许可制度。为落实食品安全法及其实施条例，国家质量监督检验检疫总局于 2010 年 4 月 7 日发布了《食品生产许可管理办法》（以下简称管理办法）和食品企业生产许可标志（QS 标志）新式样，对食品生产许可的要求、程序以及食品企业生产许可标志做出了新的规定。

食品生产许可必须严格按照法律、法规和规章规定的程序和要求实施，遵循公开、公平、公正、便民原则 。《食品生产许可管理办法》的出台，将进一步保障食品安全，加强食品生产监管，规范食品生产许可活动。

4.5.2 要求

(1) 设立食品生产企业，应当在工商部门预先核准名称后依照食品安全法律法规和本办法有关要求取得食品生产许可。

(2) 县级以上地方质量技术监督部门是食品生产许可的实施机关，但按照有关规定由国家质检总局实施的食品生产许可除外。省级质量技术监督部门按照有关法律法规和国家质检总局有关规定要求，确定本行政区域内质量技术监督部门分别实施许可的品种范围。

(3) 取得食品生产许可，应当符合食品安全标准，并符合下列要求。

① 具有与申请生产许可的食品品种、数量相适应的食品原料处理和食品加工、包装、贮存等场所，保持该场所环境整洁，并与有毒、有害场所以及其他污染源保持规定的距离。

② 具有与申请生产许可的食品品种、数量相适应的生产设备或者设施，有相应的消毒、更衣、盥洗、采光、照明、通风、防腐、防尘、防蝇、防鼠、防虫、洗涤以及处理废水、存放垃圾和废弃物的设备或者设施。

③ 具有与申请生产许可的食品品种、数量相适应的合理的设备布局、工艺流程，防止待加工食品与直接入口食品、原料与成品交叉污染，避免食品接触有毒物、不洁物。

④ 具有与申请生产许可的食品品种、数量相适应的食品安全专业技术人员和管理人员。

⑤ 具有与申请生产许可的食品品种、数量相适应的保证食品安全的培训、从业人员健康检查和健康档案等健康管理、进货查验记录、出厂检验记录、原料验收、生产过程等食品安全管理制度。法律法规和国家产业政策对生产食品有其他要求的，应当符合该要求。

⑥ 拟设立食品生产企业申请食品生产许可的，应当向生产所在地质量技术监督部门（以下简称许可机关）提出，并提交下列材料：食品生产许可申请书；申请人的身份证（明）或资格证明复印件；拟设立食品生产企业的《名称预先核准通知书》；食品生产加工场所及其周围环境平面图和生产加工各功能区间布局平面图；食品生产设备、设施清单；食品生产工艺流程图和设备布局图；食品安全专业技术人员、管理人员名单；食品安全管理规章制度文本；产品执行的食品安全标准；执行企业标准的，须提供经卫生行政部门备案的企业标准；相关法律法规规定应当提交的其他证明材料，申请食品生产许可所提交的材料，应当真实、合法、有效。申请人应在食品生产许可申请书等材料上签字确认。

⑦ 许可机关对收到的申请，应当依照《中华人民共和国行政许可法》第三十二条等有关规定进行处理。对申请决定予以受理的，应当出具《受理决定书》。决定不予受理的，应当出具《不予受理决定书》，并说明不予受理的理由，告知申请人享有依法申请行政复议或者提起行政诉讼的权利。

⑧ 许可机关受理申请后，应当依照有关规定组织对申请的资料和生产场所进行核查（以下简称现场核查），现场核查应当由许可机关指派二至四名核查人员组成核查组并按照国家质检总局有关规定进行，企业应予以配合。

⑨ 许可机关应当根据核查结果，在法律法规规定的期限内作出如下处理：①经现场核查，生产条件符合要求的，依法作出准予生产的决定，向申请人发出《准予食品生产许可决定书》，并于作出决定之日起十日内颁发设立食品生产企业食品生产许可证书；②经现场核查，生产条件不符合要求的，依法作出不予生产许可的决定，向申请人发出《不予食品生产许可决定书》，并说明理由，除不可抗力外，由于申请人的原因导致现场核查无法在规定期限内实施的，按现场核查不合格处理。

⑩ 拟设立的食品生产企业必须在取得食品生产许可证书并依法办理营业执照工商登记手续后，方可根据生产许可检验的需要组织试产食品。

⑪ 新设立的食品生产企业应当按规定实施许可的食品品种申请生产许可检验。许可机关接到生产许可检验申请后，应当及时按照有关规定抽取和封存样品，并告知申请企业在封样后七日内将样品送交具有相应资质的检验机构。

⑫ 检验机构收到样品后，应当按照规定要求和标准进行检验，并准确、及时地出具检验报告。

⑬ 检验结论合格的，许可机关根据检验报告确定食品生产许可的品种范围，并在食品生产许可证副页中予以载明。在未经许可机关确定食品生产许可的品种范围之前，禁止出厂销售试产食品。

⑭ 检验结论为不合格的，可以按照有关规定申请复检。复检结论为部分食品品种不合格的，不予确定该类食品的生产许可范围，在食品生产许可证副页中不予载明；禁止出厂销售该类食品。复检结论为全部食品品种不合格的，应当按照有关规定注销食品生产许可；禁止出厂销售全部品种的食品。

⑮ 已经设立的企业申请取得食品生产许可的，应当持合法有效的营业执照，按照本章规定的有关条件和要求办理许可申请手续。许可机关按照本章规定的有关条件和要求，受理已经设立的企业从事食品生产的许可申请，并根据现场核查结果和检验报告决定是否准予许

可以及确定食品生产许可的品种范围，颁发食品生产许可证书。

⑯ 食品生产许可证有效期为三年。有效期届满，取得食品生产许可证的企业需要继续生产的，应当在食品生产许可证有效期届满六个月前，向原许可机关提出换证申请；准予换证的，食品生产许可证编号不变。期满未换证的，视为无证；拟继续生产食品的，应当重新申请，重新发证，重新编号，有效期自许可之日起重新计算。

⑰ 食品生产许可证有效期内，有以下情形之一的，企业应当向原许可机关提出变更申请：企业名称发生变化的；住所、生产地址名称发生变化的；生产场所迁址的；生产场所周围环境发生变化的；设备布局和工艺流程发生变化的；生产设备、设施发生变化的；法律法规规定的应当申请变更的其他情形。

⑱ 企业提出变更食品生产许可申请，应当提交下列申请材料：变更食品生产许可申请书；食品生产许可证书正、副本；与变更食品生产许可事项有关的证明材料。申请变更食品生产许可所提交的材料，应当真实、合法、有效，符合相关法律法规的规定。申请人应当在变更食品生产许可申请书等材料上签字确认，并对其内容的合法性、真实性负责。

⑲ 食品生产许可有效期内，有关法律法规、食品安全标准或技术要求发生变化的，原许可机关可以根据国家有关规定重新组织核查和检验。

⑳ 有下列情形之一的，原许可机关应当依法办理食品生产许可证书注销手续：生产许可被依法撤回、撤销，或者生产许可证书被依法吊销的；企业申请注销的或者生产许可证有效期满未换证的；企业依法终止的；因不可抗力导致生产许可事项无法实施的；法律法规规定的应当注销生产许可证书的其他情形。

㉑ 企业申请注销食品生产许可证书的，应当向原许可机关提交下列申请材料：a. 注销食品生产许可申请书；b. 食品生产许可证书正、副本；c. 与注销食品生产许可事项相关的证明材料。

案例分析 ▶▶▶ HACCP 计划——含乳饮料

一、产品描述

产品名称	含乳饮料
原料	水、白砂糖、脱脂乳粉、乳酸钙、柠檬酸、果胶、香料、柠檬酸钠、乳酸、乳化硅油、维生素 D
产品特征	糖度＝11.00±0.15　　pH＝3.7±0.1
包装方式	PET 瓶包装
保存方式	保存于阴凉干燥处，避免阳光曝晒。
保质期	常温下 8 个月
运输方式	常温下用卡车或集装箱
销售方式	批发、零售
消费者及敏感人群	一般公众
使用方法	开盖直接饮用
预期用途	饮用
标签说明	品名、公司、标志、规格、配料等内容
特殊标识	无

二、含乳饮料工艺流程图

A1 原料验收（白砂糖、主剂）
↓
A2 原料储存
↓
A3 领料/主剂确认 CCP1
↓
B 水处理（RO 水）⟶A4 混合（倒糖、溶糖、溶主剂）
↓
A5 压滤
↓
A6 定量（检测理化指标，符合后加香精、香料）
↓
A7 过滤
↓
A8 均质
↓
A9 UHT 杀菌 CCP2
↓
C1 空瓶验收⟶C2 输送⟶C3 洗瓶消毒⟶A10 充填 CCP3（温度≥86℃）
↓
D1 盖验收⟶D2 储存⟶D3 盖杀菌⟶A11 封盖 CCP4（扭力控制在 48～131kPa）
↓
A12 倒瓶杀菌（时间≥30s）
↓
A13 喷码
↓
A14 灯检
↓
A15 冷却（温度≤40℃冷却水余氯 1～3mg/L）
↓
E1 标签⟶E2 标签储存⟶A16 套标
↓
A17 灯检
↓
F1 包材验收⟶F2 包材储存⟶A18 包装入库
↓
A19 储存

三、工艺流程简述

1. 原料验收

原料指白砂糖、主剂。采购建立合格供方制度，采购及品管课经前期考查后对供应商做评级选择。委托厂之合格供方考核由委托厂进行。保证只从合格供方处采购原料。采购的原料均经质量保证为符合卫生要求的；品管课按照国家法律法规的要求制定相应的原料验收标准（委托厂依据委托厂提供之相关标准）并不定期进行信息收集及时修订相关采购要求，对达不到要求、不符合标准的原物料予以扣款允收退货或特采处理，对检验合格的原料仓管员应核对品名、规格、数量相符合点收入仓。

2. 原料储存

验收入仓的原料进行定位放置并标识清楚，严格执行使用期限要求。

3. 领料/主剂确认 CCP1

领料及投料时认真核对各主剂名称及数/重量。

4. 混合

混合作业人员从高速搅拌机投入白砂糖、稳定剂等，在投料口设不锈钢网防止塑料制品及绳线等杂物混入搅拌机，按产品生产工艺对原料进行溶解、混合确保全部投入后送至装有定量装置的调配桶。现场主管须对每桶配料做确认，品管课品管员对每桶料液检测 pH 值、糖度、酸度，保证产品稳定，并留有书面记录。

5. 压滤

去除混合液中杂质。

6. 定量

按照工艺规定进行定量。

7. 过滤

及时检查和更换滤网。

8. 均质

要求均质机压力控制在 18～20MPa，温度在 60～75℃，温度在（68±2)℃内。

9. UHT 杀菌 CCP2

杀菌机操作员应严格执行杀菌机操作规程，按委托厂提供的工艺进行杀菌作业，控制杀菌温度在 97～99℃，杀菌时间为 30 秒，并留有（杀菌）记录，记录内应包括：生产日期，产品名称，线别，杀菌温度，保持时间以及其他必备数据，品管课品管员每小时检测杀菌温度，保持时间，并留有书面记录。

10. 空瓶验收

本厂自产的空瓶经制瓶品管抽验合格后，即用于生产。

11. 空瓶输送

密封管道气流输送。

12. 洗瓶消毒

空瓶经挑选、含氯消毒剂清洗、杀菌后使用。

13. 充填

充填机操作人员应严格执行充填机操作规程，控制饮料中心充填温度≥86℃，并留有记录，记录内容应包括洗瓶、洗盖氯水浓度、充填温度、封盖扭力以及其他必备数据。品管课品管员每小时检测充填温度，饮料中心温度并留有书面记录。

14. 盖验收

由 IQC 对瓶盖进行抽样检测合格后使用，包装形式——密闭袋装。

15. 盖储存

安全、卫生、无污染。

16. 盖杀菌

全程免直接接触操作，含氯消毒剂清洗及紫外线杀菌后使用。

17. 封盖

要求封盖时扭矩控制在 48～131kPa。

18. 倒瓶杀菌

要求倒瓶杀菌时间大于 30 秒。

19. 喷码

专用油墨以正确，喷印度清晰喷码，并且专人负责喷码及喷码机日常清洁保养。

20. 灯检

剔除封盖不良，充填不满及喷印不良产品，并留有记录数据。

21. 冷却

灯检后的产品应及时逐步冷却，并控制产品冷却温度为 40℃以下，冷却水余氯 1～3mg/L。

22. 标签验收

按规定进行标签验收。

23. 标签储存

安全、卫生、无污染。

24. 套标

用检验合格的标签，经专人操作的自动套标机套标，注意剔除套标不良之产品。

25. 灯检

剔除套标不良产品。

26. 包材验收

包装材料为纸箱，按规定进行纸箱验收。

27. 包材储存

避免受潮，积灰。

28. 包装入库

用检验合格的纸箱经专人操作的自动包装机，用热熔胶粘合，并用油墨喷印号码于纸箱上，注意剔除包装不良之产品。

29. 储存

成品库常温、清洁、干燥、通风良好；分批次堆放，产品标识准确、清晰，成品码放高度依标准执行。

四、危害风险评估表（表 4-1～表 4-3）

表 4-1 危害风险评估表 1

加工步骤		确定在此步骤中引入、增加或控制的潜在危害	危害风险评估				综合平均分	是否为显著危害
			发生概率	交叉污染的风险	侵入或污染	残存和/或繁殖		
A1原料验收	白砂糖验收	生物性:致病菌	3	2	2	2	2.25	否
		化学性:重金属/SO_2	2	0	0	0	0.5	否
		物理性:异物/杂质	2	1	1	0	1	否
	主剂验收	生物性:致病菌	2	2	1	1	1.5	否
		化学性:重金属(砷/铅/铜)	1	1	1	0	0.75	否
		物理性:异物/杂质	2	1	1	0	1	否
A2 原料储存		生物性:致病菌	2	2	1	1	1.5	否
		化学性:无						否
		物理性:异物/杂质	2	0	1	0	0.75	否
A3 领料/主剂确认		生物性:致病菌	3	5	7	4	4.75	是
		化学性:过量添加剂	3	5	4	4	4	是
		物理性:异物/杂质	3	0	3	0	1.5	否
A4 混合		生物性:致病菌	3	6	3	5	4.25	是
		化学性:过量添加剂	1	1	0	0	0.5	否
		物理性:绳线等异物	3	0	3	0	1.5	否
A5 压滤		生物性:致病菌	3	2	3	2	2.5	否
		化学性:无						否
		物理性:无						否
A6 定量		生物性:致病菌	3	2	3	2	2.5	否
		化学性:无						否
		物理性:无						否
A7 过滤		生物性:致病菌/霉菌生长	3	1	0	1	1.25	否
		化学性:无						否
		物理性:异物/杂质	3	1	1	0	1.25	否
A8 均质		生物性:致病菌	3	1	1	2	1.75	否
		化学性:无						否
		物理性:无						否
A9 UHT杀菌		生物性:致病菌	3	7	6	6	5.5	是
		化学性:无						否
		物理性:无						否

续表

加工步骤	确定在此步骤中引入、增加或控制的潜在危害	危害风险评估				综合平均分	是否为显著危害
		发生概率	交叉污染的风险	侵入或污染	残存和/或繁殖		
C1 空瓶验收	生物性:无						否
	化学性:无						否
	物理性:无						否

表 4-2　危害风险评估表 2

加工步骤	确定在此步骤中引入、增加或控制的潜在危害	危害风险评估				综合平均分	是否为显著危害
		发生概率	交叉污染的风险	侵入或污染	残存和/或繁殖		
C2 空瓶输送	生物性:致病菌	1	1	1	1	1	否
	化学性:无						否
	物理性:无						否
C3 洗瓶消毒	生物性:致病菌	1	1	1	1	1	否
	化学性:余氯残留	1	1	3	0	1.25	否
	物理性:无						否
A10 充填	生物性:致病菌	3	2	7	5	4.25	是
	化学性:无						否
	物理性:异物/杂质	4	1	3	0	2	否
D1 盖验收	生物性:无						否
	化学性:无						否
	物理性:异物/杂质	2	2	1	0	1.25	否
D2 盖储存	生物性:致病菌	2	3	1	2	2	否
	化学性:无						否
	物理性:异物/杂质	2	2	1	0	1.25	否
D3 盖杀菌	生物性:致病菌	1	1	1	1	1	否
	化学性:无						否
	物理性:无						否
A11 封盖	生物性:致病菌	4	3	4	6	4.25	是
	化学性:无						否
	物理性:无						否
A12 倒瓶杀菌	生物性:致病菌	1	3	1	1	1.5	否
	化学性:无						否
	物理性:无						否
A13 喷码	生物性:无						否
	化学性:无						否
	物理性:无						否

续表

加工步骤	确定在此步骤中引入、增加或控制的潜在危害	危害风险评估				综合平均分	是否为显著危害
		发生概率	交叉污染的风险	侵入或污染	残存和/或繁殖		
A14 灯检	生物性:细菌污染	1	2	1	2	1.5	是
	化学性:无						否
	物理性:异物/杂质	4	1	3	0	2	否
A15 冷却	生物性:致病菌/霉菌污染	1	6	1	4	3	否
	化学性:余氯残留	1	1	3	0	1.25	否
	物理性:无						否
E1 标签验收	生物性:无						否
	化学性:无						否
	物理性:无						否

表 4-3　危害风险评估表 3

加工步骤	确定在此步骤中引入、增加或控制的潜在危害	危害风险评估				综合平均分	是否为显著危害
		发生概率	交叉污染的风险	侵入或污染	残存和/或繁殖		
E2 标签储存	生物性:无						否
	化学性:无						否
	物理性:无						否
A16 套标	生物性:无						否
	化学性:无						否
	物理性:无						否
A17 灯检	生物性:细菌污染	1	1	1	1	1	否
	化学性:无						否
	物理性:无						否
F1 包材验收	生物性:无						否
	化学性:无						否
	物理性:无						否
F2 包材储存	生物性:无						否
	化学性:无						否
	物理性:无						否
A18 包装入库	生物性:无						否
	化学性:无						否
	物理性:无						否
A19 储存	生物性:无						否
	化学性:无						否
	物理性:无						否

五、危害分析工作表（表 4-4～表 4-6）

表 4-4　危害分析工作表 1

加工步骤		确定本步骤中引入的，受控的或增加的潜在危害	潜在的食品安全危害是显著的吗？（是/否）	对第三栏的判断提出依据	应用什么预防措施来防止显著危害	这步是 CCP 吗？（是/否）
A1 原料验收	白砂糖验收	生物性：致病菌	否	供应商提供的自检报告和委外检验报告均合格		
		化学性：重金属/SO_2	否	供应商提供的自检报告和委外检验报告均合格		
		物理性：异物/杂质	否	包装袋外面的灰尘和小杂质可能会污染内容物；通过 SSOP 可以控制		
	主剂验收	生物性：致病菌	否	供应商提供的自检报告和委外检验报告均合格		
		化学性：重金属（砷/铅/铜）	否	供应商提供的委外检验报告均合格		
		物理性：异物/杂质	否	包装袋外面的灰尘和小杂质可能会污染内容物；通过 SSOP 可以控制		
A2 原料储存		生物性：致病菌	否	严格控制储存时间和储存条件可避免		
		化学性：无	否			
		物理性：异物/杂质	否			
A3 领料/主剂确认		生物性：致病菌	是	储存超过规定要求及包装袋破损可造成	每袋检查外包装袋有无破损 杀菌工序可消除	否
		化学性：过量添加剂	是	袋装主剂超重可造成	每袋检查重量是否符合规定要求	是 CCP1
		物理性：异物/杂质	否	通过 SSOP 可以控制		
A4 混合		生物性：致病菌	是	病原体可能污染、生长	杀菌工序可消除	否
		化学性：过量添加剂	否	重复操作可能发生		
		物理性：绳线等异物	否	SSOP 和压滤工序可控制		
A5 压滤		生物性：致病菌	否	通过 SSOP 可以控制		
		化学性：无	否			
		物理性：无	否			
A6 定量		生物性：致病菌	否	通过 SSOP 可以控制		
		化学性：无	否			
		物理性：无	否			
A7 过滤		生物性：致病菌/霉菌生长	否	连续生产风险低		
		化学性：无	否			
		物理性：异物/杂质	否	通过 SSOP 可以控制		

续表

加工步骤	确定本步骤中引入的，受控的或增加的潜在危害	潜在的食品安全危害是显著的吗？（是/否）	对第三栏的判断提出依据	应用什么预防措施来防止显著危害	这步是CCP吗？（是/否）
A8 均质	生物性：致病菌	否	通过SSOP可以控制		
	化学性：无	否			
	物理性：无	否			
A9 UHT杀菌	生物性：致病菌	是	物料中的致病性微生物会污染产品、影响健康；杀菌保持时间不够，某些对象菌不会被杀死	控制杀菌时间和温度	是CCP2
	化学性：无	否			
	物理性：无	否			
C1 空瓶验收	生物性：无	否			
	化学性：无	否			
	物理性：无	否			
C2 空瓶输送	生物性：致病菌	否	SSOP和洗瓶消毒工序可控制		
	化学性：无	否			
	物理性：无	否			
C3 洗瓶消毒	生物性：致病菌	否	控制ClO_2消毒浓度、时间可消除		
	化学性：余氯残留	否	通过余氯浓度检测可控制		
	物理性：无	否			
A10 充填	生物性：致病菌	是	防止瓶内壁尚存的微生物和空气中存在的微生物对产品的影响	控制热充填中心温度	是CCP3
	化学性：无	否			
	物理性：异物/杂质	否	SSOP和灯检工序控制		
D1 盖验收	生物性：无	否			
	化学性：无	否			
	物理性：异物/杂质	否	盖验收工序可控制		
D2 盖储存	生物性：致病菌	否	SSOP和洗盖消毒工序可控制		
	化学性：无	否			
	物理性：异物/杂质	否	通过SSOP控制		
D3 盖杀菌	生物性：致病菌	否	控制ClO_2消毒浓度、时间可消除		
	化学性：无	否			
	物理性：无	否			

表4-5 危害分析工作表2

加工步骤	确定本步骤中引入的，受控的或增加的潜在危害	潜在的食品安全危害是显著的吗？（是/否）	对第三栏的判断提出依据	应用什么预防措施来防止显著危害	这步是CCP吗？（是/否）
A11 封盖	生物性：致病菌	是	封盖不良，会被冷却水中的微生物污染，影响品质	控制封盖的扭力	是CCP4
	化学性：无	否			
	物理性：无	否			

续表

加工步骤	确定本步骤中引入的，受控的或增加的潜在危害	潜在的食品安全危害是显著的吗？(是/否)	对第三栏的判断提出依据	应用什么预防措施来防止显著危害	这步是CCP吗？(是/否)
A12 倒瓶杀菌	生物性：致病菌	否	内溶物物温度高(≥82℃)		
	化学性：无	否			
	物理性：无	否			
A13 喷码	生物性：无	否			
	化学性：无	否			
	物理性：无	否			
A14 灯检	生物性：细菌污染	否	发生概率低		
	化学性：无	否			
	物理性：异物/杂质	否	发生概率低，目测可剔除		
A15 冷却	生物性：致病菌、霉菌污染	是	瓶盖瓶口膨胀系数不同，内外压差使冷却水可能渗入瓶内	控制冷却水的含氯量	否
	化学性：余氯残留	否	通过余氯浓度检测可控制		
	物理性：无	否			
E1 标签验收	生物性：无	否			
	化学性：无	否			
	物理性：无	否			
E2 标签储存	生物性：无	否			
	化学性：无	否			
	物理性：无	否			
A16 套标	生物性：无	否			
	化学性：无	否			
	物理性：无	否			
A17 灯检	生物性：细菌污染	否	发生概率低，目测可剔除		
	化学性：无	否			
	物理性：无	否			

表 4-6 危害分析工作表 3

加工步骤	确定本步骤中引入的，受控的或增加的潜在危害	潜在的食品安全危害是显著的吗？(是/否)	对第三栏的判断提出依据	应用什么预防措施来防止显著危害	这步是CCP吗？(是/否)
F1 包材验收	生物性：无	否			
	化学性：无	否			
	物理性：无	否			
F2 包材储存	生物性：无	否			
	化学性：无	否			
	物理性：无	否			

续表

加工步骤	确定本步骤中引入的，受控的或增加的潜在危害	潜在的食品安全危害是显著的吗？（是/否）	对第三栏的判断提出依据	应用什么预防措施来防止显著危害	这步是CCP吗？（是/否）
A18 包装入库	生物性：无	否			
	化学性：无	否			
	物理性：无	否			
A19 储存	生物性：无	否			
	化学性：无	否			
	物理性：无	否			

六、PET 含乳饮料——HACCP 计划表（表 4-7、表 4-8）

表 4-7　PET 含乳饮料——HACCP 计划表 1

(1)关键控制点(CCP)	(2)显著危害	(3)关键限值	(4)监控 对象	(5)监控 方法	(6)监控 频率	(7)监控 人员	(8)纠偏行动	(9)记录	(10)验证
CCP1 主剂确认	过量添加剂	客户提供的配方	主剂	每袋称重检查重量是否符合配方要求	一次/桶	操作员	停止使用该袋装添加剂并退回仓库，由仓库退回客户改用重量合格的袋装添加剂继续生产	调配原物料确认表调配制程记录	品管员每桶检查确认1次，仓管员于每批次生产结束后盘点主剂数量，以确定主剂发出数量与配方是否相符品管主管在72h内审核CCP点监控记录
CCP2 UHT 杀菌	饮料中残留的病原菌	温度97～99℃时间≥30秒	温度时间	1）目测UHT杀菌机上温度计；自动温度记录仪 2）巡检UHT杀菌机上不同杀菌时间对应的保持管不同接法	1）刚开始生产时确认（操作员、品管员）； 2）生产前或CIP前确认	操作员、品管员	1）杀菌温度有偏差，UHT杀菌机自动报警，产品会自动回流重新杀菌，杀菌温度偏低，马上调整设备，经重新升温杀菌后恢复生产； 2）UHT流量过大时，调小流量至满足杀菌时间为止，产品管制经HACCP小组评估后处理	混合课UHT自主检查表PET线前段品管检查表	品管主管在生产完成72h内检查CCP监控记录品管员1次/小时，抽查确认UHT杀菌温度，保持管连接方式，UHT杀菌机流量每个CIP周期品管员取前、中、后三个样微检温度计每年检定

表 4-8 PET含乳饮料——HACCP计划表 2

(1)关键控制点(CCP)	(2)显著危害	(3)关键限值	(4) 监控 对象	(5) 方法	(6) 频率	(7) 人员	(8)纠偏行动	(9)记录	(10)验证
CCP3 充填	空瓶内壁、瓶盖内壁和灌装区域内空气中存在的病原菌	饮料中心温度≥86℃	温度	温度计	A：一次/小时(操作员) B：一次/小时(品管员)	操作员 品管员	充填温度偏低，停止充填，调整设备，充填机内料会自动回流重新杀菌或排弃，等充填温度正常后再进行充填	混合课充填自主检查表 PET线前段品管检查表	品管主管在生产完成72h内检查CCP监控记录现场品管员1次/小时抽查确认充填温度每个CIP周期品管员取前、中、后三个样微检温度计每年检定
CCP4 封盖	封盖泄露，外部环境中的致病菌污染产品内料液	扭矩：7-19IBF.IN	扭矩	待封盖产品冷却后，开启检测扭矩	一次/1小时	制造品管员	扭矩过高或过低时封盖机停机，调整扭矩至正常扭矩异常产品经HACCP小组评估后处理	混合课充填自主检查表 PET线封盖净含量记录表	品管主管在生产完成72h内检查CCP监控记录现场品管员1次/小时抽查确认扭矩大小每个CIP周期品管员取前、中、后三个样微检扭矩仪每年检定

七、CCP监控纠偏验证程序

1. 目的

为了含乳饮料各关键控制点的各个工艺参数进行有效控制、及时纠偏，并确保监控效果，特制定本程序。

2. 范围

对含乳饮料各关键控制点进行监控、纠偏和监控效果验证三个方面的工作程序进行了规定。

3. 职责

(1) 品管员、操作员负责CCP点的操作执行。制造品管主管负责CCP点监控情况的检查。

(2) 机电课负责CCP测量设备的检定。

(3) 发生偏差，食品安全小组负责组织实施纠偏，品管员、操作员、主管参与。

(4) 品管主管负责CCP点监控效果的验证。

4. 监控、纠偏和验证程序

(1) 主剂确认

① 监控 操作员，一次/桶，每袋称重检查主剂重量是否符合配方要求。

② 纠偏 停止使用该袋装主剂并退回仓库，由仓库退回客户，改用重量合格的袋装主剂继续生产。

③ 验证 品管员每桶检查确认1次；仓管员于每批次生产结束后盘点主剂数量，以确定主剂发出数量与配方是否相符；品管主管在72h内审核CCP点监控记录。

（2）UHT 杀菌

① 监控　操作员、品管员/1）刚开始生产时确认；2）生产前或 CIP 前确认/1）目测 UHT 杀菌机上温度计；2）巡检 UHT 杀菌机上不同杀菌时间对应的保持管不同接法。

② 纠偏　杀菌温度有偏差，UHT 杀菌机自动报警，产品会自动回流重新杀菌，杀菌温度偏低，马上调整设备，经重新升温杀菌后恢复生产。

UHT 流量过大时，调小流量至满足杀菌时间为止，产品管制经食品安全小组评估后处理。

③ 验证　品管主管在生产完成 72h 内检查 CCP 监控记录；品管员每小时 1 次抽查确认 UHT 杀菌温度，保持管连接方式，UHT 杀菌机流量；每个 CIP 周期品管员取前、中、后三个样微检；温度计每年检定。

（3）充填

① 监控操作员、品管员每小时一次目测杀菌机和充填机上的温度计。

② 纠偏　充填温度偏低，停止充填，调整设备，充填机内料会自动回流重新杀菌或排弃，等充填温度正常后再进行充填。

③ 验证　品管主管在生产完成 72h 内检查 CCP 监控记录；现场品管员每小时 1 次抽查确认充填温度；每个 CIP 周期品管员取前、中、后三个样微检；温度计每年检定。

（4）封盖

① 监控　待封盖产品冷却后，品管员每小时一次开启检测扭矩。

② 纠偏　扭矩过高或过低时封盖机停机，调整扭矩至正常；扭矩异常产品经食品安全小组评估后处理。

③ 验证　品管主管在生产完成 72h 内检查 CCP 监控记录；现场品管员每小时 1 次抽查确认扭矩大小；每个 CIP 周期品管员取前、中、后三个样微检；扭矩仪每年检定。

课后思考题

1. 名词解释

（1）GMP；（2）SSOP；（3）HACCP；（4）ISO 22000；（5）QS；

（6）食品；（7）食品安全；（8）验证；（9）确认；（10）审核

2. 问答题

（1）简述良好操作规范（GMP）管理体系的发展历史。

（2）食品生产车间的卫生要求有哪些？

（3）食品生产过程的卫生控制要注意哪些问题？

（4）简述国外良好操作规范的特点。

（5）简述卫生标准操作程序的内容。

（6）简述 HACCP 的七个原理。

（7）怎样确定关键控制点？

（8）简述食品安全管理体系标准的内容。

（9）编制 ISO22000 体系文件应符合哪些内容？

（10）申请食品企业生产许可证（QS）需要具备哪些条件？

第5章 食品流通安全控制技术

5.1 食品运输安全控制

所谓食品运输是指采用各种工具和设备，通过多种方式使食品在不同区域之间实现位置移动的过程。食品运输是食品流通过程中形成物流的媒介，是流通过程中的一个重要环节，也是联系生产与消费、供应与销售之间的纽带。食品运输业越发达，越能促进食品的商品化生产，加速食品的流通，扩大流量，对于均衡供应和活跃广大消费者的生活都有着重要意义。但是由于运输工具不良、包装不善、装卸粗放和管理不当，在运输过程很容易造成食品的损失，食品运输的基本要求是及时、准确、安全、经济。因此，食品运输应考虑流通区域间的交通运输条件，选择适宜的运输工具及运输形式，力求用最少的时间、走最短的距离、花最低的成本、以最有效的保护，安全及时地将食品运达目的地。所以，注意食品运输前的预冷和运输环境的控制是食品运输过程保鲜的重要措施。

5.1.1 运输前的预冷

预冷主要指采用车、船等运输工具之前，将易腐食品的品温降到适宜的贮藏或运输温度。

易腐食品如肉及肉制品、鱼及鱼制品、乳及乳制品，特别是果品蔬菜等，具有很强的生理活性，通过预冷可以降低食品内部的各种生理生化反应，减少营养成分的消耗和腐烂损失，尤其对果品蔬菜来说，可以尽快除去田间热和呼吸热，抑制生理代谢，最大限度地保持食品原来的新鲜品质。例如，刚采集的牛乳温度为37℃，很容易受微生物的污染，将其快速降温至4℃以下，微生物的生长和繁殖就非常缓慢，28h内微生物保持初始水平，而15℃以上微生物总数则快速增加。

在低温运输系统中，运输工具所提供的制冷能力有限，不能用来降低产品的温度，只能维持产品的温度不超过所要求保持的最高温度。所以，一般食品不放在冷藏运输工具上预冷，而是在运输前采用专门的冷却或冷冻设备，将品温降低到最佳贮运温度以下，这样可减少运输工具的热负荷，并保证冷藏过程中温度波动不至于过大，以便更有利于保持贮运食品的质量。经过彻底预冷的果蔬，用普通保温车运输，就能够达到低温运输的效果。反之，即使用冷藏车，若不经过预冷就难以发挥其冷藏车的效能。

5.1.1.1 预冷的概念及作用

（1）新鲜果蔬的预冷指其在入库贮藏或运输之前，迅速将其温度降低到规定温度的措施。规定温度因果蔬的种类和品种而异，一般要求达到或接近该果蔬贮藏的适宜温度。

果蔬收获时正值高温季节，采后果实体温很高，在这样高的温度下，果蔬呼吸旺盛，后熟衰老速度很快，同时也易腐烂变质。如果将这种高温的产品入库，即使在冷藏条件下，其效果也难以如愿。有研究指出，苹果在常温（20℃）下延迟1d，就相当于缩短冷藏条件（0℃）下7～10d的贮藏寿命。因此，果蔬采收后迅速预冷和及时贮藏，对保证良好的贮藏效果具有重要意义。另外，未经预冷的、带有大量田间热的果蔬直接入冷库，要降低它们的温度，就需要很大的制冷量，必须加大制冷机的热负荷。例如，当果蔬的品温为20℃时入库，所需排除的热量为0℃时入库的40～50倍。因此，入库贮藏前不进行产品的预冷，无论从设备损耗上还是从经济上都是不合算的。

（2）速冻食品的预冷指将食品温度降低到规定温度，但不低于其冻结点。速冻食品在入冷库冻藏前为更好地保持其品质，往往需要进行预冷处理，如速冻蔬菜预冷就是为了避免余热继续使食品中某些可溶性物质发生变化，引起变色或重新污染微生物；而动物性食品冻结前进行预冷，为的是尽可能地保持冻结前原料的新鲜度。另外，预冷还有利于下一步的速冻操作，提高速冻效率。有研究指出，冻结前蔬菜的温度每降低1℃，冻结时间大约缩短1%。

5.1.1.2 预冷方式

食品的预冷方式有多种，如冷风冷却、冷水冷却、冰冷却、真空冷却等，其中以冷风冷却最为普遍。

① 冷风冷却　这是一种使用较广泛的预冷方式，是利用流动的冷空气使被冷却食品的温度下降。该法预冷所用的时间比一般冷库预冷要快4～10倍，但比水冷和真空冷却所用的时间至少长2倍。该法可以用来预冷所有的食品，但缺点是室内湿度低的时候，被冷却食品的干耗较大。一般冷风冷却有自然对流冷却、冷库空气冷却和强制通风冷却三种。

② 冷水冷却　用0～3℃的水作冷媒，将食品冷却到指定温度。水比空气的热容量大，当食品表面与冷水充分接触时，产品内部的热量可迅速传递到表面而被吸收。水冷却比风冷却速度快，并且没有干耗。但其缺点是当某一个产品感染病菌后，就会通过冷却水作媒介传染给其他的产品。另外，冷却后的产品一般要进行表面脱水干燥处理，增加了一项操作程序。目前，冷却装置主要应用的方式有喷淋式和浸渍式。

③ 冰冷却　冰是很好的冷却介质，它比冷水的热容量更大。当冰与被冷却的食品接触时，冰吸收潜热融化成水，使食品迅速冷却。冰特别适合做鱼的冷却介质，不仅能使食品冷却，而且还可避免使用其他冷却方法经常发生的干耗现象。冰冷却法主要有加冰法（干冰）、水冰法（湿冰）及冷海水法三种。

④ 真空冷却　真空冷却又称减压冷却，其原理是根据水分在不同的压力下有不同的沸点。在标准大气压下水的沸点为100℃，气压下降沸点也随之下降，当气压下降到600Pa时，水的沸点降为0℃。可见，真空条件下加快了水分的蒸腾，食品中的水分向外蒸腾时，其中的潜热随水蒸气释放到体外，从而使产品温度下降，这种方法具有降温快、冷却效果好、操作方便等特点。真空冷却装置配有真空冷却罐、压缩机、冷冻机和真空泵等设备。

总之，低温贮藏或长距离大量运输鲜活和生鲜食品时，预冷是必不可少的环节，在选择预冷方式时，必须考虑现有的设备、成本、包装类型、距销售市场的远近和产品本身的要求。在预冷前后要测量产品的温度，以判断冷却的程度。预冷时要注意产品的最终温度，防止温度过低使产品受冷害或冻害，以致产品在运输、贮藏或销售过程中因低温伤害而腐烂。考虑到我国目前食品的产销实际状况和预冷效果，预冷设备和方式可结合现有的贮藏冷库，采用强制冷风预冷方式，也可以采用压差冷风预冷方式。

5.1.2 运输的环境条件及其控制

食品运输可以看作是食品在特殊环境下的短期贮藏。在食品运输过程中温度、湿度、气体等环境条件对食品品质的影响与贮藏中的情况基本类似。然而，运输环境是一个动态环境，故在讨论上述环境的同时，还应当重点考虑运输环境的特点及其对食品的影响。运输环境条件的调控是减少或避免食品破损、腐烂变质的重要环节，所以在运输中要考虑以下因素。

5.1.2.1 振动

振动是运输环境中最为突出的因素，它直接造成食品的物理性损伤，也可以发生由振动引起的品质劣化的反应。振动的强度以普通振动产生的加速度（$g=9.8\text{m/s}$）大小来计算，分为1级、2级、3级、4级等。运输中产品的振动加速度长期达1级以上时，就会产生物理性损伤。

不同的运输方式、不同的运输工具、不同的行驶速度、货物所处的不同位置，其振动强度差别很大。一般铁路运输的振动强度小于公路运输，海路运输的振动强度又小于铁路运输。铁路运输途中，货车的振动强度通常都小于1级。公路运输的振动强度则与路面状况、卡车车轮数有密切的关系，高速公路上一般不会超过1级；振动较大，路面较差以及小型机动车辆可以产生3～5级的振动。此外，运输前后装卸时发生的碰撞、跌落等能够产生10～20级以上的撞击振动，对食品的损伤极大。

不同类型的食品对振动损伤的耐受力不同，柿、柑橘类、绿熟番茄、根菜类、甜椒属于耐碰撞、耐摩擦的食品；苹果、红熟番茄属于不耐碰撞的食品；梨、茄子、黄瓜、结球类蔬菜属于不耐摩擦的食品；桃、草莓、西瓜、香蕉、柔软的叶菜类属于不耐碰撞、不耐摩擦的食品；葡萄属于易脱粒的食品。运输时应该针对不同的食品种类因地制宜地选择运输的方式和路径，并做好食品的包装作业和在运输中的码垛，尽量减少食品在运输中的振动。要杜绝一切野蛮装卸，以保持食品品质和安全。

5.1.2.2 温度

温度是食品运输过程中最受关注的环境条件之一。采用适当的低温，对保持食品的新鲜度和品质，降低运输损耗是十分重要的。根据国际制冷学会规定，一般果蔬的运输温度要等于或略高于贮藏温度，同时对一些新鲜果蔬的运输和装载温度提出了建议，要求温度低而运输时间超过6d的果蔬，要与低温贮藏的适温相同。理论上讲，把食品放在适宜的贮藏温度下运输是最安全的，但在运输中由于运输时间相对较短，略高于最适贮藏温度对果蔬的品质影响并不大，尤其在目前我国低温冷藏事业的发展还远不能满足食品冷藏运输需要的情况下，采取略高的温度，在经济上有明显的好处，例如，可用保温车代替冷藏车。而我国的实际情况是大部分食品尚需在常温中运输，因常温运输时货箱内温度随外界条件起伏很大，应注意保护，且不宜用作长途运输。在低温运输过程中，要确保良好的冷气循环效果，尽量降低车厢各部位的温差，同时要防止食品在运输中受冻受热，避免运输过程中温度的波动。

总之，不论使用何种运输工具，都要尽量调节和控制好温度，使之达到或接近食品的适宜贮运温度，以保证其质量和安全。

5.1.2.3 湿度

食品腐败变质与环境中的湿度条件有很大关系，运输中也要求保持适宜的湿度条件。当运输环境中的相对湿度在80%～95%时，对大多数食品的贮藏和运输是适宜的。但有些食品对贮藏和运输的湿度条件要求也有例外，如芹菜等鲜嫩蔬菜所需的相对湿度为90%～95%，洋葱、大蒜为65%～75%，瓜类为70%～85%；一些散装食品、干燥或焙烤食品的运输则需要非常干燥的环境，如果湿度过大，则食品吸湿性增强，使包装内水分活性增加，质构发生改变，促进了细菌、霉菌等微生物的繁殖；乳粉、蛋粉及豆乳粉等干燥和粉状产品，在冷藏温度下的贮藏期较长，但相对湿度高于50%时，如果包装的阻湿性差，也会发生结团或结块现象，这类产品应采用阻湿性较好的包装材料，并要求运输环境适当干燥。

合适的空气循环有助于使食品表面的热量移向冷却盘管和冷却板，但是在运输车厢内，循环空气不得过干或过湿。高湿空气会使水分凝结在食品表面，在一般运输温度下霉菌就会在食品表面生长。另一方面，如果空气过干，则会导致食品过度脱水。运输时适宜的相对湿度可以根据食品贮藏的适宜湿度来选择。另外，要注意码垛方式，不要堆积过密，不要损坏食品包装，以保持食品包装内的湿度。如果需要，有条件的可使用具有加湿装置的冷藏车，也可采用加冰运输车，提高运输环境的湿度。

5.1.2.4 气体

气体环境对食品的腐败速度和腐败程度可产生很大的影响。由好氧性细菌、霉菌等微生物引起的食品腐败，以及有氧呼吸作用、脂肪氧化、色素褪色、非酶褐变等化学变化引起的食品变质，都受食品所处环境 O_2 浓度的影响。另外，CO_2 是果品、蔬菜和微生物等呼吸生成的低活性气体，如果在贮运时，适当降低的 O_2 含量至2%～5%，提高 CO_2 的含量至5%～10%，则可大幅度降低果蔬及微生物的呼吸作用，抑制催熟激素乙烯的生成，减少病害的发生，延缓果蔬的衰老。对于其他一些加工食品，在包装中抽真空或充入 N_2，可以延长保质期。所以，可以采用调节气体包装、低氧包装、加脱氧剂包装、真空包装、充氮包装或充 CO_2 包装等形式，来调节食品所处微环境的气体组分，从而对食品达到安全防护的目的。另外，还可以用乙烯气体处理香蕉、柑橘等果实，以达到催熟目的。

一般短途和短期运输中空气成分的变化不大，但运输工具和包装不同，也会产生一定的差异。密闭性好的设备使 CO_2 浓度增高，振动使乙烯和 CO_2 增高，所以要加强运输过程中的通风和换气，避免有害气体积累而产生生理伤害。另外，在运输过程中要轻装轻卸，防止食品包装破损而破坏包装物内的气体组分，从而引起食品的腐败变质。

5.1.2.5 装载与堆码

食品在运输车、船内正确的装载，对于保持食品在运输中的质量有很大作用。易腐食品在冷藏车、船低温运输时应当合理堆放，使冷却空气能够合理流动，保持货物间温度均匀，防止因局部温度升高而导致腐败变质。食品的装载首先必须保证运输食品的质量，同时兼顾车、船载重力和容积的充分利用。

食品采用车、船运输时，其堆码方法大体上分为两类：一是紧密堆码法，这种方法适用于冻结货物、冬季短途保温运输的某些怕冷货物，热季运输的某些不发热的冷却货物或者夹冰运输的鱼、虾或蔬菜等。二是留间隙堆码法，此法适用于冷却和未冷却的果蔬、鲜蛋等的运输，以及外包装为纸箱或塑料箱的普通食品的装载码垛。这种堆码方法按所留间隙的方式及程度不同又可分为“品”字形和“井”字形等。目前，国外运输易腐食品时多使用托盘，在装车前将货物用托盘码好，用叉车搬运装载，各托盘之间留有间隙供空气循环。这种方法简便易行，而且堆码稳固。

5.1.2.6 光线

许多食品易受光线的影响，光线可以催化许多化学反应，进而影响食品的贮存稳定性。光可促进油脂产生复杂的氧化腐败产物；牛乳及乳制品的光促氧化常产生令人不悦的硫醇味；光能引起植物类产品的绿色、黄色，肉的红色素，鱼虾类的粉红色素、虾黄素等发生变色；某些维生素对光敏感，如核黄素和抗坏血酸暴露在光下，很容易失去其营养价值。为了抑制这些食品的变质，可以采用避光包装，即选择合适的包装材料，阻挡某种波长的光线通过或减弱光的强度。除此之外，还可采用真空包装、加抗氧化剂等措施来减少光线对食品的不利影响。在运输中也要采取相应的措施，譬如采用密闭性较好的货箱，如果用敞车运输应该覆盖苫布，尽量减少光线对食品的影响。

5.1.2.7 鼠害

食品在储存、运输、销售、消费过程中，会受到各种鼠类的危害。鼠类能危害所有的食品，特别是粮食作物和果蔬。害鼠不仅取食或啃咬各种食品，而且所形成的伤口和鼠粪便污染食品，加剧了食品的霉变，造成很大的经济损失。据联合国粮农组织估计，全世界因鼠害造成的储粮损失约占收获量5%，发展中国家由于储粮条件较差，平均损失4.8%～7.9%，最高达15%～20%。

应用船舶、汽车、列车等运输工具运输食品，其防鼠措施以改造环境为基础，站区外设防鼠带，防止外围鼠迁入；车、船厢结构要严密，通向厢外的管道要加铁丝网，防止地面鼠进入厢内。船舶停靠港口时，所有缆绳上要设置防鼠板以免地面鼠进入车厢和船舱。防治船舶、车厢和集装箱内的鼠害，可用磷化铝等熏蒸剂进行熏蒸。为了避免污染环境和引起人畜中毒，一般不采用直接投放的方法。

5.1.3 运输的方式和工具

5.1.3.1 运输方式

从我国现有的情况来看，食品运输的形式通常有陆运（包括公路、铁路）、水运（包括内河运和海运）、空运及上述几种形式的联运。各种运输方式都有自身的优缺点，应在充分了解各种运输工具的优缺点后加以选择利用。

① 公路运输　公路运输是我国最重要和最常见的短途运输方式。公路运输机动方便，可实现直达上门服务，中间搬运少，短距离运输成本低；但存在振动大、运量小、能耗大的缺点。主要工具有各种大小车辆、汽车、双挂车、拖拉机等。公路运输可针对特殊用途准备特殊车辆，例如，液体油罐车、活鱼运输车，对需要保持低温的货物，可以使用保温车、冷冻车或冷藏车。

② 铁路运输　铁路运输运载量大、速度快、效率高、不受季节影响；但机动性差，没有铁路的地方不能直接运达。运输的基本单位是货车或集装箱，货车的载重量为15～30t，集装箱为5t、10t或20t左右，运输量比较大的时候也可以专列运输。对需要保持低温的货物，可使用冷藏、冷冻车或冷冻、冷藏集装箱。

③ 水路运输　利用船舶运输运载量大、成本低（各种运输方式中成本最低）、行驶平稳；但受地理条件限制，运输速度慢，受季节影响，运输连续性差。发展冷藏船、集装箱专用船和车辆轮渡是水路运输的发展方向。

④ 航空运输　航空运输的优点是不受地理条件限制，运行速度快、损伤少；但运量少、运费高，适于特供高档生鲜食品。空运由于时间短，只要提前预冷，采取一定保温措施即可，一般不用制冷装置，较长时间飞行可用干冰制冷。今后随着大型专用运输机的出现，运输量会有所增大。

⑤ 联运　联运是指食品从产地到目的地的运输全过程使用同一运输凭证，采用两种或两种以上不同运输工具的相互衔接的运送过程。如铁路公路联运、水陆联运、江海联运等。国外普遍应用的联运方式是：把适用公路运输的拖车装于火车的平板车上或轮船内，到达车站或港口时，把拖车卸下来，挂在牵引车后面，进行短距离的公路运输，直达目的地。联运可以充分利用运输能力，简化托运手续，缩短途中滞留时间，节省运费。现在推行集装箱运输，是用集装箱为装卸容器，将食品装进各种规格不同的集装箱内，直接送达目的地卸货，可适用于多种运输工具，具有安全、迅速、简便、节省人力、便于机械化装卸的特点，有利于食品质量的保持和联运的发展。

5.1.3.2　运输工具

目前，食品运输的工具有公路运输工具、水路运输工具、铁路运输工具和航空运输工具。公路运输所用的运输工具包括汽车、拖拉机、人力拖车等；汽车有普通货运卡车、保温车、冷藏汽车、冷藏拖车和平板冷藏拖车。水路运输工具用于短途的一般为木船、小艇、拖驳和帆船；远途则用大型船舶、远洋货轮等，远途运输的轮船有普通舱和冷藏舱。铁路运输工具有普通篷车、通风隔热车、加冰冷藏车、冷冻冷藏车。集装箱有冷藏集装箱和气调集装箱。

冷藏运输是食品冷藏链中十分重要而又必不可少的一个环节，由冷藏运输设备来完成。冷藏运输设备是指本身能造成并维持一定的低温环境，以运输冷冻食品的设施及装置，包括冷藏汽车、铁路冷藏车、冷藏船和冷藏集装箱等。从某种意义上讲，冷藏运输设备是可以移动的小型冷藏库，其需满足的条件有：①能产生并维持一定的低温环境，保持食品的品温；②隔热性好，尽量减少外界传入的热量；③可根据食品种类或环境变化调节温度；④制冷装置在设备内所占空间要尽可能地小；⑤制冷装置重量轻，安装稳定，安全可靠，不易出故障；⑥运输成本低。

(1) 冷藏汽车

作为冷藏链的一个中间环节，冷藏汽车的任务是：当没有铁路时，长途运输冷冻食品；作为分配性交通工具作短途运输。虽然冷藏汽车可采用不同的制冷方法，但设计时都应考虑如下因素：车厢内应保持的温度及允许的偏差；运输过程所需要的最长时间；历时最长的环境温度；运输的食品种类；开门次数。

根据制冷方式，冷藏汽车可分为机械制冷、液氮或干冰制冷、蓄冷板制冷等多种。这些制冷系统彼此差别很大，选择使用方案时应从食品种类、运行经济性、可靠性和使用寿命等方面综合考虑。

(2) 铁路冷藏车

陆路远距离运输大批冷冻食品时，铁路冷藏车是冷藏链中最重要的环节，因为它的运量大、速度快。对铁路冷藏车有以下要求：独立供应电力；占地面积小，结构紧凑；隔热、气密性能好；能适应恶劣气候；耐冲击和抗震性能好；维修方便，大修期长；具有备用机组；操作自动化。

铁路冷藏车分为冰制冷、液氮或干冰制冷、机械制冷、蓄冷板制冷等几种类型。

(3) 冷藏船

冷藏船主要用于渔业，尤其是远洋渔业。远洋渔业的作业时间很长，有的长达半年以上，必须用冷藏船将捕捞物及时冷冻加工和冷藏。此外，由海路运输易腐食品也必须用冷藏船。冷藏船上一般都装有制冷装置，船舱隔热保温。由于船上的条件与陆用制冷设备的工作条件大不相同，因此，船用制冷装置的设计、制造和安装，需要具备专门的实际经验。

冷藏船可分为三种：冷冻母船、冷冻运输船和冷冻渔船。冷冻母船是万吨以上的大型船，它配备冷却、冻结装置，可进行冷藏运输；冷冻运输船包括集装箱船，它的隔热保温要求很严格，温度波动不超过±5℃；冷冻渔船一般是指备有低温装置的远洋捕捞船或船队中较大型的船。

(4) 冷藏集装箱

所谓冷藏集装箱，就是具有一定隔热性能，能保持一定低温，适用于各类食品冷藏贮运而进行特殊设计的集装箱。冷藏集装箱出现于20世纪60年代后期，冷藏集装箱具有钢质轻型骨架，内、外贴有钢板或轻金属板，两板之间填充隔热材料。常用的隔热材料有玻璃棉、聚苯乙烯、发泡聚氨酯等。就制冷系统来说，冷藏集装箱相当于小型冷藏库的一个单间或组装式冷藏库，多为冷风冷凝机组，采用直接吹风冷却，箱内温度调节范围较大，一般可保持箱温－18～12℃。

根据制冷方式，冷藏集装箱主要包括保温集装箱、外置式保温集装箱、内藏式冷藏集装箱和液氮和干冰冷藏集装箱4种类型。

5.1.4 运输中的卫生要求

食品运输污染在食品污染中占较大比例，尤其是近年来，由于物流频繁，运输过程中因车体装运不当和站场存放卫生条件差，造成食品污染现象十分突出。为了保证食品卫生质量，在运输中要注意遵守以下安全和卫生要求。

5.1.4.1 运输工具的卫生要求

① 贮存、运输和装卸食品的包装容器、工具、设备和条件，必须安全无害，保持清洁，防止食品污染。

② 一般应装备专用食品运输工具，用非专用食品运输工具运送食品时，应对运输工具彻底清洗或消毒后才能装运，直接食用食品的运输工具每次装运前必须消毒。

③ 专用仓储货位要防雨、防霉、防毒，逐步实现专车、专箱、专位，谨防货位污染，尽量做到专车专用，特别是车、船长途运输粮、菜、鱼类等食品时更是如此。

5.1.4.2 运输过程的卫生要求

① 食品与其他货物应分开装运，严禁混装混放，严格按照要求装配。

② 在食品的装运上，应注意不要将生熟食品、食品与非食品、易于吸收气味的食品与有特殊气味的食品同车、船装运；更不能将农药、化肥等物资与食品同车、船装运，以免造成食品污染。

③ 改进包装方法和材料，提高包装质量，轻拿轻放轻装轻卸，减少因包装不善所造成的食品污染。

④ 坚持作业标准，杜绝违章操作，认真执行《货物运输管理规定》。

⑤ 长途运输要具备防蝇、防鼠、防蟑螂和防尘措施。

⑥ 运输活畜、活禽要防止拥挤，途中应供给足够的饮水和饲料。

⑦ 完善卫生监督机制，强化管理职能，建立相应管理监督制度。

5.1.5 运输中保护的基本要求及措施

5.1.5.1 食品运输的基本要求

食品运输是食品流通中的重要环节，如果这个环节的工作做得不好，会导致食品质量的下降。食品的运输是联系生产者与消费者之间的桥梁，为了加强对食品的保护，在运输中要做到两轻、三快、四防。

两轻即轻装、轻卸；三快即快装、快运、快卸；四防即防热、防冻、防晒、防淋。食品在运输和销售过程中，都要求有适于保持其质量的环境条件，这些条件应和食品贮藏时的条件基本相同，否则很容易导致食品质量的劣变。食品在运输过程中，由于环境条件（特别是气候条件）的变化和运输过程中的颠簸碰压，对食品特别是鲜活易腐食品是极为不利的。

轻装、轻卸可大大减少食品机械损伤和包装物的损伤，以及因这两种损伤而导致的微生物污染。实现装卸工作自动化，既可减小劳动强度，又可保证食品质量和缩短装卸时间。所以，在进行食品装卸时应轻装、轻卸，防止野蛮装卸。

装车装船时特别是搬运过程，货物将直接暴露于空气中，这必然引起货温的升高。加快装卸速度，改善搬运条件，加大每次搬运的货物数量，采取必要的隔热防护措施，对减少货物的升温是十分必要的。同时，还应尽量缩短运输时间，这就要求快装、快运、快卸，尽量减少周转环节。积极采用机械装卸和托盘装卸是加快装卸速度的有效手段。积极推行汽车和铁路车辆的对装、对卸也是加快装卸速度的有效措施。

任何食品对运输温度都有严格的要求，温度过高，会加快食品的腐败变质，加快新鲜果品蔬菜的衰老，使品质下降；温度过低，容易使产品产生冻害或冷害，所以要防热防冻。另外，日晒会使食品温度升高，加快一些维生素的降解和损失，提高果蔬的呼吸强度，加速自然损耗；雨淋则影响产品包装的完美，过多的含水量也有利于微生物的生长和繁殖，加速腐烂。敞篷车船运输时应覆盖防水布或芦席以免日晒雨淋，冬季应盖棉被进行防寒。

5.1.5.2 不同食品运输中的保护措施

(1) 新鲜果蔬的运输

新鲜果蔬由于它们的生理特性不同，运输途中要采取不同的防护措施，关键是对温度的调控。另外，这些食品运输时还应注意以下事宜。

① 运输的果蔬质量要符合运输标准，没有败坏，成熟度和包装应符合规定，并且新鲜完整、清洁、无损伤萎蔫。

② 装运堆码要注意安全稳当，要有支撑的垫条，防止运输中的移动或倾倒，堆码不能过多，堆间应留有适当的空间，以利于通风。

③ 装运中应避免撞击、挤压、跌落等现象，尽量做到运行快速平稳。

④ 运输时要注意通风，如用篷车、敞车运载，可将篷车门窗打开，或将敞车侧板吊起捆牢，并用栅栏将货物挡住，保温车要有通风设备。

⑤ 不同种类果蔬最好不要混装，以免挥发性物质相互干扰，影响运输安全。

⑥ 运输时间在一天内的，一般可以不要冷却设备，长距离运输最好用保温车、船，在夏季或南方运输时要降温，在冬季尤其是北方运输时要保温。

(2) 肉与肉制品的运输

如果肉与肉制品在运输中卫生管理不够完善，会受到细菌污染，极大地影响肉的保存性。初期就受到较多污染的肉，即使在0℃的温度条件下，也会出现细菌繁殖。所以，需要进行长时间运输的肉，应注意以下几点。

① 不运送严重污染的肉品。

② 运输途中，车、船内应保持0～5℃，80%～90%的湿度，肉制品除肉罐头外应在10℃以下流通为好，尽量减少与外界空气的接触。

③ 堆码冷冻食品要求紧密，不仅可以提高运输工具容积的利用率，而且可以减少与空气的接触面，降低能耗。

④ 运输车、船的结构应为不易腐蚀的金属制品，并便于清扫和长期使用。

⑤ 运输车、船的装卸尽可能使用机械，装运应简便快速，尽量缩短装运时间。

⑥ 装卸方法：胴体肉应使用吊挂式，分割肉应避免高层垛起，最好库内有货架或使用集装箱，并且留出一定空间，以便于冷气顺畅流通。

(3) 干燥食品的运输

对于单独包装的干燥食品，只要包装材料、容器选择适当，包装工艺合理，储运过程控制温度严格，避免高温高湿环境，防止包装破损和食品自身的损坏，其品质就能得到控制。许多食品物料，如干燥谷物及干燥食品，采用大包装（非密封包装）或货仓式储存，这类食品在储运中应注意做到：

① 控制运输干燥品的质量，对于谷物类粮食来说，水分含量应控制在10%～14%，水分越高，发热越快，霉变也越严重。

② 控制干制品贮运前的水分活性低于0.70。

③ 避免储运过程中有较大的温差，采用有效的保温隔热措施。

④ 控制运输中的相对湿度低于65%，尽量减少霉菌的污染。

(4) 易碎易损食品的运输

易碎易损食品包括用玻璃及其制品包装的食品，例如，瓶装罐头、瓶装饮料、各种酒类、调味品等。在运输中应注意做到以下几点。

① 装卸搬运时要防止撞击、挤压、振动，否则包装破碎，不但造成较大损失，而且还会污染其他食品。

② 堆码时不能以重压轻，不准木箱压纸箱，包装上必须注有“易碎商品”、“防挤压”等标记。

③ 冬季运输液体类食品时，还会由于温度低而引起浑浊、沉淀，甚至出现结冰，对质量影响较大，所以要采取必要的保温措施。

5.2 食品贮藏安全控制

食品贮藏安全控制是确保食品安全的重要环节之一，而食品贮藏安全与食品贮藏保鲜措施的研究紧密相关。食品贮藏保鲜是指可食性农产品、半成品食品和工业制成品食品等在贮藏、运输、销售及消费过程中保鲜保质的理论与实践，它既包括鲜活和生鲜食品的贮藏保鲜，也包括食品原辅料、半成品和成品食品的贮藏保质。

5.2.1 食品贮藏保鲜概述

食品贮藏保鲜是研究食品在贮藏过程中物理、化学和生物特性的变化规律，这些变化对食品质量及其保藏性的影响，以及控制食品质量变化应采取的技术措施的一门科学。它是一门涉及多学科的应用技术学科，是食品科学的一个重要组成部分，与生物学、动植物生理生化、有机化学、食品化学、食品微生物学、食品包装学和食品工艺学等学科均有密切联系。食品贮藏的主要研究内容是食品在贮藏过程中的品质稳定性和贮藏技术，即研究各类食品的贮藏性能和各种贮藏技术的原理、生产可行性和卫生安全性，食品在贮藏过程中的质量变化及影响质量变化的主要因素和控制方法，根据贮藏原理和食品贮藏性能选择适当的贮藏方法和技术等。

食品的物理特性主要是指食品的形态、质地和失重等物理性质；食品的化学特性是指食品中的水分及其水分活性（A_w）、各种天然物质（碳水化合物、脂类、蛋白质、矿物质、维生素、色素、风味物质和气味物质等）以及食品添加剂在食品中所具有的性质；食品的生物特性主要是指食品中的微生物和酶的特性，其次包括食品的生理生化变化和食品害虫等生物特性。食品以其丰富的营养、符合卫生要求和具有良好的色、香、味、形来满足消费者的食用要求。但由于受内因和外因的共同影响，食品在贮藏过程中会发生各种不良变化，造成食品的质量下降和数量损失，同时，由于各种污染而影响其卫生质量，危害人体健康。所以，根据各类食品的特性和要求，进行科学的贮藏管理，不仅可以保持食品的品质和食用安全性，还可以降低食品损耗和增加经济效益。为了保证食品固有的质量，控制不良变化的发生，食品贮藏中可采用各种物理的、化学的或生物的技术措施来达到保鲜保质的目的。在食品贮藏的各种技术措施中，低温是最重要、最有效、最安全和最普遍的一种技术；此外，还有湿度调节、气体成分控制、化学药剂处理和辐照处理等技术措施。

5.2.2 食品的分类和贮藏特性

食品的种类繁多，贮藏特性各异。按照加工程度不同，食品可分为天然食品和加工食品两大类。这两类食品的贮藏特性如下。

5.2.2.1 天然食品的贮藏特性

天然食品是指由农、林、牧和渔等生产所提供的初级产品，可分为植物性食品和动物性食品。植物性食品主要包括以谷类、豆类和薯类为主的农产品和以水果、蔬菜为主的园产品。动物性食品主要包括水产食品、畜肉禽蛋类食品和乳品等。水果、蔬菜、粮食和鲜蛋等具有生命活动，故又称为鲜活食品；而畜禽肉、鲜乳、水产鲜品未经熟制且含水量高，可称为生鲜食品。这些天然食品的贮藏性能差，容易腐败变质，故又统称为易腐性食品。天然食品的贮藏性受原料的种类品种、产地、栽培和饲养条件以及贮藏环境条件等多方面因素的影响。从食品本身来讲，它们在原来动植物体中分属的组织器官类型对其贮藏性会产生直接重大的影响。一般来讲，来自繁殖器官的天然食品比来自营养器官的天然食品耐贮藏。属于繁殖器官的天然食品如种子、果实和具有繁殖作用的变态根、茎类蔬菜及鲜蛋等，它们在生长发育过程中会积累和贮存大量的营养物质以维持个体的繁衍，这些营养物质多是一些化学性质稳定的高分子有机物，如淀粉、蛋白质、脂肪等。当这些天然食品具备了食用价值而进行采收或加工时，组织中各种酶的活性趋于下降，生理活性减弱，并有一些产品处于休眠状态。同时，由于这些产品具有表皮或外壳保护，使来源于繁殖组织器官的天然食品具有较高的贮藏性。属于营养器官的天然食品如叶菜、茎菜、动物肌肉和鲜乳等，它们原来处在活的生物体时，由于机体本身具有抗病能力，并不会出现腐败变质现象。但一旦它们离开生物体就失去了营养物质的补充来源，其生理活动会发生急剧变化，组织中的各种水解酶活性增强，营养成分消耗加快，产品组织遭受破坏和被微生物污染，贮藏性能随之下降。

5.2.2.2 加工食品的贮藏特性

加工食品是以天然食品为原料再经过不同深度的加工处理而得到的各种加工层次的产品。由于原料、加工工艺和加工深度的不同，使加工食品的种类繁多，并随着食品资源的开发利用和新工艺、新技术及新配方的应用，新的加工食品不断出现。按加工保藏方法的不同，加工食品可分为干制品、腌制品、糖制品、罐藏制品、冷冻制品和焙烤食品等几类。除少数产品（如熟肉、黄油、奶酪和豆腐制品等）的贮藏性较低外，大多数加工食品由于经过不同的加工处理，其品质和微生物稳定性得到提高，贮藏性都高于天然食品。如食品经过干制、糖渍和盐腌，可以降低水分活性，抑制微生物引起的败坏变质，因而可在常温下保存。

5.2.3 食品败坏的控制

食品在贮藏和流通过程中，为了控制其质量下降的速度，保持产品固有的商品质量，降低损耗，提高经济效益，通常采取降温、控湿、调气、化学保藏、辐照和包装等措施。

5.2.3.1 温度控制

温度是影响食品质量变化最重要的环境因素，食品中发生的化学变化、酶促生物化学变化、鲜活食品的生理作用、生鲜食品的僵直和软化、微生物的生长繁殖以及食品的水分含量和水分活性都受温度的制约，温度是影响食品质量变化和败坏的最主要因素，低温可有效抑制食品中的各种化学变化、生理生化变化及微生物的生长繁殖，从而保持食品的质量和食用的安全性，因而低温是食品贮藏和流通中广泛采用的措施。

(1) 食品冷加工工艺

食品冷加工工艺主要指食品的冷却、冻结、冷藏、解冻的方法，是利用低温最佳保藏食品和加工食品的方法。

① 食品的冷却　冷却是指将食品的温度降低到某一指定的温度，但不低于食品汁液的冻结点。冷却的温度通常在10℃以下，其下限为－2～4℃。食品的冷却贮藏，可延长它的贮藏期，并能保持其新鲜状态。但由于在冷却温度下，细菌、霉菌等微生物仍能生长繁殖，而冷却的动物性食品只能作短期贮藏。

② 食品的冻结　冻结是指将食品的温度降低到食品汁液的冻结点以下，使食品中的水

分大部分冻结成冰。冻结温度带国际上推荐为－18℃以下。冻结食品中微生物的生命活动及酶的生化作用均受到抑制、水分活度下降，因此，可进行长期贮藏。

③ 食品的冷藏　冷藏是指食品保持在冷却或冻结终了温度的条件下，将食品低温贮藏一定时间。根据食品冷却或冻结加工温度的不同，冷藏又可分为冷却物冷藏和冻结物冷藏两种。冷却物冷藏温度一般在－18℃以上，冻结物冷藏温度一般为－18℃以下。食品在冷藏过程中食品表面水分的蒸发（又称干耗）是一个需要特别注意的问题。因为蒸发不仅造成食品的重量损失，而且使食品发生干缩现象，而且降低了质量，使食品的味道和外观变坏。

④ 食品的解冻　解冻是指将冻结食品中的冰晶融化成水，恢复到冻结前的新鲜状态。解冻也是冻结的逆过程，对于作为加工原料的冻结晶，一般只需升温至半解冻状态即可。随着人民生活水平的提高，消费者对水产品质量的要求也在不断提高，冰温冷藏和微冻冷藏是近年来迅速崛起的两种水产品冷加工新方法。

⑤ 冰温冷藏　将食品贮藏在0℃以下至各自的冻结点范围内，它是属于非冻结冷藏。冰温冷藏可延长水产品的贮藏期，但可利用的温度范围狭小，一般在－2～0.5℃，故温度带的设定非常困难。

⑥ 微冻冷藏　将水产品贮藏在－3℃的空气或食盐水（或冷海水）中的一种贮藏方法。由于在略低于冻结点以下的微冻温度下贮藏，鱼体内部分水分发生冻结，能达到对微生物生命活动的抑制作用，使鱼体能在较长时间内保持其鲜度，不发生腐败变质。

(2) 食品低温贮藏条件和管理

对于冻结食品来说，冻藏温度越低，品质保持越好，贮藏期也越长。考虑到冻结食品的品温、品质保持与贮藏时间三个因素的相互关系，认为－18℃对于大多数冻结食品来讲是最经济的冻藏温度，因为食品在此温度下可做一年的贮藏而不失去商品价值，且所花费的成本也比较低。为了保持冻结食品的质量，要求进冻藏室的冻结食品温度要与冻藏室的温度相同，也要达到－18℃。由于食品冻结时是从表面逐渐向中心推进，所以在食品内部存在温度梯度。当食品中心温度达到－15℃时从冻结装置中取出，均温后的冻结食品温度可达到－18℃，这样进冻藏室是最经济的，而且不会引起库温的波动，对品质保持十分有利。

贮藏温度是指长期贮藏的最佳温度，它是指食品的温度，而不是空气的温度。为了保持冻结水产品的良好品质，国际冷冻协会对水产品的冻藏温度做了如下推荐：少脂鱼类（如鳕鱼、黑线鳕）为－20℃，多脂鱼类（如鲱鱼、鲐鱼）为－30℃。如果少脂鱼类需要贮藏1年以上，其冻藏温度必须为－30℃。为了保持库内温度的稳定，水产品在冻结装置中的冻结终温应达到－20℃。

(3) 食品冷藏链流通

食品冷藏链是在20世纪随着科学技术的进步、制冷技术的发展而建立起来的一项系统工程。它是建立在食品冷冻工艺学的基础上，以制冷技术为手段，使易腐农产品从生产者到消费者之间的所有环节，即从原料（采摘、捕、收购等环节）、生产、加工、运输、贮藏、销售流通的整个过程中，始终保持合适的低温条件，以保证食品的质量，减少损耗。这种连续的低温环节称为冷藏链（Cold chain）。因此，冷藏链建设要求把所涉及的生产、运输、销售、经济性和技术性等各种问题集中起来考虑，协调相互间的关系，以确保易腐农产品的加工、运输和销售。食品冷藏链由冷冻加工、冷冻贮藏、冷藏运输和冷冻销售四个方面构成。目前，冷藏链所适用食品的范围包括：初级农产品：蔬菜、水果；肉、禽、蛋；水产品；花卉产品。加工食品：速冻食品；禽、肉、水产等包装熟食；冰淇淋和奶制品；快餐原料等。

由于食品冷藏链是以保证易腐食品品质为目的，以保持低温环境为核心要求的供应链系统，所以它比一般常温物流系统的要求更高，也更加复杂。首先，比常温物流的建设投资要大很多，它是一个大的系统工程。其次，易腐食品的时效性要求冷藏链各环节具有更高的组织协调性。第三，食品冷藏链的运作始终是和能耗成本相关联，有效控制运作成本与食品冷藏链的发展密切相关。随着人民生活水平的提高，对食品的品质要求也更高。人们更加注意食品的营养价值、风味口感、外观特征，以及食用方便、卫生、安全等。因而更喜欢未冻结的新鲜食品。因此，就要求综合运用各种保鲜方法，使鲜活易腐食品处在“鲜活”状态之中，即必须具有鲜活易腐食品的“保鲜链”。所谓保鲜链，是指综合运用各种适宜的保鲜方法与手段，使鲜活易腐食品在生产、加工、贮运和销售的各个环节，最大限度地保持食品的鲜活特性和品质的系统。保鲜链在食品技术及应用上，要比冷藏链更广泛，其内涵也更加丰富。

5.2.3.2 湿度控制

食品在贮藏和流通过程中，环境中的湿度直接影响食品的含水量和水分活性，因而会对食品的质量变化和败坏产生严重的影响。

(1) 湿度对食品贮藏的影响

根据热力学原理，食品内部的水蒸气压总是要与外界环境中的水蒸气压保持平衡，如果不平衡，食品就会通过水分子的释放和吸收以达到平衡状态。当食品内部的水蒸气压与外界环境中的水蒸气压在一定温度、湿度条件下达成平衡时，食品的含水量就保持在一定的水平。

环境湿度对食品质量的影响主要表现在高湿度下对水气的吸附与凝结、低湿度下食品的失水萎蔫与硬化。贮藏环境湿度过高，食品易发生水气吸附或凝结现象。对水蒸气具有吸附作用的食品主要有脱水干燥类食品、具有疏松结构的食品和具有亲水性物质结构的食品。食品吸附水蒸气后，其含水量增加，水分活性也相应增加，食品的品质及贮藏性就下降。如茶叶在湿度大的环境中贮藏时，由于吸附水气而加速其变质，色、香、味等感官品质急剧下降，甚至会出现霉变。低湿度下贮藏的食品易发生失水萎蔫和质地的变化。如新鲜果蔬等高含水量的食品，其组织内的空气湿度接近于饱和，而贮运环境中的湿度一般低于果蔬组织内的空气湿度，因此，果蔬在贮运和销售过程中极易蒸腾失水而发生萎蔫和皱缩，同时导致组织软化。在同一温度下，环境湿度越低，果蔬组织的失水就越严重。萎蔫和皱缩不但使果蔬的新鲜度下降，同时也降低了其贮藏性和抗病性。一些组织结构疏松的食品，如面包、糕点、馒头等，如果不进行包装，由于水分蒸发而易发生硬化、干缩现象，不仅影响其食用价值，而且影响其商品价值和销售。

(2) 食品贮藏中湿度的控制

食品的种类很多，各种食品对贮藏环境湿度的要求也不尽相同。如大多数新鲜果蔬贮藏的适宜相对湿度为85%～95%，而粮食、干果、茶叶、膨化食品等贮藏时要求干燥条件，空气相对湿度一般应小于70%。食品在贮藏和流通中对环境湿度的控制应根据食品的理化特性、有无包装及包装性能等而异，可分别控制为高湿度、中湿度、低湿度和自然湿度。

① 高湿度贮藏指环境相对湿度控制在85%以上。对于大多数水果蔬菜贮藏保鲜来说，为了减少蒸腾失水，保持固有的品质和耐藏性，通常要将环境相对湿度控制在85%～95%。

② 中湿度贮藏是指环境相对湿度控制在75%～85%。这种湿度条件限于部分瓜和蔬菜，如哈密瓜、西瓜、白兰瓜、南瓜、山药等的贮藏。这些瓜和蔬菜如果在高湿度下贮藏，容易被病菌侵染而腐烂变质。

③ 低湿度贮藏指环境相对湿度在75%以下，即为干燥条件。蔬菜中的生姜、洋葱、蒜头贮藏的适宜湿度为65%～75%，各种粮食及其成品和半成品、干果、干菜、干鱼、干肉、

茶叶等贮藏中应将湿度控制在70%以下。散装的粉质状食品如面粉等、具有疏松结构的食品如膨化食品等，具有亲水性物质结构的食品如食糖等，它们的贮藏湿度应更低一些。

④ 自然湿度贮藏环境中的自然湿度变化与季节、天气、地区等有密切关系，夏秋季节多雨潮湿，我国南方的空气湿度一般高于北方，阴雨天的空气湿度可达到90%以上。这些自然湿度变化对上述有特定湿度要求的食品的质量会产生一定的影响，例如，长时间的阴雨天气会导致面粉吸潮结块、干制食品吸潮而发霉变质、食糖和食盐吸湿而潮解。相反，干燥条件则会引起新鲜果蔬失水萎蔫和耐藏性下降。因此，具有良好密封包装如各种罐装、袋装、盒装的食品，由于包装容器或包装材料的物理阻隔作用，其中的内容物受环境湿度的影响很小，故这类食品可在自然湿度下贮藏和流通。

5.2.3.3 气体成分调节

(1) 气调贮藏概念和原理

空气的正常组成是氧气占21%，氮气占78%，二氧化碳占0.03%，其他气体约占1%。在各种气体成分中，氧气对食品质量的变化影响最大。贮藏环境中充足的氧气，会增强鲜活食品的呼吸作用，并且加速微生物的生长繁殖，导致食品腐败变质，因为大多数的生理生化变化、脂肪的氧化、维生素的氧化等都与氧气有关。在低氧状态下，氧化反应的速度就会变慢，有利于保持食品的质量。气体成分对食品贮藏质量的研究主要集中在果蔬采后的气调贮藏领域。

果蔬的气调贮藏常是指通过降低贮藏环境中的 O_2 浓度和提高 CO_2 浓度，减弱果蔬采后的呼吸强度，抑制生理衰老过程，控制微生物生长和化学成分变化，保持果蔬固有的色泽、风味和质地品质，以延长贮藏期和货架期的技术方法。这种技术目前主要用于果品蔬菜及切花的贮藏保鲜。但气调贮藏时氧气浓度过低会引起果蔬的无氧呼吸，大量积累乙醇、乙醛等物质而产生异味，影响果蔬产品的风味。

调节气体成分的气调贮藏技术除主要用于果品蔬菜的保鲜外，也可用于其他食品的贮藏。如在粮食贮藏中为了防虫和防霉而采用的缺氧贮藏法，鲜肉鲜鱼在流通中为了防止变质、延长货架期而采用的充氮包装法，禽蛋为保质而采用的 CO_2 贮藏法和 N_2 贮藏法，核桃仁和花生仁等富含油脂的食品为防止油脂氧化酸败而采用的充氮贮藏法等，都是调节气体成分技术在控制食品变质中的具体应用。

(2) 气调贮藏条件

① 温度　对延缓呼吸、延长鲜活食品贮藏寿命作用最大的因素是降低温度。通常气调的温度比同一品种的机械冷藏温度稍高（0.5～1℃）。

② 相对湿度　气调库的相对湿度是影响贮藏效果的另一因素，维持较高的相对湿度，可以降低产品与周围大气之间的蒸气压力差，从而减少产品的水分损失。新鲜原产品气调贮藏的相对湿度与一般机械冷藏相同。是否需要加湿装置与制冷装置的设计有关，由普通冷库改建的气调库大多满足不了气调要求的湿度，这是因为制冷剂的蒸发温度较低和蒸发面积较小的缘故。如果充分地增大制冷剂的蒸发面积则可保持库房中较大的相对湿度，这也是解决气调加湿的理想途径。

③ 气体组成及指标　鲜活食品气调贮藏时选择合适的 N_2 和 CO_2 及其他气体的浓度及配比是气调成功的关键。

多指标：指不仅控制储藏环境中的氧气和二氧化碳，同时还对其他与储藏效果有关的气体如乙烯、CO等进行调节。这种气调储藏效果好，但调控气体成分的难度提高，需要在传统气调基础上增添相应的设备，投资增大。

双指标：指的是对常规气调成分的 O_2 和 CO_2 两种气体或其他两种气体成分均加以调节和控制的一种气调贮藏方法。一般生命体在正常生活中主要以糖为底物进行有氧呼吸，呼吸商约为 1。所以，贮藏产品在密封容器内，呼吸消耗掉的 O_2 与释放出的 CO_2 体积相等，即二者之和近于 21%。如果把气体组成定为两种气体之和为 21%，例如，10%的 O_2，11%的 CO_2，或 6%的 O_2，15%的 CO_2，管理上则很方便。只要把产品封闭后经一定时间，当 O_2 浓度降至要求指标时，CO_2 也就上升到了要求的指标。此后，定期地或连续从封闭贮藏环境中排出一定体积的气体，同时充入等量新鲜空气，这就可以较稳定地维持这个气体配比。这是气调贮藏发展初期常用的气体指标。这种指标对设备要求比较简单。

单指标：单指标仅控制贮藏环境中的某一种气体如 O_2、CO_2 或 CO 等，而对其他气体不加调节。对于多数产品来说，单指标的效果不如前述双指标，但比多指标可能要优越些，操作也比较简便，容易推广。

5.2.3.4 食品物理保鲜

(1) 辐照处理

辐照保藏食品，主要是利用放射性同位素产生的穿透力极强的电离射线 γ 射线，当它穿过活的有机体时，就会使其中的水和其他物质电离，生成游离基或离子，从而影响机体的新陈代谢过程，严重时可杀死活细胞。从食品保藏的角度而言，主要是利用辐照达到杀菌、灭虫、抑制生理生化变化等效应，从而保持食品的良好质量和延长贮藏期。进行辐照处理时，必须根据食品的种类及预期目的，控制适当的照射剂量和其他照射条件，才能取得良好的效果。尽管辐照对食品贮藏有多方面的效果，但它毕竟是食品贮藏中的一种辅助措施，还需要与其他贮藏条件，例如，果蔬贮藏中的低温和湿度等配合，才能取得良好的效果。由于食品辐射处理具有良好的保鲜效果、能耗低、无污染、无残留、处理食品卫生安全和冷加工的特点，在国内外已广泛使用。

食品辐照时，射线把能量或电荷传递给食品以及食品上的微生物和昆虫，引起的各种效应造成它们体内的酶钝化和各种损伤，进而迅速影响其整个生命过程，导致代谢、生长异常、损伤扩大直至生命死亡。食品中的鲜活食品如果品、蔬菜存在着生命活动，采后的新陈代谢处在缓慢的阶段，辐射所产生的影响进一步延缓了它们后熟的进程，符合贮藏的需要。

微生物的作用是引起食品腐败变质的主要原因，通过辐照使食品的细菌的总体水平降低到一个限度，可以延长食品的货架期。另外，通过辐照剂量的调整，可针对性地杀死沙门氏菌、大肠杆菌、志贺氏菌、李斯特菌、副溶血性弧菌等致病菌。调味品通常含有大量的致病菌和较高的细菌总数，应用 γ 射线对该类物质杀菌，不仅不会影响产品质量，而且杀菌效果比化学杀菌剂更好。辐射灭菌是指采用较高的辐照剂量，杀灭食品中全部的微生物，达到细菌总数、致病菌为零的杀菌方法。这种辐照产品在没有污染的条件下可以长期保存不会腐败。但使用过高的剂量时对新鲜食品的质量有影响。若采用加热与辐照并举的办法，用低剂量便可达到抑制病毒活动的目的。

(2) 电场处理

电场处理是近年来在贮藏技术方面引人注目的新领域，就某种意义而言，地球上一切生物体都可以看成是一种生物蓄电池，生物的进化、繁衍乃至生长发育过程，则必然会受到周围的电场、磁场及带电粒子的影响。从分子生物学角度看，果品蔬菜等食品都可看作是一种生物蓄电池，当受到带电离子的空气作用时，果品、蔬菜中的电荷就会起到中和作用，必然会对生物体的代谢过程产生某种影响，使生理活动处于“假死”状态，呼吸强度因此而减慢，有机物消耗也相对减少，从而达到贮藏保鲜目的。

电场处理是在室温条件下进行的，并且由食品加热引起的能量损失达到最低。对食品质量属性来说，电场技术远远优于传统食品加热的处理方法，因为它在很大程度上减少了食品感官和物理特性的有害变化。现已广泛地应用于食品的杀菌和钝酶，最大限度地维持食品的保鲜度，是近十几年来最有前途的实现工业化应用的加工技术之一，并伴随着装置的设计制造，这方面的研究逐渐扩大。

(3) 减压贮藏

① 减压贮藏的原理及效应　减压贮藏又叫低压贮藏和真空贮藏等，是气调贮藏的发展，是一种特殊的气调贮藏方式。关键是把产品置于空气压力低于一个大气压、低温高湿的密闭贮室中，并在贮藏期间保持恒定的低压的保鲜方法。由于减压作用，降低了贮藏环境中氧气浓度和乙烯的释放量，产品呼吸作用减慢，寿命延长。试验证明，在减压条件下即使维持与正常空气相同的 O_2 分压，产品的贮藏期仍然比在普通空气中长，显然是减压促进内源 C_2H_4 的扩散外移，降低了产品中 C_2H_4 的内部浓度的缘故。减压后，气体交换加速，有利于有害气体的排除。减压贮藏能显著减慢产品的成熟衰老过程，保持产品原有的颜色和新鲜状态，防止组织软化，减轻冷害和生理失调，且减压程度越大，作用越明显。

② 减压贮藏的方法　减压贮藏低压要求达到和稳定低压状态的维持对库体设计和建筑都提出了比气调库更严格的要求，表现在气密程度和库房结构强度更高，因而减压贮藏库建造费用较大。此外，减压贮藏对设备有一定的特殊要求。减压贮藏需要解决的一个问题是：在减压条件下产品中的水分极易散失，导致重量的减轻和质量的下降，因此，贮藏环境通常要求相对湿度在95%以上。虽然试验研究中减压贮藏可以运用于许多果蔬的贮藏且取得了良好的效果，延长了贮藏寿命和货架期，但由于减压贮藏的成本较高及出库后缺乏产品固有的风味等原因限制了该技术在生产实际中的应用，目前仅在某些新鲜园艺产品的预冷和运输中应用。

5.2.3.5　食品化学保鲜

(1) 包装

食品在生产、贮藏、流通和消费过程中，导致食品发生不良变化的作用有微生物作用、生理生化作用、化学作用和物理作用等。影响这些作用的因素有水分、温度、湿度、O_2、光线等。而对食品采取包装措施，不但可以有效地控制这些不利因素对食品质量的损害，而且还可给食品生产者、经营者及消费者带来很大的方便和利益。

概括而言，包装对食品质量能够产生以下几方面的直接效果。

① 包装可将食品与环境隔离，防止外界微生物和其他生物侵染食品。采用隔绝性能良好的密封包装，配合杀菌或抑菌处理，或控制包装内的 O_2 和 CO_2 浓度（降低 O_2 和提高 CO_2，或以 N_2 代替包装内的空气），均可抑制包装内残存的微生物或其他生物（如昆虫和螨）的生长繁殖，延长食品的保质期。

② 包装可减少或避免干燥食品吸收环境中的水汽而变质，生鲜食品蒸发失水而失鲜甚至干缩，冷冻肉水分升华而发生干耗和冻结烧等变质现象的发生。

③ 选用隔氧性能强、阻挡光线和紫外线性能好的包装材料对食品进行包装，可以减缓或防止食品在贮藏和流通中发生的化学变色，如酶促褐变、羰氨反应、抗坏血酸氧化褐变、动物性和植物性天然色素的变化等，抑制食品的化学变性，如脂肪酸败、蛋白质变性等，许多维生素和无机盐的破坏损失等。

④ 选择适当的塑料薄膜材料进行包装，并结合低温条件，可使包装袋内维持低氧和较

高的湿度条件，从而抑制食品的生理作用和生化变化，延缓食品的自然变质，延长贮藏期和货架期。

(2) 化学药剂处理

在食品生产、贮藏和流通中，为了抑制微生物危害和控制食品自身氧化变质，常常使用一些对食品无害的化学剂对食品进行处理，以增强食品的贮藏性和保持其良好的质量。常用的化学药剂有防腐剂、脱氧剂和保鲜剂等。

① 食品防腐剂

a. 食品防腐剂概念：按照对微生物作用的程度，可将食品防腐剂分为杀菌剂和抑菌剂，具有杀菌作用的物质称为杀菌剂，而仅具有抑菌作用的物质称为抑菌剂。但是，一种化学防腐剂的作用是杀菌还是抑菌，通常是难以严格区分的。

b. 防腐剂的作用机理：食品腐败变质是指食品受微生物污染，在适宜的条件下，微生物繁殖导致食品的外观和内在品质发生劣变而失去食用价值。开发与选用食品防腐剂的标准是“高效低毒”，高效是指对微生物的抑制效果特别好，而低毒是指对人体不产生可观察到的毒害。目前使用的防腐剂一般认为对微生物具有以下几方面的作用：破坏微生物细胞膜的结构或者改变细胞膜的渗透性，使微生物体内的酶类和代谢产物逸出细胞外，导致微生物正常的生理平衡被破坏而失活；防腐剂与微生物的酶作用，如与酶的巯基作用，破坏多种含硫蛋白酶的活性，干扰微生物体的正常代谢，从而影响其生存和繁殖。通常防腐剂作用于微生物的呼吸酶系，如乙酰辅酶 A 缩合酶、脱氢酶、电子传递酶系等；其他作用：包括防腐剂作用于蛋白质，导致蛋白质部分变性、蛋白质交联而导致其他的生理作用不能进行等。

c. 食品防腐剂使用注意事项：卫生安全是食品防腐剂和其他任何种类的食品添加剂使用时都要首先考虑的问题，防腐剂必须对人体无毒害。使用品种及其剂量必须严格执行国家《食品添加剂使用卫生标准》的规定；合理使用防腐剂的主要目的是抑制或者杀灭食品保藏过程中引起腐败变质的微生物，延长食品的保存期；各种食品都有其固有的营养素含量和感观性状，使用防腐剂后，不能破坏营养素而使其含量明显下降，也不能使食品的色、香、味、形、质地等感官性状发生明显异常变化而使消费者不予接受。对于某些防腐性能很好的食品添加剂，如果对食品固有品质产生这样或那样的影响，则应谨慎使用。

② 食品抗氧化剂　食品抗氧化剂是防止或延缓食品氧化，提高食品稳定性和延长食品贮藏期的食品添加剂。食品在贮藏、运输过程中和空气中的氧发生化学反应，出现褪色、变色、产生异味异臭等现象，使食品质量下降，甚至不能食用。这种现象在含油脂多的食品中尤其严重，通常称为油脂的“酸败”。肉类食品的变色，蔬菜、水果的褐变等均与氧化有关。防止和减缓食品氧化，可以采取避光、降温、干燥、排气、充氮、密封等物理性措施，但添加抗氧化剂则是一种既简单又经济的方法。

③ 食品脱氧剂　脱氧剂又名去氧剂、吸氧剂，是目前食品保藏中正在采用的新产品。它是一组易与游离氧（或溶解氧）起反应的化学混合物，把它装在有一定透气度和强度的密封纸袋中，如同干燥剂袋那样，在食品袋中和食品一起密封包装，能除去袋中残留在空气中的氧，防止食品因氧化变色、变质和油脂酸败，也对霉菌、好氧细菌和粮食害虫的生长有抑制作用。目前，脱氧剂不但用来保持食品品质，而且也用于谷物、饲料、药品、衣料、皮毛、精密仪器等类物品的保存、防锈等。

5.2.3.6　食品生物保鲜

果蔬采后微生物病害的生物防治技术简介如下。

生物防治是利用微生物之间的拮抗作用，选择对园艺产品不造成危害的微生物来抑制引起产品腐烂的病原菌的致病力。

由于化学农药对环境和农产品的污染直接影响人类的健康，世界各国都在探索能代替化学农药的防病新技术。生物防治是近年来被证明很有成效的新途径。

① 拮抗微生物的选用　目前已经从植物和土壤中分离出许多具有拮抗作用的细菌、小型丝状真菌和酵母菌。这些微生物对引起果实采后腐烂的许多病原真菌都具有明显的抑制作用。尽管它们的作用机理还不完全清楚，但一般认为有的细菌是通过产生一种抗生素来抑制病菌的生长，近年来的研究发现，用不产生抗生素的酵母菌来代替产生抗生素的细菌处理果实，对采后病害的控制也具有同样的效果，而且还可以避免病菌对抗生素产生抗性而降低生物防治的抑病效果。一般来说，理想的拮抗菌应具有：以较低的浓度在果蔬表面上生长和繁殖的能力；能与其他采后处理措施和化学药物相容，甚至在低温和气调环境下也有效；能利用低成本培养基进行大规模生产；遗传性稳定；具广谱抗菌性，不产生对人有害的代谢产物；抗杀虫剂、对寄主不致病等特点。

② 生物防治拮抗作用机理　果蔬采后病害生物防治拮抗机理主要有抗生、竞争、寄生及诱导抗性等。

a. 抗生作用通过拮抗微生物分泌抗生素来抑制病原菌。

b. 竞争作用指物理位点、生态位点的抢占以及营养物质和氧气的竞争。在果蔬采后病害生物防治中，竞争作用尤为重要，由于引起果蔬采后病害的病原菌都是非专化性的死体营养菌，其孢子萌发及致病活动需要大量的外源养分，通过与病原真菌竞争果实表面的营养物质及侵染位点，从而降低果蔬表面病原真菌数量。

c. 寄生作用以吸附生长、缠绕、侵入、消解等形式抑制病原菌。

d. 诱导抗性：诱导植物抗性是生物防治的一个重要方面。植物在遭到病原物或非病原物诱导时，常常通过木质素、胼胝体和羟脯氨酸糖的沉积、植物抗生素的积累、蛋白质酶抑制剂和溶菌酶（几丁质酶和脱乙酰几丁质酶等）的合成来增强细胞壁的抗性，这些过程涉及苯丙氨酸解氨酶（PAL）、过氧化酶（POD）、多酚氧化酶（PPO）与超氧化物歧化酶（SOD）等酶的活性。

5.3 食品质量安全追溯系统

5.3.1 食品质量安全追溯系统的定义与分类

“食品质量安全追溯系统”是一个能够连接生产、检验、监管和消费各个环节，让消费者了解符合卫生安全的生产和流通过程，提高消费者放心程度的信息管理系统。系统提供了“从农田到餐桌”的追溯模式，提取了生产、加工、流通、消费等供应链环节消费者关心的公共追溯要素，建立了食品安全信息数据库，一旦发现问题，能够根据溯源进行有效的控制和召回，从源头上保障消费者的合法权益。根据食品可追溯体系自身特性的差异，美国学者Elise Golan设定了衡量食品可追溯体系的三个标准：宽度、深度和精确度。其中，宽度指系统所包含的信息范围，深度指可以向前或向后追溯信息的距离，精确度指可以确定问题源头或产品某种特性的能力。

根据食品可追溯性的范围可以将其分为食品生产企业内部的可追溯性和食物生产链上的可追溯性。前者是指当供应给消费者的食品出现质量问题时，可以通过该体系返回到生产企业，根据所记录的标识确认是什么样的产品、什么材料、材料是由哪家供应商提供的，以及生产过程、测试参数等信息。后者是指“从农田到餐桌”全程监测与控制网络体系，该体系是指生产加工过程供应链之间的相互连接，并且重点关注有关产品从供应链的一个环节到下一个延续环节的可追溯性，其中包括任何产品所经过的生产、加工和分配阶段。伴随这些过程需要建立相应的检测与控制技术，包括产地环境监测与控制、农药与兽药残留控制、饲料安全质量控制以及化学性危害、生物性危害检测、农药残留的检测等技术。实际上，食物生产链上的可追溯性是多个企业内部可追溯性的有机结合和完美统一。

5.3.2 建立食品安全可追溯系统的必要性

① 提供可靠的信息。确保食品生产、加工、销售、交付、批发、零售等路径的透明度，迅速向消费者和政府食品安全监管部门提供食品信息，加强食品标识的验证，防止食品标识和信息的错误辨识，实现公平交易。

② 可以快速发现问题产品及其所在位置，确定相关责任体，实现快速响应，从而保护公众健康，保障食品安全；提高食品的安全性。

③ 提高经营效益。食品追溯体系可以通过产品身份的识别、信息收集和储存，增加食品管理效益，降低成本，提高食品质量。

④ 可以加强生产控制能力，有助于分析影响产品质量的要素，减少食源性疾病的感染。

⑤ 可以使生产加工厂商最大限度地降低由于产品召回、销毁导致的损失，及时控制问题，降低顾客的流失。

⑥ 可以快速实现公共卫生管理部门的检验、检疫。

⑦ 可以通过快速识别疾病源控制动物传染病。

5.3.3 追溯体系的建立与实施

《饲料及食品供应链的追溯体系——体系设计及实施的通用原则及基本要求》（ISO 22005：2007）明确了食品追溯体系的结构应包括追溯的原则和目标、追溯体系设计（目标选择、法规及政策要求、产品及/或配料在饲料及食品链中位置、物料流向、信息要求、程序建立、文件化要求、饲料及食品链中的协调性）、实施（追溯计划、职责、培训计划、监控、关键绩效指标）、内审和评审。

5.3.3.1 原则与范围

追溯应包括供货追溯、加工过程追溯及客户追溯，并应增进信息的实用性和可靠性，提高组织绩效和生产效率，并能找出不合格原因，必要时能够进行产品召回。食品供应链中的生产经营者，在设计食品追溯性体系时应注意以下问题：确定其产品在食品链中的历史及/或位置，以界定追溯体系的覆盖范围；考虑实施追溯技术的可行性和经济承受能力；追溯体系至少应追溯到供应链中每一组织的前一步及后一步；追溯性体系应是可验证的、具有实际应用的一致性，且满足政策法规及公司制定的追溯目标。

5.3.3.2 目标设定

在设计食品追溯体系时，必须设定需达到的追溯目标（通常包括追溯的百分比及完成追溯的时间），而目标设定时应考虑以下因素：支持食品安全及/或质量的目标；满足顾客规格要求；确定产品来源；方便产品撤回及/或召回；识别饲料及食品链中的责任相关方；方便对产品信息进行验证；使相关股东和消费者能够共享信息；满足当地、国家或国际政策法规要求；提高组织的绩效、生产率和利润率。

5.3.3.3 前提条件

确定追溯目标后，食品生产经营者应搜集追溯相关的法律法规，产品及/或配料，识别供应商及顾客在食品链中的位置，物料流向，来自供应商、客户及过程控制的信息要求等。

5.3.3.4 建立文件档案

食品供应链中的企业/个人必须建立健全食品追溯体系的文件档案，包括食品追溯体系的范围、食品追溯体系的职责、食品追溯计划、食品追溯体系的详细记录、食品追溯运行的相关资料、培训记录、评估计划、食品追溯体系的验证结果及纠正措施等。

5.3.3.5 建立定期的追溯体系评估机制

食品供应链中的企业应建立评估标准及程序，定期对食品追溯体系的有效性进行评估，以检查其运行效率及效益。

5.3.3.6 追溯体系的建立与实施步骤

策划、建立阶段：确定追溯目标，识别追溯体系应满足的相关法规及政策要求，识别与追溯目标相关的产品及/或配料，设计追溯体系（确定在食品链中的位置，确定并文件化物料的流向，收集来自供应商、顾客、加工过程的信息），建立追溯程序（包括产品定义、批定义及标识、追溯信息、数据及记录管理、信息获取途径、处理追溯体系不符合的纠正及预防措施），形成文件；组织设计的追溯体系要素应与其他组织协调一致。

运行实施阶段：管理层应承担相应的管理职责，并按设计的追溯程序运作；制定追溯计划，确定追溯职责并就追溯相关的培训计划与其员工进行沟通，监控实施追溯计划，以验证追溯目标及程序的有效性。

评估与改善阶段：定期进行内审，以评估追溯体系的有效性，验证其是否符合追溯目标；管理层应对追溯体系进行评审，提出适当的纠正和预防措施，持续改进过程。

5.3.4 食品安全可追溯系统的关键技术

近几年来，食品可追溯体系关键技术的研究和应用都有了很大的突破。在产品个体或批次的标识方面，需要具备成本低、易识别、易收集及易将标识信息录入数据库等特点。目前，针对动物个体，在饲养场常用的标识有：文身、耳标、射频标识和抗体等。其中，应用最多的就是RFID技术，包括项圈电子标签、纽扣式电子耳标、耳部植入式电子芯片以及通过食道放置的瘤胃（网胃）电子胶囊等。在屠宰加工厂常用的标识有：条形码（纸质和塑料）、分子标记、微波雷达和智能托盘等。在蔬菜等种植业产品上，主要运用条形码技术。在众多编码系统中，由国际物品编码协会（EAN International）和美国统一代码委员（UCC）共同开发、管理和维护的全球统一标识系统GSI系统编码应用最为广泛，已被20多个国家和地区采用。构建可追溯系统的另一个技术要素是中央数据库和信息传递系统。基于纸张的记录很难满足日益复杂的食品体系和快速追溯的需求，食品生产、加工、运输和销售等各环节的信息必须记录到中央数据库或者与数据库框架无缝连接。网络是将所有分散的个体及各环节的信息连在一起的桥梁，能实现数据集中存储、管理，数据输入后可立即查询。

5.3.4.1 GSI 系统

GSI 系统（全球统一标识系统，以前称 EAN · UCC 系统）是对贸易项目、物流单元、位置、资产、服务关系等的编码为核心，集条码和射频等自动数据采集、电子数据交换、全球产品分类、全球数据同步、产品电子代码（EPC）等技术为一体的，服务于物流供应链的开放的标准体系。这套系统由国际物品编码协会制定并统一管理，目前，已在世界 145 个国家和地区广泛应用于贸易、物流、电子商务、电子政务等领域，尤其是日用品、食品、医疗、纺织、建材等行业的应用更为普及，已成为全球通用的商务语言。目前，全球已有超过 100 万家的公司和企业采用 GSI 系统。EAN · UCC 系统对食品进行跟踪与追溯的优点在于这套系统目前在全球供应链中的零售业和物流业已得到广泛应用，能避免众多系统互不兼容所带来的时间和资源的浪费，降低系统的运行成本，实现信息流和实物流快速、准确地无缝链接。EAN · UCC 系统主要包括以下三部分：一是编码体系，包括贸易项目、物流单元、资产、位置、服务关系等标识代码，EAN · UCC 编码随着产品或服务的产生在流通源头建立起来，并伴着该产品与服务贯穿流通全过程，是信息共享的关键；二是数据载体，包括条码和无线射频标识；三是数据交换，为了使供应链上的相关信息能够在贸易伙伴间自由流动，EAN · UCC 系统通过流通领域电子数据交换规范进行信息交换。文向阳在《GSI 系统与产品追溯》中指出采用 GSI 系统对产品追溯最重要的功能是在整个供应链内沟通和提供信息，克服供应链各环节不规范、不统一、不兼容从而形成的孤岛，使企业对信息追溯从而找到问题的根源和起因，阻止问题的蔓延、防止再次发生。

5.3.4.2 条形码技术

目前国内常用的是一维条码，如 UPC 码、EAN 码、交叉 25 码、39 码、Codabar 码等，这些一维条码共同的缺点是信息容量小，需要与数据库相连，防伪性和纠错能力差。一般一维条码每英寸只能存储十几个字符的信息。扫描器在读取条码信息后需要再到与之相连的数据库中查找具体的信息。这样，一维条码对于数据库依赖性就比较大。同时，一维条码码制比较简单，防伪性差。1987 年，第一个二维条码 49 码（Code49）问世。它是一种多行的、连续性的、长度可变的字母数字式码制，且采用多种元素宽度。它的字符集包括数字 0～9、26 个大写字母、七个特殊字符、三个功能字符和三个变换字符，共 49 个字符。随后出现的另外几种二维条码主要有如 Code 16K、PDF417、SuperCode、DataMatrix 码、MaxiCode 等。Code16K 码是 1988 年研制出来的，其编码规则与一维条码 128 码类似。1990 年，讯宝科技公司推出了 PDF417 码，它的出现给条码技术注入了新的活力，是条码技术发展的里程碑。随着人们对二维条码研究的深入，信息容量更大、保密性更好、纠错能力更强的条码不断产生，二维条码在食品安全可追溯系统中得到了广泛的应用。陈孝庆在《商品条码在茶叶制品安全溯源中的应用》中在对茶叶制品物流过程进行危害分析的基础上，结合企业对产品安全溯源的实际需要，选择种植、收购、初加工、精加工、内包装、外包装、成品检验、分销共 8 个环节作为溯源控制点，拟定各控制点的溯源标识，采用中国商品条码标识系统对各溯源标识编码，通过扫描容器、标签或包装物上的标识名称、数据结构、数据载体及可追溯的主要信息项目。

5.3.4.3 RFID 技术

在 RFID 系统中，可以将一个带有独特的电子商品代码的数码记忆芯片植入到单个牲畜上，接收设备能激活 RFID 标签，读取和更改数据，并将信息传输到主机上进行进一步的处理。RFID 技术的优势在于：①消除了手写所出现的数据记录错误，数据准确可靠；②可以快速地进行物品追踪和数据交换；③节省劳动力并减少了处理数据所需要的文书工作；④由于信息更精确，可以更有效地控制肉类食品供应链；⑤可以在潮湿、布满灰尘、满是污迹等恶劣的环境下正常工作，具有很强的环境适应性；⑥免接触、感应距离远且抗干扰能力强，可以识别远距离物体；⑦用无线电波来传送信息，不受空间限制。目前，对食品供应链安全管理的手段还不是很多，传统的方法无法实现对整个供应链的追溯管理，食品行业中广泛采用条码技术进行安全追溯，而且在过去的几十年间条码技术发展得也很迅速，并已在原有一维条码的基础上开发出了二维条码。但是一维条码尺寸相对较大，不适宜在较小的物品上使用，而且不具备容错能力，磨损或脏污情况不可读取。二维条形码耳标，属于电子标识范畴，提高了身份标识自动获取能力，但其获取前端属于光学信号读取装置，易受光线、雾气、血污和粪便等物理环境的影响。同时条码技术只能采用人工的方法进行近距离的读取，无法做到实时快速地获得大批量食品的质量信息，而且其在流通环节上也无法提供食品所处环境信息的实时记录。与条码技术相比，由于 RFID 电子标签具有唯一识别编码、数据可重复擦写、标签数据存储量大、识别响应速度快、标签使用寿命长，可以在高温、高湿和户外等恶劣条件下使用，因此更加适合于食品供应链从“农田到餐桌”的全程管理。应用 RFID 技术不仅可以对个体进行识别，而且可以对供应链全过程的每一个节点进行有效的标识，从而对供应链中食品原料、加工、包装、贮藏、运输、销售等环节进行跟踪与追溯，及时发现存在的问题，进行妥善处理。

5.3.5 可追溯体系与食品供应链

随着食品安全问题的频发及其产生的严重后果，解决食品安全问题的社会呼声越来越高，各国政府都将改善食品市场的信息传递、提高食品安全水平提到一个十分重要的位置。食品可追溯体系作为一种记录、确认与传递食品身份相关信息，改善食品供应链管理的工具日益受到人们的重视。由于食品安全涉及从农产品生产、加工到销售整个过程各个阶段的质量与风险的管理与控制，在食品供应链中建立和实施可追溯体系，保持食品及食品原料的可追溯性十分必要。多起食品安全事件的发生，特别是三鹿毒奶粉事件的发生，消费者对食品安全表现出极大的担忧。三鹿事件发生后，中国最大门户网站新浪网上参与在线调查的 28 万多人中，超过 93%的网民表示，不会再购买事件相关品牌的奶粉。对于食品生产和销售企业来说，重新恢复消费者的信心是摆在面前的一项十分关键的任务。可追溯体系在食品供应链中的建立可以提高食品供应链的透明度。通过在食品供应链中导入和实施可追溯体系，披露食品以及食品制作的原料在生产、加工、储运等阶段的相关信息，使消费者对食品的质量安全属性能有更好的了解和认识，让消费者能放心购买和消费。

另一方面，在食品可追溯体系下，即使食品安全事件发生后，也能依赖可追溯体系的相关信息记录，迅速识别和查明造成食品污染和危害的具体来源和范围，避免由此造成的对产业内无辜企业声誉的损害，有利于纠正声誉机制的失效。这种沿食品供应链某一阶段向后追溯的能力，也意味着能够明确食品安全的相关责任，监管者将能够据此进行有针对性的食品检测，提供有效的食品安全监管。提供不安全食品的企业将要为此受到惩罚，承担其不当行为的经济和法律后果。这在一定程度上能够促进食品生产和销售企业提高食品安全水平的努力。

5.4 食品安全防护

5.4.1 食品安全防护计划含义

食品安全与防护计划是为达到食品防护为目的而制定的一系列制度化、程序化措施，通过对食品链各个环节进行风险评估，找出薄弱环节，从而制定成本有效的预防性操作计划，以防止食品链遭到蓄意的攻击和破坏。食品安全与防护计划能够帮助企业确定把其食品受到蓄意污染或破坏的危险降到最小化的步骤，能够减少食源性危害因素，做到对恐怖分子的袭击进行预防和做出反应。尤其在危机状态时，基于以科学为基础的方法解决公共卫生问题。该计划有助于企业为员工创造一个安全的工作环境，为顾客提供有质量保证的产品，保障了企业的盈利。

5.4.2 食品安全及食品安全防护的区别与联系

为了更好地理解食品安全（Food Safety）和食品防护（Food Defense/Security）内容，需要先认识安全保障（Security），该词原指某种物质能够提供连续供应，没有“防护（Defense）”的意义；“9·11事件”发生后，美国的食品安全保障工作也进入了“防恐”时代，“安全保障”也被赋予了新的涵义：防护保障拥有更多防护的意义。食品安全及公共卫生概念指食品适合人体食用、不会带来食源性疾病危害。发生食品安全问题通常是由生产过程中偶然发生的物理、化学、生物污染造成，可以通过对生产过程采取一定措施，如：危害分析与关键控制点（HACCP），来降低危害发生的可能性。

食品防护与食品安全既相互区别又相互联系。食品防护针对食品从生产到消费整个周期中可能出现的蓄意破坏行为，采取预防措施来制止破坏行为的发生，如：恐怖分子、犯罪分子会采用生物、物理、化学、放射性及其他有毒有害物质来污染食品，进而造成对人体健康的危害，达到扰乱、破坏社会经济目的。由于破坏分子通常采用的破坏手段不合常理，我们无法对破坏行为预知和进行防范，给食品安全保障工作带来了极大的困难和挑战。因此，从这个角度和层面上理解，食品防护工作与食品安全工作有着质的区别。不能将食品安全和食品防护简单理解为是同一个工作。然而，食品安全工作又是食品防护工作的基础，可为食品防护工作提供条件，如：完善的HACCP控制体系、有效运行的良好生产规范（GMP）和良好农业规范（GAP）、健全的企业追溯、召回制度都会为食品防护工作的顺利开展提供物质保障。在这点上，食品安全与食品防护又是相互联系的。

5.5 食品召回

5.5.1 食品召回及食品召回制度的含义

我国《食品安全法》第53条规定：“国家建立食品召回制度”。2007年8月27日我国公布实施由国家质量监督检验检疫总局局务会议审议通过的《食品召回管理规定》，规定指出："食品的召回，是指食品生产者按照规定程序，对由其生产原因造成的某一批次或类别的不安全食品，通过换货、退货、补充或修正消费说明等方式，及时消除或减少食品安全危害的活动"。因此，"食品召回制度是指食品的生产商、进口商或者经销商在获悉其生产、进口或销售的食品存在可能危害消费者健康、安全的缺陷时，依法向政府部门报告，及时通知消费者，并从市场和消费者手中收回问题产品，予以更新、赔偿的积极有效的补救措施，以消除缺陷产品危害风险的制度"。

5.5.2 建立食品召回制度的重要性

(1) 现行的政策都是以事后弥补为主，食品召回制度则是以事前预防为主

在我国，现行的保护消费者食品安全的法律措施主要有三部：《消费者权益保护法》、《产品质量法》和《食品安全法》。然而，我们可以发现这些法律文本都有一个相同的特征：即对于消费者食品安全的保障多具有事后性和补偿性的，而缺乏事前性和预防性的保障效果。关于这一点特征，我们可以知道事后补救的救济模式对于消费者的财产损失可以起到实质的救济作用，但对于给消费者造成的人身损害，却无法给予实质性的救济，因为人的身体健康和生命安全是无价的。而食品召回制度所确立的事先防范的救济模式弥补了事后补救的救济模式的不足，对于保护消费者的身体健康和生命安全具有不可替代的作用。因此，就消费者权益保护而言，事前救济比事后救济具有更为重要的意义。

(2) 保护消费者的利益

从食品召回制度设置的目的来看，实施食品召回是为了及时收回有缺陷的问题食品，避免流入市场的此类食品对于大众的人身安全有所损害或者减少其损害，维护消费者的合法利益。召回本身具有一种防患于未然的特征，其优点在于可以有效地减少消费者权益遭受不必要的损害，尤其是在近几年出现的重大食品安全事件，更让我们看到健全的食品召回制度对于广大消费者切身利益保护的重要性。

(3) 提高企业的信誉，降低企业的风险

我国的市场经济发展迅速，特别是加入 WTO 后，我们的企业一方面要面临市场化的竞争，另一方面要面临国际化的竞争，而对于问题食品的售后处理，将成为食品市场的重要竞争因素之一。对于食品厂商而言，建立缺陷食品召回制度可能会增加企业的运营成本，包括相关人员的培训和辅导，以及加强对于食品的检测，对企业利益带来一定的冲击。但是我们也应该看到，食品行业不同于其他行业，它关系到亿万人的健康问题，所以食品企业要承担更大的社会责任。如果食品企业能在食品安全上实行问题食品召回制度，防患于未然，自然就树立起良好的企业形象，而企业通过食品召回制度可以避免大规模的产品责任诉讼和巨额的损害赔偿，将公司的费用最小化。因此，我们也可以说食品企业在受到召回限制的同时也得到了保护，不断走向理性化的生产，使企业向着更高的目标发展。

5.5.3 我国食品召回制度的现状分析

(1) 立法方面的不完善

2007 年出台的《食品召回管理规定》也只是停留在部门规章的层面，2009 年出台的《食品安全法》虽然提及国家要建立食品召回制度，但是并没有明确召回的程序、监督、执行、处罚等。

(2) 食品召回监管主体不明确

对于食品安全的监管两部法律法规规定不统一，《食品召回管理规定》中规定国家质量监督检验检疫总局在职权范围内统一组织、协调全国食品召回的监督管理工作。国家质检总局和省级质监部门组织建立食品召回专家委员会，为食品安全危害调查和食品安全危害评估提供技术支持。《食品安全法》中规定国务院设立食品安全委员会，其工作职责由国务院规定。国务院卫生行政部门承担食品安全综合协调职责，负责食品安全风险评估、食品安全标准制定、食品安全信息公布、食品检验机构的资质认定条件和检验规范的制定，组织查处食品安全重大事故。可见《食品安全法》没有明确规定食品召回监督主体，而依照《食品召回管理规定》进行食品召回监管则会出现监管主体和权限的冲突和空白。目前两部关于食品安全的法律法规，对于食品安全的监管都采用的是政府、工商行政管理、质量监督等在各自领域进行监管，职责不明确容易出现盲点和交叉，会出现处罚多部门监管无部门的现象。

(3) 召回的实施者范围狭窄

无论是《食品安全法》还是《食品召回管理规定》对于召回的主体，仅限定于生产者有对进口食品召回进行规制。同时当生产者拒绝或者怠于召回时，即无人召回不安全食品。

(4) 生产者的违法成本过低，不具有惩罚性

对于违反食品召回义务的处罚，《食品召回管理规定》设定的行政处罚为警告责令改正，经济制裁最高为 3 万元；《食品安全法》没有明确规定，《中华人民共和国食品安全法实施条例》也仅规定了对于没有进行无害处理的召回食品再次流入市场的，记入食品生产经营者食品安全信用档案等处理。目前生产者的违法成本太低，是社会安全向经济利益退让。

5.5.4 食品召回与逆向物流

5.5.4.1 食品召回的逆向物流特点

与基于退货和企业社会责任导致的食品逆向物流相比，食品召回的逆向物流有其自身特点。

① 不确定性　食品逆向物流的起始点分散、不确定，在经济全球化的时代，发生食品召回有可能是面向全球的；其次，需求时间和需求数量也是不确定的，各个地区的消费者接到食品召回声明的时间不同，供应链上各个节点企业接受的退回食品数量可能与其销售的数量不一致；当发生食品主动召回时，可能产品还没到达顾客手中，仅仅在批发商或零售商环节就开始逆向物流活动。食品逆向物流起点和需求的不明确，导致食品逆向物流路线和方式选择的不确定。

② 时间紧　我国《食品召回管理规定》规定主动召回自确认食品属于应当召回的不安全食品之日起，一级召回应当在 1 日内，二级召回应当在 2 日内，三级召回应当在 3 日内，通知有关销售者停止销售，通知消费者停止消费。不安全食品的召回计划必须在监督机构确认的食品召回时限期满之前完成。由于食品对保质期的要求很高，对经过加工后能重新投入市场的召回食品，逆向物流的处理如果不能在保质期内完成，则食品的价值将逐渐丧失，扩大企业的经济损失。

③ 费用高　召回食品的来源地和数量不确定，而且通常缺少包装或包装已破损，很难充分利用运输和仓储的规模效应，导致逆向物流费用居高不下。由于食品召回产品中很多含有有毒有害物质，无法进行再循环利用，只能通过焚烧或掩埋直接报废处理。对生产商来说损失是巨大的。

5.5.4.2 顺利完成食品召回任务所应采取的措施

鉴于与食品召回有关的逆向物流所具有的特点，要想顺利完成食品召回的任务需要我们做到以下几点。

① 从观念上重视逆向物流 食品生产企业管理者要对逆向物流的必然性和重要性有足够的认识。首先，在当今激烈的市场竞争中，是否能够满足顾客的需求是决定企业生存和发展的关键因素，完善的售后服务是顾客非常看重的。越来越多的企业应该认识到对不安全食品的主动召回表现了企业对产品质量的重视和对客户的诚信，让客户感到企业是以一种积极主动的姿态在承担着自己的责任，从而提高顾客满意度，增强企业竞争能力，对企业的长期发展是利大于弊的。其次，食品召回下的逆向物流活动可以促进企业质量管理体系的不断完善，企业在食品召回中暴露出的质量问题，将通过逆向物流信息系统不断传递到管理层，管理者可以在事前不断改进质量管理体系，发现食品生产和流通中的安全问题，从供应链的角度不断加强品质管理，以根除食品安全隐患。

② 建立和完善信息系统 食品召回的逆向物流过程对反向信息管理具有极高的依赖性，如果生产者需要对从食品生产开始到到达顾客手中进行消费的全过程负全部责任，就必须有能力追溯整个食品的历史过程，这就要求企业的管理实现信息化。不但企业的一切生产、物流活动都要在信息系统的指引下完成，而且企业内部以及供应链各节点企业信息之间能够做到互相联系、互相共享，及时准确的反馈。完善的企业信息系统除了能够支持正向物流过程外，也要求可以支持对召回产品的逆向处理信息管理。所以，对支持食品召回的信息系统，不仅要考虑其正向物流的要求，还要考虑在逆向物流情况下其功能情况。

③ 加强第三方物流企业的逆向物流活动 虽然现阶段我国第三方物流企业中开展食品逆向物流服务的较少，但是由于专业的第三方物流企业拥有专业化技术、管理手段和方法以及完善的基础设施和良好的运输服务网络，以及在正向物流中的丰富经验，而且逆向物流与正向物流的某些操作过程有一定的相似性。对于大部分中小企业而言，无力投资进行逆向物流系统建设，而大型企业为了集中精力形成核心竞争力，也非常有必要将部分或全部逆向物流活动外包，所以第三方食品逆向物流有广阔的发展空间。通过与第三方物流企业的合作，可使召回食品能够及时快速到达目的地。而第三方物流企业可以充分利用在物流服务方面的经验，及时处理召回食品，同时还可以把有用的相关信息提供给食品企业，帮助其发现生产和物流环节的不足之处，促使食品企业改进生产方式和其他物流活动，提高企业产品质量和物流服务水平。

课后思考题

1. 简述运输的环境条件及其控制措施有哪些。
2. 简述食品败坏的控制措施有哪些。
3. 什么是食品质量安全追溯系统？它具有哪些功能？
4. 什么是食品安全防护计划？
5. 什么是食品召回？我国食品召回制度所面临的现状有哪些？

第6章 食品安全检测技术

6.1 食品安全检测技术概述

20 世纪 50 年代后，随着化学工业技术的发展，农药化肥被过量应用于农业生产中，造成了严重的环境污染，加之食品生产加工过程中不恰当的操作，也给食品安全带来了一系列重大问题。目前，这些问题已引起国家的高度重视，保证食品安全、注重健康、关爱生命已成为全社会日益关注的重要话题。食品安全检测与监督管理已成为加强对食品生产、加工、流通、贮藏等各个环节质量控制与溯源关键控制的技术手段之一，了解和掌握食品安全检测技术，也就成为食品质量检测工作者的重要责任和工作。

食品是人类生存的重要物质基础，而食品检验是食品安全的技术保障。食品安全检验的指标主要包括食品的一般成分分析、农药残留分析、兽药残留分析、微量元素分析、霉菌毒素分析、食品添加剂分析和其他有害物质的分析等，本章主要对食品安全检测技术作简要概述。

6.1.1 农药、兽药残留检测技术

农药是农业生产中使用的各种药剂的统称，通常包括杀虫剂、杀菌剂、除草剂等。农药对防治农作物病虫害、保障收成等方面起到很大作用。但残存于食品中的农药及其代谢物却污染了食品，不同程度地危害人体健康。国外近几年来在农药残留量测定方面的技术主要有：柱后荧光衍生 HPLC 测定法、具有离子选择性检测功能的 GC-MS 测定法、采用 DB-SMs 和 DB-210 两种毛细管柱的 FPD-GC 测定法、凝胶渗透色谱法（GPC）、分光光度分析法、固相萃取与 GC-MS 测定法、酶标记免疫吸附测定法（ELISA）、免疫分析试剂盒、超临界流体萃取法、毛细管柱 HPLC 结合固相萃取法、加速溶剂萃取法（ASE）、结合带柱后荧光的 HPLC 法等。

在我国，农药残留检测工作还处于起步阶段，缺乏快速检测方法，需借鉴国外的检测经验。目前国内常用的检测仪器和方法主要有：蔬菜中农药残毒快速检测仪，一次性农药残留侦毒器、检测器，CL-BⅢ残留农药检测仪，TU-1800 系列紫外可见分光光度计，酶抑制率法快速检测蔬菜中有机磷和氨基甲酸酯类农药残留量等。对于兽药的检测，农业部也制定或

借鉴了国外的检测方法，如对瘦肉精的检测方法，农业部已经颁布了采用高效液相色谱筛选和气质联机验证的饲料测定方法（NY438—2001）。对于氯霉素的检测方法，借鉴美国食品药物管理局（FDA）现行的检测方法：用（CHARM-Ⅱ）方法筛选，用液相色谱-质谱联用（Liquid Chromatograph Mass Spectrometer，LC-MS）方法进行确认，检测限量由原来的5μg/kg降为现在的1μg/kg，再降为0.3μg/kg。

6.1.2 有机污染物、天然毒素、生物性污染检测技术

二噁英和多氯联苯是严重危害人类健康的持久性有机污染物（Persistent Organic Pollutants，POPs），其在脂肪中易溶解，易与环境中的沉淀物和有机物黏合在一起，被动物和人类脂肪组织吸收后而造成危害。二噁英类物质共200多种，其中29种是有毒的，由于其异构体多、分析难度大，对仪器和化学试剂要求高，从而阻碍了其检测技术在国内的深入研究。有关二噁英残留量的分析，由于要求很高，其分析方法随着分析手段的提高而不断改进。目前国内已开展了生物法检测二噁英的技术，即离体7-乙氧基-异吩唑酮-脱乙基酶（EROD）生物检测法，该方法常用于环境样品中二噁英污染物的快速筛选。

对其他有机物的检测方法也有较大的研究进展。如对甲醛的检测方法主要有分光光度法、气相色谱法、液相色谱法和示波极谱法等。

应用生物传感器检测生物性污染物是一种新兴的检测方法，在分析领域中具有极大的发展潜力和前景。按生物敏感材料不同，生物传感器可分为酶传感器、免疫传感器、微生物传感器、细胞传感器等。微生物传感器用于检测微生物价廉耐用、方便快捷。可用来快速测定多种食品中的细菌总数、微生物活细胞测定如啤酒中的酵母、少量病原菌如菌单细胞基因，食品中存在的少量大肠杆菌、金黄色葡萄球菌、沙门氏菌、枯草杆菌等可通过测定微生物代谢过程中产生的二氧化碳量来估算细菌浓度，还可测定食品中存在的极微量的微生物毒素，如黄曲霉毒素B_1、肉毒杆菌毒素A和肉毒杆菌毒素B、肠毒素B等细菌毒素以及细胞生物毒素（如青霉素、蛇形菌素、T-2毒素）和海产品沙蚕毒素等。

随着现代免疫学和分子生物学理论和技术的不断发展，应用单克隆抗体结合各种形式的放射免疫分析（Radio Immunoassay，RIA）、酶免疫分析（Enzyme Immunoassay，EIA）、荧光免疫分析（Fluorescence Immunoassay，FIA）、时间分辨荧光免疫分析（Time-resolved Fluorescence Immunoassay，TrFIA）、化学发光免疫分析（Chemiluminescence Immunoassay，CIA）、生物发光免疫分析（Bioluminescent Immunoassay，BIA）等免疫磁珠分离法、酶免疫测定等免疫学技术、乳胶凝集法、核酸探针技术和PCR技术已广泛应用于食品病原细菌的检测中。核酸探针技术和多聚酶链反应（Polymerase Chain Reaction，PCR）技术是近年来发展起来的两种高新生物技术，自其问世以来，已在许多领域得到了广泛的应用。核酸探针技术已被用于检验食品中一些常见的病原菌，如大肠杆菌、沙门氏菌等。PCR的基本原理是在体外对特定的双链DNA片段（靶DNA）进行高效扩增，具有快速、特异、敏感等特点，广泛用于食品中致病微生物的检测。

6.1.3 转基因食品检测技术

对于转基因食品，尚无统一的定义，但可以理解为含有转基因生物成分或者利用转基因生物生产加工的食品。转基因食品，也可以是多种不同的转基因生物及非转基因生物的混合物。目前转基因食品主要来源于转基因植物。对转基因产品的安全性，一直是世界各国及联

合国等国际组织关心的焦点问题，2000 年联合国通过了"生物安全议定书"，得到了全世界绝大多数国家的认可，并已生效。该议定书中最重要的措施之一就是对转基因产品要进行检验，以明确其种类，确定是否是已批准的或已获得许可的转基因产品，以防止一些具有风险的转基因产品任意扩散，造成不可挽回的损失。

总的来说转基因食品检测方法主要有 3 种：①核酸检测方法，它包括了聚合酶链式反应 PCR、连接酶链式反应（LCR、指纹图谱法 RFLP，AFLP 及 RAPL 等）、探针杂交法等；②蛋白质检测方法，包括蛋白质单向电泳、蛋白质双向电泳、Westem 杂交分析及 ELISA 酶联免疫吸附试验；③酶活性检测方法。

最近几年出现的基因芯片技术是一种更有效、快速，高通量的检测方法。基因芯片又称 DNA 微阵列，是指将许多特定的寡核苷酸片段或基因片段作为探针，有规律地排列固定于支持物上形成的 DNA 的分了阵列。芯片与待测的荧光标记样品的基因按碱基配对原理进行杂交后，再通过激光共聚焦荧光检测系统等对其表面进行扫描即可获取样品信息。我国开发的转基因产品检测芯片基本上能实现：确定是否是转基因产品、是哪一种转基因产品、是否是我国已批准的转基因产品。目前研制的芯片能检测国内外已批准商品化转基因作物物种：大豆、玉米、油菜、棉花、马铃薯、烟草、西红柿、木瓜、西葫芦、甜椒等；含有启动子、终止子、筛选基因与报告基因等通用基因位点用作筛选是否是转基因产品；含有并包括抗虫、耐除草剂、雄性不育与育性、恢复基因等各物种特定的目的基因，及品种特异的边界序列用于确定是哪种转基因品种。

在我国，食品安全检验技术在不断发展，纵观其发展方向有以下几个方面：①高端技术仪器设备的使用。随着现代科学仪器的发展，高端技术分析仪器越来越得到广泛的使用，如有机质谱仪、无机质谱仪和 X 射线荧光光谱仪等的使用。②分析方法的联用技术。如气相色谱-原子吸收联用、气相色谱-质谱联用等。③仪器设备便携化、检测现场化。该类检验以分光光度法为基础，仪器便携，甚至可以做到如手机大小，连同所有附属设备总重量只有几公斤，外出携带十分方便。为提高食品安全水平，我们应积极探索食品检验监管工作新模式，健全食品安全管理法规体系，防患于源头，加强国家食品安全控制技术的投入和研究，提高全民食品安全意识，发挥消费者在食品安全问题中的积极作用。

6.2 色谱检测技术

6.2.1 色谱检测基础知识

色谱法是一种重要的分离分析方法，它是利用不同物质在两相中具有不同的分配系数(或吸附系数、渗透性)，当两相作相对运动时，这些物质在两相中进行多次反复分配而实现分离。色谱法的创始人是俄国的植物学家茨维特，1905 年，他将从植物色素提取的石油醚提取液倒入一根装有碳酸钙的玻璃管顶端，然后用石油醚淋洗，结果使不同色素得到分离，在管内显示出不同的色带，色谱一词也由此得名，这也是最初的色谱法。近年来，由于检测技术的提高和高压泵的出现，高效液相色谱技术迅速发展，使得色谱法的应用范围大大扩展。目前，由于高效能的色谱柱、高灵敏的检测器及微处理机的使用，使得色谱法已成为一种分析速度快、灵敏度高、应用范围广的分析仪器。

色谱的分类从不同的角度可以有多种分类法，简述如下。

① 按分离原理分类　色谱法可以分为吸附色谱法、分配色谱法、离子交换色谱法与分子排阻色谱法等。

② 按固定相的使用形式分类　可分为柱色谱（包括填充柱色谱、空心柱色谱、填充毛细管色谱和空心毛细管色谱）、纸色谱和薄层色谱。

③ 按两相物态分类　可分为气相色谱法和液相色谱法。

在色谱技术中，流动相为气体的叫气相色谱，流动相为液体的叫液相色谱。固定相可以装在柱内，也可以做成薄层，前者叫柱色谱，后者叫薄层色谱。根据色谱法原理制成的仪器叫色谱仪，目前，主要有气相色谱仪和液相色谱仪。

6.2.2 气相色谱检测技术

以气体为流动相的色谱法，称为气相色谱法（Gas Chromatography，GC）。

6.2.2.1 气相色谱分类

气相色谱法由于所用的固定相不同，可以分为两种，用固体吸附剂作固定相的叫气固色谱，用涂有固定液的担体作固定相的叫气液色谱。按色谱分离原理来分，气相色谱法亦可分为吸附色谱和分配色谱两类，在气固色谱中，固定相为吸附剂，气固色谱属于吸附色谱，气液色谱属于分配色谱。按色谱操作形式来分，气相色谱属于柱色谱，根据所使用的色谱柱粗细不同，可分为一般填充柱和毛细管柱两类。一般填充柱是将固定相装在一根玻璃或金属的管中，管内径为 2～6mm。毛细管柱则又可分为空心毛细管柱和填充毛细管柱两种，空心毛细管柱是将固定液直接涂在内径只有 0.1～0.5mm 的玻璃或金属毛细管的内壁上，填充毛细管柱是近几年才发展起来的，它是将某些多孔性固体颗粒装入厚壁玻管中，然后加热制成毛细管，一般内径为 0.25～0.5mm。在实际工作中，气相色谱法是以气液色谱为主。

6.2.2.2 气相色谱分析方法的特点及应用范围

气相色谱的主要特点包括如下几个方面：①选择性高：对性质极为相似的烃类异构体、同位素、旋光异构体具有很强的分离能力；②分离效率高：一根 2m 的填充柱可具有两千理论塔板数，一根 5m 的毛细管柱可具有 10000～1000000 理论塔板数，它可分离沸点十分接近和组成复杂的混合物，例如一根 25m 毛细管柱可对汽油中 50～100 多个组分进行分离；③灵敏度高：使用高灵敏度的检测器可检测出 10^{-13}～10^{-11}g 痕量物质；④分析速度快：相对化学分析法而言，通常完成一个分析，仅需几分钟或几十分钟，且样品用量少，气样仅需 1mL，液样仅需 1μL。

气相色谱的上述特点，扩展了它在各种工业中的应用，不仅可以分析气体，还可以分析液体、固体及包含在固体中的气体。只要样品在－196～450℃温度范围内，可以提供 0.2～10mmHg 蒸汽压（约合 26.67～1333.22Pa），都可用气相色谱法进行分析。它已在石油炼制、石油化工、有机化工、高分子化工、医药工业、环境监测等领域获得广泛的应用。

气相色谱法的不足之处，首先是色谱峰不能直接给出定性的结果，必须用已知纯物质的色谱图与它对照。其次，分析无机物和高沸点有机物比较困难，需采用其他色谱分析法来完成。

6.2.2.3 气相色谱仪

(1) 气相色谱的一般流程

在图 6-1 所示 GC 流程中，载气由高压气瓶供给，经压力调节器降压，经净化器脱水及净化，由稳压阀调至适宜的流量而进入色谱柱，经检测器流出色谱仪。待流量、温度及基线稳定后，即可进样。液态样品用微量注射器吸取，由进样器注入，气态样品可用六通阀或注射器进样，样品被载气带入色谱柱。

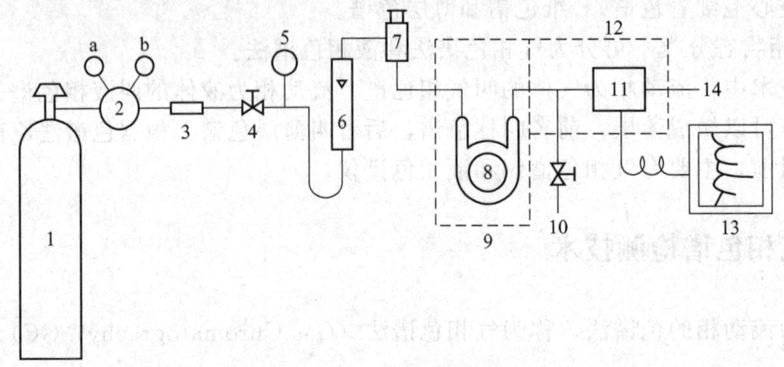

图 6-1　气相色谱流程图

1—载气瓶；2—压力调节器（a—瓶压，b—输出压力）；3—净化器；
4—稳压阀；5—柱前压力表；6—转子流量计；7—进样器；8—色谱柱；
9—色谱恒温箱；10—馏分收集口（柱后分流阀）；11—检测器；
12—检测器恒温箱；13—记录器；14—尾气出口

样品中各组分在固定相与载气间分配，由于各组分在两相中的分配系数不等，它们将按分配系数大小的顺序依次被载气带出色谱柱。分配系数小的组分先流出，分配系数大的后流出。流出色谱柱的组分被载气带入检测器，检测器将各组分的浓度（或质量）的变化，转变为电压（或电流）的变化，电压（或电流）随时间的变化由记录器记录。

(2) 气相色谱仪的结构

气相色谱仪由五大系统组成：气路系统、进样系统、分离系统、控温系统以及检测和记录系统。

① 气路系统　气相色谱仪具有一个让载气连续运行、管路密闭的气路系统。通过该系统，可以获得纯净的、流速稳定的载气。它的气密性、载气流速的稳定性以及测量流量的准确性，对色谱结果均有很大的影响，因此必须注意控制。

常用的载气有氮气和氢气，也有用氦气、氩气和空气。载气的净化，需经过装有活性炭或分子筛的净化器，以除去载气中的水、氧等不利的杂质。流速的调节和稳定是通过减压阀、稳压阀和针形阀串联使用后达到。一般载气的变化程度＜1%。

② 进样系统　进样系统包括进样器和气化室两部分。进样系统的作用是将液体或固体试样，在进入色谱柱之前瞬间气化，然后快速定量地转入到色谱柱中。进样的大小、进样时间的长短、试样的气化速度等都会影响色谱的分离效果和分析结果的准确性和重现性。

a. 进样器：液体样品的进样一般采用微量注射器，气体样品的进样常用色谱仪本身配置的推拉式六通阀或旋转式六通阀定量进样。

b. 气化室：为了让样品在气化室中瞬间气化而不分解，因此要求气化室热容量大，无催化效应。为了尽量减少柱前谱峰变宽，气化室的死体积应尽可能小。

③ 分离系统　分离系统由色谱柱组成。色谱柱主要有两类：填充柱和毛细管柱。填充柱由不锈钢或玻璃材料制成，内装固定相，一般内径为 2～4mm，长 1～3m。填充柱的形状有 U 型和螺旋型两种。毛细管柱又叫空心柱，分为涂壁、多孔层和涂载体空心柱。空心毛细管柱材质为玻璃或石英，内径一般为 0.2～0.5mm，长度 30～300m，呈螺旋型。

色谱柱的分离效果除与柱长、柱径和柱形有关外，还与所选用的固定相和柱填料的制备技术以及操作条件等许多因素有关。

④ 控制温度系统　温度直接影响色谱柱的选择分离、检测器的灵敏度和稳定性。控制温度主要针对色谱柱炉、气化室、检测室的温度控制。色谱柱的温度控制方式有恒温和程序升温二种。

对于沸点范围很宽的混合物，一般采用程序升温法进行。程序升温指在一个分析周期内柱温随时间由低温向高温作线性或非线性变化，以达到用最短时间获得最佳分离的目的。

⑤ 检测和记录系统

a. 检测系统：根据检测原理的差别，气相色谱检测器可分为浓度型和质量型两类。

浓度型检测器测量的是载气中组分浓度的瞬间变化，即检测器的响应值正比于组分的浓度。如热导检测器（TCD）、电子捕获检测器（ECD）。质量型检测器测量的是载气中所携带的样品进入检测器的速度变化，即检测器的响应信号正比于单位时间内组分进入检测器的质量。如氢焰离子化检测器（FID）和火焰光度检测器（FPD）。

b. 记录系统：记录系统是一种能自动记录由检测器输出的电信号的装置。

色谱柱及检测器是气相色谱仪的两个主要组成部分。现代气相色谱仪都应用计算机和相应的色谱软件，具有处理数据及控制实验条件等功能。

6.2.2.4　气相色谱分析理论基础

(1) 色谱工作原理

在色谱法中存在两相：一相是固定不动的，称为固定相；另一相则不断流过固定相，称为流动相。

色谱法的分离原理就是利用待分离的各种物质在两相中的分配系数、吸附能力等亲和能力的不同来进行分离的。使用外力使含有样品的流动相（气体、液体）通过一固定于柱中或平板上、与流动相互不相溶的固定相表面。当流动相中携带的混合物流经固定相时，混合物中的各组分与固定相发生相互作用。由于混合物中各组分在性质和结构上的差异，与固定相之间产生的作用力的大小、强弱不同，随着流动相的移动，混合物在两相间经过反复多次的分配平衡，使得各组分被固定相保留的时间不同，从而按一定次序由固定相中先后流出。与适当的柱后检测方法结合，便可实现混合物中各组分的分离与检测。

色谱过程是物质分子在相对运动的两相间分配“平衡”的过程。混合物中，若两个组分的分配系数（表示溶解或吸附的能力）不等，则被流动相携带移动的速度不等——差速迁移，最终被分离，如图 6-2 所示。

说明：

① 把含有 A、B 两组分的样品加到色谱柱顶端，A、B 均被吸附到固定相上（Ⅰ号柱）。

② 用适当的流动相冲洗色谱柱，当流动相流过时，已被吸附在固定相上的两种组分又溶解于流动相中，而被解吸附，并随流动相向前移进（Ⅱ号柱）。

③ 流动相中的组分遇到新吸附剂颗粒，又再次被吸附（Ⅲ号柱）。

④ 如此，随着流动相的不断冲洗，在色谱柱上不断地发生吸附、解吸附、再吸附、再解吸附……的过程（Ⅳ号、Ⅴ号、Ⅵ号、Ⅶ号柱），如果 A、B 两组分在吸附剂上，被吸附力存在微小差异，就会被分离。

⑤ 结果使吸附能力弱的 B 组分先从色谱柱中留出（Ⅷ号、Ⅸ号柱）。

⑥ 吸附能力强的 A 组分后从色谱柱中留出（Ⅹ号、Ⅺ号柱）。

⑦ 记录 A、B 经过色谱柱分离过程的图谱称色谱图。其中 A 组分、B 组分在色谱柱中

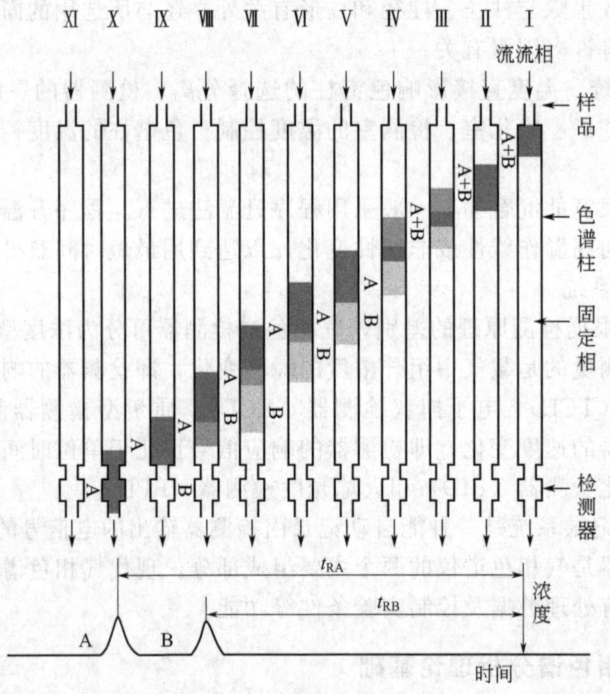

图 6-2 色谱过程示意图

被洗脱用的时间称保留时间，分别用 t_{RA}、t_{RB} 表示。

(2) 色谱流出曲线和术语

① 色谱流出曲线 在色谱法中，当样品加入后，样品中各组分随着流动相的不断向前移动而在两相间反复进行溶解、挥发，或吸附、解吸。如果各组分在固定相中的分配系数不同，就有可能达到分离。分配系数小的组分滞留在固定相中的时间短，在柱内移动的速度快，先流出柱子；分配系数大的组分滞留在固定相中的时间长，在柱内移动的速度慢，后流出柱子；分离后的各组分经检测器转换成电信号而记录下来，得到一条信号随时间变化的曲线，称为色谱流出曲线或“色谱峰”，理想的色谱流出曲线应该是正态分布曲线（图 6-3）。

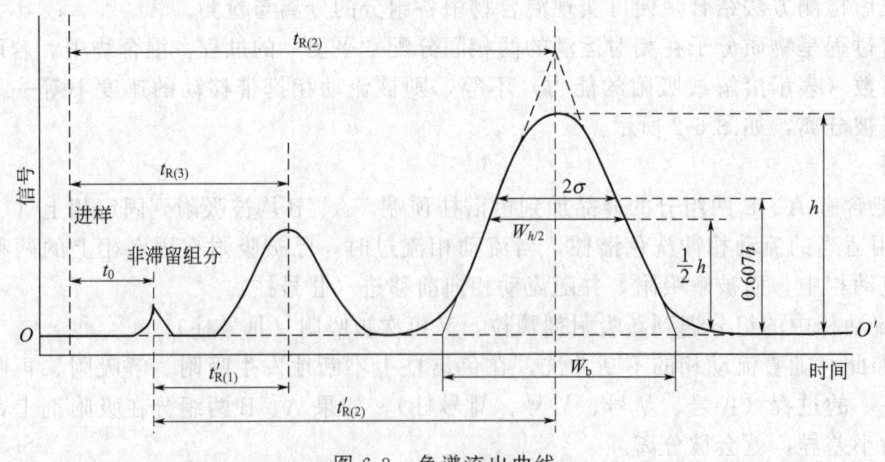

图 6-3 色谱流出曲线

② 术语

1）基线：操作条件稳定后，没有试样通过时检测器所反映的信号-时间曲线称为基线

(O-O′)（它反映检测系统噪声随时间变化的情况，稳定的基线应是一条水平直线）。

2）死时间 t_0（dead time）：指不被固定相吸附或溶解的组分（如空气、甲烷等）从进样开始到色谱峰顶所对应的时间，如图 6-3 中 t_0 所示。

3）死体积 V_0（dead volume）：由进样器至检测器的流路中，未被固定相占有的空隙体积称为死体积（导管空间、色谱柱中固定相间隙、检测器内腔空间总和）。当色谱柱载气流速为 F_0（mL/min）时，它与死时间的关系为：

$$V_0=t_0F_0 \tag{6-1}$$

4）保留值：定性参数，是在色谱分离过程中，试样中各组分在色谱柱内滞留行为的一个指标。

a. 保留时间 t_R（Retention Time）：从进样到柱后出现待测组分浓度最大值时（色谱峰顶点）所需要的时间，称为该组分的保留时间。如图 6-3 中 $t_{R(1)}$、$t_{R(2)}$ 所示（是待测组分流经色谱柱时，在两相中滞留的时间和）。保留时间与固定相和流动相的性质、固定相的量、柱温、流速和柱体积有关，可用时间单位（min）表示。

b. 调整保留时间 t_R（Adjusted Retention Time）：扣除死时间后的组分保留时间，如图 6-3 中的 $t'_{R(1)}$、$t'_{R(2)}$ 所示。t_R 表示某组分因溶解或吸附于固定相后，比非滞留组分在柱中多停留的时间：

$$t'_R=t_R-t_0 \tag{6-2}$$

c. 保留体积 V_R（Retention Volume）：从进样到柱后出现待测组分浓度最大值时所通过的载气体积。当色谱柱载气流速为 F_0（mL/min）时，它与保留时间的关系为：

$$V_R=t_RF_0 \tag{6-3}$$

d. 调整保留体积 V'_R（Adjusted Retention Volume）：是指扣除死体积后的保留体积，即：

$$V'_R=V_R-V_0=t'_RF_0 \tag{6-4}$$

在一定的实验条件下 V_R、V'_R 与载气流速无关（t_RF_0 及 t'_RF_0 为一常数）。

e. 相对保留值 r_{21}（Relative Retention Value）：指组分 2 和组分 1 的调整保留值之比。

$$r_{21}=\frac{t'_{R_2}}{t'_{R_1}}=\frac{V'_{R_2}}{V'_{R_1}} \tag{6-5}$$

相对保留值的特点是只与温度和固定相的性质有关，与色谱柱及其他色谱操作条件无关。相对保留值可以消除某些操作条件对保留值的影响，只要柱温、固定相和流动相的性质保持不变，即使柱长、柱径、填充情况及流动相流速有所变化，相对保留值仍然不变。

5）峰高（h）：色谱峰顶与基线之间的垂直距离。

6）色谱的区域宽度（Peak Width）通常用三种方法来表示。

a. 标准偏差（Standar Deviation）：为正态分布曲线上拐点间距离之半。对于正常峰，s 为 0.607 倍峰高处色谱峰宽度的一半。s 的大小表示组分被带出色谱柱的分散程度，越大，组分流出越分散；反之亦反。

b. 半（高）峰宽 $W_{h/2}$（Peak Width at Half-height）：峰高一半处的色谱峰宽度。半峰宽与标准偏差的关系为：

$$W_{h/2}=2\sigma\sqrt{2\ln 2}=2.354\sigma \tag{6-6}$$

c. 峰宽或称 W_b：通过色谱峰两侧的拐点作切线，切线与基线交点间的距离为峰宽。峰宽与标准偏差的关系为：

$$W_b=4\sigma=1.699W_{h/2} \tag{6-7}$$

(3) 气相色谱定性、定量分析方法

① 定性分析　混合物经过 GC 分离后，得到色谱图，然后将各组分的保留值与标准样品相对比，即可确定待分离物质的类别。如果没有已知标准物做对照，就很难识别各色谱峰代表的组分，这是气相色谱分析的不足之处。近年来，气相色谱与质谱、光谱等联用，使色谱的高效分离效能和质谱、光谱的高鉴别能力相结合，再加上计算机对数据的快速处理和检索能力，为未知物的定性分析开辟了广阔的前景。气相色谱定性的常用方法有：

1）利用保留值定性

a. 已知物对照法：各种组分在给定的色谱柱上都有确定的保留值，可以作为定性指标。即通过比较已知纯物质和未知组分的保留值定性。如待测组分的保留值与在相同色谱条件下测得的已知纯物质的保留值相同，则可以初步认为它们是属同一种物质。由于两种组分在同一色谱柱上可能有相同的保留值，只用一根色谱柱定性，结果不可靠。可采用另一根极性不同的色谱柱进行定性，比较未知组分和已知纯物质在两根色谱柱上的保留值，如果都具有相同的保留值，即可认为未知组分与已知纯物质为同一种物质。

利用纯物质对照定性，首先要对试样的组分有初步了解，预先准备用于对照的已知纯物质（标准对照品）。该方法简便，是气相色谱定性中最常用的定性方法。

b. 相对保留值法：对于一些组成比较简单的已知范围的混合物而无标准品时，可选定一基准物按文献报道的色谱条件进行实验，计算两组分的相对保留值：

$$r_{is}=\frac{t'_{R_i}}{t'_{R_s}}=\frac{K_i}{K_s} \tag{6-8}$$

式中，i 为未知组分；s 为基准物。

并与文献值比较，若二者相同，则可认为是同一物质（r_{is} 仅随固定液及柱温变化而变化）。

可选用易于得到的纯品，而且与被分析组分的保留值相近的物质作基准物。

2）保留指数法　又称为 Kovats 指数，与其他保留数据相比，是一种重现性较好的定性参数。

保留指数是将正构烷烃作为标准物，把一个组分的保留行为换算成相当于含有几个碳的正构烷烃的保留行为来描述，这个相对指数称为保留指数，定义式如下：

$$I_X=100\left(z+n\frac{\lg t'_{R(X)}-\lg t'_{R(z)}}{\lg t'_{R(z+n)}-\lg t'_{R(z)}}\right) \tag{6-9}$$

I_X 为待测组分的保留指数，z 与 $z+n$ 为正构烷烃对的碳数。规定正己烷、正庚烷及正辛烷等的保留指数为 600、700、800，其它类推。

在有关文献给定的操作条件下，将选定的标准和待测组分混合后进行色谱实验（要求被测组分的保留值在两个相邻的正构烷烃的保留值之间）。由上式计算则待测组分 X 的保留指数 I_X，再与文献值对照，即可定性。

3）联用技术　气相色谱对多组分复杂混合物的分离效率很高，但定性却很困难。而质谱、红外光谱和核磁共振等是鉴别未知物的有力工具，但要求所分析的试样组分很纯。因此，将气相色谱与质谱、红外光谱、核磁共振谱联用，复杂的混合物先经气相色谱分离成单一组分后，再利用质谱仪、红外光谱仪或核磁共振谱仪进行定性。未知物经色谱分离后，经质谱或红外光谱可快速地给出未知组分的相对分子量或基团信息，从而为待测物质结构鉴定提供可靠的依据。近年来，随着电子计算机技术的应用，大大促进了气相色谱法与其他方法联用技术的发展。

② 定量分析　在一定的色谱操作条件下，流入检测器的待测组分 i 的含量 m_i（质量或浓度）与检测器的响应信号（峰面积 A 或峰高 h）成正比：

$$m_i = f_i A_i \quad \text{或} \quad m_i = f_i h_i \tag{6-10}$$

式中，f_i为定量校正因子。要准确进行定量分析，必须准确地测量响应信号，再求出定量校正因子 f_i。此两式是色谱定量分析的理论依据。

1）峰面积的测量

a. 峰高乘半峰宽法：对于对称色谱峰，可用下式计算峰面积：

$$A = 1.065 \times h \times W_{h/2} \tag{6-11}$$

在相对计算时，系数 1.065 可约去。

b. 峰高乘平均峰宽法：

$$A = h \times \frac{1}{2} \times (W_{0.15} + W_{0.85}) \tag{6-12}$$

对于不对称峰的测量，在峰高 0.15 和 0.85 处分别测出峰宽，由上式计算峰面积，此法测量时比较麻烦，但计算结果较准确。

c. 自动积分法：具有微处理机（工作站、数据站等），能自动测量色谱峰面积，对不同形状的色谱峰可以采用相应的计算程序自动计算，得出准确的结果，并由打印机打出保留时间和 A 或 h 等数据。

2）定量校正因子　由于同一检测器对不同物质的响应值不同，所以当相同质量的不同物质通过检测器时，产生的峰面积（或峰高）不一定相等。为使峰面积能够准确地反映待测组分的含量，就必须先用已知量的待测组分测定在所用色谱条件下的峰面积，以计算定量校正因子。

$$f_i' = \frac{m_i}{A_i} \tag{6-13}$$

式中，f_i'称为绝对校正因子，即是单位峰面积所相当的物质量。它与检测器性能、组分和流动相性质及操作条件有关，不易准确测量。在定量分析中常用相对校正因子，即某一组分与标准物质的绝对校正因子之比，即：

$$f_i = \frac{f_i'}{f_s'} = \frac{m_i}{m_s} \cdot \frac{A_s}{A_i} \tag{6-14}$$

式中为 A_i、A_s 分别为组分和标准物质的峰面积；m_i、m_s 分别为组分和标准物质的量。m_i、m_s 可以用质量或摩尔质量为单位，其所得的相对校正因子分别称为相对质量校正因子和相对摩尔校正因子，用 f_m 和 f_M 表示。使用时常将“相对”二字省去。

校正因子一般都由实验者自己测定。准确称取组分和标准物，配制成溶液，取一定体积注入色谱柱，经分离后，测得各组分的峰面积，再由上式计算 f_m 或 f_M。

③ 定量方法

a. 归一化法：如果试样中所有组分均能流出色谱柱，并在检测器上都有响应信号，都能出现色谱峰，可用此法计算各待测组分的含量。其计算公式如下：

$$w_i = \frac{m_i}{m_1 + m_2 + \cdots + m_n} \times 100\% = \frac{A_i f_i}{A_1 f_1 + A_2 f_2 + \cdots + A_n f_n} \times 100\% \tag{6-15}$$

归一化法简便，准确，进样量多少不影响定量的准确性，操作条件的变动对结果的影响也较小，尤其适用多组分的同时测定。但若试样中有的组分不能出峰，则不能采用此法。

b. 内标法：内标法是在试样中加入一定量的纯物质作为内标物来测定组分的含量。内标物应选用试样中不存在的纯物质，其色谱峰应位于待测组分色谱峰附近或几个待测组分色谱峰的中间，并与待测组分完全分离，内标物的加入量也应接近试样中待测组分的含量。具体作法是准确称取 m(g) 试样，加入 m_s(g) 内标物，根据试样和内标物的质量比及相应的峰面积之比，由下式计算待测组分的含量：

$$\frac{m_i}{m_s}=\frac{f_iA_i}{f_sA_s} \tag{6-16}$$

$$w_i=\frac{m_i}{m}=\frac{f_iA_i}{f_sA_s}\times\frac{m_s}{m}=\frac{f_iA_i}{A_s}\times\frac{m_s}{m} \tag{6-17}$$

由于内标法中以内标物为基准，则 $f_s=1$。

内标法的优点是定量准确。因为该法是用待测组分和内标物的峰面积的相对值进行计算，所以不要求严格控制进样量和操作条件，试样中含有不出峰的组分时也能使用，但每次分析都要准确称取或量取试样和内标物的量，比较费时。

为了减少称量和测定校正因子可采用内标标准曲线法——简化内标法：在一定实验条件下，待测组分的含量 m_i 与 A_i/A_s 成正比例。先用待测组分的纯品配置一系列已知浓度的标准溶液，加入相同量的内标物；再将同样量的内标物加入到同体积的待测样品溶液中，分别进样，测出 A_i/A_s，作 A_i/A_s-m 图或 A_i/A_s-C 图，由 $A_{i(样)}/A_s$ 即可从标准曲线上查得待测组分的含量。

c. 外标法：取待测试样的纯物质配成一系列不同浓度的标准溶液，分别取一定体积，进样分析。从色谱图上测出峰面积（或峰高），以峰面积（或峰高）对含量作图即为标准曲线。然后在相同的色谱操作条件，分析待测试样，从色谱图上测出试样的峰面积（或峰高），由上述标准曲线查出待测组分的含量。

外标法是最常用的定量方法。其优点是操作简便，不需要测定校正因子，计算简单。结果的准确性主要取决于进样的重视性和色谱操作条件的稳定性。

6.3 PCR检测技术

PCR又称聚合酶链式反应（Polymerase Chain Reaction），是1985年由美国的KAary Mullis首创并由美国Cetus公司开发的一项体外扩增DNA的方法。应用该方法可以使极微量的特定DNA片段在几小时内扩增至百万倍，因而一经问世，便在数年内就得到了迅速发展和实际应用，并在原有基础上衍生出了许多改良技术。如RT-PCR（Reverse Transcription－PCR）、PCR-RFLP（PCR-Restriction Fragment length Polymorphism）、多重PCR（Multiple primer－PCR）、不对称PCR（Asymmetric PCR）、PCR-SSCP（PCR－Single Strand Conformational Polymorphism）、PCR－ASO（PCR－Allela Specific Oligonucleitides）、RAPD－PCR（Random Amplified Polymorphic DNA－PCR）、错配PCR（Mismatched PCR）、原位PCR（in Situ PCR）、定量PCR、DDRT-PCR（Differential Display RT-PCR）、免疫PCR等。这些技术显示出了巨大的应用潜力，并发挥着越来越大的作用，被誉为20世纪80年代分子生物学划时代的技术变革。

6.3.1 PCR原理

PCR技术的基本原理，类似于DNA的天然复制过程，其特异性依赖于与靶序列两端互补的寡核苷酸引物。PCR由变性——退火——延伸三个基本反应步骤构成：

① 模板DNA的变性：模板DNA经93℃左右加热至一定时间后，模板DNA双链或经PCR扩增形成的双链DNA解离，使之成为单链，以便与引物结合，为下轮反应作准备；

② 模板DNA与引物的退火（复性）：模板DNA经加热变性成单链后，温度降至55℃左右，引物与模板DNA单链的互补序列配对结合；

③ 引物的延伸：DNA模板-引物结合物在TaqDNA聚合酶的作用下，以dNTP为反应原料，靶序列为模板，按碱基配对与半保留复制原理，合成一条新的与模板DNA链互补的半保留复制链，重复循环变性——退火——延伸三过程，就可获得更多的"半保留复制链"，而且这种新链又可成为下次循环的模板。每完成一个循环需2～4min，每一循环经过变性、退火和延伸，DNA含量既增加一倍。2～3h就能将待扩目的基因扩增放大几百万倍。

PCR反应初期，靶序列DNA片段的增加呈指数形式，随着PCR产物的逐渐积累，被扩增的DNA片段不再呈指数增加，而进入线性增长期或静止期，即出现"停滞效应"，这种效应称平台期数，大多数情况下，平台期的到来是不可避免的。

6.3.2 PCR反应体系

PCR反应体系主要由引物（Primer）、DNA聚合酶（Taq DNA Polymerase）、dNTP（dATP，dGTP，dCTP，dTTP）、Mg^{2+}（Magnesium）和核酸模板（Template）组成。

（1）引物

引物是PCR特异性反应的关键，PCR产物的特异性取决于引物与模板DNA互补的程度。理论上，只要知道任何一段模板DNA序列，就能按其设计互补的寡核苷酸链做引物，利用PCR就可将模板DNA在体外大量扩增。

（2）酶及其浓度

目前有两种Taq DNA聚合酶供应：一种是从栖热水生杆菌中提纯的天然酶；另一种为大肠杆菌合成的基因工程酶。催化一典型的PCR反应约需酶量2.5U（指总反应体积为100μL时），浓度过高可引起非特异性扩增，浓度过低则合成产物量减少。

（3）dNTP的质量与浓度

dNTP的质量与浓度和PCR扩增效率有密切关系，在使用时应先配成高浓度后，以1M NaOH或1M Tris-HCl的缓冲液将其pH调节到7.0～7.5，小量分装，－20℃冰冻保存。dNTP如保存不当易变性失去生物学活性，多次冻融也会导致降解。在PCR反应中，dNTP浓度应为50～200μmol/L，且4种dNTP的浓度必须相等（等摩尔配制），否则就可能引起错配。此外，dNTP浓度过高或过低均会影响PCR的正常进行。

（4）模板核酸的量与纯化程度

模板核酸的量与纯化程度，是PCR成败与否的关键环节之一，传统的DNA纯化方法通常采用SDS和蛋白酶K来消化处理标本。SDS的主要功能是：溶解细胞膜上的脂类与蛋白质从而破坏细胞膜、解离细胞中的核蛋白、与蛋白质结合生成沉淀；蛋白酶K能水解消化蛋白质，特别是消化与DNA结合的组蛋白。经SDS和蛋白酶K消化处理的样品再用酚与氯仿抽提掉蛋白质和其他细胞组分后，最后用乙醇或异丙醇即可沉淀获得核酸，此DNA即可作为模板用于PCR反应。对于一般临床检测标本，可采用快速简便的方法溶解细胞，裂解病原体，消化除去染色体的蛋白质使靶基因游离，直接用于PCR扩增。RNA模板提取一般采用异硫氰酸胍或蛋白酶K法，在提取过程中，要防止RNase降解RNA。

（5）Mg^{2+}浓度

Mg^{2+}对PCR扩增的特异性和产量有显著的影响，在一般的PCR反应中，各种dNTP浓度为200μmol/L时，Mg^{2+}浓度为1.5～2.0mmol/L为宜。Mg^{2+}浓度过高，反应特异性降低，易出现非特异扩增，浓度过低则会降低Taq DNA聚合酶的活性，使反应产物减少。

6.3.3 PCR 扩增条件的选择

基于 PCR 原理三步骤设置为变性——退火——延伸三个温度点。在标准反应中采用三温度点法，双链 DNA 在 90～95℃变性 1min，再迅速冷却至 40～60℃，保持 30～60s，使引物退火并结合到靶序列上，然后快速升温至 70～75℃，在 Taq DNA 聚合酶的作用下，使引物链沿模板延伸。PCR 延伸反应的时间，可根据待扩增片段的长度而定，一般 1kb 以内的 DNA 片段，延伸时间 1min 是足够的。3～4kb 的靶序列需 3～4min；扩增 10kb 需延伸至 15min。延伸时间过长会导致非特异性扩增带的出现。对于较短靶基因（长度为 100～300bp 时）可采用二温度点法，除变性温度外、退火与延伸温度可合二为一，一般采用 94℃变性 1min，65℃左右退火与延伸 1min 便可达到理想的效果。

PCR 循环次数决定模板 DNA 的扩增程度。PCR 循环次数主要取决于模板 DNA 的浓度，一般的循环次数选在 30～40 次之间，循环次数越多，非特异性产物的量亦随之增多。不同起始目的 DNA 分子数与所用 PCR 循环次数的关系如表 6-1 所示。

表 6-1 不同起始目的 DNA 分子数与所用 PCR 循环次数的关系

起始目的 DNA 分子数	PCR 循环次数	起始目的 DNA 分子数	PCR 循环次数
3×10^5	25～30	1×10^3	35～40
1.5×10^4	30～35	50	40～45

6.3.4 PCR 技术用于检测的主要步骤

① 运用化学手段对目标 DNA 提取；

② 设计并合成引物，引物设计与合成的好坏直接决定 PCR 扩增的成效，通常要求引物位于待分析基因组中的高度保守区域，长度为 15～30 个碱基为宜；

③ 进行 PCR 扩增；

④ 克隆并筛选鉴定 PCR 产物，将扩增产物进行电泳、染色，在紫外光照射下可见扩增特异区段的 DNA 带，根据该带的不同即可鉴定不同的 DNA；

⑤ DNA 序列分析。不同的对象如扩增 DNA 片断序列全知、半知或未知，其 PCR 参数、退火温度、时间、引物等都有较大的差别，将 RFLP、Sequence、反转录 PCR 等技术相结合，形成了众多的衍生技术，如多重 PCR、定量 PCR、竞争 PCR 单链构型多态性 PCR、巢式 PCR 等。这些技术的产生将使 PCR 技术在食品中的应用潜力更加广泛。

6.3.5 PCR 技术在食品工程中的应用

6.3.5.1 PCR 技术在食品微生物检测方面的应用

(1) 单核细胞增多性李斯特菌

单核细胞增多性李斯特菌（Listeria monocy toyenes，LM）是一种重要的人畜共患病致病病菌，能引起人和动物脑膜炎、败血症及孕妇流产等，且死亡率极高，可达 30%～70%。LM 广泛存在于动物、水产品等中，主要通过食物进行传播。过去对食品中 LM 进行检测时，克隆培养的标准方法需要 3～4 周的时间才能得出结果；血清学检测方法（如 ELISA

等）也存在着特异性、敏感性差等问题。PCR 技术的出现给李斯特菌的检测带来了曙光。姜永强等（1998）根据发表的单核细胞增生性李斯特菌的重要毒力基因 *hlyA* 的全基因序列，设计出引物，建立了该菌的 PCR 诊断方法。金大智等（2003）运用实时荧光 PCR（Real-time PCR）技术建立对食品中单增李氏菌进行检测的快速方法，设计的引物和探针的序列特异性强，省去凝胶电泳的繁琐，降低了污染的可能性。对 26 种病原菌进行的检测结果表明，用实时荧光 PCR 法检测单核细胞增多李斯特氏菌，更快速、敏感、特异性更高。陈伟伟等（2000）将 PCR 法用于食品检测对福建省内的 6 类食品（生肉、熟肉制品、乳、蔬菜、水产品及冷饮）进行了 LM 检测，结果表明总阳性率为 6.42%。

(2) 金黄色葡萄球菌

金黄色葡萄球菌肠毒素（SE）可引起人类食品中毒，其内毒素——中毒休克综合征毒素（TssT1）可引起中毒休克综合征，产生的脱皮毒素（ETA、ETB）与一系列脓疱性葡萄球菌感染有关。Johenson 等（1990）建立了检测上述毒素基因的 PCR 技术，可在较短的时间内检测出葡萄球菌毒株，并且具有极高的特异性、敏感性。国内云泓若等（1999）选择肠毒素 D（SED）基因的第 360～381 碱基为上游引物，第 654～675 碱基为下游引物，应用 PCR 技术扩增出 SED 基因的 316bp 长的 DNA 片段，并建立了直接利用细菌裂解液作为模板的 PCR 方法。

(3) 沙门氏菌

Nguyen 等根据肠炎沙门氏菌 C7 克隆株具有的属特异性序列设计出一对引物，能快速地检测出肉食品标本中的沙门氏菌，检测的敏感性和特异性均为 100%，这保证了检测的准确性。沈孝民（1997）用 PCR 技术对各种不同血清型的沙门菌和已知被该菌污染的鱼粉和动物产品的肉汤培养物进行了检测，结果显示该方法特异性高，且灵敏、快速，可检出 0.05pg 水平的 DNA，并可在 1d 之内完成。黄愈玲等（2000）从食物腹泻者身上提取材料，用 PCR 技术与常规方法进行检测，两种方法检测结果一致，而且 PCR 出结果快，准确性可靠，特异性强，敏感，可检测出微量活菌。

(4) 肠毒素大肠杆菌

肠毒素大肠杆菌（简称耐热菌）是一种嗜热、嗜酸、好氧的细菌，能从浓缩苹果汁中分离得到，该菌能经受巴氏杀菌而存活，严重影响浓缩果汁的品质，国际上已有多起耐热菌导致大规模果汁败坏事件的报道。目前国际上要求每 10kg 苹果浓缩汁中耐热菌含量小于 1，耐热菌超标已成为制约我国浓缩苹果汁出口的主要障碍之一。目前对耐热菌的检测方法仍为常规的培养检测法，耗时很长，一般需要 4～5d 才能出检测报告。检测结果的滞后性使之无法及时指导生产，无法及时向生产线反馈信息以采取相应的防范、控制与清洗措施。

PCR 技术能使微量的核酸在数小时之内扩增至原来的数百万倍以上，只要选择适合的引物，就可特异性地大量扩增某一特定的 DNA 片段至易检测水平。因此理论上可以通过特异性地扩增耐热菌的基因片断而对其实现快速检测目的。

6.3.5.2 PCR 技术在转基因食品检测中的应用

由于转基因（Genetically Modified Organism，GMO）食品所具有的潜在非安全性，对该类食品的检测逐渐引起各国政府和有关食品监督机构的重视。基于 GMO 特异 DNA 片段的定性与定量 PCR 筛选方法已被一些国家作为本国有关食品法规的标准检测方法。

(1) 国外研究现状

由于食物的成分比较复杂，在提取 DNA 时，如果 DNA 降解则可能得到假阴性结果，RRSL（Reading Scientific Serveces Ltd.）用异硫氰酸酯胍盐法提取 DNA，可使 DNA 降解酶变性，避免检测出现假阴性结果。除了定性PCR方法外，研究者们还发展了不同的定量GMO的PCR检测方法。研究人员在实验设计中引入内部参照反应以消除检测时的干扰，并与已知含量的系列GMO标准样品的PCR结果进行比较，从而可以半定量地检测待测样品中的GMO含量。目前定量检测方法，如竞争性定量PCR方法（QC-PCR）和实时定量PCR方法（Real-time PCR）已被一些国家的政府实验室采用。欧洲3个食物控制实验室在确认这些方法时比较了定量PCR检测方法的实验操作特性。用QC-PCR（竞争性定量PCR）测定Bt176玉米，平均值偏离真实值的－7％～18％。平均偏离2％±10％。能够确定大豆DNA中0.3％～36％Roundup Ready大豆的含量，RSD为25％左右。来自日本、韩国和美国等的13个实验室参加的针对5个品种转基因玉米Bt11、T25、MON810、GA21、Event176和1种转基因大豆Roundup Ready的研究结果显示，实时定量PCR方法能特异定量检测GMO，测定限Btl1、T25和MON810为0.5％，而对GA21、Event176和Roundup Ready大豆的0.1％；盲样测试结果表明这种方法可以应用于转基因作物标识制度的实际检测。

(2) 国内研究现状

国内一些学者在应用PCR技术检测转基因食品的理论和实践方面也做了大量工作。陈家华等（2001）应用PCR技术，建立了检测转基因抗草甘膦油菜籽中草甘膦氧化还原酶基因的技术和方法。覃文等（2001）运用PCR技术，以GeneScan法代替琼脂糖凝胶电泳，建立了一套准确、快速的检测转基因产品的方法，检测了转基因大豆的358启动子、NOS终止子和抗除草剂（草甘膦）三种转基因成分，检测了转基因玉米的35S启动子的抗虫(Cry)两种转基因成分，结果显示，该法灵敏度高，重现性好，假阳性少，是分析转基因产品的一种实用方法。陈颖等（2003）应用PCR技术建立了从玉米加工食品中检测转基因成分的方法。该法使用试剂盒（Kit）提取了玉米加工食品总DNA，经检测表明5种玉米加工食品均显阳性。

由于PCR技术可以快速特异地扩增任何期望的DNA片段和目的基因，因而在食品工程领域有着重要的实际应用价值。但在实际应用中也存在一些问题，如极少量外源性DNA引起的污染可能导致假阳性出现；实验条件不当导致产生突变；引物设计及靶序列选择不当可能降低灵敏度和特异性等。尽管还存在着这些问题，但是随着PCR技术的进一步发展和完善，其必将会得到更加普遍的推广和发挥更大的效用。

6.4 酶联免疫检测技术

酶免疫测定（EIA）是用酶标记的抗体进行的抗原抗体反应，它将酶催化的高效、专一性与抗原抗体反应的特异性相结合，通过酶作用于底物后显色来判断抗原抗体反应结果，从而可检测出样品中抗原或抗体的量。该技术发展已有数十年的历史，早在1966年Avrameas等把辣根过氧化物酶（HRP）与人血清白蛋白交联后，制成“血清白蛋白-HRP”酶标记物，在免疫电泳上用该酶标记物来检测抗白蛋白抗体；1968年Miles等指出，用适当的标记物和免疫学反应物结合，通过测定标记物或标记物产生的二次反应产物来反映初级免疫学反应，可以提高免疫学反应的灵敏性。1971年，瑞典和荷兰的科学家几乎同时建立了酶联免疫吸附剂测定法（Enzyme-1inked immunosorbent assay，ELISA）。ELISA法除保留抗原、抗体反应的高度特异性外，由于酶标记物的酶促反应对免疫反应有放大作用，使测定的灵敏度可达纳克（10^{-9}g）甚至皮克（10^{-12}g）的水平。经过几十年的发展，酶联免疫吸附剂测定法已成为酶免疫测定技术中应用最广的技术，广泛运用于生物学研究、医学临床及食品安全检测等领域。

6.4.1 酶联免疫测定原理

免疫酶技术是免疫标记技术的一种，它首先将酶与抗原或抗体结合形成酶标记抗原或酶标记抗体，然后进行抗原抗体反应，并加入酶作反应的底物，发生酶促反应，生成有色产物，再根据产物颜色有无或深浅进行定位或定量抗原或抗体。该过程既有抗原-抗体反应的特异性又有酶促反应的生物放大作用，因此具有高度特异性和反应灵敏的特点。常用于标记的酶有辣根过氧化物酶（HRP）、碱性磷酸酶（AP）等。

ELISA 法是免疫酶技术中应用最广的技术，其测定基本原理是将已知的抗原或抗体吸附在固相载体（聚苯乙烯微量反应板）表面，使抗原抗体特异性反应在固相表面进行，用洗涤法将液相中的游离成分洗除，然后加入底物进行酶促反应，再根据反应结果（颜色变化）对样品中的抗原或抗体进行定性或定量。该法测定过程中抗原、抗体的特异性反应可进行一次或数次，酶促反应只进行一次免疫反应。ELISA 的具体操作方法有很多种，但其基本原理大致相同。如间接法测定抗体过程为：首先进行抗原的包被，即利用聚苯乙烯微量反应板作为固相免疫吸附剂，吸附抗原，使之固定化，然后加入待测抗体，再加相应的酶标抗抗体进行抗原-抗体的特异性免疫反应，生成抗原-抗体-酶标抗体复合物，最后加入酶的底物，进行酶促反应，生成有色产物，待测抗体的量与有色产物的颜色成正比，在特定波长测定产物的光吸收值即可得到待测抗体的量。

6.4.2 酶联免疫测定法的分类

酶免疫测定法是利用抗原-抗体免疫学反应的实验技术，具有高度的特异性，反应灵敏高。酶免疫测定法成本低，操作简便，可同时快速测定多个样品，不需要特殊的仪器设备。但在测定过程中要求参加反应的抗原和抗体纯度高，消除非特异性反应和假阳性反应，避免交叉反应等。常用的酶免疫测定法有两类：酶联免疫吸附试验和酶免疫组织化学技术。

酶联免疫吸附试验是酶免疫技术中应用最广的技术，用来检测液体中可溶性的抗原、抗体成分。测定过程中不仅抗体可用酶标记，抗原也可用酶标记，因此，既可定量检测待测样品中的抗体效价，也可检测可溶性抗原含量。具体操作过程中酶联免疫吸附试验又可分为间接法、双抗体法和抗原竞争法等。

6.4.3 几种常用类型的 ELISA 测定法

ELISA 测定技术方法简单、特异性强，具体操作方法多种多样，下面介绍几种常用的 ELISA 测定方法。

(1) 双抗体夹心法

双抗体夹心法适用于检测液相中的可溶性抗原，测定时，首先将用抗原免疫动物获得的特异性抗体加入聚苯乙烯微量反应板凹孔中进行吸附，洗涤除去未吸附抗体，加入待检样本，充分作用形成抗原抗体复合物，洗涤除去未结合成分；再加入该抗原特异的酶标记抗体，洗涤除去未结合的酶标记抗体，加底物生成有色产物，终止酶促反应，测定吸光值，经计算得到抗原量。在此方法中包被抗体和酶标记抗体是识别同一抗原上的不同抗原决定基的两种抗体。

（2）间接法

间接法主要用来检测抗体，测定时，先将过量的已知抗原包被于塑料板或微球上，洗涤除去未吸附抗原，然后加入待测样品，如样品中有相应的特异性抗体（一抗）则形成抗原-抗体复合物，洗涤除去未结合的杂蛋白，然后加酶标记的抗抗体（二抗），充分反应后洗涤除去未结合的酶标记抗体，加入底物生成有色产物，终止酶促反应，目测或测定吸光值，计算第一抗体量。酶标第二抗体是将第一抗体免疫另一种动物，将抗体纯化再与酶交联而成的。

（3）竞争法

竞争法主要用来测定抗原量，测定时将甲、乙两份相同的特异性抗体分别包被在载体上，然后在甲中加入酶标抗原和待测抗原，乙中只加入浓度与甲相同的酶标抗原，甲、乙中的抗原均竞争性地与固相抗体结合，然后经洗涤、加底物后便可生成有色产物。由于固相抗体结合位点有限，待测抗原量越多时，则酶标抗原与固相抗体结合的量越少，酶促反应有色产物就越少，颜色就越浅；反之，颜色越深表明待检样品中抗原量越少。经显色后用乙与甲中底物反应后的吸光值之差可以计算出待测抗原的量。

6.4.4 酶联免疫检测技术在食品安全检测中的应用

目前，农药、兽药及其他有害化学物质残留是危害食品安全的重要因素。特别是随着农药品种和用量的不断增加，农药残留问题日益严重，据有关部门抽查检测我国部分地区蔬菜中农药残留量超标达34%。农药残留已成为食品生产中的重要安全问题，而且农药最高残留限量也成为各贸易国之间重要的技术壁垒。近年来世界各国高度重视农药残留检测，EIA（酶免疫）技术中的酶联免疫吸附技术因其特异性高、灵敏性强等特点，在农药残留检测中的研究和应用越来越多。美国环境保护机构开发了野外便携式和实验室 ELISA 方法，检测的靶分析物包括多氯联苯、苯、甲苯和二甲苯混合物、硝基芳烃化合物、对硫磷、西维因和其他杀虫剂。

农药属于小分子物质，是一种半抗原，无免疫原性，不能直接用农药免疫动物获得相应抗体，因此，检测时首先要根据农药的结构人工合成抗原，然后免疫动物制备抗体或利用杂交瘤技术制备出针对农药小分子的单克隆抗体（McAb）。McAb 具有结构高度均一、特异性强、效价高等特点，适用于标准化管理且容易制备试剂盒。目前国内外已研制出几十种农药的酶联免疫试剂盒，可以实现农药残留快速检测，主要包括有机磷农药、拟除虫菊酯类农药、有机氯类农药、氨基甲酸酯类农药等。

（1）有机磷农药

有机磷农药，是用于防治植物病、虫、害的含有机磷的有机化合物，在农药中是极为重要的一类化合物，有不少品种对人、畜的急性毒性很强。A. S. Hill 等用半抗原杀螟硫磷与载体蛋白结合，制备了一系列兔多克隆抗体和小鼠 McAb，用于 ELISA 法检测，结果发现 McAb 的检测限为 2～3μg/L。国内外其他学者采用杂交瘤技术制备了对杀螟硫磷特异性 McAb 然后用 ELISA 法检测杀螟硫磷含量的实验证明，灵敏度和特异性都非常高。

（2）拟除虫菊酯类农药

拟除虫菊酯类农药是在天然除虫菊有效成分化学结构研究的基础上合成的杀虫剂，在食物中残留量较低，一般检测方法不够灵敏、特异，检测效果较差。J. H. Skerrit 等用拟除虫菊酯类半抗原氯菊酯与载体蛋白 BSA 结合制备特异性 McAb，然后检测小麦和面粉中的氯菊酯，发现 McAb 结合到微滴度板上效果最好，检测下限达 1.5μg/L。

(3) 有机氯类农药

有机氯类农药是一类应用最早的高效广谱杀虫剂，化学性质相当稳定，具有高度选择性，主要蓄积于动植物的脂肪或含脂肪多的组织，是食品中最重要的农药残留物质之一。随着近年来关于 ELISA 基础研究的深入，有机氯农药免疫检测试剂盒较多，检测灵敏度和特异性都很高。

(4) 氨基甲酸酯类农药

氨基甲酸酯类农药具有高效、低毒、低残留的特点，在食物中残留量较低，检测不易。J. A. Itak 等用抗体磁颗粒 ELISA 法检测水中的西维因，检测限为 0.22～0.25μg/L，与 HPLC 检测结果有极好的相关性。刘曙照等制备了甲萘威的特异性高效价抗体，建立痕量甲萘威的竞争性酶联免疫吸附测定法。该法测定甲萘威的检测限低于 0.01ng/mL。

许多环境化合物的特异性多克隆抗体或单克隆抗体的制备为 ELISA 的快速发展奠定了坚实的基础。目前，农药残留分析的成分大多是化学品，农药的发展可能发生由化学品向生物制品转化，因此分析对象与动植物组织的分离将会更加困难，同时不是所有的农药小分子都能制备出抗体用于免疫分析，它受农药的分子结构和载体蛋白等诸多因素的影响。因此，ELISA 这一简便、快捷、准确的分析技术在食品安全检测中还有待进一步提高和完善。

6.5 基因芯片检测技术

6.5.1 基因芯片的概念

基因芯片检测技术是 20 世纪 90 年代兴起的前沿生物技术，其发展至今不过十几年时间，但进展迅速。生物芯片主要包括基因芯片、细胞芯片、蛋白质芯片、组织芯片、生物传感芯片等。基因芯片因其信息量大、操作简单、可靠性好、重复性强以及可以反复利用等诸多特点，广泛应用于 DNA 测序；基因突变和基因组多态性检测；基因诊断；病原分析；医学研究等多个方面。近几年来基因芯片技术已开始应用于食品安全的检测，在食品安全快速检测中是鉴别有害微生物和转基因成分最有效的手段之一。

基因芯片也叫 DNA 芯片、DNA 微阵列、寡核苷酸阵列，芯片的概念取之于集成的概念，基因芯片综合运用了生物学、化学、微电子学、物理学、计算机技术等高新技术，把大量基因探针或基因片段按照特定的排列方式固定在硅片、玻璃、塑料或尼龙膜等载体上，形成致密、有序的 DNA 分子点阵，然后与标记的样品进行杂交，通过检测杂交信号来实现对生物样品快速、高效地检测或医学诊断。芯片分析实际上也是传感器分析的组合，芯片点阵中的每一个单元微点都是一个传感器的探头，阵列检测可以大大提高检测效率，减少工作量，增加可比性。

6.5.2 基因芯片的分类

基因芯片的分类方法有很多种，按其功能可分为表达谱基因芯片、检测芯片和诊断芯片；根据芯片的制备方式可分为点样法芯片和原位合成芯片，前者是根据基因芯片的分析目标，从相关的基因数据库中选取特异的序列，进行 PCR 扩增或直接人工合成寡核苷酸序列，然后在计算机控制下通过特殊方式把不同的探针溶液逐点分配在玻璃、尼龙或其他固相基片的不同部位，并通过物理和化学的方法使之固定，而原位合成芯片是在玻璃等硬质表面上直接合成寡核苷酸探针阵列；根据芯片所用探针的不同可分为寡核苷酸芯片和 cDNA 芯片；根据固相支撑物的不同可分为有机芯片和无机芯片。

6.5.3 基因芯片检测技术的特点

基因芯片检测技术主要包括：①芯片制备：即采用固相载体如玻片或硅片作为芯片片基，将 DNA 片段按特定顺序排列在片基上；②样品制备与杂交：即将样品作特定生物处理，获取其中的 DNA 或 RNA 信息分子并加以标记，然后选择合适的反应条件，使样品分子与靶标分子产生杂交反应；③芯片的检测与分析：目前最常用的芯片信号检测方法是将芯片置入芯片扫描仪中，通过采集各反应点的荧光强弱和荧光位置，经软件分析，获得相关生物信息。

基因芯片检测技术具有高通量、快速、灵敏的优点，可以同时平行检测大量样本，具体如下。

① 基因芯片检测过程中反应快、特异性强，可以完全实现自动化及快速检测。

② 基因芯片可以实现对样品的高通量检测，一张芯片可以固定成千上万个探针，可以同时对成千上万个样品进行检测与分析，极大地加提高了检测速度。

③ 基因芯片技术可以对大量样品进行“并行”检测。检测过程中反应体积和反应条件完全一致，排除了实验过程中人为的或由其他因素引起的各种误差，极大地提高了检测结果的精确性和准确性。

④ 基因芯片分析中可以采用荧光对样品进行标记。玻璃或硅胶芯片的基质本底荧光很低，因此可以在芯片的生化反应中用荧光进行探针的标记与检测。此外，基因芯片还可以进行多色荧光标记，这样就可以在一个分析中同时对多个生物样品进行分析，减少了人为因素的干扰，大大提高了检测的准确性。

6.5.4 基因芯片检测技术在食品安全检测中的应用

随着基因芯片技术的发展，基因芯片检测技术已开始应用于食品安全的检测，特别是在食品安全快速检测中已成为鉴别有害微生物和转基因成分最有效的手段之一。

细菌、病毒和真菌等微生物严重影响食品安全，威胁人类的健康。有效检测食品中的微生物是保证食品质量安全的重要手段，目前传统食源性微生物的检测方法主要包括培养、分离、生化鉴定和血清型鉴定等程序，但该方法过程繁琐，很难及时、高通量的对食品进行检测。基因芯片技术具有高通量、高灵敏度和高特异性等优点，且操作简单快捷，已成为食品微生物检测中的重要手段之一。

转基因检测技术的研究是当前生物技术领域的热点。普通的 PCR 检测以及其他检测方法都可对一个或几个基因进行检测，但随着转基因技术的发展应用，转基因元件数量和种类的不断增多，PCR 方法在检测容量上已逐渐难以满足检测需要。而基因芯片技术的飞速发展和应用为转基因农产品的高通量检测提供了有效的技术平台。目前欧盟及我国都在研究转基因食品检测芯片，现在已取得一些成果，但还处在试验阶段，目前没有形成国际、国家标准和行业标准，但此技术发展很快，有广泛的应有前景。

6.5.5 基因芯片检测技术在食品安全检测中存在的问题

基因芯片检测技术在食品安全领域主要用来检测食源性致病微生物和转基因食品，基因芯片技术作为一种新技术，具有很多优点，在食品安全检测中的应用越来越多，但目前仍然存在很多亟需解决问题。

(1) 基因序列信息缺乏

与人类健康有关的微生物种类繁多，目前还有许多种微生物没被测序，因此有关致病微生物基因组的信息远满足不了实际检测与诊断的需要，这就限制了基因芯片技术在微生物检测与诊断中的应用。

(2) 基因及基因芯片技术专利的限制

基因组将改变人类生活的面貌，由此已经诞生了基因组经济。基因专利越来越受到各国的重视，目前功能明确的 cDNA 基本都被申请了专利。同样，基因芯片技术一经诞生，其关键技术就已被专利保护起来。这些专利都限制了基因芯片技术的应用与普及。

(3) 检测费用过高

基因芯片技术需要昂贵的制作和检测系统、高素质的专业操作人员，成本价格高，实验操作技术复杂的，极大地限制了芯片技术的开发与应用。

(4) 基因芯片相关技术急需改进与提高

基因芯片技术是一项多学科交叉、基础研究与应用开发研究密切结合的技术，必须依靠各相关学科科学家的鼎力合作才能取得突破。在一些关键技术如基因芯片检测的特异性、芯片制作、芯片检测设备等方面还有待改进和提高。

(5) 基因芯片检测技术的相关标准程序尚待制定和完善

基因芯片技术一经出现就受到各领域的高度重视，并迅速在生命科学领域，尤其是医药卫生领域得到快速发展。采用一种方法快速采集、处理和分析食品中的各种致病微生物是食品微生物学家多年的梦想，而基因芯片技术就可以实现这一梦想，但由于基因芯片技术在食品致病菌检测中是一个全新领域，虽然国内外已开始食品致病菌检测芯片的研究，但仍处于早期研发阶段，相信随着基因芯片技术在食品领域的不断完善这个梦想在不久的将来就可以实现。

案例分析 ▶▶▶ 气相色谱法测定食品中有机磷农药残留量

一、目的与要求

1. 掌握气相色谱仪的工作原理及使用方法。
2. 学习食品中有机磷农药残留的气相色谱测定方法。

二、原理

食品中残留的有机磷农药经有机溶剂提取并经净化、浓缩后，注入气相色谱仪，气化后在载气携带下于色谱柱中分离，由火焰光度检测器检测。当含有机磷的试样在检测器中的富氢焰上燃烧时，以 HPO 碎片的形式，放射出波长为 526nm 的特性光，这种光经检测器的单色器（滤光片）将非特征光谱滤除后，由光电倍增管接收，产生电信号而被检出。试样的峰面积或峰高与标准品的峰面积或峰高进行比较定量。

三、仪器与试剂

（一）仪器

1. 气相色谱仪：附有火焰光度检测器（FPD）。

2. 电动振荡器

3. 组织捣碎机

4. 旋转蒸发仪

（二）试剂

1. 二氯甲烷

2. 丙酮

3. 无水硫酸钠：在700℃灼烧4h后备用。

4. 中性氧化铝：在550℃灼烧4h。

5. 硫酸钠溶液

6. 有机磷农药标准贮备液：分别准确称取有机磷农药标准品敌敌畏、乐果、马拉硫磷、对硫磷、甲拌磷、稻瘟净、倍硫磷、杀螟硫磷及虫螨磷各10.0mg，用苯（或三氯甲烷）溶解并稀释至100mL，放在冰箱中保存。

7. 有机磷农药标准使用液：临用时用二氯甲烷稀释为使用液，使其浓度为敌敌畏、乐果、马拉硫磷、对硫磷、甲拌磷每毫升各相当于1.0μg，稻瘟净、倍硫磷、杀螟硫磷及虫螨磷每毫升各相当于2.0μg。

四、实验步骤

（一）样品处理

1. 蔬菜：取适量蔬菜擦净，去掉不可食部分后称取蔬菜试样，将蔬菜切碎混匀。称取10.0g混匀的试样，置于250mL具塞锥形瓶中，加30～100g无水硫酸钠脱水，剧烈振摇后如有固体硫酸钠存在，说明所加无水硫酸钠已够。加0.2～0.8g活性炭脱色。加70mL二氯甲烷，在振荡器上振摇0.5h，经滤纸过滤。量取35mL滤液，在通风柜中室温下自然挥发至近干，用二氯甲烷少量多次研洗残渣，移入10mL具塞刻度试管中，并定容至2mL，备用。

2. 谷物：将样品磨粉（稻谷先脱壳），过20目筛，混匀。称取10g置于具塞锥形瓶中，加入0.5g中性氧化铝（小麦、玉米再加0.2g活性炭）及20mL二氯甲烷，振摇0.5h，过滤，滤液直接进样。若农药残留过低，则加30mL二氯甲烷，振摇过滤，量取15mL滤液浓缩，并定容至2mL进样。

3. 植物油：称取5.0g混匀的试样，用50mL丙酮分次溶解并洗入分液漏斗中，摇匀后，加10mL水，轻轻旋转振摇1min，静置1h以上，弃去下面析出的油层，上层溶液自分液漏斗上口倾入另一分液漏斗中，当心尽量不使剩余的油滴倒入（如乳化严重，分层不清，则放入50mL离心管中，于2500r/min转速下离心0.5h，用滴管吸出上层清夜）。加30mL二氯甲烷，100mL50g/L硫酸钠溶液，振摇1min。静置分层后，将二氯甲烷提取液移至蒸发皿中。丙酮水溶液再用10mL二氯甲烷提取一次，分层后，合并至蒸发皿中。自然挥发后，如无水，可用二氯甲烷少量多次研洗蒸发皿中残液移入具塞量筒中，并定容至5mL。加2g无水硫酸钠振摇脱水，再加1g中性氧化铝、0.2g活性炭（毛油可加0.5g）振荡脱油和脱色，过滤，滤液直接进样。如自然挥发后尚有少量水，则需反复抽提后再如上操作。

（二）色谱条件

1. 色谱柱：玻璃柱，内径3mm，长1.5～2.0m。

（1）分离测定敌敌畏、乐果、马拉硫磷和对硫磷的色谱柱

① 内装涂以2.5%SE-30和3%QF-1混合固定液的60～80目Chromosorb W AW DMCS；

② 内装涂以1.5%OV-17和2%QF-1混合固定液的60～80目Chromosorb W AW DMCS；

③ 内装涂以2%OV-101和2%QF-1混合固定液的60～80目Chromosorb W AW DMCS。

（2）分离测定甲拌磷、稻瘟净、倍硫磷、杀螟硫磷及虫螨磷的色谱柱

① 内装涂以3%PEGA和5%QF-1混合固定液的60～80目Chromosorb W AW DMCS；

② 内装涂以2%NPGA和3%QF-1混合固定液的60～80目Chromosorb W AW DMCS。

2. 气流速度：载气为氮气80mL/min；空气50mL/min；氢气180mL/min（氮气、空气和氢气之比按各仪器型号不同选择各自的最佳比例条件）。

3. 温度：进样口，220℃；检测器，240℃；柱温，180℃，但测定敌敌畏为130℃。

（三）测定

将有机磷农药标准使用液2～5μL分别注入气相色谱仪中，可测得不同浓度有机磷标准溶液的峰高，

分别绘制有机磷农药质量-峰高标准曲线。同时取试样溶液 2～5μL 注入气相色谱仪中，测得峰高，从标准曲线图中查出相应的含量。

五、结果计算

按式（6-18）计算：

$$X=\frac{A}{m\times1000} \tag{6-18}$$

式中 X——试样中有机磷农药的含量，单位为 mg/kg；

A——进样体积中有机磷农药的质量，由标准曲线中查得，单位为 ng；

m——与进样体积（μL）相当的试样质量，单位为 g。

计算结果保留两位有效数字。

六、注意事项

1. 本法采用毒性较小且价格较为便宜的二氯甲烷作为提取试剂，国际上多用乙氰作为有机磷农药的提取试剂及分配净化试剂，但其毒性较大。

2. 有些稳定性差的有机磷农药如敌敌畏因稳定性差且易被色谱柱中的载体吸附，故本法采用降低操作温度来克服上述困难。另外，也可采用缩短色谱柱至 1～1.3m 或减少固定液涂渍的厚度等措施来克服。

课后思考题

1. 我国食品安全检测现代技术有哪些？
2. 气相色谱法有哪些特点？
3. 气象色谱法有哪些类型？其分离的基本原理是什么？
4. 什么是色谱流出曲线、保留时间？
5. 气相色谱仪的基本设备包括哪几部分？各有什么作用？
6. 色谱定性的依据是什么？主要有哪些定性方法？
7. 气相色谱定量的依据是什么？主要有哪些定性方法？
8. PCR 的定义是什么？
9. PCR 技术的基本原理是什么？
10. PCR 反应体系由哪些部分组成？
11. 如何选择 PCR 的扩增条件？
12. PCR 技术用于检测有哪些步骤？
13. 什么是基因芯片检测技术，它在食品安全检测中有什么作用？
14. 什么是 ELISA 测定法，常用的具体方法有哪些？

第7章 食品安全性评价

食品安全性评价是运用毒理学动物实验结果，并结合人群流行病学调查资料来阐明食品中某些特定物质的毒性及潜在危害、对人体健康的影响和强度，预测人类接触后的安全程度。现代食品安全性评价除了必须进行传统的毒理学评价外，还需要进行人体研究、残留量研究、暴露量研究、膳食结构和摄入风险性评价等。

7.1 食品安全性评价目的及意义

7.1.1 食品安全性评价目的

食品安全性与毒性及其相应的风险概念是分不开的。安全性常被解释为无风险性和无损伤性。众所周知，没有一种物质是绝对安全的，因为任何物质的安全性数据都是相对的。除了有些物质本身有毒性之外，食品中很多有害成分是在生产、加工、储存、运输、销售、烹调等环节中被一些有毒、有害因素污染所造成。为了研究食品本身物质或其污染因素的性质和作用，检测其在食品中的含量水平，控制食品质量，确保食品安全和人体健康，就需要对食品进行安全性评价。食品安全性评价的主要目的是评价某种食品是否可以食用，具体就是评价食品中的有关危害成分或者危害物质的成分以及相应的风险程度。

2001年中国加入了世贸组织，这有利于中国扩大出口和利用外资，并在平等条件下参与国际竞争，但是同时国内产品也面临着激烈的竞争。在此形势下，有些国家在表面上极力倡导贸易自由化，要求他国取消贸易保护，但同时为了维护自身利益，在非关税贸易壁垒方面采用了更强的“技术性”手段，运用技术法规和标准等手段来设置贸易技术壁垒以限制其他国家（特别是发展中国家）农产品和食品的市场准入。发达国家的食品安全标准，既促进了发展中国家食品质量的提高，又在农产品贸易中竖起了壁垒。因此，食品的安全性问题就成为中国以及其他国家食品贸易的最大障碍，而要最大幅度保证食品的安全，就要对食品进行安全性评价。

7.1.2 食品安全性评价意义

近十几年，国际食品安全问题越演越烈，食品安全恶性事件不断发生。2000年10月，新一轮疯牛病危机在欧洲爆发，欧盟殚精竭虑，推出一系列措施，试图消除人们的“恐牛症”和阻止危机进一步发展，但是几个月过去，危机不仅未见缓解，欧盟养牛业反而在危机中越陷越深，消费者对牛肉更加不敢问津；2001 年 2 月，在英国英格兰艾塞斯郡的一家屠宰场，发现了待宰的 28 头猪有口蹄疫症状，这一发现是 2001 年英国口蹄疫大规模暴发的开始，疫情发展极快，波及英国各地，并且欧洲大陆其他国家造成极大恐慌；2005 年英国食品标准局紧急责令各大超市和商店下架召回亨氏、联合利华在内的 359 个被怀疑含有致癌色素“苏丹Ⅰ号”品牌食品，由此引发英国，欧洲和全球市场一定程度的恐慌。这些以及随后出现的重大食品安全事件都对世界各国经济和社会发展产生了重要的影响。食品安全问题不仅影响公众健康，也严重影响了正常的国际贸易。因此，各国都制定了严格的食品安全技术法规和标准，并迫切要求对食品作出安全性评价，以便在经济全球化和国际食品贸易旺盛增长的今天处于不败之地。

在国内，近几年的食品安全问题也层出不穷，从 2000 年的“毒瓜子”事件，到随后的假鸭血、毒海带、大头娃娃、广州毒酒、三聚氰胺奶粉等，再到 2011 年的“绝育”黄瓜、染色馒头、毒豆芽、毒血旺以及塑化剂事件，这一系列重大食品安全事件，从中折射出当前在食品安全管理领域中存在的一些问题和缺陷。同时也充分说明中国食品市场急需整顿，食品安全法规和标准的制定要更加严格，对食品的安全性评价力度要不断加大。

食品安全性评价不仅关系到个人的身体健康，维系着国家之富足与强盛，而且还能提高一个国家在国际贸易中的地位。对食品进行安全性评价，消费者才能放心购买食品，并对本国政府产生信心，社会才能稳定；同时，也有利于突破国际贸易壁垒，提高国家创收，提高本国在世界的贸易地位。

7.2 食品安全性评价原理

为了研究食品污染因素的性质和作用，检测其在食品中的含量水平，控制食品质量，确保食品安全和人体健康，需要对食品进行安全性评价。食品安全性评价主要是阐明某种食品是否可以安全食用，食品中有关危害成分或物质的毒性及其风险大小，利用毒理学评价、人体研究、残留量研究、暴露量研究、膳食结构和摄入风险评价等，确认该物质的安全剂量，以便通过风险评估进行风险控制。需要强调的是，食品安全性评价是一个新兴的领域，评价标准和方法将会不断发展和完善。

7.2.1 毒理学概述

毒理学（Toxicology）是一门既老又新的学科，是研究化学、物理、生物等外源因素对生物系统的有害作用的应用学科。经典毒理学主要研究外源性化学物的有害作用及机理，而现代毒理学是研究环境物理、化学和生物因素对生物体的作用性质、量化机理和防治措施。毒理学其起源可追溯到数千年前，古代人类应用动物毒汁或植物提取物用以狩猎、战争或行刺，如我国用作箭毒的乌头碱就已经为毒理学的形成奠定了基础。随着欧洲工业生产的发展，劳动环境的恶化，各种职业中毒事件时有发生，学者们在研究这些职业中毒过程中也同时促进了毒理学的发展。20 世纪 50 年代由于社会生产的快速发展，大量化学物进入人类环境，这些外源化学物对生物界、尤其是对人类的巨大负面效应引起了广泛的关注，如震惊世界的反应停事件、水俣病事件和多种化学物的致癌作用等，这些使毒理学研究有了长足的进步。食品毒理学是现代毒理学的一门分支学科。

7.2.1.1 基本概念

① 食品毒理学 应用毒理学方法研究食品中可能存在或混入的有毒、有害物质对人体健康的潜在危害及其作用机理的一门学科。包括急性食源性疾病以及具有长期效应的慢性食源性危害；涉及从食物的生产、加工、运输、储存及销售的全过程的各个环节，食物生产的工业化和新技术的采用，以及对食物中有害因素的新认识。

② 外源化学物 是存在于外界环境中，而能被机体接触并进入体内的化学物；它不是人体的组成成分，也不是人体所需的营养物质。近来，确切的概念应称为“外来生物活性物质”。

③ 毒物 在一定条件下，较小剂量就能够对生物体产生损害作用或使生物体出现异常反应的外源化学物称为毒物。食物中的毒物来源有：天然的或食品变质后产生的毒素等、环境污染物、农兽药残留、生物毒素以及食品接触所造成的污染。毒物和非毒物之间并无绝对界限，某种外源化学物在特定条件下可能是有毒的，而在另外一些条件下又可能是无毒的。

④ 毒性 是指外源化学物与机体接触或进入体内的易感部位后，能引起损害作用的相对能力，或简称为损伤生物体的能力。也可简述为外源化学物在一定条件下损伤生物体的能力。物质毒性的高低仅具有相对意义，在一定意义上，只要达到一定数量，任何物质对机体都有毒性，而如果低于一定数量，任何物质都不具备毒性。

7.2.1.2 毒效应的常用指标

① 半数致死量（median lethal dose，LD_{50}） 较为简单的定义是指引起一群受试对象50%个体死亡所需的剂量。因为LD_{50}并不是实验测得的某一剂量，而是根据不同剂量组而求得的数据，故精确的定义是指统计学上获得的，预计引起动物半数死亡的单一剂量。LD_{50}的单位为mg/kg体重，LD_{50}的数值越小，表示毒物的毒性越强；反之，LD_{50}数值越大，毒物的毒性越低。

毒理学最早用于评价急性毒性的指标就是死亡，因为死亡是各种化学物共同的、最严重的效应，它易于观察，不需特殊的检测设备。长期以来，急性致死毒性是比较、衡量毒性大小的公认方法。LD_{50}在毒理中是最常用于表示化学物毒性分级的指标。因为剂量-反应关系的“S”型曲线在中段趋于直线，直线中点为50%，故LD_{50}值最具有代表性。LD_{50}值可受许多因素的影响，如动物种属和品系、性别、接触途径等，因此，表示LD_{50}时，应注明动物种系和接触途径，而且雌雄动物应分别计算，并应有95%可信限。

② 绝对致死剂量（absolute lethal dose，LD_{100}） 指某实验总体中引起一组受试动物全部死亡的最低剂量。

③ 最小致死剂量（minimal lethal dose，MLD或MLC或LD_{01}） 指某实验总体的一组受试动物中仅引起个别动物死亡的剂量，其低一档的剂量即不再引起动物死亡。

④ 最大耐受剂量（maximal tolerance dose，MTD或LD_0或LC_0） 指某实验总体的一组受试动物中不引起动物死亡的最大剂量。

⑤ 最小有作用剂量（minimal effective dose）或称阈剂量或阈浓度 是指在一定时间内，一种毒物按一定方式或途径与机体接触，能使某项灵敏的观察指标开始出现异常变化或使机体开始出现损害作用所需的最低剂量，也称中毒阈剂量。

⑥ 最大无作用剂量（maximal no-effective dose）是指在一定时间内，一种外源化学物按一定方式或途径与机体接触，用最灵敏的实验方法和观察指标，未能观察到任何对机体的

损害作用的最高剂量，也称为未观察到损害作用的剂量。最大无作用剂量是根据亚慢性试验的结果确定的，是评定毒物对机体损害作用的主要依据。

7.2.1.3 剂量、剂量-效应和剂量-反应关系

剂量是决定毒物对机体造成损害的最主要的因素。既可指集体接触化学物的量，或在实验中给予机体受试物的量，又可指化学毒物被吸收的量或在体液和靶器官中的量或浓度。

效应即生物学效应，指机体在接触一定剂量的化学物后引起的生物学改变。生物学效应一般具有强度性质，为量化效应或称计量资料。例如，有神经性毒剂可抑制胆碱酯酶，酶活性的高低则是以酶活性单位来表示的。效应用于叙述在群体中发生改变的强度时，往往用测定值的均数来表示。

反应指接触一定剂量的化学物后，表现出某种生物学效应并达到一定强度的个体在群体中所占的比例，生物学反应常以"阳性"、"阴性"并以"阳性率"等表示，为质化效应或称计数资料。例如，将一定量的化学物给予一组实验动物，引起50%的动物死亡，则死亡率为该化学物在此剂量下引起的反应。

"效应"仅涉及个体，即一个动物或一个人；而"反应"则涉及群体，如一组动物或一群人。效应可用一定计量单位来表示其强度；反应则以百分率或比值表示。

剂量-效应关系是指不同剂量的外源化合物与其引起的量化效应发生率之间的关系。剂量-反应关系是指不同剂量的外源化合物与其引起的质化效应发生率之间的关系。剂量-效应和剂量-反应关系是毒理学的重要概念，如果某种毒物引起机体出现某种损害作用，一般就存在明确的剂量-效应或剂量反应关系（过敏反应例外）。剂量-效应和剂量-反应关系都可用曲线表示，即以表示效应强度或表示反应的百分率或比值为纵坐标，以剂量为横坐标，绘制散点图得到的曲线。不同毒物在不同条件下引起的效应或反应类型是不同的。这主要是由于剂量与效应或反应的相关关系不一致，因此，在用曲线进行描述时可呈现不同类型的曲线。一般情况下，剂量-效应或剂量-反应曲线有下列基本类型：

① 直线型　随着剂量增加，效应或反应的强度也随着增加，成正比关系。但在生物体内，这种直线型关系很少出现。

② 抛物线型　随着剂量增加，效应或反应的强度也随着增加，最初增加急速，随后缓慢，曲线先陡峭后平缓，而成抛物线。

③ S形曲线　在外源化学物的剂量与反应关系中较常见，部分剂量与效应关系中也有出现。

④ 全或无反应　在毒性试验中可出现，此反应仅在一个狭窄的剂量范围内才能观察到。

7.2.2 毒物在体内的生物转运与生物转化

7.2.2.1 毒物生物转运及概念

外源化学物与机体接触、吸收、分布和排泄的过程称为生物转运；外源化学物由机体接触到入血液的过程称为吸收；通过血流分散到全身组织细胞中为分布；在组织细胞中，外源化学物经各种酶系的催化，发生化学结构与物理性质的变化的这一过程称为代谢。代谢产物和一部分未经代谢的原物排出体外的过程为排泄。

(1) 外源化学物的吸收

毒物的吸收途径主要是胃肠道、呼吸道和皮肤，在毒理学实验中有时也利用皮下注射、

静脉注射、肌肉注射和腹腔注射等方法使毒物被吸收。食品毒理学中，经消化道吸收是主要的途径，小肠是主要吸收部位。

影响胃肠道吸收的因素，第一为外源化学物的性质。一般说来，固体物质且在胃肠中溶解度较低者，吸收差；脂溶性物质较水溶性物质易被吸收；同一种固体物质，分散度越大，与胃肠道上皮细胞接触面积越大，吸收越容易；解离状态的物质不能借助简单扩散透过胃肠黏膜而被吸收，则吸收速度较慢。第二为机体方面的影响，包括胃肠蠕动情况、胃肠道充盈程度、胃肠道酸碱度、胃肠道同时存在的食物和外源化学物、某些特殊生理状况等。

(2) 外源化学物排泄

排泄是外源化学物及其代谢产物由机体向外转运的过程，是机体物质代谢过程中最后一个重要环节。排泄的主要途径是肾脏，随尿排出；其次是经肝、胆通过消化道，随粪便排出；挥发性化学物还可经呼吸道，随呼出气排出。

7.2.2.2 生物转化

外源化学物通过不同途径被吸收进入体内后，将发生一系列化学变化并形成一些分解产物或衍生物，此种过程称为生物转化或代谢。肝脏是机体内最重要的代谢器官，未经肝脏的生物转化作用而直接分布至全身的有害物质，对机体的损害作用相对较强。

外源化学物的生物转化过程分Ⅰ相反应和Ⅱ相反应。Ⅰ相反应主要包括氧化、还原和水解；Ⅱ相反应主要为结合反应，结合反应指化学物经Ⅰ相反应形成的中间代谢产物与某些内源化学物的中间代谢产物相互结合的反应过程。

绝大多数外源化学物在Ⅰ相反应中无论发生氧化、还原或水解反应，最后必须进行结合反应排出体外。结合反应首先通过提供极性基团的结合剂或提供能量 ATP 而被活化，然后由不同种类的转移酶进行催化，将具有极性功能基团的结合剂转移到外源化学物或将外源化学物转移到结合剂形成结合产物。结合物一般将随同尿液或胆汁由体内排泄。常见的结合反应有葡萄糖醛酸化、硫酸化、乙酰化、氨基酸化、谷胱甘肽化、甲基化。

Ⅰ相反应产生的活性代谢物也可以和 DNA 碱基、磷脂等基团发生反应，导致 DNA 的氧化、环化和缺失等一系列突变性损伤，其结果不仅导致癌变的发生，也导致人体衰老和其他疾病的发生。

7.2.3 毒作用机制

毒作用是化学物质本身或其代谢产物在作用部位达到一定数量并停留一定时间，与组织大分子成分互相作用的结果。由于毒物种类繁多，可能受影响的生物体的结构和功能复杂，因此毒作用机制也复杂多样，以下为可能的毒作用机制。

① 直接损伤作用　如强酸或强碱可直接造成细胞和皮肤黏膜的结构破坏，产生损伤作用。

② 受体配体的相互作用与立体选择性作用，产生特征性生物学效应。

③ 干扰易兴奋细胞膜的功能　毒物可以多种方式干扰易兴奋细胞膜的功能，例如，有些海产品毒素和蛤蚌毒素均可通过阻断易兴奋细胞膜上钠通道而产生麻痹效应。

④ 干扰细胞能量的产生　通过干扰碳水化合物的氧化作用以影响三磷酸腺苷（ATP）的合成。例如，铁在血红蛋白中的化学性氧化作用，由于亚硝酸盐形成了高铁血红蛋白而不能有效地与氧结合。

⑤ 与生物大分子（蛋白质、核酸、脂质）结合　毒物与生物大分子相互作用的主要方

式有两种，一种是可逆的，一种是不可逆的。如底物与酶的作用是可逆的，共价结合形成的加成物是不可逆的。

⑥ 膜自由基损伤　包括膜脂质过氧化损害，蛋白质的氧化损害和 DNA 的氧化损害。

⑦ 细胞内钙稳态失调　正常情况下，细胞内钙稳态是由质膜 Ca^{2+} 转位酶和细胞内钙池系统共同操纵控制的。细胞损害时，这一操纵过程紊乱可导致 Ca^{2+} 内流增加，导致维持细胞结构和功能的重要大分子难以控制的破坏。

⑧ 选择性细胞死亡　这种毒性作用是相当特异的，例如，高剂量锰可引起脑部基底神经节多巴胺能细胞损伤，产生的神经症状几乎与帕金森病难以区分。

⑨ 体细胞非致死性遗传改变　毒物和 DNA 的共价结合也可以通过引发一系列变化而致癌。

⑩ 影响细胞凋亡　凋亡是在细胞内外因素作用下激活细胞固有的 DNA 编码的自杀程序来完成的，又称为程序性死亡。细胞凋亡是基因表达的结果，受细胞内外因素的调节，如果这一调控失衡，就会引起细胞增殖及死亡平衡障碍。细胞凋亡在多种疾病的发生中具有重要意义。例如，肿瘤的发生，病毒感染和艾滋病关系，组织的衰老和退行性病变以及免疫性疾病，病毒感染性疾病的发病机理都与凋亡有密切关系。如果受损伤的细胞不能正确启动凋亡机制，就有可能导致肿瘤。

7.2.4 毒物的毒效应

7.2.4.1 急性毒性

指机体一次给予受试化合物，低毒化合物可在 24h 内多次给予，经吸入途径和急性接触，通常连续接触 4h，最多连续接触不得超过 24h，在短期内发生的毒效应（包括引起死亡效应）。食品毒理学研究的途径主要是经口给予受试物，方式包括灌胃、喂饲和吞咽胶囊等。

急性毒性研究的目的，主要是探求化学物的致死剂量，以初步评估其对人类的可能毒害的危险性。再者是求该化学物的剂量-反应关系，为其他毒性实验打下选择染毒剂量的基础。

① 急性致死毒性实验　最常用的指标是 LD_{50}，它与 LD_{100}、LD_0 等相比有更高的重现性；是一个质化反应，而不能代表受试化合物的急性中毒特性。急性毒性分级标准并未完全统一。无论我国或国际上急性分级标准都还存在着不少缺点。我国《急性毒性试验》（GB 15193.3—2003）颁布的急性毒性（LD_{50}）剂量分级标准见表 7-1。

表 7-1　急性毒性分级

级别	大鼠口服 LD_{50}/(mg/kg)	相当于人的致死剂量	
		mg/kg	g/人
极毒	<1	稍尝	0.05
剧毒	1～50	500～4000	0.5
中等毒	51～500	4000～30000	5
低毒	501～5000	30000～250000	50
实际无毒	5001～15000	250000～500000	500
无毒	>15000	>500000	2500

② 非致死性急性毒性　为了克服急性致死毒性实验只能提供死亡指标这一缺点，非致死性急性毒性可提供常规的非致死急性中毒的安全界限和对急性中毒的危险性估计，评价指标有急性毒作用阈。毒性效应是一种或多种毒性症状或生理生化指标的改变，对于某些生理

生化的改变，如体重、体力或酶活性等，急性毒作用阈是指均值与对照组比较时，其差异有统计学意义的最低剂量。无论毒性效应是量效应还是质效应，在急性毒作用阈及其以上1～2个剂量组中应存在剂量-反应关系。急性毒作用阈越低，该受检物的急性毒性越大，发生急性中毒的危险性越大。

7.2.4.2 蓄积毒性

当化学物反复多次染毒动物，而且化学物进入机体的速度或总量超过代谢转化的速度与排出机体的速度或总量时，化学物或其代谢产物就可能在机体内逐渐增加并贮留于某些部位。这种现象就称为化学物的蓄积作用，大多数蓄积作用会产生蓄积毒性。

蓄积毒性指低于一次中毒剂量的外源化学物，反复与机体接触一定时间后致使机体出现的中毒作用。一种外源化学物在体内蓄积作用的过程，表现为物质蓄积和功能蓄积两个方面。在外源化学物毒理学评定的实际工作中，可根据受试物的蓄积毒性强弱作为评估它的毒性作用指标之一，也是制定卫生标准时选用安全系数大小的重要参考依据。

7.2.4.3 亚慢性、慢性毒性

亚慢性毒性：指机体在相当于 1/20 左右生命期间，少量反复接触某种有害化学和生物因素所引起的损害作用。研究受试动物在其 1/20 左右生命时间内，少量反复接触受试物后所致损害作用的实验，称亚慢性毒性试验，亦称短期毒性试验。以大鼠为例，平均寿命为两年，亚慢性毒作用试验的接触期为 1～2 个月左右。目的是在急性毒性试验的基础上，进一步观察受试物对机体的主要毒性作用及毒作用的靶器官，并对最大无作用剂量及中毒阈剂量作出初步确定。为慢性试验设计选定最适观测指标及剂量提供直接的参考。

慢性毒性：指外源化学物质长时间少量反复作用于机体后所引起的损害作用。研究受试动物长时间少量反复接触受试物后，所致损害作用的试验称慢性毒性试验，亦称长期毒性试验。慢性毒性试验原则上要求试验动物生命的大部分时间或终生长期接触受试物。各种试验动物寿命长短不同，慢性毒性试验的期限也不相同。在使用大鼠或小鼠时，食品毒理学一般要求接触 1～2 年。目的是确定化学物毒性下限，即确定机体长期接触该化学物造成机体受损害的最小作用剂量（阈剂量）和对机体无害的最大无作用剂量。为制定外源化学物的人类接触安全限量标准提供毒理学依据，如最大容许浓度、每日容许摄入量（acceptable daily intake，简称 ADI，以 mg/kg 体重表示）等。

亚慢性、慢性毒性有一些毒性参数。①阈值：在亚慢性与慢性毒性试验中，阈值是指在亚慢性或慢性染毒期间和染毒终止，实验动物开始出现某项观察指标或实验动物开始出现可察觉轻微变化时的最低染毒剂量。②最大耐受剂量：在亚慢性或慢性试验条件下，在此剂量下实验动物无死亡，且无任何可察觉的中毒症状；但是实验动物可以出现体重下降，不过其体重下降的幅度不超过同期对照组体重的 10%的最大剂量。最大耐受量在概念上与急性最大耐受量有所区别。③慢性毒作用带：以急性毒性阈值与慢性毒性阈值比值表示外源化学物慢性中毒的可能性大小。比值越大表明越易于发生慢性毒害。

7.2.4.4 致突变作用

（1）基本概念

基于染色体和基因的变异才能够遗传，这种遗传变异称为突变。突变的发生及其过程就是致突变作用，突变可分为自发突变和诱发突变。外源化学物能损伤遗传物质，诱发突变，这些物质称为致突变物或诱变剂，也称为遗传毒物。

(2) 突变的类型

① 基因突变 染色体损伤小于 0.2μm 时，不能在镜下直接观察到，要依靠对其后代的生理、生化、结构等表型变化判断突变的发生，称为基因突变，亦称点突变。包括碱基置换、移码突变和大段损伤。

a. 碱基置换：碱基置换是首先在DNA复制时由于互补链的相应配位点配上一个错误的碱基，而这一错误的碱基在下一次DNA复制时发生错误配对，错误的碱基对置换了原来的碱基对，亦即产生最终的碱基对置换或称碱基置换。它包括转换和颠换两种情况。

b. 移码突变：移码突变是DNA中增加或减少不为3的倍数的碱基对所造成的突变。移码突变能使碱基序列三联体密码子的框架改变，从原始损伤的密码子开始一直到信息末端的核酸序列完全改变，也可能使读码框架改变其中某一点形成无义密码，于是产生一个无功能的肽链片段。如果增加或减少的碱基对为3的倍数，则使基因表达的蛋白质肽链增加或减少一些氨基酸。由于移码可以产生无功能肽链，故其易成为致死性突变。

c. 大段损伤：大片段损伤是指DNA链大段缺失或插入。这种损伤有时可跨越两个或数个基因，但所缺失的片段仍远小于光镜下所能观察到的染色体变化，故又可称为小缺失。

② 染色体畸变：染色体损伤大于或等于 0.2μm 时，可在光学显微镜下观察到，称为染色体畸变；包括染色体的结构异常和数目改变。

a. 染色体结构异常：染色体结构异常是染色体或染色单体受损而发生断裂，且断段不发生重接或虽重接却不在原处。

染色体型畸变（chromatid-type aberration）是染色体中两条染色单体同一位点受损后所产生的结构异常，有多种类型，如裂隙和断裂、无着丝粒断片和缺失、环状染色体、倒位、插入和重复、易位等。任何情况下的染色单体型畸变都会在下一次细胞分裂时转变为染色体型畸变。

染色单体型畸变（chromosome-type aberration）指某一位点的损伤只涉及姐妹染色单体中的一条，它也有裂隙、断裂和缺失；此外，还有染色单体的交换，是两条或多条染色单体断裂后变位重接的结果，分为内换和互换。而姐妹染色单体交换（sister chromatid exchange，SCE）则是指某一染色体在姐妹染色单体之间发生同源节段的互换，两条姐妹染色单体都会出现深浅相同的染色（而正常的则是一深一浅），但同源节段仍是一深一浅，这种现象就是SCE。

b. 染色体数目异常：以动物正常细胞染色体数目 $2n$ 为标准，染色体数目异常可能表现为整倍性畸变（euploidy aberration）和非整倍性畸变（aeuploidy aberration）。前者即出现单倍体或多倍体；而后者指比二倍体多或少一条或多条染色体，例如，缺体（nullisome）是指缺少一对同源染色体，而单体或三体则是某一对同源染色体相应地少或多一个。染色体数目异常其原因有四方面：不分离，染色体遗失，染色体桥和核内再复制。

③ 突变的后果

a. 体细胞突变的后果：当靶细胞是体细胞而不是生殖细胞时，其影响仅能在直接接触该物质的亲代身上表现，而不可能遗传到子代。体细胞突变的后果中最受注意的是致癌。如体细胞突变也可能与动脉粥样硬化症有关。体细胞突变是衰老的起因。其次，胚胎体细胞突变可能导致畸胎（畸胎的发生还与亲代的生殖细胞突变有关）。

b. 生殖细胞突变的后果：致突变物作用的有靶细胞为生殖细胞时，无论其发生在任何阶段，都存在对后代影响的可能性，其影响后果可分为致死性和非致死性两种。致死性影响可能是显性致死和隐性致死。显性致死即突变配子与正常配子结合后，在着床前或着床后的早期胚胎死亡。隐性致死要纯合子或半合子才能出现死亡效应。

如果生殖细胞突变为非致死性，则可能出现显性或隐性遗传病，包括先天性畸形。在遗传性疾病频率与种类增多时，突变基因及染色体损伤，将使基因库负荷增加。

7.2.4.5 致畸变作用

生殖发育是哺乳动物繁衍种族的正常生理过程，其中包括生殖细胞（即精子和卵细胞）发生、卵细胞受精、着床、胚胎形成、胚胎发育、器官发生、分娩和哺乳过程。毒物对生殖发育的影响：①生殖发育过程较为敏感；②对生殖发育过程影响的范围广泛和深远。近年来随着毒理学和生命科学的深入发展，外源化学物对生殖发育损害作用的研究又进一步分为两个方面：①对生殖过程的影响（即生殖毒性）的探讨；②对发育过程的影响（即发育毒性研究）。两个方面都逐渐发展成为毒理学的分支科学；前者称为生殖毒理学，后者称为发育毒理学。

(1) 基本概念

① 发育毒性　某些化合物可具有干扰胚胎的发育过程，影响正常的发育作用，即发育毒性。发育毒性的具体表现可分为生长迟缓、致畸作用、功能不全和异常、胚胎致死作用。其中致畸作用对存活后代机体影响较为严重，具有重要的毒理学意义。

致畸作用是由于外源化学物的干扰，胎儿出生时，某种器官表现形态结构异常。致畸作用所表现的形态结构异常，在出生后立即可被发现。

② 畸形、畸胎和致畸物　器官形态结构的异常称为畸形。胎儿出生时即具有整个身体或某一部分的外形或器官的解剖学上的形态结构异常称为先天畸形（congenital malformation），畸形的胚胎，称为畸胎（terate）。凡在一定剂量下，能通过母体对胚胎正常发育过程造成干扰，使子代出生后具有畸形的化合物称为致畸物（teratogen）或致畸原。评定外源化学物是否具有致畸作用的试验，称为致畸试验。

(2) 胚胎毒性作用

指外源化学物引起胎仔生长发育迟缓和功能缺陷不全的损害作用。其中不包括致畸和胚胎致死作用。

(3) 母体毒性作用

指有害环境因素在一定剂量下，对受孕母体产生的损害作用，具体表现包括体重减轻、出现某些临床症状，直至死亡。

(4) 毒物的母体毒性与致畸作用的关系

① 具有致畸作用，但无母体毒性出现，此种受试物致畸作用往往较强，应予特别注意。

② 出现致畸作用的同时也表现出母体毒性。此种受试物可能既对胚胎有特定的致畸机理，同时也对母体具有损害作用，但二者并无直接联系。

③ 不具有特定致畸作用机理，但可破坏母体正常生理稳态，以致对胚胎具有非特异性的影响，并造成畸形。

④ 仅具有母体毒性，但不具有致畸作用。

⑤ 在一定剂量下，既不出现母体毒性，也未见致畸作用。在实际工作中应特别认真对待。只有在一定剂量下，能引起母体毒性作用，但未观察到致畸作用，才可以认为不具致畸作用。

(5) 致畸的剂量与效应关系

① 剂量效应关系复杂的表现及原因

a. 机体在器官形成期间与具有发育毒性的化合物接触，可以出现畸形，也可引起胚胎致死。当剂量增加时，毒性作用增强，但二者效应程度并不一定成比例，往往胚胎致死作用增强更明显。

b. 在同等条件下某种致畸物可以引起畸形，剂量增加时并不出现同一类型的畸形。可能由于较高剂量造成较为严重的畸形，严重畸形有时可将轻度畸形掩盖。例如一种致畸物在低剂量时，可以诱发多趾；中等剂量时则诱发肢体长骨缩短，高剂量时可造成缺肢或无肢。

c. 许多致畸物除具有致畸作用外，还有可能同时出现胚胎死亡和生长迟缓，使剂量效应关系极为复杂。

② 致畸作用的剂量反应曲线较为陡峭　致畸作用的剂量反应关系的曲线较为陡峭，最大无作用剂量与100%致畸剂量间距离较小，一般相差1倍，斜率较大，亦即致畸带较为狭小。往往100%致畸剂量即可引起胚胎死亡，剂量再增加，引起母体死亡。还有人观察到致畸作用最大无作用剂量与引起100%胚胎死亡的最低剂量仅相差2～3倍。例如剂量为5～10mg/kg体重的环磷酰胺给予受孕小鼠不表现致畸作用，但增加到40mg/kg体重，可引起100%胚胎死亡。

致畸物剂量与反应关系说明在致畸试验中，剂量的选择具有重要意义。因致畸试验主要观察指标为活产胎仔出生时存在的畸形，所以如果胚胎或胎仔大量死亡，则影响对致畸作用的观察，即使受试物有致畸作用，亦将被掩盖，无法被观察到。

7.2.4.6　致癌作用

(1) 概念

致癌作用是指有害因素引起或增进正常细胞发生恶性转化并发展成为肿瘤的过程。化学致癌（chemical carcinogenesis）是指化学物质引起或增进正常细胞发生恶性转化并发展成为肿瘤的过程。具有这类作用的化学物质称为化学致癌物（chemical carci-nogen）。在毒理学中，“癌”的概念广泛，包括上皮的恶性变“癌”，也包括间质的恶性变（肉瘤）及良性肿瘤。这是因为迄今为止尚未发现只诱发良性肿瘤的致癌物，且良性肿瘤有恶变的可能。WHO指出，人类癌症90%与环境因素有关，其中主要是化学因素。

癌基因（oncogene）致癌的概念：即携带致癌遗传信息的基因就是癌基因。正常细胞中也存在着在核酸水平及蛋白质产物水平与病毒癌基因高度相似的DNA序列，称为原癌基因。在正常细胞中原癌基因的表达并不引起恶性变，其表达受到严密控制，并似乎对机体的生长和发育具有作用。

肿瘤抑制基因，或称抗癌基因：可抑制肿瘤细胞的肿瘤性状的表达，只有当它自己不能表达或其基因产物去活化才容许肿瘤性状的表达，如*P53*肿瘤抑制基因。

(2) 致癌物的分类

① 根据致癌物在体内发挥作用的方式

a. 直接致癌物（direct acting carcinogen）：有些致癌物可以不经过代谢活化即具有活性称为直接致癌物；

b. 间接致癌物（indirect acting carcinogen）：大多数致癌物必须经代谢活化才具有致癌活性称为间接致癌物。

② 国际癌症研究所（IARC）对已进行致癌研究的化学物分为四类：

a. 对人致癌性证据充分；

b. A组对人致癌性证据有限，但对动物致癌性证据充分，B组人致癌性证据有限，对动物致癌性证据也不充分；

c. 现有证据未能对人类致癌性进行分级评价；

d. 对人可能是非致癌物。

③ Weisburger 和 Williams 等（自 1981 年起）按照致癌物的作用分为两大类。

a. 遗传毒性致癌物：遗传毒性致癌物又分直接致癌物、间接致癌物和无机致癌物。

ⅰ. 直接致癌物：其化学结构的固有特性是不需要代谢活化即具有亲电子活性，能与亲核分子（包括 DNA）共价结合形成加合物。这类物质绝大多数是合成的有机物，包括有：内酯类、烯化环氧化物、亚胺类、硫酸类酯、芥子气和氮芥等，活性卤代烃类，其中双氯甲醇的高级卤代烃同系物随着烷基的碳原子增多，致癌活性下降。除前述烷化剂外，一些铂的配位络合物［如二氯二氨基铂，二氯（吡咯烷）铂，以及二氧-1,2-二氨基环己烷铂］也有直接致癌活性，通常其顺式异构体的活性较反式异构体高。

ⅱ. 间接致癌物：这类致癌物往往不能在接触的局部致癌，而在其发生代谢活化的组织中致癌。前致癌物可分为天然和人工合成两大类。人工合成的包括有：多环或杂环芳烃、单环芳香胺、双环或多环芳香胺、喹啉、硝基呋喃、偶氮化合物、链状或环状亚硝胺类几乎都致癌。天然物质及其加工产物在国际抗癌联盟（IARC）1978 年公布的 34 种人类致癌物中占 5 种，即黄曲霉毒素、环孢素 A、烟草和烟气、槟榔及酒精性饮料。黄曲霉毒素 B_1 是最强烈的致癌物之一，对人和各种实验动物除小鼠外都能诱发肝癌，在特殊条件下还可诱发肾癌和结肠癌；小鼠不易感可能是 GSH 转移酶的活力水平较高，能有效地解毒的缘故。黄曲霉毒素 G_1 的致癌能力比 B_1 低得多，黄曲霉毒素 B_2 和黄曲霉毒素 G_2 本身不致癌，但认为 B_2 可在体内经生物转化小部分成为 B_1，故也有一定致癌能力。一些毒菌的产物，如环孢素 A、阿霉素、道诺霉素、更生霉素也是前致癌物，这些物质常作为药物使用。烟草即使未经燃烧和热解也会含有亚硝基去甲菸碱等致癌物，烟草的烟气中更含有多种致癌物，如多环芳烃、杂环化合物、酚类衍生物等致癌物。烟草的烟气中还含有大量促癌物，这就是提倡戒烟的原因之一。嚼食烟叶和使用鼻烟时所含的亚硝胺能诱发口腔癌和上呼吸道癌。槟榔中的槟榔碱可形成亚硝胺，口嚼槟榔使口腔癌和上消化道发癌率和死亡率增高。

ⅲ. 无机致癌物：如钴、镭、氡可能由于其放射性而致癌；镍、铬、铅、铍及其某些盐类均可在一定条件下致癌，其中镍和钛的致癌性最强。

b. 非遗传毒性致癌物：非遗传毒性致癌物包括促癌剂、细胞毒物、激素、免疫抑制剂等。

ⅰ. 促癌剂：虽然促癌剂单独不致癌，却可促进亚致癌剂量的致癌物与机体接触启动后致癌，所以认为促癌作用是致癌作用的必要条件。TPA 是二阶段小鼠皮肤癌诱发试验中的典型促癌剂，在体外多种细胞系统中有促癌作用。苯巴比妥对大鼠或小鼠的肝癌发生有促癌作用。色氨酸及其代谢产物和糖精对膀胱癌也有促癌作用。近年来广泛使用丁基羟甲苯（butylated hydroxy-toluene，BHT）作为诱发小鼠肺肿瘤的促癌剂，对肝细胞腺瘤和膀胱癌也有促癌作用。DDT、多卤联苯、氯丹、TCDD 均为肝癌促进剂。

ⅱ. 细胞毒物：最老的理论认为慢性刺激可以致癌，目前认为导致细胞死亡的物质可引起代偿性增生，以致发生肿瘤。一些氯代烃类促癌剂作用机理可能与细胞毒性作用有关。氮川三乙酸（nitrilotriacetic acid，NTA）可致大鼠和小鼠肾癌和膀胱癌，初步发现其作用机理是将血液中的锌带入肾小管超滤液，并被肾小管上皮重吸收。由于锌对这些细胞具有毒性，可造成损伤并导致细胞死亡，结果是引起增生和肾肿瘤形成。在尿液中 NTA 还与钙络合，使钙由肾盂和膀胱的移行上皮渗出，以致刺激细胞增殖，并形成肿瘤。

ⅲ. 激素：40 年前就发现雌性激素可引起动物肿瘤。以后发现多数干扰内分泌器官功能的物质可使这些器官的肿瘤增多。孕妇使用人工合成的雌激素（己烯雌酚，DES）保胎时，可能使青春期女子发生阴道透明细胞癌。

ⅳ. 免疫抑制剂：免疫抑制过程从多方面影响肿瘤形成。硫唑嘌呤、6-巯基嘌呤等免疫抑制剂或免疫血清均能使动物和人发生白血病或淋巴瘤，但很少发生实体肿瘤。环孢素 A 是近年器官移植中使用的免疫抑制剂，曾认为不致癌。但现已查明，使用过该药患者的淋巴瘤的发生率增高。

(3) 致癌作用的阶段性

最简单的多阶段致癌过程为两阶段论。其实验证据是用苯并（a）芘、二甲苯并（a）蒽和二苯并（a，h）蒽这三种强致癌物，分别以亚致癌剂量涂抹小鼠皮肤一次，20 周后不发生肿瘤或很少发生。但如在相同剂量致癌物使用后再用通常不致癌的巴豆油涂抹同一部位（每周 2 次，共 20 周），则分别有 37.5%、58.0%和 29.5%发生皮肤癌，但是单独使用或在给予致癌物之前使用巴豆油都不引起肿瘤形成。因此认为，前面给予的致癌物所引起的作用是启动作用（initiation），这些物质称为启动剂（initiator）；而巴豆油则具有促癌作用（promotion），称为促癌剂（tumor promotor）或促进剂。

启动阶段：认为启动作用是不可逆的。

促癌阶段：促癌作用是可逆的。

20 世纪 80 年代把肿瘤的发展过程分为三个阶段，即肿瘤的发生和发展是经过启动、促癌和进展三个阶段。

7.2.5 影响毒作用的因素

7.2.5.1 毒物本身的特点

(1) 化学结构与毒性质化效应

① 自由基连锁反应引起活性氧损伤　机体细胞膜含有大量多不饱和脂肪酸，不饱和的共价双键极易受不配对电子的攻击，这种反应一经出现，便会产生连锁放大效应，造成细胞膜结构和功能损伤。

② 过敏原数量很少也可致变态反应　对于少数过敏体质的人来讲，如果第二次接触致敏物，就会发生过敏，甚至全身变态反应，如青霉素的全身过敏、花粉鼻黏膜刺激、牛奶的胃肠道过敏等。一般过敏原数量与变态反应无正相关关系。

③ 抗生素选择性破坏致病菌的结构　青霉素之所以能够有效杀灭细菌，主要由于青霉素可选择性破坏细菌的荚膜结构，从而抑制细菌的分裂增殖。而真核细胞不具有这种结构，因而才会通过选择性毒性起到灭菌治病作用。除草剂对杂草有杀灭作用，而对庄稼则无损伤作用，其道理也是杂草与庄稼的细胞结构差异的选择性作用所致。

④ 萘环化合物容易使试验动物致癌　许多含有萘环结构的化合物，由于其具有很强的亲核性，很容易造成细胞突变，发生肿瘤。

⑤ 氧化型 LDL 较容易引起动脉硬化　低密度脂蛋白（LDL）是血清蛋白的正常组分，当 LDL 发生氧化反应后，就会在磨损的动脉壁发生粥样硬化，诱发一系列心血管系统的病变。

(2) 化学结构与毒性量化效应

① 同系物的碳原子数　烷、醇、酮等碳氢化合物与其同系物相比，碳原子数愈多，则毒性愈大（甲醇与甲醛除外）。但当碳原子数超过一定限度（7～9 个），毒性反而下降。当同系物碳原子数相同时，直链的毒性比支链的大，成环的毒性大于不成环的。

② 卤素的取代　卤素有强烈的负电子效应，使分子的极化程度增强，更容易与酶系统结合，使毒性增加。例如，氯化甲烷对肝脏的毒性依次为：$CCl_4 > CHCl_3 > CH_2Cl_2$

>CH_3Cl。

③ 基团的位置　如带两个基团的苯环化合物，其毒性是：对位>邻位>间位。分子对称者毒性较不对称者大，如1,2-二氯乙烷的毒性大于1,1-二氯乙烷。

④ 分子饱和度　分子中不饱和键增加时，其毒性也增加。例如对结膜的刺激作用是：丙烯醛>丙醛，丁烯醛>丁醛。

⑤ 其他　烃类化合物中一般芳香族烃类化合物比脂肪族烃类毒性大。脂肪族化合物中引入羟基后，毒性增高。在化合物中引入羧基后，可使化合物水溶性和电离度增高，而脂溶性降低，毒性也随之减弱，例如苯甲酸的毒性较苯为低。

(3) 物理特性与毒性效应

① 脂水分配系数（lipid/water partition coefficient）　是指毒物在脂相和水相中溶解分配率。在构效关系研究中，这是一个十分重要的化学物的物理参数。它有助于说明有机化合物在体内的分配规律。

② 电离度（ionization）　对于弱酸性与弱碱性有机物只有在适宜的pH条件下、维持非离子型才能经胃肠吸收。当弱酸性化合物在碱性环境下将部分解离时，则不易吸收。

③ 纯度（purity）　一般说起某个毒物的毒性，都是指该毒物纯品的毒性。毒物的纯度不同，它的毒性也不同。因此，对于待研究的毒物，应首先了解其纯度、所含杂质成分与比例，以便与前人或不同时期的毒理学资料进行比较。

7.2.5.2 种属与品系

(1) 毒作用对象自身因素

① 种属差异　不同种属（species）、不同品系（strain）对毒性的易感性可有质与量的差异。如苯可以引起兔白细胞减少，对狗则引起白细胞升高；β-萘胺能引起狗和人膀胱癌，但对大鼠、兔和豚鼠则不能；反应停对人和兔有致畸作用，对其他哺乳动物则基本不能。有报道，对300个化合物的考察，动物种属不同，毒性差异在10～100倍之间。不同品系的动物肿瘤自发率不同，而且对致癌物的敏感性也不同。

② 生物转运的差异　由于种属间生物转运能力存在某些方面的差异，也可能成为种属易感性差异的原因。如皮肤对有机磷的最大吸收速度［$\mu g/(cm^2 \cdot min)$］依次是：兔与大鼠9.3，豚鼠6.0，猫与山羊4.4，猴4.2，狗2.7，猪0.3。

③ 生物结合能力和容量差异　血浆蛋白的结合能力、尿量和尿液的pH也有种属差异，这些因素也可能成为种属易感性差异的原因。

④ 其他　除此之外，解剖结构与形态、生理功能、食性等也可造成种属的易感性差异。

(2) 遗传因素

遗传因素是指遗传决定或影响的机体构成、功能和寿命等因素。遗传因素决定了参与机体构成和具有一定功能的核酸、蛋白质、酶、生化产物，以及它们所调节的核酸转录、翻译、代谢、过敏、组织相容性等差异。在很大程度上影响了外源和内源性毒物的活化、转化与降解、排泄的过程，以及体内危害产物的掩蔽、拮抗和损伤修复，在维持机体健康或引起病理生理变化上起重要作用。

(3) 年龄和性别

在性成熟前，尤其是婴幼期机体各系统与酶系均未发育完全；胃酸低，肠内微生物群也未固定，因此对外源化学物的吸收、代谢转化、排出及毒性反应均有别于成年期。新生动物的中枢神经系统发育还不完全，对外源化学物往往不敏感，表现出毒性较低。幼年肝微粒体酶系的解毒功能弱，生物膜通透性高和肾廓清功能低，因而对某些环境因素危害的敏感性高。

(4) 营养状况

正常的合理营养对维护机体健康具有重要意义。低蛋白饮食可使动物肝微粒体混合功能氧化酶系统活性降低，从而影响毒物的代谢。苯并（a）芘、苯胺在体内氧化作用将减弱，四氯化碳毒性下降；而马拉硫磷、六六六、对硫磷、黄曲霉毒素 B_1 等的毒性都增强。高蛋白饮食也可增加某些毒物的毒性，如非那西丁和 DDT 的毒性增强。

(5) 机体昼夜节律变化

机体在白天活动中体内肾上腺应急功能较强，而夜间睡眠时，特别是午夜后，肾上腺素分泌处在较低水平，也会影响毒物的吸收和代谢。各种酶也有昼夜节律的变化，如胆碱酯酶活性存在以 24h 为周期的波动。

7.2.5.3 环境影响因素

① 化学物的接触途径　由于接触途径不同，机体对毒物的吸收速度、吸收量和代谢过程亦不相同，故对毒性有较大影响。经口染毒，胃肠道吸收后先经肝代谢，进入体循环。经皮肤吸收及经呼吸道吸收，还有肝外代谢机制。一般认为，同种动物接触外源化学物的吸收速度和毒性大小顺序是：静脉注射＞腹腔注射＞皮下注射＞肌肉注射＞经口＞经皮，吸入染毒近似于静注。

② 其他因素　溶剂、气温、湿度、季节和昼夜节律、噪声、震动和紫外线。

7.2.5.4 毒物联合作用

(1) 联合毒性的定义和种类

联合作用（joint action 或 combined effect）指两种或两种以上毒物同时或前后相继作用于机体而产生的交互毒性作用。多种化学物对机体产生的联合作用可分为以下几种类型。

① 相加作用（additive effect）　指多种化学物的联合作用等于每一种化学物单独作用的总和。化学结构比较接近、或同系物、或毒作用靶器官相同、作用机理类似的化学物同时存在时，易发生相加作用。大部分刺激性气体的刺激作用多为相加作用。有机磷化合物甲拌磷与乙酰甲胺磷的经口 LD_{50} 不同，小鼠差 300 倍以上，大鼠差 1200 倍以上。但不论以何种剂量配比（从各自 LD_{50} 剂量的 1∶1、1/3∶2/3、2/3∶1/3），对大鼠与小鼠均呈毒性相加作用。

② 协同作用与增强作用（synergistic effect）　指几种化学物的联合作用大于各种化学物的单独作用之和。例如四氯化碳与乙醇对肝脏皆具有毒性，如同时进入机体，所引起的肝脏损害作用远比它们单独进入机体时为严重。如果一种物质本身无毒性，但与另一有毒物质同时存在时可使该毒物的毒性增加，这种作用称为增强作用（potentiation）。例如异丙醇对肝脏无毒性作用，但可明显增强四氯化碳的肝脏毒性作用。

③ 拮抗作用（antagonistic effect）　指几种化学物的联合作用小于每种化学物单独作用的总和。凡是能使另一种化学物的生物学作用减弱的物质称为拮抗物（antagonist）。在毒理学或药理学中，常以一种物质抑制另一种物质的毒性或生物学效应，这种作用也称为抑制作用（inhibition）。例如，阿托品对胆碱酯酶抑制剂的拮抗作用；二氯甲烷与乙醇的拮抗作用。

④ 独立作用（independent effect）　指多种化学物各自对机体产生不同的效应，其作用的方式、途径和部位也不相同，彼此之间互无影响。

(2) 毒物的联合作用的方式

人类在生活和劳动过程中实际上不是仅仅单独地接触某个外源化学物，而是经常地同时接触各种各样的多种外源化学物，其中包括食品污染（食品中残留的农药、食物加工添加的色素、防腐剂）、各种药物、烟与酒、水及大气污染物、家庭房间装修物、厨房燃料烟尘、劳动环境中的各种化学物等等。这些化学物质可对机体引起联合毒性作用，联合作用的方式可分为以下两种。

① 外环境进行的联合作用　几种化学物在环境中共存时发生相互作用而改变其理化生质，从而使毒性增强或减弱。

② 体内进行的联合作用　这是毒物在体内相互作用的主要方式。有害因素在体内的相互作用，多是间接的，常常是通过改变机体的功能状态或代谢能力而实现。

7.3 食品安全性评价程序

安全性评价是利用毒理学的基本手段，通过动物实验和对人的观察，阐明某一化学物的毒性及其潜在危害，以便为人类使用这些化学物质的安全性做出评价，为制订预防措施特别是卫生标准提供理论依据。我国现颁布实施的法规有《农药安全毒理学评价程序》、《食品安全性毒理学评价程序》、《新药（西药）药理、毒理学研究指导原则》、《化学品测试准则》、《化妆品安全性评价程序和方法》及《保健食品安全性毒理学评价规范》等。

7.3.1 食品安全性毒理学评价的内容

食品安全性评价内容包括以下四个方面。

① 审查配方　在用于食品或接触食品的是一种由多种化学物质组成的复合成分时，必须对配方中每一种物质进行逐个的审查，只有已进行过毒性试验而被确认可以使用于食品的物质，方可在配方中保留，若试验结果有明显的毒性物质，则从配方中删除。在配方审查中，还要注意的是各种化学物质所起的协同作用。

② 审查生产工艺　从生产工艺流程线审查可推测是否有中间体或副产物产生，因为中间体或副产物的毒性有时比合成后物质的毒性更高。因此，这一环节应加以控制。生产工艺审查还应包括生产设备将污染物带到产品中去的可能性。

③ 卫生检测　卫生检测项目和指标是经过对配方及生产工艺审查后而确定的。检验方法一般按照国家有关标准执行。特殊项目或无国家标准方法的，应选择适用于企业及基层的方法，但应考虑检验方法的灵敏性、准确性及可行性等方面的因素。

④ 毒理试验　毒理试验是食品安全性评价中很重要的部分，通过毒性试验可制定出食品添加剂使用限量标准和食品中污染物及其有毒有害物质的允许含量标准，并为评价目前迅速开拓发展的新食物资源，新的食品加工、生产等方法，提供科学依据。

在食品经过安全性评价之后，再根据相应的评价结果制定相应的食品卫生标准，从而为企业生产提供依据。对于食品卫生标准的制订程序，目前国际上并无统一规定。但一般来说，首先要对该食品的不同类型进行卫生学方面的调查研究，并对食品原料、生产过程、销售、运输等方面可能污染的有毒有害物质进行检测，同时参考国内外有关毒理资料、安全系数等，结合本国实际情况制定适合我国国情的食品卫生标准。

7.3.2 食品安全性毒理学评价程序

为了保障广大消费者的健康，对于直接和间接用于食品的化学物质进行安全性评价是一项极为重要的任务。根据目前我国的具体情况，制定一个统一的食品安全性毒理学评价程序，将有利于推动此项工作的开展，也便于将彼此的结果进行比较。当然，该程序也将随着科学技术和事业的发展不断得到修改和完善。以下程序参考《食品安全性毒理学评价程序》(GB 15193.1—2003)，由中华人民共和国卫生部和中国国家标准化管理委员会公布。

7.3.2.1 适用范围

适用于评价食品生产、加工、保藏、运输和销售过程中所涉及可能对健康造成危害的化学、生物和物理因素的安全性，评价对象包括食品添加剂（含营养强化剂）、食品新资源及其成分、新资源食品、辐照食品、食品容器与包装材料、食品工具、设备、洗涤剂、消毒剂、农药残留、兽药残留、食品工业用微生物等。

7.3.2.2 对受试物的要求

① 对于单一的化学物质，应提供受试物（必要时包括杂质）的物理、化学性质（包括化学结构、纯度、稳定性等）。对于配方产品，应提供受试物的配方，必要时提供受试物各组成成分的物理、化学性质（包括化学名称、结构、纯度、稳定性、溶解度等）。

② 提供原料、生产工艺、人体可能的摄入量等有关资料。

③ 受试物必须是符合既定配方的规格化产品，其组分、比例及纯度应与实际应用的相同，在需要检测高纯度受试物及其可能存在的杂质的毒性或进行特殊试验时可选用纯品，或以纯品及杂质分别进行毒性检验。

7.3.2.3 食品安全性评价试验的四个阶段和内容及选用原则

(1) 毒理学评价程序的四个阶段和内容

① 第一阶段　急性毒性试验。经口急性毒性：LD_{50}，联合急性毒性。

② 第二阶段　遗传毒性试验，传统致畸试验，30d 喂养试验。遗传毒性试验的组合必须考虑原核细胞和真核细胞、体内和体外试验相结合的原则。从 Ames 试验或 V79/HGPRT 基因突变试验、骨髓细胞微核试验或哺乳动物骨髓细胞染色体畸变试验、TK 基因突变试验或小鼠精子畸形分析和睾丸染色体畸变分析试验中分别各选一项。

a. 鼠伤寒沙门氏菌/哺乳动物微粒体酶试验（Ames 试验）或 V79/HGPRT 基因突变试验，Ames 试验首选，必要时可另选其他试验。

b. 骨髓细胞微核试验或哺乳动物骨髓细胞染色体畸变试验。

c. TK 基因突变试验。

d. 小鼠精子畸形分析和睾丸染色体畸变分析试验。

e. 其他备选遗传毒性试验：显性致死试验、果蝇伴性隐性致死试验，非程序 DNA 合成试验。

f. 传统致畸试验。

g. 30d 喂养试验。如受试物需进行第三、第四阶段毒性试验者，可不进行本试验。

③ 第三阶段　亚慢性毒性试验——90d 喂养试验、繁殖试验、代谢试验。

④ 第四阶段　慢性毒性实验（包括致癌试验）。

(2) 对不同受试物选择毒性试验的原则

① 凡属我国创新的物质一般要求进行四个阶段的试验。特别是对其中化学结构提示有慢性毒性、遗传毒性或致癌性可能者或产量大、使用范围广、摄入机会多者，必须进行全部四个阶段的毒性试验。

② 凡属与已知物质（指经过安全性评价并允许使用者）的化学结构基本相同的衍生物或类似物，则根据第一、第二、第三阶段毒性试验结果判断是否需进行第四阶段的毒性试验。

③ 凡属已知的化学物质，世界卫生组织已公布每人每日容许摄入量（ADI，以下简称日许量）者，同时申请单位又有资料证明我国产品的质量规格与国外产品一致，则可先进行第一、第二阶段毒性试验，若试验结果与国外产品的结果一致，一般不要求进行进一步的毒性试验，否则应进行第三阶段毒性试验。

(3) 食品添加剂、食品新资源和新资源食品、食品容器和包装材料、辐照食品、食品及食品工具与设备用洗涤消毒剂、农药残留及兽药残留的安全性毒理学评价试验的选择。

① 食品添加剂

1）香料：鉴于食品中使用的香料品种多、化学结构很不相同，但用量很少，在评价时可参考国际组织和国外的资料和规定，分别决定需要进行的试验。

a. 凡属世界卫生组织已建议批准使用或已制定日许量者，以及香料生产者协会（FEMA）、欧洲理事会（COE）和国际香料工业组织（IOFI）四个国际组织中的两个或两个以上允许使用的，参照国外资料或规定进行评价。

b. 凡属资料不全或只有一个国际组织批准的，先进行急性毒性试验和本程序所规定的致突变试验中的一项，经初步评价后，再决定是否需进行进一步试验。

c. 凡属尚无资料可查、国际组织未允许使用的，先进行第一、第二阶段毒性试验，经初步评价后，决定是否需进行进一步试验。

d. 凡属用动植物可食部分提取的单一高纯度天然香料，如其化学结构及有关资料并未提示具有不安全性的，一般不要求进行毒性试验。

2）其他食品添加剂

a. 凡属毒理学资料比较完整，且世界卫生组织已公布日许量或不需要规定日许量者，要求进行急性毒性试验和两项致突变试验，首选 Ames 试验和骨髓细胞微核试验。但生产工艺、成品的纯度和杂质来源不同者，进行第一、第二阶段毒性试验后，根据试验结果考虑是否进行下一阶段试验。

b. 凡属有一个国际组织或国家批准使用，但世界卫生组织未公布日许量或资料不完整者，在进行第一、第二阶段毒性试验后作初步评价，以决定是否需要进行进一步的毒性试验。

c. 对于由动、植物或微生物制取的单一组分，高纯度添加剂，凡属新品种需先进行第一、第二、第三阶段毒性试验，凡属国外有一个国际组织或国家已批准使用的，则进行第一、第二阶段毒性试验，经初步评价后，决定是否需进行进一步试验。

3）进口食品添加剂：要求进口单位提供毒理学资料及出口国批准使用的资料，由国务院卫生行政主管部门指定的单位审查后决定是否需要进行毒性试验。

② 食品新资源和新资源食品　食品新资源及其食品，原则上应进行第一、第二、第三个阶段毒性试验，以及必要的人群流行病学调查。必要时应进行第四阶段试验。若根据有关文献资料及成分分析，未发现有或毒性甚微不至构成对健康有害的物质，以及较大数量人群有长期食用历史而未发现有害作用的动、植物及微生物等（包括作为调料的动、植物及微生物的粗提制品）可以先进行第一、第二阶段毒性试验，经初步评价后，决定是否需要进行进一步的毒性试验。

③ 食品包装和包装材料　鉴于食品容器与包装材料的品种很多，所使用的原料、生产助剂、单体、残留的反应物、溶剂、塑料添加剂以及副反应和化学降解的产物等各不相同，接触食品的种类、性质，加工、储存及制备方式不同（如加热、微波烹调或辐照等），迁移

到食品中的污染物的种类、性质和数量各不相同，在评价时可参考国际组织和国外的资料和规定，分别决定需要进行的试验，提出试验程序及方法，报国务院卫生行政主管部门指定的单位认可后进行试验。

④ 辐照食品　按《辐照食品卫生管理办法》要求提供毒理学试验资料。

⑤ 食品及食品工具设备用洗涤消毒剂　按卫生部颁发的《消毒管理办法》进行，重点考虑残留量。

⑥ 农药残留　按 GB 15670—1995 进行。

⑦ 兽药残留　按 GB 15670—1995 进行。

7.3.2.4 食品安全性毒理学评价试验的目的和结果判定

（1）毒理学试验的目的

① 急性毒性试验　测定 LD_{50}，了解受试物的毒性强度、性质和可能的靶器官，为进一步进行毒性试验的剂量和毒性判定指标的选择提供依据。

② 遗传毒性试验　对受试物的遗传毒性以及是否具有潜在致癌作用进行筛选。

③ 致畸试验　了解受试物是否具有致畸作用。

④ 30d 喂养试验　对只需进行第一、第二阶段毒性试验的受试物，在急性毒性试验的基础上，通过 30d 喂养试验，进一步了解其毒性作用，观察对生长发育的影响，并可初步估计最大未观察到有害作用剂量。

⑤ 亚慢性毒性试验——90d 喂养试验，繁殖试验　观察受试物以不同剂量水平经较长期喂养后对动物的毒性作用性质和靶器官，了解受试物对动物繁殖及对子代的发育毒性，并初步确定最大未观察到有害剂量和致癌的可能；为慢性毒性和致癌试验的剂量选择提供依据。

⑥ 代谢试验　了解受试物在体内的吸收、分布和排泄速度以及蓄积性，寻找可能的靶器官；为选择慢性毒性试验的合适动物种、系提供依据；了解代谢产物的形成情况。

⑦ 慢性毒性试验和致癌试验　了解经长期接触受试物后出现的毒性作用以及致癌作用；最后确定最大未观察到有害剂量，为受试物能否应用于食品的最终评价提供依据。

（2）各项毒理学试验结果的判定

① 急性毒性试验　如 LD_{50} 剂量小于人的可能摄入量的 10 倍，则放弃该受试物用于食品，不再继续其他毒理学试验。如大于 10 倍者，可进入下一阶段毒理学试验。

② 遗传毒性试验

a. 如三项试验（Ames 试验或 V79/HGPRT 基因突变试验、骨髓细胞微核试验或哺乳动物骨髓细胞染色体畸变试验、TK 基因突变试验或小鼠精子畸形分析和睾丸染色体畸变分析）中，体内、体外各有一项或以上试验阳性，则表示该受试物很有可能具有遗传毒性和致癌作用，一般应放弃该受试物应用于食品。

b. 如三项试验中一项体内试验为阳性或两项体外试验阳性，则再选两项备选试验（至少一项为体内试验），如再选的试验均为阴性，则可进行下一步的毒性试验；如其中有一项试验阳性，则结合其他试验结果，经专家讨论决定，再作其他备选试验或进入下一步的毒性试验。

c. 如三项均为阴性，则可继续进行下一步的毒性试验。

③ 30d 喂养试验　对只要求进行第一、第二阶段毒理学试验的受试物，若短期喂养试验未发现有明显毒性作用，综合其他各项试验即可作出初步评价；若试验中发现有明显毒性作用，尤其是有剂量-反应关系时，则考虑进一步的毒性试验。

④ 90d 喂养试验、繁殖试验、传统致畸试验　根据这三项试验中的最敏感指标所得的最大未观察到有害作用剂量进行评价，原则是：

a. 最大未观察到有害作用剂量小于或等于人的可能摄入量的 100 倍者表示毒性较强，应放弃该受试物用于食品；

b. 最大未观察到有害作用剂量大于 100 倍而小于 300 倍者，应进行慢性毒性试验；

c. 大于或等于 300 倍者则不必进行慢性毒性试验，可进行安全性评价。

⑤ 慢性毒性和致癌试验

1）根据慢性毒性试验所得的最大未观察到有害作用剂量进行评价，原则是：

a. 最大未观察到有害作用剂量小于或等于人的可能摄入量的 50 倍者，表示毒性较强，应放弃该受试物用与食品；

b. 最大未观察到有害作用剂量大于 50 倍而小于 100 倍者，经安全性评价后，决定该受试物可否用于食品；

c. 最大未观察到有害作用剂量大于或等于 100 倍者，则可考虑允许使用于食品。

2）根据致癌试验所得到肿瘤发生率、潜伏期和多发性等进行致癌试验结果判定的原则是：凡符合下列情况之一，并经统计学处理有显著性差异者，可认为致癌试验结果阳性。若存在剂量-反应关系，则判断阳性更可靠。

a. 肿瘤只发生在试验组动物，对照组无肿瘤发生；

b. 试验组与对照组动物均发生肿瘤，但试验组发生率高；

c. 试验组动物中多发性肿瘤明显，对照组中无多发性肿瘤，或只是少数动物有多发性肿瘤；

d. 试验组与对照组动物肿瘤发生率虽无明显差异，但试验组中发生时间较早。

⑥ 新资源食品等受试物在进行试验时，若受试物掺入饲料的最大加入量（超过 5%时应补充蛋白质等到与对照组相当的含量，添加到受试物原则上最高不超过饲料的 10%）或液体受试物经浓缩后仍达不到最大未观察到有害作用剂量为人的可能摄入量的规定倍数时，综合其他的毒性试验结果和实际食用或饮用量进行安全性评价。

7.3.2.5　进行食品安全性评价时需要考虑的因素

(1) 试验指标的统计学意义和生物学意义

在分析试验组与对照组指标统计学上差异的显著性时，应根据其有无剂量-反应关系、同类指标横向比较及与本实验室的历史性对照值范围比较的原则等来综合考虑指标差异有无生物学意义。此外如在受试物组发现某种肿瘤发生率增高，即使在统计学上与对照组比较差异无显著性，仍要给以关注。

(2) 生理作用与毒性作用

对实验中某些指标的异常改变，在结果分析评价时要注意区分是生理学表现还是受试物的毒性表现。

(3) 人的可能摄入量较大的受试物

应考虑给予受试物量过大时，可能影响营养素摄入量及其生物利用率，从而导致动物某些毒理学表现，而非受试物的毒性作用所致。

(4) 时间-毒性效应关系

对由受试物引起的毒性效应进行分析评价时，要考虑在同一剂量水平下毒性效应随时间的变化情况。

(5) 人的可能摄入量

除一般人群的摄入量外，还应考虑特殊和敏感人群（如儿童、孕妇及高摄入量人群）。

对孕妇、乳母或儿童食用的食品，应特别注意其胚胎毒性或生殖发育毒性和免疫毒性。

(6) 人体资料

由于存在着动物与人之间的种族差异，在评价食品的安全性时，应尽可能收集人群接触受试物后的反应资料，如职业性接触和意外事故接触等。志愿受试者的体内代谢资料对于将动物试验结果推论到人具有重要意义。在确保安全的条件下，可以考虑遵照有关规定进行人体试食试验。

(7) 动物毒性试验和体外试验资料

本程序所列的各项动物毒性试验和体外试验系统虽然仍有待完善，却是目前水平下所得到的最重要的资料，也是进行评价的主要依据。在试验得到阳性结果，而且结果的判定涉及受试物能否应用于食品时，需要考虑结果的重复性和剂量-反应关系。

(8) 安全系数

由动物毒性试验结果推论到人时，鉴于动物、人的种属和个体之间的生物学差异，一般采用安全系数的方法，以确保对人的安全性。安全系数通常为100倍，但可根据受试物的理化性质、毒性大小、代谢特点、接触的人群范围和人的可能摄入量、食品中的使用量及使用范围等因素，综合考虑增大或减小安全系数。

(9) 代谢试验的资料

代谢研究是对化学物质进行毒理学评价的一个重要方面，因为不同化学物质、剂量大小，在代谢方面的差别往往对毒性作用影响很大。在毒性试验中，原则上应尽量使用与人具有相同代谢途径和模式的动物种系来进行试验。研究受试物在实验动物和人体内吸收、分布、排泄和生物转化方面的差别，对于将动物试验结果比较正确地推论到人具有重要意义。

(10) 综合评价

在进行最后评价时，必须综合考虑受试物的理化性质、毒性大小、代谢特点、蓄积性、接触的人群范围、食品中的使用量与使用范围、人的可能摄入量等因素，在受试物可能对人体健康造成的危害以及其可能的有益作用之间进行权衡。评价的依据不仅是科学试验的结果，而且与当时的科学水平、技术条件以及社会因素有关。因此，随着时间的推移，很可能结论也不同，随着情况的不断改变，科学技术的进步和研究工作的不断进展，有必要对已通过评价的化学物质需进行重新评价，做出新的结论。

对于已在食品中应用了相当长时间的物质，对接触人群进行流行病学调查具有重大意义，但往往难以获得剂量-反应关系方面的可靠资料，对于新的受试物质，则只能依靠动物试验和其他试验研究资料。然而，即使有了完整和详尽的动物试验资料和一部分人类接触者的流行病学研究资料，由于人类的种族和个体差异，也很难做出能保证每个人都安全的评价。所谓绝对的安全实际上是不存在的。根据上述材料，进行最终评价时，应全面权衡和考虑实际可能。从确保发挥该受试物的最大效益，以及对人体健康和环境造成最小危害的前提下做出结论。

课后思考题

1. 简述食品安全性评价的原理。
2. 简述食品安全性评价的程序。
3. 食品安全性毒理学评价的适用范围包括哪些？

第8章

食品安全风险分析

8.1 食品安全风险分析目的及意义

8.1.1 食品安全风险分析相关术语定义

食品安全风险分析是指通过对影响食品安全的各种危害进行评估、定性或定量的描述风险的特征，在参考有关因素的前提下，提出和实施风险管理措施，并对有关情况进行交流的过程，包括风险评估、风险管理和风险交流三个主要部分。其中，风险评估以危害识别（hazard identification）、危害描述（hazard characterization）、暴露评估（exposure assessment）和风险描述（risk characterization）为核心内容，是食品安全管理的重要技术基础。

根据国际食品法典委员会（CAC）工作程序手册（1997年，第10版），与食品安全风险分析有关的术语定义如下。但需要说明的是，风险分析是一个正在发展中的理论体系，因此有关术语及其定义也在不断地修改和完善。

危害（hazard）：潜在的将对消费者健康造成不良后果（事件）的生物、化学或物理因素。

风险（risk）：由食品危害带来的对人体健康或环境产生不良后果的可能性和严重性。

风险分析（risk analysis）：指对可能存在的危害的预测，并在此基础上采取的规避或降低危害影响的措施。由风险评估、风险管理和风险交流三部分共同构成。

危害评估（hazard assessment）：某一种食品中的某一大类危害物作为评估对象，找出显著的需要进行风险评估的对象，确定风险评估的范围。

风险评估（risk assessment）：一个包括在特定条件下，风险源暴露时将对人体健康和环境产生不良后果的事件发生可能性的评估，此风险评估过程包括危害识别、危害描述、暴露评估和风险描述。

危害识别（hazard identification）：识别可能对人体健康和环境产生不良效果的风险源，可能存在于某种或某类特别食品中的生物、化学和物理因素，并对其特性进行定性描述。

危害描述（hazard characterization）：对与食品中可能存在的生物、化学和物理因素有关的健康不良效果性质的定性和/或定量评价。对化学因素应进行剂量-反应评估；对生物或物理因素，如数据可得到时，应进行剂量-反应评估。

剂量-反应评估（dose-response assessment）：确定某种风险源的暴露水平（剂量）与相应的不良后果的严重程度或发生频度（反应）之间的关系。

暴露评估（exposure assessment）：可能通过一种或多种途径暴露到人体和/或环境的风险源的定量或定性评估。

风险描述（risk characterization）：在危害识别、危害描述和暴露评估的基础上，定量或定性估计（包括伴随的不确定性）在特定条件下相关人群发生不良影响的可能性和严重性。

风险管理（risk management）：根据风险评估的结果，对备选政策进行权衡，并且在需要时选择和实施适当的控制选择，包括管理和监控的过程。

风险交流（risk communication）：在风险评估者、风险管理者、消费者和其他有关的团体之间就与风险有关的信息和意见进行相互交流。

8.1.2 食品安全风险分析背景状况

近年来，食品安全问题越来越严重地威胁着人们的身体健康。由食品安全事件导致的经济损失和引发的贸易纠纷不断升级，一些发达国家专门针对食品安全问题建立起自己的技术性贸易壁垒措施，对发展中国家的食品和农副产品的进出口贸易施加了更大的压力和限制。世界贸易组织（WTO）的根本宗旨是为了消除贸易壁垒，实现全球贸易自由化。为了实现这一目标，WTO制定了一系列规则和协议。同时为了加强对食品安全的控制，制定了《实施卫生和动植物检疫措施协议》（SPS协议），该协议的一项重要内容就是涉及以保障消费者的身体健康为目的的食品安全问题。WTO规定，在SPS领域，有关食品安全方面将全面采用联合国粮农组织（FAO）和世界卫生组织（WHO）下属的国际食品法典委员会（CAC）所制定的标准。

国际食品法典委员会（CAC）在1998～2002年中期计划中，已明确将风险分析准则纳入CAC标准制修订过程及CAC决策程序，同时CAC还要求其下属各分委员会在所属领域内继续研究和应用风险分析，并提出"号召成员国政府将风险分析纳入食品立法准则"。目前，食品安全风险分析已确定为CAC制定食品标准的科学基础和基本原则。世界贸易组织（WTO）认为CAC的标准、准则和其他建议是国际上关于防止人类免受食源性风险，保障人类健康的统一要求。如果其成员国采取的措施是基于食品法典标准及相关内容的，则被认为是合法的，是符合SPS协议规定的。虽然CAC标准的采用与实施在技术上仍然是非强制性的，但是，如果成员国没有采用CAC标准，而是采用比保护健康所需要的标准更高的标准，限制了贸易，就有可能会引起争端。

风险分析在WTO未来的工作中将起到至关重要的作用。SPS协议要求"成员国应确保SPS措施是参考国际相关组织的风险评估技术，在适当的条件下，对人类、动物和植物的生命或健康进行风险评估为依据而制定的"。其成员国应利用风险评估技术，对高于法典标准水平的保护措施提供正当的依据，并应确保风险管理决策是透明的，而不是任意人为的不同。另外，如果不同的措施可产生相同的结果，则应该选择对贸易限制最小的措施。

实施食品安全风险分析工作，有利于推动食品质量安全管理由末端控制向风险控制转变，由经验主导向科学主导转变，由感性决策向理性决策转变，由事后监管为事前预防，必将大大提升公众对食品的消费信心，也为政府管理决策咨询提供技术指导。目前，我国农产品贸易（包括食品贸易）正遭受着国内出口受阻和国外产品大量涌入的双重压力，特别是近三年来中国农产品贸易出现总体呈逆差态势，而且国际贸易争端不断升级，其中的一个原因是我国对国际贸易规则的掌握和运用还很不够，尤其是对世界贸易组织 TBT、SPS 协议对风险分析规定的应用能力还不适应。而且，近几年国内发生的一系列农产品质量与安全事件，直接导致人民群众消费信心下降，进而危及到整个产业链条。因此，采用食品安全风险分析技术来实现构建和应对技术性贸易措施是目前最有效的手段，也是预警预报食品安全事件发生的必要措施。

8.1.3 食品安全风险分析的目的及意义

实施食品安全风险分析的目的及意义主要体现在如下方面。

① 为建立一套科学系统的食源性危害的评估、管理理论，为制定国际上统一协调的食品卫生标准体系奠定基础。

风险分析将贯穿整个食物链（从原料生产、采收到终产品加工、储藏、运输、消费等）各环节的食源性危害均列入评估的内容，考虑了评估过程中的不确定性、普通人群和特殊人群的暴露量、风险管理措施的可行性，以及不断的监测评审管理措施的效果并及时利用各种交流的信息进行调整。这一系列工作所得到的结论及数据信息为制定国际上统一的食品卫生标准体系奠定了较好的基础。

② 风险分析的应用将科研、政府、生产企业、消费者、媒体及其他有关各方有机地结合在一起，加强了政府机构、学术界、企业及消费者之间的信息交流，使各国风险管理的决策建立在科学、客观及协调的基础之上，促进食品安全管理体系的发展和完善。

在实施风险分析的过程中，学术界进行风险评估，政府在评估的基础上综合各方意见并权衡各种因素，制定风险管理的策略，可以说，食品风险分析是政府制定食品安全性管理政策的科学依据和理论基础。在整个风险分析的过程中，学术界、政府、生产企业、消费者、媒体及其他有关各方之间充分的交流和沟通，避免了部门割据所造成的主观片面的决策，有利于食品安全管理体系的发展和不断改进。

③ 有效防止旨在保护本国贸易利益的非关税贸易壁垒，促进公平的食品贸易。

食品法典委员会的一项重要宗旨就是促进国际间公平的食品贸易，这也是 WTO 将食品法典作为解决贸易争端依据的主要原因。在 WTO 的 SPS 协议第 5 条规定了各国需根据风险评估结果确定本国适当的卫生和植物卫生措施保护水平，各国不得主观、武断地以保护本国国民健康为理由，设立过于严格的卫生和植物卫生措施，从而阻碍贸易的公平进行。即是说，各国采纳的食品标准法规如果严于食品法典标准，必须提供风险评估的科学依据，否则，就被视为贸易的技术壁垒。

④ 风险分析的应用对于确定不同成员国食品安全管理措施是否具有等同性，简化食品进出口检验程序，促进双边和多边互认，促进国际食品公平贸易等方面影响深远。

食品进出口国间的食品管理措施是否具有等同性，评判原则同样依据食品法典的风险分析理论。为达到同等的食品安全目标，各国可采用不同的管理措施，但“只要出口国或进口国客观地表明了其卫生和植物卫生措施符合进口国相应的卫生和植物卫生保护水平，该成员国（进口国）都应承认出口国的卫生和植物卫生措施与其具有等同性”。等同性的确认有助于简化食品进出口检验程序，促进双边和多边的相互承认，从而加快食品进出口通关的速度，提高食品贸易效益。

风险评估结果可用于食品安全标准和其他管理措施制（修）定、确定国家食品安全监管优先领域、评估监管措施的实施效果，以及提供风险交流的科学信息。其中作为食品安全标准制（修）定的科学基础是风险评估结果应用的一个重要方面。国际食品法典委员会

(CAC) 明确规定在制定食品法典标准时必须以风险评估作为依据。

8.2 食品安全风险分析概述

“食品安全风险分析”是风险分析在食品安全领域的应用，包含风险评估、风险管理和风险交流三部分内容。食品安全风险分析体系的基本构成框架如图 8-1 所示。

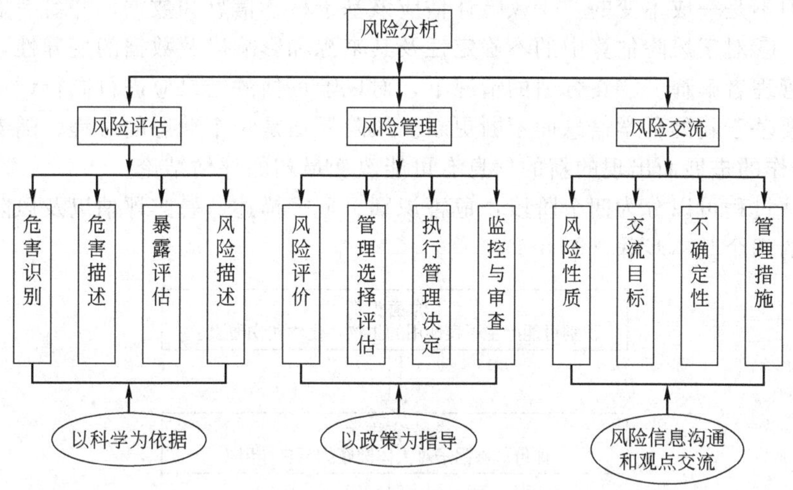

图 8-1 食品安全风险分析体系的基本构成框架

在实际进行风险分析时，要将风险评估、风险管理和风险交流三个方面结合起来综合考虑。风险评估、风险管理和风险交流既相互独立又相互作用，三者之间存在关注重点的不同，但也存在相互交融和协同的关系，见图 8-2 所示。

图 8-2 风险评估、风险管理、风险交流之间的关系

8.2.1 风险评估

风险评估的重要性不仅在于它可以评估危害物质对人体危害的大小，它还可以：①对各种有争议或花费高的风险管理措施进行客观的评价，形成更加有效的一整套保证食品安全的措施，以达到保护消费者的目的；②有助于实现“从生产到消费”的食品安全计划的制定；③有助于建立基于风险级别的执行标准的制定；④有助于客观地阐述不同技术和食品安全措

施的等效性；⑤科学地证明严于食品法典标准的进口要求的合理性；⑥为风险管理措施的制定和实现有效的风险交流提供科学依据等。

在风险分析中风险评估是其科学核心，是风险管理和风险信息交流的基础。风险评估应遵循以下原则，但在实施时需要根据评估任务的性质作具体调整：①风险评估应该是客观的、透明的、记录完整的和接受独立审核/查询的。②尽可能地将风险评估和风险管理的功能分开。一方面要强调功能分开，但另一方面也要保持风险评估者和风险管理者的密切配合和交流，使风险分析成为一个整体，而且有效。③风险评估应该遵循一个有既定架构的和系统的过程，但不是一成不变的。④风险评估应该基于科学信息和数据，并要考虑从生产到消费的全过程。⑤对于风险估算中的不确定性及其来源和影响以及数据的变异性，应该清楚地记录，并向管理者解释。⑥在合适的情况下，对风险评估的结果应进行同行评议。⑦风险评估的结果需要基于新的科学信息而不断更新。风险评估是一个动态的过程，随着科学的发展和/或评估工作的进展而出现的新的信息有可能改变最初的评估结论。

风险评估过程可以分为四个阶段：危害识别、危害描述、暴露评估以及风险描述，这也是风险评估的四个基本步骤（图 8-3）：

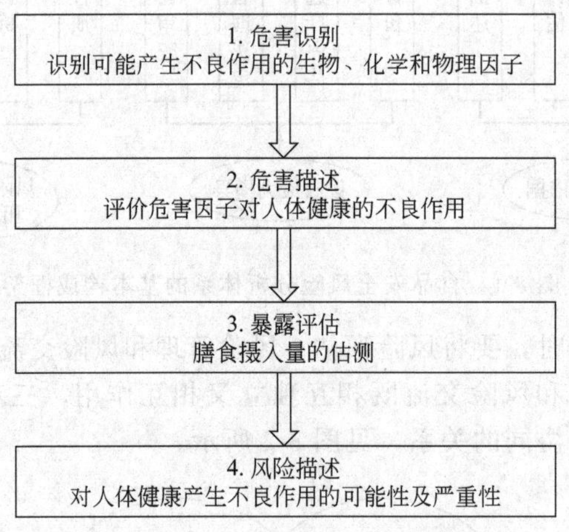

图 8-3　风险评估步骤

8.2.1.1　危害识别

危害识别的目的在于确定某种物质的毒性，在可能时对这种物质导致不良效果的固有性质进行鉴定；确定人体摄入危害物的潜在不良作用、产生不良作用的可能性；以及产生这种不良作用的确定性和不确定性。危害识别不是对暴露人群的危险性进行定量的推测，而是对暴露人群发生不良作用的可能性作定性的评价。

由于资料往往不足，因此，进行危害识别的最好方法是采用证据加权法。这种方法要求对来源于适当的数据库、同行专家评审的文献及诸如企业界未发表的研究报告等科学资料中得到的信息进行充分评议，并对研究结果或数据给以不同的重视程度，然后据其排序，一般顺序为：流行病学研究、动物毒理学研究、体外试验及剂量-反应关系或结构-活性关系。

(1) 流行病学研究

如果能获得阳性的流行病学研究数据，应当把它们应用于危险性评估中。如果能够从临床研究获得数据，在危害识别及其他步骤中应当充分利用。

危害识别一般以动物和体外试验的资料为依据，因为流行病学研究费用昂贵，而且提供的数据很少。

(2) 动物试验

用于风险评估的绝大多数毒理学数据来自动物试验，这就要求这些动物试验必须遵循世界广泛接受的标准化试验程序。尽管没有适用于食品安全危险性评价的专用程序，但诸如联合国经济合作发展组织（OECD）、美国环境保护局（EPA）等颁布的试验程序可以参照。

长期（慢性）动物试验数据至关重要，包括肿瘤、生殖/发育作用、神经毒性作用、免疫毒性作用等。短期（急性）毒理学试验资料也是有用的。

(3) 短期试验研究与体外试验

由于短期试验既快速且费用不高，因此可用来探测化学物质是否具有潜在致癌性，或用来支持从动物试验或流行病学调查的结果。

可以用体外试验资料补充作用机制的资料，例如遗传毒性试验。但体外试验的数据不能作为预测对人体危险性的唯一资料来源。

(4) 结构-反应关系

在对一类化学物（如多环芳烃化合物、多氯联苯类和四氯苯丙二噁英）进行评价时，可以根据此类化学物的一种或多种的毒理学资料，采用毒物当量的方法来推测人体摄入该类化学物中其他化学物对健康的危害。

(5) 对致癌物的识别与分类

危害物的识别中，最难的是对致癌物质的确定。因为物种之间代谢功能相差甚大，有的化学物只对某种动物有致癌性，对其他动物并不致癌。另外，虽然对多种不同动物在多次试验中均有致癌症，但没有流行病学证据，或只有相当有限的临床观察者，将此类称为“有充分证据的可疑致癌物（Sufficient evidence of Carcinogenicity）”。由于不能拿人体做试验，以及缺乏流行病学的数据，因此，将这些已充分证明会导致动物致癌的物质视同“有可能导致人类癌症（suspected human carcinogen）”。

8.2.1.2 危害描述

危害描述一般是由毒理学试验获得的数据外推到人，计算人体的每日允许摄入量（ADI值）或暂定每日耐受摄入量（PTDI）；对于营养素，制定每日推荐摄入量（RDI值）。食品添加剂、农药、兽药和污染物在食品中的含量往往很低，通常只有百万分之几，甚至更少。人体健康风险评估多数都是基于动物试验的毒理资料。

(1) 剂量-反应的评估

这种高剂量到低剂量的外推过程在量和质上皆存在不确定性。由于人体与动物在同一剂量时，药代谢动力学作用有所不同，而且剂量不同，代谢方式也不同。另外，化学物在高剂量或低剂量时的代谢特征也可能不同。因此，毒理学家必须考虑在将高剂量的不良作用外推到低剂量时，这些和其他与剂量有关的变化存在哪些潜在影响。

(2) 遗传毒性和非遗传毒性致癌物

近年来，已逐步能够区别各种致癌物，并确定有一类非遗传毒性致癌物，即本身不能诱发突变，但是它可作用于被其他致癌物或某些物理化学因素启动的细胞的致癌过程的后期。遗传毒性致癌物是指能间接或直接地引起靶细胞遗传改变的化学物。大量的报告详细说明遗传毒性和非遗传毒性致癌物均存在种属间致癌效应的差别。世界上许多国家的食品卫生界权威机构认定遗传毒性和非遗传毒性致癌物是不同的。要证明某一物质属于遗传毒性致癌物，往往需要提供致癌作用机制的科学资料。

(3) 阈值法

试验获得的 NOEL 或 NOAEL 值乘以合适的安全系数等于安全水平或者每日允许摄入量。这种计算的理论依据是人体与试验动物存在着合理可比的阈剂量值（阈值）。

(4) 非阈值法

对于遗传毒性致癌物，一般不能用 NOEL-安全系数来制定允许摄入量，因为即使在最低摄入量时，仍然有致癌危险性。因此，对遗传毒性致癌物的管理办法是：禁止商业化的使用该种化学物；制定一个极低而可忽略不计、对健康影响甚微或者社会能接受的化学物的风险水平。

8.2.1.3 暴露评估

暴露评估主要根据膳食调查和各种食品中化学物质暴露水平调查的数据进行的。通过计算，可以得到人体对于这种化学物质的暴露量。对于食品添加剂、农药和兽药残留以及污染物等危害物暴露评估的目的在于求得某危害物的剂量、暴露频率、时间、途径及范围。由于剂量决定毒性，所以剂量的确定就显得特别重要。对于食品添加剂、农药和兽药残留以及污染物等危害物的暴露剂量，主要是对膳食摄入量的估计，这需要有关食品消费量和这些食物中相关化学物浓度的资料。一般来说，摄入量评估有三种方法：①总膳食研究；②个别食品的选择性研究；③双份膳食研究。WHO 制定了化学污染物膳食摄入量的研究准则，即食品污染和监控程序。

可以根据食品添加剂、农药和兽药规定的使用范围和使用量，来估计膳食摄入量。然而，食品中食品添加剂、农药和兽药残留的实际水平远远低于最大允许量。因为仅有部分庄稼/畜禽使用了农药/兽药，因此，食品中或食品表面有时完全没有农药和兽药残留。计算膳食污染物暴露量需要知道它们在食品中的分布情况，只有通过可靠的分析方法对有代表性的食物进行分析才能获得，食品中添加剂含量的数据可以从制造商那里获得。

膳食中食品添加剂、农药和兽药的理论摄入量必须低于相应的 ADI 值。通常，实际摄入量远远低于 ADI 值。确定污染物的限量会遇到一些特殊的问题，通常在数据不足时制定暂行摄入限量。污染物水平偶尔会比暂行摄入限量高，在此情况下，限量水平往往根据经济和/或技术方面的具体情况而定。

根据测定的食品中化学物含量进行暴露评估时，必须要有可靠的膳食摄入量资料。评估时，平均人群和不同人群详细的食物消费数据很重要，特别是易感人群。另外，必须注重膳食摄入量资料的可比性，特别是世界上不同地方的主食消费情况。一般认为，发达国家居民比发展中国家居民摄入较多的食品添加剂，因为他们膳食中加工食品所占的比率较高。

8.2.1.4 风险描述

风险描述是提供人体摄入化学物质对健康产生不良作用的可能性的估计，它是危害识别、危害描述和暴露评估的综合结果。

(1) 有阈值的化学危害物

对于化学物质的风险评估，如果是有阈值的化学物，则对人群的风险可以通过暴露量与 ADI 值（或其他测量值）进行比较作为风险特征描述。如果所评价的危害物的暴露量比 ADI 值小，则对人体健康产生不良作用的可能性为零，即：

安全限值(Margin of Safety, MOS)＝ADI/暴露量

MOS＞1，该危害物对食品安全影响的风险是可以接受的；

MOS≤1，该危害物对食品安全影响的风险超过了可以接受的限度，应当采取适当的风险管理措施。

(2) 无阈值的化学危害物

如果所评价的化学物没有阈值，对人群的风险是摄入量和危害程度的综合结果。这时，食品安全风险＝摄入量×危害程度。

在风险描述时，必须说明风险评估过程中每一步所涉及的不确定性。风险描述中的不确定性反映了前几个阶段评价中的不确定性，在实际工作中，可依靠专家判断和额外的人体研究以克服各种不确定性。

8.2.2 风险管理

风险管理就是依据风险评估的结果，权衡管理决策方案，并在必要时，选择并实施适当的管理措施（包括制定法规等措施）的过程。在制定风险管理措施时，管理者首先要了解风险评估过程所确定的风险特征。风险管理与风险评估在功能上要分开。风险评估是由科学家来完成的，而风险管理则是由政府管理部门来实施。这是CAC食品法典准则所倡导的，也是目前国际上发达国家和地区在食品安全风险分析方面的一个重要的发展趋势。

(1) 风险管理的目标

通过选择和实施适当的措施，尽可能有效地控制食品风险，从而保证公众健康，确保进出口食品贸易在公平的竞争环境下顺利进行。

(2) 风险管理的内容

① 风险评价　基本内容包括确认食品安全问题、描述风险概况、就风险评估和风险管理的优先性对危害进行排序、为进行风险评估制定风险评估政策、决定进行风险评估以及风险评估结果的审议。

② 风险管理选择评估　包括确定可行的管理方案、选择最佳的管理办法（包括考虑一个合适的安全标准），以及最终的管理决定。

③ 执行管理决定　保护人体健康应当是首先考虑的因素，同时可适当考虑其他因素的影响，如经济费用、效益、技术可行性、对风险的认知程度等，必要时可进行费用-效益分析。

④ 及时启动风险预警机制。

⑤ 定期进行监控和审查　评价所采取措施的有效性，当可以获得新的数据和信息时，应当考虑对风险评估进行更新。

(3) 风险管理的措施

风险管理的措施包括：①制定最高限量；②制定食品标签标准；③实施公众教育计划；④通过使用替代品或改善农业或生产规范以减少某些化学物质的使用等。

(4) 风险管理的原则

① 在风险管理的实际过程中，有时可能没有必要包括风险管理的所有内容。比如，国家级的风险管理决策中可能包括风险管理的所有方面，但CAC的风险管理通常不包括管理决策实施、监控与审查两个方面。

② 在风险管理决策中应当首先考虑保护人体健康。对风险的可接受水平应主要根据对人体健康的考虑决定，同时应避免风险水平上随意性的和不合理的差别。在某些风险管理情况下，尤其是决定将采取措施时，应适当考虑其他因素（如经济费用、效益、技术可行性和社会习俗）。这些考虑不应是随意性的，而应当清楚和明确。

③ 风险管理的决策和执行应当透明。风险管理应当包含风险管理过程（包括决策）所有方面的确认和系统文件，从而保证决策和执行的理由对所有有关团体是透明的。

④ 风险评估政策的决定应当作为风险管理的一个特殊的组成部分。风险评估政策最好在风险评估之前，与风险评估人员共同制定。从某种意义上来讲，决定风险评估政策往往成为进行风险分析实际工作的第一步。

⑤ 风险管理应当把风险管理与风险评估分离，确保风险评估过程的科学完整性，减少风险评估和风险管理之间的利益冲突。但是应当意识到，风险分析是一个循环反复的过程，风险管理人员和风险评估人员之间的相互配合在实际应用中是至关重要的。

⑥ 风险管理决策应当考虑风险评估结果的不确定性。如有可能，风险的估计应包括将不确定性量化，并且以易于理解的形式提交给风险管理人员，以便他们在决策时能充分考虑不确定性的范围。决策者不能以科学上的不确定性和变异性作为不针对某种风险食品采取行动的借口。

⑦ 在风险管理过程中，应当与包括消费者在内的其他有关团体进行明确的相互交流。在所有有关团体之间进行持续的相互交流是风险管理过程的一个组成部分。风险情况交流不仅仅是信息的传播，而更重要的是将风险管理的重要信息和意见作为新决策的参考。

⑧ 风险管理应当考虑在风险管理决策的评价和审查过程中所有新产生的资料，并持续改进风险管理过程。为确定风险管理决策在实现食品安全目标方面的有效性，应对其进行定期评价、有效的审查和监控。

(5) 风险管理的监控和审查

对实施措施的有效性进行评估，以及在必要时对风险管理和（或）评估进行审查，以确保食品安全目标的实现。

(6) 风险管理者与评估者间的相互关系

风险管理者应该与风险评估者进行全面合作，并形成文件，以保证风险评估的科学完整性、一致性和透明度。

为形成科学的风险管理决策，风险评估过程的结果应与风险管理措施的评估相结合。在形成决策时，人体健康应该是首要考虑的因素，同时，可适当考虑其他因素（如经济成本、效益、技术可行性、风险的认识程度等）。形成管理决策之后，紧接着应对控制措施效果和对接触人群的风险影响进行监控，从而确保食品安全目标得以实现。

所有可能受到风险管理决策影响的有关组织都应有机会参与风险管理的过程，这点十分重要。这些组织可以包括（但不限于包括）消费者组织、食品工业和贸易代表、教育研究机构和制定规章制度的机构。他们可以用各种方式进行协商讨论，包括参加公共会议、在公开文章中加以评价等。在风险管理策略制定的各个阶段，都应邀请相关组织共同进行评价和审议等。

从广义上说，风险管理的完整过程应包括风险评价，其程序化方法包括：风险评价⟶风险管理措施的评估⟶管理决策的实施⟶监控和评价。在某些情况下，风险管理活动并不包括所有这些因素（如法典标准的制定、国家政府实施的控制手段）。

风险管理决策应该考虑到风险评估结果的不确定性。在评价风险性时，应尽可能将风险的不确定性进行量化，并用易理解的方式呈现给风险管理者们，以便他们在决策中，能充分考虑不确定性的范围。如果风险评估的结论很不确定，那么风险管理者的决策就可能会更加保守和苛刻，这是可想而知的。

综上所述，风险管理与风险评估的功能分离是风险分析典型的本质特点。这种分离使科学家能专注于科学的评价，而将政策和政治的考虑留给风险管理者。由于进行评估的个人或组织没有牵涉到后来的风险管理中，从而评估不会因与管理措施相关的预先形成的意见产生偏见，即评估者关注的是评价体系，而不是纠正体系，保证了风险评估得到了很好的执行。

但另一方面，把风险管理和风险评估过程的分割却往往造成风险交流的困难。风险管理和风险评估的功能的分离是总的战略，但专家和风险管理者之间进行的有效对话对获得及时有用的建议却是不可缺少的。管理者和评估者之间明确的风险交流显得尤为重要，尤其是在风险评估的开始和完成阶段，管理者和评估者之间的交流更是特别关键，对工作范围的清晰和综合描述将给风险管理者提供其所需要的有效信息。

总之，风险管理和风险评估既相互作用又相互独立，风险评估是风险管理的前提，是基础。因而，在进行风险评估之前，要求风险管理者与评估者共同制定评估的策略，在实施评估和管理过程中又要保持各自功能的独立完整性。如果风险管理者和评估者之间并没有明确的界定，也就无法保证两者的功能独立性，也无法保证评估过程的科学完整性，以及决策制定和实施过程的正确性。另外，如不能充分考虑风险的不确定性，或评估者不能将风险不确定性以容易理解的方式呈现给管理者，那么管理者在决策中就不能考虑不确定性的范围，难以形成正确的管理措施，并加以有效实施。

8.2.3 风险交流

食品安全风险交流包括风险评估者、风险管理者及社会相关团体公众之间各个方面的信息交流。这包括信息传递机制、信息内容、交流的及时性、所使用的资料、信息的使用和获得、交流的目的、可靠性和意义。

随着公众对食品安全关注的日益增强、国际贸易竞争的益加激烈，对风险交流提出了更多的要求，要求科学工作者、管理者和公众等有关各方进行必要的相互对话，用清晰、全面的描述解释食品中各种危害所带来的风险的严重性，使公众感到可靠和值得信任。这要求风险交流者认识和克服目前知识中的不足，以及风险评估中的不确定性所带来的障碍。同时，还要及时掌握国际动态，与国际组织及各进出口食品贸易相关国家做好信息的交流。

8.2.3.1 风险交流是风险分析的一个重要组成部分

风险交流是食品安全风险分析过程中三大组成部分之一。风险评估是定性或定量地描述风险的过程。风险管理是为确保适当的保护水平而选择适当的措施，并实施控制手段。风险交流作为风险分析的重要组成部分，是明确进出口贸易中风险问题以及制定、理解和作出最佳风险管理决策的必要和关键的途径。风险管理者和风险评估者之间，以及他们与其他有关各方之间保持公开的交流，这是极其重要的。

在正式进行风险评估前，有关各方须收集适当的信息来描绘一个“风险的概况”，包括描述食品安全问题及其来源、确定与各种风险管理决定有关的危害因素等。这通常包括一系列初步的风险评估工作，而这些工作有赖于有效的风险交流。通过风险交流将某些解决食品安全问题的措施上升为国家标准，从而为标准的制定提供可靠的科学依据。

风险描述是将食品安全风险评估的信息向风险管理者和其他有关各方进行交流的最初途径。因此，在风险描述中，应尽可能定量评估有关风险的性质并提供充分的资料。在定量的风险评估方面，交流确实存在内在的困难，这包括既要保证清楚地解释风险描述中内在科学的不确定性，又要保证对被交流者不能用难懂的科学术语和技术行话。风险评估者、风险管理者和其他各方的交流，都应该采用适合目标人群的语言和概念。

风险交流有利于风险管理者在风险分析过程中确定和权衡所选择的政策和作出的决定。所有有关各方之间相互交流也有助于保证透明度、促进一致性，并提高风险管理水平。在可行的和合理的范畴内，有关各方应参与确定管理措施、制定所采用的标准和提供实施与评估措施的相关资料。当作出最终风险管理决定时，使有关各方清楚地了解决策的基础是十分重要的。

起草有关风险性的宣传材料是风险交流过程的一个重要步骤。良好和适当的风险信息交流，不是减少矛盾和建立信任的唯一途径，但不恰当的风险信息交流肯定会增加矛盾和导致不信任。

8.2.3.2 风险交流的目的

风险交流的根本目标是用清晰、易懂的术语向具体的交流对象提供有意义的、相关的和准确的信息。有效的风险交流应该具有建议和承担义务以及相互信任的作用，使之推进风险管理措施在所有各方之间达到更高程度的和谐一致，并得到各方的支持。

风险交流的主要目的：

① 在风险分析过程中提高对所研究的特定问题的认识和理解；

② 在达成和执行风险管理决定时增加一致化和透明度；

③ 为理解风险管理决定提供坚实的基础；

④ 改善风险分析过程中的整体效果和效率；

⑤ 作为制定和实施风险管理行动的有效信息和培训资料；

⑥ 培养公众对于食品安全性的信任和信心；

⑦ 加强所有参与者的工作关系和相互尊重；

⑧ 在风险情况交流过程中，促进所有有关团体的适当参与；

⑨ 就有关团体对于与食品及相关问题的风险的知识、态度、估价、实践、理解进行信息交流。

8.2.3.3 风险交流的要素

风险交流的要素包括风险的性质、利益的性质、风险评估的不确定性和风险管理的选择，每个要素均包含多方面的内容。

① 风险的性质　a. 危害的特征和重要性；b. 风险的大小和严重程度；c. 情况的紧迫性；d. 风险的变化趋势；e. 危害暴露的可能性；f. 暴露的分布；g. 能够构成显著风险的暴露量；h. 风险人群的特点和规模；i. 最高风险人群。

② 利益的性质　a. 与每种风险有关的实际或预期利益；b. 受益者和受益方式；c. 风险和受益的平衡点；d. 利益的大小和重要性；e. 所受影响人群的总体利益。

③ 风险评估的不确定性　a. 评估风险的所采用的方法；b. 每种不确定性的重要性；c. 所得资料的缺点和不准确度；d. 估计所依据的假设；e. 假设中各因素的变化对估计的灵敏度的影响；f. 风险评估结论的变化对风险管理的影响。

④ 风险管理的措施　a. 控制或管理风险的行动；b. 个人可采取的降低其风险的行动；c. 选择特定的风险管理措施的理由；d. 特定措施的有效性；e. 特定措施的益处；f. 风险管理的费用和费用的出处；g. 执行风险管理措施后仍然存在的风险。

8.2.3.4 风险交流的原则

① 认识交流对象　在制作风险交流的信息资料时，应该分析交流对象，了解他们的动机和观点，倾听所有有关各方的意见是风险交流的一个重要组成部分。

② 专家的参与　作为风险评估者，科学家必须有能力解释风险评估的概念和过程。他们要能够解释其评估的结论和科学数据，以及评估所基于的假设和主观判断，以使风险管理

者和其他有关各方能清楚地了解其所处风险。

③ 具备一定的信息交流技能　成功的风险交流应具有向所有有关各方传达易理解的有用信息的专门技能。风险管理者和技术专家可能没有时间或技能去完成复杂的交流任务，比如对各种各样的交流对象（公众、企业、媒体等）的需求做出答复，并且撰写有效信息资料。所以，具有风险交流技能的人员应该尽早地参与进来。

④ 确保信息来源可靠　来源可靠的信息比来源不可靠的信息更能影响公众对风险的看法。有效的交流应承认目前存在的问题和困难，它在内容和方法上是公开的，并且是及时的。消息的及时传递是极其重要的。从长远来看，对信息的遗漏、歪曲和出于自身利益的声明，都会损害信息的可靠性。

⑤ 明确职责　国家、地区和地方政府机构都要对风险交流负有根本的责任。公众期望政府在管理公众健康的风险方面起领导作用。媒体在交流过程中扮演一个必不可少的角色，因而也分担这些责任。在交流过程中，涉及人类健康的紧急事件，特别是有潜在严重健康后果的风险，如食源性疾病，就不能等同于非紧急的食品安全问题。企业对风险交流也负有责任，尤其是其产品或加工过程所产生的风险。即使参与风险交流的各方（如政府、企业、媒体）的各自作用不同，但都对交流的结果负有共同的责任。

⑥ 明确可接受的风险水平　风险交流者应该能够对公众说明可接受的风险水平。许多人将“安全的食品”理解为零风险的食品，但众所周知零风险通常是不可能达到的。实际上，“安全的食品”通常意味着食品是“足够安全的”，解释清楚这一点，是风险交流的一个重要功能。

⑦ 确保透明度　为了使公众接受风险分析过程及其结果，要求这个过程必须是透明的。除因为合法原因需保密（比如：专利信息或数据），风险分析中的透明度必须体现在其过程的公开性和可供有关各方审议两方面。在风险管理者、公众和有关各方之间进行的有效的双向交流是风险管理的一个必不可少的组成部分，也是确保透明度的关键。

⑧ 正确认识风险　要正确认识风险，一种方法是研究形成风险的工艺或加工过程；另一种方法是将所讨论的风险与其他相似的更熟悉的风险相比较。

8.2.3.5　风险交流中各部门的作用和责任

① 政府的作用和责任　无论采用什么方法来管理危害公众健康的风险，政府都对风险交流负有根本的责任。当风险管理的职责是使有关各方充分了解和良好的信息交流时，政府的决策就有义务保证参与风险分析的有关各方有效地交流信息。同时风险管理者还有义务了解和回答公众关注的危害健康的风险问题。在交流风险信息时，政府应该尽力采用一致的和透明的方法。

② 企业的作用和责任　企业有责任保证其生产的食品的质量和安全。同时，企业也同政府一样，有责任将风险信息传递给消费者。企业全面参与风险分析工作对做出有效的决定是十分必要的，并且这可以为风险评估和管理提供一个主要的信息来源。企业对食品加工和处理过程中的一些特定信息比较了解且具有最好的认识，这对风险管理和风险评估者拟定有关文件和方案时将发挥至关重要的作用。

③ 消费者和消费者组织的作用和责任　在公众看来，广泛而公开地参与国内的风险分析工作，是切实保护公众健康的一个必要因素。在风险分析过程的早期，公众或消费者组织的参与有助于确保消费者关注的问题得到重视和解决，并且还能使公众更好地理解风险评估过程，以及如何做出风险决定。另外还能够为由风险评估所形成的风险管理决定提供支持。消费者和消费者组织有责任向风险管理者表达他们对健康风险的关注和观点。消费者组织应

经常和企业、政府一起工作，以确保消费者关注的风险信息得到很好的传播。

④ 学术界和研究机构的作用和责任　学术界和研究机构的人员，以其对于健康和食品安全的专业科学知识及识别危害的能力，在风险分析过程中发挥重要作用。通常，他们在公众和媒体心目中具有很高的可信度，同时也可作为不受其他影响的信息来源。科研工作者可以研究消费者对风险的认识或如何与消费者进行交流，以及评估交流的有效性，也可帮助风险管理者对风险交流方法和策略提出建议。

⑤ 媒体的作用和责任　媒体在风险交流中显然也起到非常关键的作用。公众得到有关食品的健康风险信息大部分是通过媒体获得的。媒体并不局限于从官方获得信息，他们的信息常常反映出公众和社会其他部门所关注的问题。这使得风险管理者可以从媒体中了解到以前未认识到的公众关注的问题。所以，媒体能够并且确实促进了风险交流工作的改进。

8.2.3.6　风险有效交流的策略

在风险分析的全过程中，为切实保障风险管理的策略能有效地把危害公众健康的各种食源性风险降到最低限度，信息交流始终扮演着一个极其重要的角色。在这个过程中，许多交流都是在风险管理者和风险评估者之间进行反复的意见交换而进行的。其中两个关键步骤，即危害识别和风险管理措施的选择，均要求在所有各方之间进行风险交流，以帮助增加管理决定的透明度和提高人们对结论的接受水平。

由于在风险交流过程中也存在许多的障碍，比如：风险分析过程内部的障碍包括信息的获取，以及在风险分析过程中缺乏那些与结果有显著关系的各方的参与。因此，进行风险分析所需要的重要信息并不总能轻易地从掌握信息者获得。有时，企业或其他私人可能有某一风险的专门信息，但是，出于保护其竞争地位的需要或其他商业目的，他们不愿与政府机构分享这些信息。另一方面，政府机构也可能由于各种原因，不愿公开讨论他们所掌握的食品所处的风险。无论是风险管理者，还是其他有关方面，在任何情况下，均难以获得全部风险的关键资料，这使在危害识别和风险管理中的交流工作更加困难。

此外，风险交流还存在来自一般情况的交流障碍，比如：观念不同、理解不同、缺乏对科学过程的理解、信息来源的可信度以及媒体、其他社会因素等带来的交流障碍等。

在不同种情况下发生的风险交流，应有不同的策略来适应不同的情况。这虽然有许多相似之处，但是，处理食品安全的紧急事件和与公众进行食品技术的风险和利益的对话，以及交流那些针对慢性的和较低的食品风险的信息时，所采取的策略都应有所不同。

① 风险有效交流的一般要求　有效的风险交流的许多要求，特别是那些涉及公众的要求，可以按以下风险交流过程的系统方法进行排序分组。首先，收集背景资料和需要的信息；其次，制作、编辑、传播并发布信息；最后，对其效果进行审核和评估。

② 食品安全突发事件期间的风险交流策略　一旦发生诸如食品中化学污染物、物理性掺假或发现致病性微生物等典型的食品安全突发事件，尽管前述的非突发事件状态下的一般策略仍然适用，但是，突发事件下需要有特殊的策略，交流策略应该是突发事件管理计划中的不可缺少的组成部分。有效的突发事件管理要求有一个综合计划，以便根据定期评估而进行修正。

在突发事件期间，保持良好的交流渠道特别重要。首先，要防止引起恐慌，其次，要提供有关突发事件的正确信息，以帮助决定采用什么样的行动。这些信息和行动应包括如下：

a. 突发事件的性质和程度以及控制突发事件所采取的措施；

b. 被污染食品的来源以及如何处理家中的所有可疑食物；

c. 所确定的危害及其特征，以及何时、怎样寻医或其他必要的援助措施；

d. 防止问题的进一步蔓延的措施；

e. 在突发事件期间，人们妥善地加工处理食品的方法。

③ 食品安全突发事件期间政府的反应　当发生食品安全突发事件时，政府要做好准备，以便迅速地将准确的信息传递给大众媒体和公众。基本的准备工作包括确定可靠的消息来源和专家意见，安排一个行政机构来处理突发事件期间的交流问题，以及提高工作人员对待媒体和公众的技巧。

政府的食品安全信息办公室必要时应当作为突发事件管理中心，可将其作为一个信息服务中心接受消费者有关食品安全的日常咨询。食品监督机构也可以考虑在国际互联网提供食品与食品安全信息，其中包括对普遍关注的问题的解答。

④ 食品安全突发事件期间企业的反应　当突发事件正在出现或已经出现时，卷入突发事件的企业应该确保政府全面获得有关突发事件发生的可能原因和问题严重程度的信息，以及有关收回已投放市场食品的预期效果信息。在突发事件期间，处理公众问题时，应将消费者的安全放在第一位，企业的行动和交流活动都应该反应这一点。

a. 以消费者的身份来评估问题，负责向消费者提供清楚和准确的事实真相，并提出解决问题的办法，以保护消费者，这会向公众证明你是值得信赖的；

b. 确信公司的任何声明都来自一个一致的信息来源，相互矛盾的信息只会把问题搞混，降低信任感，破坏突发事件的解决进程；

c. 选择一位受过训练并具有媒体打交道技巧的新闻发言人，新闻发言人应随时与媒体保持联系；

d. 新闻发言人不要只是考虑食品企业的利益，还应为公众着想；

e. 同媒体交流要有开发的政策，交流的信息必须是一致的，而且一旦接到新信息，就应该立即更新内容；

f. 保持快速、经常的交流。采用最佳工作时间表和工具与媒体合作。同那些在突发事件问题上工作的企业内外人员，特别是同政府机构进行交流；

g. 通报企业雇员，特别是那些销售和市场人员，关于突发事件情况的进展，告诉他们为解决突发事件正在做什么以及正在交流的风险宣传信息是什么；

h. 建立一个消费者的信息反馈机构，可采用提供免费的消费者服务电话以及民意调查来得到反馈信息；

i. 了解自己企业的目标，以及怎样利用这些目标来制备风险交流的宣传信息。

⑤ 食品安全突发事件期间地方的反应　接触突发事件的第一线人物通常是地方官员，因此关键是他们要迅速地与有关当局进行情况交流，以便使突发事件能够得到控制，并进行正确的管理。

a. 提供全面、及时准确的信息；

b. 当事情已经解决时，及时通告广大消费者；

c. 保持所持信息的简明扼要，太多的事实让人不知所措；

d. 选出一名受过媒体技巧训练的新闻发言人，在突发事件期间，这位发言人应随时与媒体保持联系对信息及时更新。

8.2.3.7　风险交流的具体方针

前面已经提到，政府所建立的食品安全信息办公室，用来进行日常食品安全咨询服务，必要时也可作为突发事件管理中心。同时食品安全委员会对食品安全做出评估并向政府官员提供建议。该委员会可由微生物专家、医学专家、毒理学家以及涉及公共卫生和具有食品管理经验的其他科学家、消费者组织和企业的代表组成。委员会的讨论结果和建议可以通过官方公告或行政通知，以及大众媒体使公众知晓，委员会也可为参加法典会议的国家代表团提供意见。

企业应该更加积极地行动起来，基于对消费者认识的程度，清楚地告知消费者在食品处理、储藏或其他操作方面有助于控制食源性疾病的爆发的方法。有关如何安全地处理、制备和储存食品的指导意见应采用清楚、毫不含糊的语言，必要时，可利用图形和图像。

审慎地使用标签是一项风险管理、风险交流的策略，而它的有效性还需要进一步研究。标签已经广泛地用于向消费者传达有关消息，比如食品成分、营养价值、重量、食用方法，以及关于某种健康问题的警示。但是，标签不能代表对消费者的教育。在评估使用食品标签在风险交流中的作用时，重要的是看公众所关注的问题是否有标示和说明。

以往的经验表明，由于地方政府与当地群众的密切接触，通常更有可能被看作是值得信赖和可靠的风险信息来源。所以，地方官员应当作为重要的角色参加风险交流活动，并将食品安全信息纳入初级卫生保健工作中，这也应该包括利用适当的传媒系统如：大众媒体、招贴画、小册子、录像等方式传播重要的风险交流消息。另外，还有必要对风险交流工作和计划进行定期和系统的评估，以确定其有效性，并在必要时进行修正。只有在交流的全过程中进行系统的评估，才能进一步加强交流过程。

8.3 食品安全风险评估的原则与方法

食源性危害风险评估是对人类暴露于食源性危害而导致对健康已知和潜在不良作用的科学评价，它是对暴露于危害所产生伤害的可能性和严重性所进行的评价。食源性危害的风险评估应当基于科学理论，并且应当是明晰的。食源性危害风险评估还应当随着时间的推移，而被重新评估和重新评价，包括对费用、资源和时间（CAC 的观点）的陈述。

在风险评估过程中需要足够的毒理学信息，而且这些信息要基于标准测试协议，并被国际组织接受。此外，一份可靠的风险评估要求要有已经被国际组织（如 JECFA、JMPR、EPA、FDA、OECD）认可的数据。

对于化学危害物而言，以经验为基础的毒理学解释作为风险评估是可行的。实际上，到目前还没有足够复杂的科学信息可以提供一个非常高的确定度。虽然有许多动物毒理学数据可以使用，但是却没有足够的数据来尽可能预测人类的毒理反应。因此，按照传统，一般就参照在研究过程中所获得的可接受的最低剂量的毒性反应作为依据。食品中化学危害的风险评估目的在于选择恰当的风险管理办法以保证消费者的食品消费风险为“零”。这种食品安全方法需要与 SPS 协定的意图、可接受的风险性和等效性等概念进行比较。对于不能用真正的定量风险评估模型作评价的化学性危害物，可以在“理论为零”的基线风险之上确定等同的安全范围来保证等效性。

8.3.1 食品中添加剂类和化学污染物风险评估的一般性原则与方法

食品添加剂、化学污染物的风险评估是通过对相关的科学技术资料及其不确定性信息进行系统分析，来评估食品添加剂、化学污染物对人体健康造成的潜在的不良影响、暴露水平，以及观察到的影响之间的直接关系，包括危害识别、危害描述、暴露评估和风险描述 4 个步骤。

食品添加剂、化学污染物为数众多，因此，它们的危害、剂量-反应和暴露评估资料在范围和质量上都有很大差别，有时，资料极度缺乏，甚至不能获得，特别是化学污染物。这时评估者要最大限度地使用现有资料以及用其他相关的科学数据代替不能得到的化学污染物资料，并处理好数据的不确定性。对这种情况要说明理由，提供充分和清楚的依据，评估者应避免为达到预期的风险管理目标而人为操纵风险评估过程。

在许多情况下，不可能得到十分全面的和十分确切的科学资料，数据的不确定性主要来源于获得资料数量的局限性和对流行病学、毒理学研究所得到的客观资料评价和解释的不一致，往往没有足够的依据来确定哪一套数据（研究结果）更适合于预测人的反应。因此，一直以来的做法是，根据在一个质量可靠的研究中最低剂量产生的中毒反应来进行评估。在某些情况下完全可以根据现有资料推导出科学上合理的不同结论，评估过程需要足够的毒理学资料，一般采用国际公认检测程序得出的数据。如果采用国际知名组织（JECFA、EPA、FDA、OECD等）的资料数据，那么所得出的评估更有说服力。

8.3.1.1 危害识别

危害识别的目的是确定食品添加剂或化学污染物的产生对人体的潜在不良影响以及引起不良影响的可能性和不确定性。它是对暴露于危害物质下的人群发生不良影响的可能性做出定性的评估。对人体的潜在不良影响一般采用流行病学研究、动物毒理学研究和体外试验。由于流行病学研究费用昂贵，且提供数据较少，所以很少应用。

对这些化学物质全部进行毒理学实验是不现实的，也没有必要。在许多情况下，可以用其他信息来评价危害，例如：化学物质结构、代谢物、代谢率以及使用历史等。对于未曾应用于食品中的化学物质，可以通过三个方面进行识别：结构及其物化性质、物质的代谢和毒性、动物和体外毒理试验结果。

动物试验的设计应考虑到找出NOEL值、可观察的无副作用剂量水平（NOAEL）或者临界剂量，即应根据这些极限值来选择剂量。动物试验的选择应考虑待测生物的敏感度，因为在安全评价时，通常假设人体至少和最敏感的动物一样。动物试验必须遵循科学界广泛接受的标准化试验程度，在有些情况下，动物试验不大适合推测对人体的作用，可以用体外试验来研究一般毒性和反应机理。

权威机构已经推出了建立分析食品类化学物质的毒理性的一般原则。这些工作大多由食品企业来完成，按照国际通行的标准（如OECD颁布）进行研究，然后递交有关权威部分进行评估。对于已应用于食品的化学物质，毒理数据可从公开发表的论文中获得，当然，其可信度不一而论。

8.3.1.2 危害描述

对食品添加剂和化学污染物进行危害描述时，要考虑危害识别的结果（NOEL值、NOAEL值等）及相应的剂量水平，内容包括：

① 主要毒性极限值及相应的剂量水平；

② 如果有阈值，则评估剂量水平（ADI、PTWI、PMTDI等），当低于此剂量，观察不到毒性作用；

③ 物质在动物或人体内的代谢过程；

④（有时）描述引起毒性反应的化学机制。

对于遗传毒性致癌物，一般不能用NOEL——安全系数来制定允许摄入量，因为即使在最低摄入量时，仍然有致癌危险性。因此，对遗传毒性致癌物的管理办法是：禁止商业化的使用该种化学物；或制定一个极低而可忽略不计、对健康影响甚微或者社会能接受的化学物的风险水平。

8.3.1.3 暴露评估

对食品添加剂和化学污染物的暴露评估要考虑人体摄入量的三个来源：单一食物、全膳食及其他来源。当暴露评估是估计值时，要计算为全膳食情况；当普查数据完备时，可以得到准确的暴露评估和特定类别的暴露评估。通常暴露评估是计算某类特殊食品的估计摄入量，以及这种化学物质的估计含量。在有些情况下要确定系统暴露水平，就要测定胃肠吸收和血尿含量。

暴露评估的通则：风险评估中必须注意到某种化学物质残留可能出现在两种或更多的食物中，同类毒性的化学物质可能出现在全膳食中，也可能还存在着其他非膳食的暴露途径。

不同的暴露人群存在着食物消费模式上的差异，这将影响其对食品化学物质的暴露。同时，还存在着不同个体对这些物质产生毒性反应的易感性差异。

(1) 易感性差异

很多因素决定着人群对危害物的易感性和受侵害性差异，例如年龄、性别、营养状况，遗传特性等。

(2) 暴露途径

① 膳食摄入（包括饮水） 通常，当以单位体重摄入量计算时，婴儿及儿童的食品消耗量要大于成人，而且年龄的不同影响着膳食结构。

通过分析食物摄入量（或依据摄入量推算出的膳食结构）和食物中化学物质含量，可以估算出这些化学物质的膳食暴露。然后，将这些暴露估计值同相关的某种食品化学物质参考水平（如 ADI、PTWI 和 RDI）相比较。

② 其他可能暴露途径 偶然暴露、空气暴露、土壤暴露是食物摄入之外的化学物质暴露源。

(3) 总体考虑

① 暴露评估的概率法 考虑到个体膳食暴露估计的复杂性，为了全面分析各种可能的膳食状况，采用概率法，通过计算不同的摄入量和物质含量，可以综合考虑可能出现的全部膳食状况。

概率分布可以全面反映食物摄入和食物中化学物质含量，通过多次取值计算，膳食暴露的概率分布情况即可知晓。这种方法可以综合考虑不同食物源的化学物质含量水平，或是综合考虑不同暴露途径的暴露情况，使用概率法评估暴露。

② 国际评估和国内评估 膳食暴露评估可以采用国际和国内两种水平对可能引起长期危害或短期危害的食品中的化学物质进行暴露估计。

(4) 数据来源

① 食品消费数据 通常，食品消费数据的收集是用来描述消费食品的营养情况，而并非总适用于化学物质的暴露。消费数据来源包括：膳食结构、国家 FBS 数据基础上的地方膳食情况、国家范围内的个体膳食情况调查。

国际水平的暴露评估，消费数据（用于长期膳食暴露评估）源于膳食结构和 FAO 公布的 FBS 食品地区性摄入情况。国家范围内的个体调查也应进行，以确立对加工食品中食品添加剂的长期暴露评估（大量消耗的食物也要建立相应的数据库，以便于确立短期暴露评估。值得注意的是，这一数据要建立在个体消费者的基础上，如摄入克/千克体重）。

② 食品中化学物质含量数据 除了 GEMS/FOOD 公布的污染物数据，几乎没有可比较

的其它的食品中化学物质数据。可能的国家级数据包括监测实验数据（残留量）、政府监控和普查数据，以及行业内的调查数据。在 CAC 中，膳食暴露评估中使用的食品化学物质适宜水平，由相关的法典委员会根据 JECFA 的推荐决定，法典标准的作用之一是便于安全食品的贸易。化学物质的最高含量通常被视为食品中的最高允许量，当考查暴露评估所用数据的潜在不确定性时，了解最高限量的偏离方法（method of derivation）是极为必要的。食品添加剂的最高允许量，取决于工艺水平；污染物的最大允许量（MLs）取决于食品供应源中最低污染水平。MLs 使膳食暴露评估变得极为便捷，但必须注意的是，个体消费者通常未必食用最高含量值水平的食物。化学物质含量数据的选用应当更为科学合理，以更加准确地估计实际摄入的含量水平。最好的评估方法是使用概率法，目前，它仅被少数几个国家应用于国家水平和膳食暴露评估。

8.3.1.4 风险描述

风险描述是对危害识别、危害描述、暴露评估所得到信息的综合评价，它应给出某一食品添加剂或污染物摄入人体后产生不良作用的风险性。对于有阈值的食品添加剂和污染物，表述为已知危害的食品添加剂或污染物可接受摄入量（ADI、PTWI、PMTDI）与已知人体膳食暴露水平（摄入量）间的比较。对没有阈值的污染物（遗传毒性致癌物、环境污染物），应进一步做定性评估。一般原则是此类污染物在食品中应当尽可能减少到可能达到的最低水平（ALARA 原则）。

对于遗传毒性致癌物，由于它在很低剂量水平就能够引起 DNA 损伤，因此，NOEL 法不适用于这类物质。一般情况下，这类物质不允许加到食品中。但有些时候，在加工、烹制过程中不可避免地出现，应将其限制在最低水平。对非遗传毒性致癌物，可采用 NOEL 法建立 ADI 值。由于对致癌作用和机理认识不足，世界上许多国家的卫生机构认定的遗传毒性和非遗传毒性致癌物是不同的。要证明某一物质是遗传毒性致癌物，必须提供充分的致癌作用机制的科学资料。

对于环境污染物，由于不是加入到食品中去的，而且其含量也不能人为调节到安全水平，因此，对它的评估要采用最大允许量（MLs）方式，即将污染物水平降到最低，以保护公众健康和安全。

8.3.2 致病性细菌危害风险评估的一般性原则与方法

危害公众健康的生物学因素（危害）包括致病性细菌、病毒、寄生虫、原生动物、藻类及其所产生的毒素。在这些危害中，食品中的致病性微生物，特别是致病性细菌，是当前全球面临的最重要问题。

致病性细菌的风险分析一直是个难题，因为目前还很缺乏这些生物性危害的作用机理和不良后果的研究数据，对生物性危害的界定和控制还存在较大的不确定性，很难进行定量风险评估。而且，任何评估食源性细菌危害风险的方法，都将因生长、加工、贮藏和消费前食品的制备方法等因素而复杂化。

致病性细菌危害风险评估同样包括如下四个步骤：危害识别、危害描述、暴露评估和风险描述。

8.3.2.1 危害识别

已知引起食源性疾病的细菌性因子是通过流行病学及其他资料使细菌及其来源与疾病联

系在一起而被识别的。但是，仅有少量的发病案例得到了充分的调查，很可能食品中还有许多细菌病原体有待识别。

危害识别的局限性包括：发病调查过程中开支的费用和困难、缺乏可靠或完整的流行病学资料、无法分离和描述新的病原体。危害识别可以包括如下几个方面。

(1) 对致病性细菌生长环境特点（包括宿主）的说明

致病性细菌无处不在，分布于空气、土壤、淡水和盐水、动物和人类的皮肤、毛发，动物和人类的消化道以及植物组织中。温度环境、环境的酸碱度（pH）、水分活度（A_w）、渗透压和气体状态，都能够影响致病性细菌的生长、繁殖和产生毒素。

(2) 对致病性细菌生物学特性的说明

需要对致病性细菌的生物学毒性进行详细的说明。

(3) 对致病性细菌流行病学的说明

对致病性细菌流行病学的描述就是对不同国家（环境）致病性细菌与人类细菌性食物中毒的关系，以及这种关系差异的描述。

在人类共同生存的地球上，世界各国由于环境差异、饮食习惯、食品种类、食品加工方法、食品运输及贮存条件和个人卫生习惯等的不同，因而所引起的细菌性食物中毒的情况也有较大的差别。例如，在日本所发生的食物中毒和在英国所发生的食物中毒就有明显的差别。在日本发生的食物中毒中，以细菌性食物中毒为最多，其次是天然毒素，在细菌性食物中毒中，又以副溶血性弧菌和葡萄球菌造成的食物中毒为最多；英国的细菌性食物中毒，以沙门氏菌食物中毒为最多，其中特别是鼠伤寒沙门氏菌的发病数约占 1/2，其次是产气荚膜梭菌。在美国，细菌性食物中毒的首位是葡萄球菌食物中毒，其次是沙门氏菌。然而，近年来在许多国家，弯曲杆菌在引起食物中毒方面的重要性甚至超过了沙门氏菌。

(4) 对不同国家（环境）致病性细菌风险因素的说明

在环境差异、饮食习惯、食品种类、食品加工方法、食品运输和贮存条件以及个人卫生习惯等各个方面，与致病性细菌风险因素密切相关的主要是环境差异、饮食习惯、食品种类和食品加工方法；当然，食品运输和贮存条件以及个人卫生习惯等方面的因素也不能排除。

以环境差异为例。肉毒梭菌按肉毒毒素的抗原特异性分为 A～G 七个型别。引起人类肉毒中毒的主要是 A、B 和 E 三个型。对于 E 型而言，调查表明，全世界 E 型肉毒中毒基本上都发生在北纬约 40°以北的北半球沿海地区和内陆高原、平原地区。如在美国，E 型中毒发生在阿拉斯加州的最多；我国的青海、西藏、新疆、黑龙江、吉林和山东等地都是 E 型肉毒中毒的高发区；在日本和加拿大，E 型肉毒中毒占大多数。波罗的海、加拿大圣劳伦斯湾的调查表明，E 型菌及其芽孢适应于深水的低温，并可因海洋生物（鱼、海豹）的迁移和潮汛及水流的冲击而扩散。E 型菌在海洋地区的广泛分布，也就形成了生态学上 E 型菌与海洋之间具有几乎不可分割的联系这样的观念。而 A 型和 B 型菌的芽孢则在世界各大洲几乎到处都能检出，世界各地也几乎都有 A 型和 B 型肉毒中毒发生的报道，而其他各型肉毒中毒却似乎具有一定的地域局限性。但即便如此，A 型和 B 型仍然具有它们的地域局限性。例如在美国，A 型发病数居多，但 A 型在加利福尼亚州发生的最多，B 型在纽约州发生的最多。

其次，以饮食习惯为例。根据日本的统计，在细菌性食物中毒中，副溶血性弧菌食物中毒约占半数或半数以上。这其中有两个原因：首先是日本人喜食海产品。副溶血性弧菌是一种致病性嗜盐菌，是分布极广的海洋细菌，夏季海水及海产食品中常带有此菌，在沿海地区发病率很高。在我国部分地区、特别是沿海地区食物中毒的报告中，副溶血性弧菌食物中毒也占首位。由于卫生条件和预防措施的改进，本菌引起的食物中毒事件虽然已有所减少，但在夏季细菌性食物中毒中，依然占有重要地位，且中毒原因多数与海产品有关。其次是日本人喜食生的海产品。副溶血性弧菌食物中毒的发生时间与其他细菌性食物中毒大体相似，具有季节性的特点。仅就日本每月发病情况看，1～4 月极少发生，从 5 月开始增多，6～7 月迅速增加，8～9 月发生最多，10 月即显著减少，11～12 月极少发生。如果在夏季人们食用了受污染且未经很好处理的生的海产品，发生食物中毒的机会就很大。

再以食品种类和食品加工方法为例。前述全世界 E 型肉毒中毒基本上都发生在北纬约 40°以北的北半球沿海地区和内陆高原、平原地区。在这些地区的食品主要是兽肉、禽肉的贮藏加工食品、鱼制食品等动物性食品。例如在日本，E 型肉毒中毒的食品绝大部分是家庭自制的鱼和米饭混合发酵而成的一种特殊风味的食品——鱼饭；我国青藏高原上发生的 E 型肉毒中毒是因生食腐烂的冬藏牛羊肉而发生的；我国其他高纬度地区发生的肉毒中毒的食品较为独特，主要是豆谷类的发酵食品，如臭豆腐、豆瓣酱、豆豉等。在这些地区，不论国内外，都是生食或不经再加热而直接食用食品时引起肉毒中毒的。国内外肉毒中毒病例相同的另一特点，就是这类食品大部分都是家庭自制的。肉毒梭菌芽孢的抗热性极强，在家庭自制食品过程中，有些食品尽管在制作过程中其原料经过蒸煮加热，但芽孢往往不能被杀死。而且还有许多自制食品在制作过程中根本不经加热处理，原料或容器上污染的芽孢得以存活下来，在条件适宜时，这些芽孢就可能在食品中发芽、生长、繁殖并产生肉毒毒素，进而导致人们食用该食品发生肉毒中毒。

8.3.2.2 危害描述

危害描述的目的是对食品中病原体的存在所产生不良作用的严重性和持续时间进行定性或定量的评价。剂量-反应资料在描述产毒的致病性细菌时是有用的。但是，许多食源性致病性细菌的剂量-反应资料很有限，或者根本不存在。在此基础上的剂量-反应评估资料难以得到或者可能由于多种原因而不准确。危害描述可以包括如下几个方面。

(1) 致病性细菌特性和相关食品特性的说明

① 致病性细菌的传染性、毒力和致病性　不同致病性细菌的传染性有较大的差异，传染性越大的细菌，其传染源也越广。致病性细菌的毒力和致病性密切相关，致病性细菌的毒力通常是由它们所产生的内毒素或外毒素引起的。产生内毒素的致病性细菌即前述的可造成所谓“食源性感染”的细菌，如肠出血性大肠杆菌 O_{157}：H_7；产生外毒素的致病性细菌即前述的可造成所谓“食源性中毒”的细菌，如金黄色葡萄球菌。

对健康人而言，通常感染性食物中毒的发病菌量是大于 10^5～10^7 个，但 O_{157}：H_7 小于 10^3 个菌量即足以导致发病，甚至不到 100 个菌即可发病。金黄色葡萄球菌产生的是外毒素，它的病理就是由这种外毒素——金黄色葡萄球菌肠毒素（SET）造成的。SET 的特点是对热具有抵抗性，巴氏灭菌不能破坏食品中的 SET，即使煮沸 30min 也不能完全破坏其毒性，甚至在经过热处理的罐头中仍然可以含有肠毒素。所以，在进食了被金黄色葡萄球菌污染并生成了 SET 的食品后，症状将在 1～6h 内发作，平均是 2～3h。

② 致病性细菌的易感性人群　必须在危害描述中说明致病性细菌的易感性人群及其特点。危险人群时常包括老年人、孩子甚至强壮的中青年人。

③ 相关食品对致病性细菌感染、生存、繁殖和产毒的影响　不同类型的食品和不同加工类型的食品对致病性细菌感染、生存、繁殖和产毒会产生不同的影响。例如，在新鲜乳液中，含有多种抗菌性物质，它们能对乳中存在的微生物具有杀灭或抑制作用，在含菌少的鲜乳中，其抗菌作用可维持 36h（在 13～14℃ 的温度下），若在污染严重的乳液中，可维持 18h。又如，罐头食品是经过高温、高压杀菌而制成的，从商业无菌的角度看，此时罐头中

已不存在活的或可繁殖的致病性细菌。但是，有时经过杀菌处理的罐头仍然可能有微生物存在。这是由于杀菌不足，或在杀菌后，由于罐头密封不良而受到来自外界的污染。在一定的条件下，这些杀菌后残存的，或后来污染的微生物就有可能在罐头内生长、繁殖而造成罐头食品的变质。然而，决定罐头食品中的微生物能否引起变质以及变质的特性如何，则由多种因素决定，其中食品的 pH 值是一个重要的因素。因为食品的 pH 值与食品原料的性质有关、与确定食品的杀菌工艺有关，并与能够引起食品变质的微生物种类有关。对于低酸性罐头食品（pH＞4.6），在适宜的温度条件下，肉毒梭菌芽孢可在其中发芽形成活体，并繁殖、产毒；对于酸性罐头食品（pH≤4.6），即便温度适宜，肉毒梭菌芽孢仍然无法发芽。

再如，健康的牲畜在宰杀时，肉体表面就已经污染了一定数量的微生物，但肉体组织内部是无菌的，这时，肉体若能及时给予通风干燥，使肉体表面的肌膜和浆液形成一层薄膜，就能固定和阻止微生物侵入肉的内部，这样就可延缓肉的变质。在另外一种情况下，由于宰后的肉体有酶的存在，使肉组织发生自溶作用，蛋白质分解产生胨和氨基酸，从而更有利于微生物的生长。

还可以分析一下鲜蛋与细菌的关系。鲜蛋的内部一般是无菌的，由禽体排出后的蛋壳表面有一层胶状物质，蛋壳内有一层薄膜，再加上蛋壳的结构，均能够有效阻碍外界微生物的侵入。此外，蛋白内含有溶菌、杀菌及抑菌的物质——溶菌酶。即便把蛋白稀释至五千万倍之后，它对某些敏感的细菌仍然具有杀菌或抑菌作用。蛋白对某些致病性细菌，诸如葡萄球菌、链球菌、伤寒杆菌（*S. typhe*）和炭疽杆菌（*B. anthracis*）等，均具有一定的杀菌作用。但是，即便刚产下的鲜蛋中，也有带菌现象，这通常与卵巢内污染、产蛋时污染和经蛋壳污染有关。鲜蛋内的致病性细菌以沙门氏菌为多见，这是因为活的禽体通常带有该菌，且又以卵巢内最为多见。金黄色葡萄球菌和变形杆菌等与食物中毒有关的致病性细菌，在蛋中也有较高的检出率。

最后，看看果蔬与病原微生物的关系。果蔬表皮和表皮外覆盖着一层蜡状物质，有防止微生物侵入的作用。但当果蔬表皮受损后，微生物就会乘虚而入并进行繁殖，从而促使果蔬溃烂变质。果蔬水分含量较高，也是果蔬容易引起微生物变质的一个重要因素。当然，果蔬病原微生物不一定是对人体产生病理作用的致病性细菌，而且果蔬的腐烂很容易辨别。

(2) 致病性细菌对人体健康的负面影响及其他影响

致病性细菌对人体健康的负面影响及其他影响应当在危害描述中得到体现。

8.3.2.3 暴露评估

在微生物风险评估中的暴露评估是对所消费食品中的致病性细菌的数量，或者是对细菌毒素含量的评估。在食品中化学成分的含量可能因为加工而发生略微变化的同时，致病性细菌的数量则是动态变化的，并且可能在食品基质中显著地增加或减少。

暴露评估考虑的是可能存在于食品中的致病性细菌的发生和数量，以及确定剂量的消费（食用）数据。食品中的生物体（细菌、寄生虫等）的含量在土壤、植物、动物和生食品中测得的量不同于个体摄食时该物质的含量。对于生物体而言，在适宜的环境条件下，由于繁殖（复制），微生物污染物的含量可能会显著地增加。因此，食品在消费时摄入细菌量，与在生食品中所测得的或在动物、植物或土壤中所测得的含量相比，可能有显著的不确定性。

以下的暴露评估技术主要以禽（畜）及其产品的生产（养殖）、运输、加工、贮存和制作、处理及消费为范例。

(1) 暴露评估途径

暴露途径是生物、化学或物理性因子从已知来源到被暴露个体的路线，暴露途径是暴露评估的一个重要组成部分。对于致病性细菌因子而言，通常要根据食物原料的来源考虑从农田到餐桌或产地到餐桌的全过程。例如，对于烤鸡，它所携带菌的暴露评估途径可能是：

在农场处的繁殖⟶运输⟶收获时的预处理⟶屠宰和加工⟶由于脱毛而发生的变化⟶由于开膛而发生的变化⟶清洗和其他处理的效果⟶冷却和冷冻的效果⟶加工后的变化⟶家庭制备⟶交叉污染模式⟶已烹调鸡的暴露 ⟶食用。

而对于海鲜食品例如生牡蛎，它所携带菌（MPN）的暴露评估途径可能如下：

a. 在收获阶段：区域、季节和年份变化⟶水温和水的盐度⟶总的菌量 MPN/g ⟶致病性菌量 MPN/g；

b. 在收获后阶段：收获时的 MPN/g 和冷冻时间、空气温度⟶第一次冷冻时的 MPN/g ⟶温度下降（下降时间作用）时的 MPN/g ⟶消费时的 MPN/g（贮存时间作用）；

c. 在消费阶段：消费的 MPN/g 数量⟶摄入的剂量⟶患病的风险。

（2）暴露评估的输出

暴露评估的输出描述了致病性细菌在消费时的食品中的分布，并且也包括消费量。

8.3.2.4 风险描述

风险评估的最后阶段即风险描述，风险描述就是指来自特定细菌性细菌对特定人群产生不良反应的潜在可能性和严重性的一个定性或定量的估计。致病性微生物的风险描述将根据危害识别、危害描述和暴露评估等步骤中所描述的观点和资料来进行。

用定量风险评估法来描述食源性致病菌所带来的风险，是否合适尚未确定。因此，定性风险描述可能是目前唯一的选择。定性风险描述是根据食品的具体情况、致病性细菌的生态学知识、流行病学的资料以及专家对食品的生产、加工、贮存和消费前的处理方法所等过程所导致危害的判定而形成的。

课后思考题 

1. 名词解释

危害、风险、风险分析、风险评估、危害识别、暴露评估、风险描述、风险管理、风险交流。

2. 食品安全风险分析有什么意义？

3. 简述风险评估、风险管理、风险交流之间的关系。

第9章 食品安全法规与标准

9.1 中国食品安全法规与标准

9.1.1 食品法规与标准概述

9.1.1.1 法规与技术法规

法是由国家制定和认可的，反映由特定物质生活条件所决定的统治阶级意志、以权利和义务为主要内容、以程序为标志、以国家强制力为主要保障、具有普遍性的社会规范，法规是泛指由国家制定和发布的规范性法律文件的总称，是宪法、行政法规在内的一切规范性文件；技术法规是规定技术要求的法规。

法是一种特殊的社会规范，它具有规范性、国家意志性、国家强制性、普遍性和程序性等特征，这些特征是通过法的内容，即权利和义务的规定来体现和调整、维护一定的社会关系和社会秩序。

9.1.1.2 标准与标准化

标准是为了在一定的范围内获得最佳秩序，经协商一致制定并由公认机构批准，共同使用的和重复使用的一种规范性文件，标准以科学、技术和经验的综合成果为基础，以促进最佳的共同效益为目的。

标准化是指为了在一定范围内获得最佳秩序，对现实问题或潜在问题制定共同使用和重复使用的条款的活动。这些活动主要包括编制、发布和实施标准和对标准的实施情况进行监督和检查的过程。

9.1.1.3 标准和法规的关系

(1) 标准和法规的相同点

标准和法规的主要共同点表现在具有协调功能；具有约束性；有明确的目的、宗旨和原则；有严格的制定、审批、发布程序；有统一的格式和规范化的表述方式。

(2) 标准和法规的差异

一是约束程度不同。法规必须强制执行，而标准除强制性标准需要强制执行以外，一般都要在约定条件下才强制执行。

二是制定、审批、发布的程序和权限不同。在我国，法律由全国人大或全国人大常委会制定；行政法规由国务院制定、发布；规章由国务院各部门批准、发布。而标准，例如，国家标准，在我国由国务院标准化行政主管部门制定、发布；在国外则由标准化组织（非官方、半官方或官方）制定、发布。

三是监督实施的模式和渠道不同。例如，在我国，法规的实施除自我监督、社会监督外，主要靠执法部门监督；标准实施除自我监督外，主要是主管机关的行政监督，使用方监督或消费者协会监督和第三方的监督。

9.1.2 我国食品法规体系

9.1.2.1 我国食品法规概述

(1) 法的概念和特征

狭义的法律则专指拥有立法权的国家机关依照立法程序制定的规范性文件，在我国的法律制度中是指全国人民代表大会（以下简称全国人大）及其常务委员会制定的规范性法律文件，其中由全国人大制定的法律称为基本法律，由全国人大常务委员会制定的法律称为一般法律。法律在我国的法的体系中的地位低于宪法，高于其他各种规范性法律文件。

法是一种特殊的社会规范，它具有规范性、国家意志性、国家强制性、普遍性和程序性等特征，这些特征是通过法的内容，即权利和义务的规定来体现和调整、维护一定的社会关系和社会秩序。

(2) 我国的立法体制

立法体制主要是指立法权限划分的制度。具体来讲，包括两方面：一是中央与地方立法权限的划分；二是中央各国家机关之间立法权限的划分。由于各国的政治制度、经济发展状况、历史文化传统、民族状况等情况不同，因此，各国对立法权限的划分也不尽相同。

① 我国立法体制的基本特征　基于我国的基本国情，根据《中华人民共和国宪法》（以下简称宪法）确立定的“在中央的统一领导下，充分发挥地方的主动性、积极性”的原则，在认真总结新中国成立以来我国法制建设的实践经验的基础上，《中华人民共和国立法法》（以下简称立法法）确立了我国的统一而又分层次的立法体制。即我国所有立法都必须以宪法为依据，不得与宪法相抵触；立法权由全国人大及其常务委员会统一行使，法律只能由全国人大及其常务委员会制定。所谓分层次是指国务院、省级人大及其常务委员会和较大市的人大及其常务委员会、国务院各部委、省级人民政府和较大的市人民政府，分别可以制定行政法规、地方性法规、自治条例和单行条例。

② 我国立法体制的主要内容　全国人大及其常务委员会行使国家立法权，具有制定和修改刑事、民事、国家机构的和其他的基本法律的权利；国务院是制定行政法规的立法主体，可根据宪法和法律制定行政法规；省、自治区、直辖市人大及其常务委员会是制定地方性法规的立法主体，在不与宪法、法律、行政法规相抵触的前提下，可以制定地方性法规，但在国家制定的法律或者行政法规生效后，地方性法规同法律或者行政法规相抵触的规定无效，制定机关应当及时予以修改或者废止；国务院各部委、中国人民银行、审计署和具有行政管理职能的直属机构是制定行政规章的主体，可以根据法律和国务院的行政法规、决定、命令，在本部门的权限范围内，制定规章，规章的内容不得与法律、法规相抵触。

(3) 法的渊源

法的渊源是指法的各种具体表现形式，即由不同国家机关制定或认可的具有不同法律效力和法律地位的各种类别的规范性法律文件的总称。根据我国《宪法》及《立法法》的规定，我国法的渊源主要有以下几类：①宪法，是我国的根本大法，是国家最高权力机关通过法定程序制定的具有最高法律效力的规范性法律文件；②法律，是由全国人大及其常务委员会经过特定的立法程序制定的规范性法律文件；③行政法规和部门规章，是由国务院根据宪法和法律，在其职权范围内制定的有关国家行政管理活动的各种规范性法律文件；④地方性法规和地方性规章，是由省、自治区、直辖市人大及常务委员会以及省、自治区人民政府所在地的市、国务院批准的较大市的人大及常务委员会制定的适用于本地方的规范性法律文件。

此外，我国法的渊源还有民族自治地方的自治条例和单行条例，特别行政区的法、经济特区法规和规章、军事法规和军事规章、国际条约和法律解释等。

(4) 我国食品法律法规制定原则

我国食品法律法规的制定必须遵循宪法这个基本原则，不得同宪法中的任何一条相抵触，必须以宪法中有关保护人民健康的规定为法律来源和法律依据，从国家整体利益和人民根本利益出发，在科学的基础上，根据我国的社会经济条件和各项食品政策，依照法定的权限和程序来制定。

9.1.2.2 食品安全法

长期以来，食品安全监管远远滞后于食品工业的迅猛发展，从而导致近年来食品安全事件屡次发生，为保证食品安全，保障公众身体健康和生命安全，《中华人民共和国食品安全法》（以下简称《食品安全法》）由第十一届全国人民代表大会常务委员会第七次会议于2009年2月28日通过，由中华人民共和国第9号主席令公布，自2009年6月1日起施行。

(1) 重要意义

《食品安全法》体现了预防为主、科学管理、明确责任、综合治理的食品安全工作指导思想，确立了食品安全风险监测和风险评估制度、食品安全标准制度、食品生产经营行为的基本准则、索证索票制度、不安全食品召回制度、食品安全信息发布制度，明确了分工负责与统一协调相结合的食品安全监管体制，为全面加强和改进食品安全工作，实现全程监管、科学监管，提高监管成效、提升食品安全水平，提供了法律制度保障。

《食品安全法》的施行，对于防止、控制、减少和消除食品污染以及食品中有害因素对人体的危害，预防和控制食源性疾病的发生，对规范食品生产经营活动，防范食品安全事故发生，保证食品安全，保障公众身体健康和生命安全，增强食品安全监管工作的规范性、科学性和有效性，提高我国食品安全整体水平，切实维护人民群众的根本利益，具有重大而深远的意义。

(2) 主要内容

《食品安全法》共分10章104条，内容包括总则、食品安全风险监测和评估、食品安全标准、食品生产经营、食品检验、食品进出口、食品安全事故处置、监督管理、法律责任、附则。主要集中在八个方面，包括：地方政府及其有关部门的监管职责、食品安全风险监测和评估、食品安全标准、对食品加工小作坊和摊贩的管理、食品添加剂的监管、食品召回制度、食品检验和食品安全事故处置等。

① 适用范围 《食品安全法》明确规定下列活动为该法调整范围：

a. 食品生产和加工（以下称食品生产），食品流通和餐饮服务（以下称食品经营）；

b. 食品添加剂的生产经营；

c. 用于食品的包装材料、容器、洗涤剂、消毒剂和用于食品生产经营的工具、设备（以下称食品相关产品）的生产经营；

d. 食品生产经营者使用食品添加剂、食品相关产品；

e. 对食品、食品添加剂和食品相关产品的安全管理。

食用农产品则遵守《中华人民共和国农产品质量安全法》的规定监管。但是，制定有关食用农产品的质量安全标准、公布食用农产品安全有关信息，应当遵守本法的有关规定。

保健食品则在《食品安全法》明确，其具体管理办法由国务院规定。同时，该法对食品，食品添加剂，用于食品的包装材料和容器，用于食品生产经营的工具、设备，用于食品的洗涤剂、消毒剂等用语的含义，进行了法律解释。

② 食品安全监管体制

a. 明确界定国务院有关食品安全监管部门的职责。国务院质量监督、工商行政管理和国家食品药品监督管理部门依照食品安全法和国务院规定的职责，分别对食品生产、食品流通、餐饮服务活动实施监督管理。国务院卫生行政部门承担食品安全综合协调职责，负责食品安全风险评估，食品安全标准制定、食品安全信息公布、食品检验机构的资质认定条件和检验规范的制定，组织查处食品安全重大事故。

b. 明确县级以上地方人民政府相关部门的工作职责，理顺工作关系。县级以上地方人民政府统一负责、领导、组织、协调本行政区域的食品安全监督管理工作，建立健全食品安全全程监督管理的工作机制；统一领导、指挥食品安全突发事件应对工作；完善、落实食品安全监督管理责任制，对食品安全监督管理部门进行评议、考核；依照《食品安全法》和国务院的规定确定本级卫生行政、农业行政、质量监督、工商行政管理、食品药品监督管理部门的食品安全监督管理职责。有关部门在各自职责范围内负责本行政区域的食品安全监督管理工作。

c. 规定县级以上卫生行政、农业行政、质量监督、工商行政管理、食品药品监督管理部门应当加强沟通、密切配合，按照各自的职责分工，依法行使职权，承担责任，避免各食品安全监管部门各行其是、工作不衔接。

d. 食品安全法规定，国务院设立食品安全委员会，其工作职责由国务院规定。

e. 食品安全法授权国务院根据实际需要，可以对食品安全监督管理体制作出调整。

③ 质监部门职责

a. 负责食品生产许可。《食品安全法》规定，我国对食品和食品添加剂的生产经营实行许可制度。从事食品及食品添加剂生产必须依法取得食品生产许可证。

b. 履行食品安全风险评估、通报、建议和监管职责。《食品安全法》对质检系统在该项工作中的具体职责进行了明确规定：获知有关食品安全风险信息后，应当立即向国务院卫生行政部门通报，并提出食品安全风险评估的建议，提供有关信息和资料；当得到食品不安全的评估结果时，要确保该食品停止生产经营，并告知消费者停止食用。

c. 提供食品安全标准编号。《食品安全法》规定，食品安全国家标准由国务院卫生行政部门负责制定、公布，由国家标准化管理委员会提供国家标准编号。该法还规定，食品安全标准是强制执行的标准，除食品安全标准外，不得制定其他的食品强制性标准。

d. 责令召回不符合安全标准的食品。《食品安全法》规定，我国建立食品召回制度。当食品生产者或食品经营者发现其生产或经营的食品不符合食品安全标准时，应当立即停止生产或经营，召回已经上市销售的食品，并通知消费者，对召回的食品采取补救、无害化处理、销毁等措施。

e. 开展食品检验工作。《食品安全法》明确指出，食品安全监督管理部门对食品不得实施免检。县级以上质监部门应当对食品进行定期或者不定期的抽样检验，若需要，还应当委托经资质认定的食品检验机构进行检验。该法还规定，食品检验机构应按照国家有关认证认可的规定取得资质认定后，方可从事食品检验活动，并对出具的食品检验报告负责。

f. 参与食品安全事故处置。《食品安全法》规定，质监部门在日常监督管理中发现食品安全事故，或者接到有关食品安全事故的举报，应当立即向卫生行政部门通报，并会同卫生部门，对涉事食品进行封存、检验，并责令生产经营者召回、销毁受污染食品或原料。

g. 实施对食品生产者的监督检查。《食品安全法》规定，县级以上质监部门对食品生产者进行监督检查，应当记录监督检查的情况和处理结果，建立食品生产者食品安全信用档案，对有不良信用记录的食品生产者增加监督检查频次。

h. 准确、及时、客观的公开食品安全信息。《食品安全法》规定，县级以上质监部门应依据职责公布食品安全日常监督管理信息，应当做到准确、及时、客观。当获知依据该法需要统一公布的信息，应当向上级主管部门报告，由上级主管部门立即报告国务院卫生行政部门；必要时，可以直接向国务院卫生行政部门报告。县级以上卫生行政、农业行政、质量监督、工商行政管理、食品药品监督管理部门应当相互通报获知的食品安全信息。

i. 处理投诉举报。《食品安全法》规定县级以上质监部门接到咨询、投诉、举报，对属于本部门职责的，应当受理，并及时进行答复、核实、处理；对不属于本部门职责的，应当书面通知并移交有权处理的部门处理。

j. 对违反《食品安全法》的行为实施处罚。

《食品安全法》规定，质监部门可对涉及其职责范围的8条、近20种违法行为进行行政处罚。

④ 食品安全制度框架

a. 建立了食品安全风险监测和评估机制。食品安全法从食品安全风险监测计划的制订、发布、实施、调整等方面，规定了完备的食品安全风险监测制度。同时，食品安全法还从食品安全风险评估的启动、具体操作、评估结果的用途等方面规定了一整套完整的食品安全风险评估制度。

b. 调整了食品安全标准制定、发布体系。食品安全法明确了食品安全国家标准的制定、发布主体，制定方法，明确对有关标准进行整合。食品安全国家标准由国务院卫生行政部门负责制定、公布，并对现行的食用农产品质量安全标准、食品卫生标准、食品质量标准和有关食品的行业标准中强制执行的标准予整合，统一公布为食品安全国家标准。

c. 明确了食品安全事故处置机制。食品安全法规定了制定食品安全事故应急预案及食品安全事故的报告制度，事故发生单位和接收病人进行治疗的单位应当及时向事故发生地县级卫生部门报告。食品安全监督管理部门在日常监督管理中发现食品安全事故，或者接到有关食品安全事故的举报，应当立即向卫生行政部门通报。另外，规定了县级以上卫生行政部门处置食品安全事故的措施。

d. 明确了食品企业的责任义务。食品安全法规定食品生产经营企业应当建立健全本单位的食品安全管理、食品生产从业人员健康管理、进货查验记录以及食品出厂检验记录制度，依照法律、法规和食品安全标准从事生产经营活动，对社会和公众负责，保证食品安全，接受社会监督，承担社会责任。

e. 明确食品流通环节的监管机制。食品安全法规定由工商行政管理部门负责食品流通的食品安全监管，主要职责是食品的流通环节的许可管理、流通环节的食品召回及停止经营、食品抽样检验、监督检查、食品广告管理、将食品安全事故、举报以及食品安全信息通报给卫生部门，参与食品安全事故的调查处理。

f. 明确餐饮环节的监管机制。食品安全法规定由食品药品监督部门负责餐饮服务的食品安全监管，主要职责是食品的餐饮服务的许可管理，餐饮服务的食品召回及停止经营，食品抽样检验，监督检查，将食品安全事故、举报以及食品安全信息通报给卫生部门，参与食品安全事故的调查处理。

g. 建立食品安全信息统一公布制度。由国务院卫生行政部门统一公布的信息包括：国家食品安全总体情况；食品安全风险评估信息和食品安全风险警示信息；重大食品安全事故及其处理信息；其他重要的食品安全信息和国务院确定的需要统一公布的信息。其中食品安全风险评估信息和食品安全风险警示信息以及重大食品安全事故及其处理信息，其影响限于特定区域的，也可以由有关省、自治区、直辖市人民政府卫生行政部门公布。县级以上农业行政、质量监督、工商行政管理、食品药品监督管理部门依据各自职责准确、及时、客观地公布食品安全日常监督管理信息。

h. 设立食品安全委员会。该委员会是一个常设机构，虽然该机构的职责未在法律中说明，但是结合该法附则中“国务院根据实际需要，可以对食品安全监督管理体制作出调整。”的规定，可以预见该机构很可能在下一轮食品安全监管体制改革中扮演重要角色。

i. 明确了食品安全违法行为的法律责任。食品安全法的法律责任部分共一章 15 条，明确了食品生产经营者，食品检验机构、人员，食品安全监督管理部门或者承担食品检验职责的机构、食品行业协会、消费者协会、县级以上地方人民政府食品安全监管违法行为的直接负责的主管人员和其他直接责任人员的民事、行政以及刑事法律责任。并特别规定了民事赔偿责任优先以及 10 倍索赔制度，体现了立法为民的思想。

9.1.2.3 产品质量法

为了加强对产品质量的监督管理，提高产品质量水平，明确产品质量责任，保护消费者的合法权益，维护社会经济秩序，《中华人民共和国产品质量法》（以下简称《产品质量法》）于 1993 年 2 月 22 日第七届全国人民代表大会常务委员会第三十次会议通过，根据 2000 年 7 月 8 日第九届全国人民代表大会常务委员会第十六次会议《关于修改〈中华人民共和国产品质量法〉的决定》予以修正，自 2000 年 9 月 1 日起施行。

(1) 重要意义

① 加强产品监督管理，提高产品质量水平　产品质量法的制定和实施，对于增强全民族的产品质量意识，提高我国产品质量的总体水平，促进生产者、销售者的经营管理，提高产品质量，以高质量的产品树立企业形象、拓展市场提供了保障。

② 明确产品质量责任，维护社会经济秩序　产品质量法明确了生产者、经营者在产品质量方面的责任和国家对产品质量的管理职能，对维护市场经济秩序，保障市场经济的健康发展方面发挥了重要作用。

③ 保护消费者的合法权益　严格执行产品质量法，将有利于惩治生产、销售伪劣产品的行为，保护消费者的合法权益。

(2) 主要内容

《产品质量法》共分 6 章 74 条，内容包括总则、产品质量的监督、生产者、销售者的产品质量责任和义务、损害赔偿、罚则、附则。

① 调整对象和适用范围　产品质量监督管理关系和产品质量责任关系是产品质量法的调整对象。产品质量监督管理关系是发生在行政机关在履行产品监督管理职能的过程中与生产经营者之间的关系，是管理、监督与被管理、被监督的关系。产品质量责任关系是指在产

品质量民事活动中，生产者、销售者与产品的用户、消费者以及受害人发生的因产品质量问题引发的损害赔偿责任关系。

凡在我国境内从事产品的生产、销售活动，包括进口产品在我国国内的销售，都必须遵守本法的规定，既要遵守本法有关对产品质量行政监督的规定，同时对因产品存在缺陷造成他人人身、财产损害的，也要依照本法关于产品责任的规定承担赔偿责任。

② 产品质量的监督管理制度　质量监督管理制度是指由产品质量法确认的互相联系、互相依存、自成体系的管理规定，具有严格的秩序性和规律性。管理产品质量职能是国家组织经济的职能之一，为实现这一职能，国家需要通过立法的形式建立和完善有关产品质量法律制度，采用各种不同的法律形式对产品质量形成过程进行监督控制。《产品质量法》总结我国产品质量管理工作的经验，借鉴外国立法，参照国际惯例，分别确立了企业质量体系认证制度，产品质量认证制度，产品质量检验制度，产品质量监督检查制度。

③ 产品质量责任制度　我国产品质量责任制度主要是规定生产者和销售者对产品质量所应当承担的义务，产品质量义务是国家对生产者和销售者为一定质量行为，或者不为一定质量行为的要求，属于法定义务当中的一种，在质量义务主体行为的范围限度内，义务人不履行自己的义务将承担相应的法律后果。

a. 生产者的产品质量责任和义务：《产品质量法》规定生产者的产品质量义务主要有以下几方面：第一，生产者应当对其生产的产品质量负责；第二，产品或者其包装上的标识必须真实；第三，易碎、易燃、易爆、有毒、有腐蚀性、有放射性等危险物品以及储运中不能倒置和其他有特殊要求的产品，其包装质量必须符合相应要求，依照国家有关规定作出警示标志或者中文警示说明，标明储运注意事项；第四，生产者不得生产国家明令淘汰的产品，不得伪造产地，不得伪造或者冒用他人厂名、厂址，不得伪造或者冒用认证标志等质量标志；产品不得掺杂、掺假，不得以假充真、以次充好，不得以不合格产品冒充合格产品。

b. 销售者的产品质量责任和义务：《产品质量法》规定的销售者的产品质量责任和义务主要有：销售者应当建立并执行进货检查验收制度、验明产品合格证明和其他标识；销售者应当采取措施，保持销售产品的质量；销售者不得销售国家明令淘汰并停止销售的产品和失效、变质的产品；销售者销售的产品的标识必须真实；销售者不得伪造产地，不得伪造或者冒用他人的厂名、厂址；销售者不得伪造或者冒用认证标志等质量标志；销售者销售产品，不得掺杂、掺假，不得以假充真、以次充好，不得以不合格产品冒充合格产品。

9.1.2.4　标准化法

为了发展社会主义商品经济，促进技术进步，改进产品质量，提高社会经济效益，维护国家和人民的利益，使标准化工作适应社会主义现代化建设和发展对外经济关系的需要，1988 年 12 月 29 日制定颁布了《中华人民共和国标准化法》（简称《标准化法》）（1989 年 4 月 1 日起施行）。《标准化法》总共分为 5 章 26 条分别对标准的制定，标准的实施，法律责任等作出了相应的规定，主要内容如下。

(1) 对下列需要统一的技术要求，应当制定标准：①工业产品的品种、规格、质量、等级或者安全、卫生要求。②工业产品的设计、生产、检验、包装、储存、运输、使用的方法或者生产、储存、运输过程中的安全、卫生要求。③有关环境保护的各项技术要求和检验方法。④建设工程的勘察、设计、施工、验收的技术要求和方法。⑤有关工业生产、工程建设和环境保护的技术术语、符号、代号和制图方法、互换配合要求。对于重要农产品和其他需要制定标准的项目，由国务院规定。

(2) 标准化工作国务院标准化行政主管部门统一管理全国标准化工作。

国务院有关行政主管部门分工管理本部门、本行业的标准化工作。省、自治区、直辖市标准化行政主管部门统一管理本行政区域的标准化工作。省、自治区、直辖市政府有关行政主管部门分工管理本行政区域内本部门、本行业的标准化工作。市、县标准化行政主管部门和有关行政主管部门，按照省、自治区、直辖市政府规定的各自职责，管理本行政区域内的标准化工作。

(3) 标准的制定

① 对需要在全国范围内统一的技术要求，应制定国家标准，由国务院标准化行政主管部门制定；对无国家标准而又需在全国某行业内统一的技术要求，可制定行业标准，由国务院有关行政主管部门制定，并报国务院标准化行政主管部门备案；对无国家标准和行业标准而又需在省、自治区、直辖市范围内统一的工业产品的安全、卫生要求，可制定地方标准，由省、自治区、直辖市标准化行政主管部门制定，并报国务院标准化行政主管部门和国务院有关行政主管部门备案；企业生产的产品没有国家标准和行业标准的，应当制定企业标准，企业的产品标准须报当地政府标准化行政主管部门和有关行政主管部门备案。

下一级标准在相应的上一级标准出台后应自行废止，但对于企业标准，国家鼓励企业制定严于国家标准或者行业标准的企业标准，在企业内部适用。

② 国家标准、行业标准分为强制性标准和推荐性标准。保障人体健康，人身、财产安全的标准和法律、行政法规规定强制执行的标准是强制性标准，其他标准是推荐性标准。省，自治区、直辖市标准化行政主管部门制定的工业产品的安全、卫生要求的地方标准，在本行政区域内是强制性标准。

(4) 标准的实施从事科研、生产、经营的单位和个人，必须严格执行强制性标准。

推荐性标准，企业自愿采用，国家将采取优惠措施，鼓励企业采用推荐性标准。推荐性标准一旦纳入指令性文件，将具有相应的行政约束力。在国内销售的一切产品（包括配套设备）不符合强制性标准要求的，不准生产和销售；专为出口而生产的产品（包括配套设备）不符合强制性标准要求的，不准在国内销售；不符合强制性标准要求的产品（包括配套设备)，不准进口。企业对有国家标准或者行业标准的产品，可以向国务院标准化行政主管部门或者国务院标准化行政主管部门授权的部门申请产品质量认证。认证合格的，由认证部门授予认证证书，准许在产品或者其包装上使用规定的认证标志。已经取得认证证书的产品不符合国家标准或者行业标准的，以及产品未经认证或者认证不合格的，不得使用认证标志出厂销售。

9.1.2.5 其他食品安全法规

(1) 进出口商品检验法

《中华人民共和国进出口商品检验法》（简称《商检法》)，于1989年2月21日第七届全国人民代表大会常务委员会第六次会议通过，并根据2002年4月28日第九届全国人民代表大会常务委员会第二十七次会议《关于修改〈中华人民共和国进出口商品检验法〉的决定》进行了修正。《商检法》明确了进出口商品检验工作应当根据保护人类健康和安全、保护动物或者植物的生命和健康、保护环境、防止欺诈行为、维护国家安全的原则进行，规定了进出口商品检验和监督管理办法。该法的颁布实施，对进一步加强进出口商品的检验把关、维护国家利益和信誉，促进对外贸易的发展都有着重大意义。《商检法》分为法定检验和抽查检验，均由商检机构实施，都是国家对进出口商品实施的监督管理。

(2) 计量法

《中华人民共和国计量法》（简称《计量法》）于1985年9月6日第六届全国人民代表大

会通过，并于1986年7月1日起实施。该法的颁布及实施，有利于加强计量监督管理，保障国家计量单位制的统一和量值的准确可靠，有利于生产、贸易和科学技术的发展，适应社会主义现代化建设的需要，对于维护国家、人民的利益具有举足轻重的作用。

《计量法》共6章35条，分别对计量基准器具、计量标准器具和计量检定、计量器具管理、计量监督和法律责任作出相应规定。《计量法》明确规定，在中华人民共和国境内，所有国家机关、企事业单位和个人，凡是建立计量基准、计量标准，进行计量检定，制造、修理、销售、进口、使用计量器具以及《计量法》有关条款中规定的使用计量单位，开展计量认证，实施仲裁检定和调解计量纠纷，进行计量监督管理所发生的各种法律关系，都必须遵守《计量法》的规定。

(3) 商标法

《中华人民共和国商标法》(简称《商标法》)是我国调整商标关系的法律规范的总和，即是调整商标因注册、使用、管理和保护商标专用权等活动，在国家机关、事业单位、社会团体、个体工商户、公民个人、外国人、外国企业以及商标事务所之间所发生的各种社会关系的法律规范的总和。《商标法》于1982年8月23日第五届全国人大常委会第24次会议通过，并于1983年3月1日起施行。为了适应国际条约的要求，强化商标保护力度，《商标法》及《商标法实施细则》先后于1993年第七届全国人民代表大会常务委员会第三十次会议和2001年10月27日第九届全国人民代表大会常务委员会第二十四次会议进行修正。

现行的《商标法》是2003年由国家工商行政管理总局启动并进行修订的，共8章64条，主要规定了商标注册的申请，商标注册的审查和核准。注册商标的续展、转让和使用许可，注册商标争议的裁定、商标使用的管理，注册商标专用权的保护等。《商标法》对于加强商标管理、保护商标专用权、促使生产者保证商品质量和维护商标信誉，以保障消费者的利益，促进社会商品经济的发展，具有重要作用。

(4) 消费者权益保护法

为保护消费者的合法权益，维护社会经济秩序，促进社会主义市场经济健康发展，1993年10月30日颁布《中华人民共和国消费者权益保护法》，自1994年1月1日起施行。本法主要规定是消费者在购买、使用商品和接受服务时享有各种权利，经营者向消费者提供商品或者服务，应当依照《中华人民共和国产品质量法》和其他有关法律、法规的规定履行义务。各级人民政府应当加强领导，组织、协调、督促有关行政部门做好保护消费者合法权益的工作。消费者和经营者发生消费者权益争议的，可以通过下列途径解决：与经营者协商和解；请求消费者协会调解；向有关行政部门申诉；根据与经营者达成的仲裁协议提请仲裁机构仲裁；向人民法院提起诉讼，经营者提供商品或者服务违反本规定的，除本法另有规定外，应当依照《中华人民共和国产品质量法》和其他有关法律、法规的规定，承担责任。

9.1.3 我国食品标准体系

标准体系是与实现某一特定的标准化目的有关的标准，按其内在联系，根据一些要求所形成的科学的有机整体。它是有关标准分级和标准属性的总体，反映了标准之间相互连接、相互依存、相互制约的内在联系。

9.1.3.1 标准的分类体系

(1) 按标准制定的主体及其相应的适用范围划分，标准可分为国际标准、区域标准、国家标准、行业标准、地方标准和企业标准。

国际标准是指国际标准化组织（ISO 和国际电工委员会 IEC）所制定的标准，以及国际标准化组织认可已列入《国际标准题内关键词索引》中的一些国际组织如国际计量局（BIPM），食品法典委员会（CAC），世界卫生组织（WHO）等组织制订、发布的标准也是国际标准。此外，一些专业组织和跨国公司制定的标准，在国际经济技术活动中客观上也起着国际标准的作用。

区域标准是由某一区域标准或标准组织制定，并公开发布的标准，如欧洲标准化委员会（CEN）发布的欧洲标准（EN）就是区域标准。区域标准是该区域国家集团间进行贸易的基本准则和基本要求。

国家标准是由国家标准团体制定并公开发布的标准。对我国而言，是指由国务院标准化行政主管部门制定，并对全国国民经济和技术发展以及建设创新型国家有重大意义，必须在全国范围内统一的标准。

行业标准是指由行业组织通过并公开发布的标准。我国的行业标准是对没有国家标准而必须要在全国某个行业范围内统一的、由国家有关行业行政主管部门制定并公开发布的标准。行业标准是对国家标准的补充，是专业性、技术性较强的标准。行业标准的制定不得与国家标准相抵触，国家标准公布实施后，相应的行业标准即行废止。

地方标准是由一个国家的地方部门制定并公开发布的标准。我国的地方标准是对没有国家和行业标准而又需要在省、自治区、直辖市范围内统一的产品安全，卫生要求，环境保护、食品卫生、节能等有关要求所制定的标准，它由省级标准化行政主管部门统一组织制订、审批、编号和发布。地方标准在本行政区域内适用，不得与国家标准和行业标准相抵触。国家标准、行业标准公布实施后，相应的地方标准即行废止。

企业标准，有些国家又称公司标准，是由企事业单位自行自定，发布的标准，也是对企业范围内需要协调，统一的技术要求、管理要求和工作要求所制定的标准。企业标准是由企业制定并由企业法人代表或其授权人批准、发布，由企业法定代表人授权的部门统一管理。作为企业生产和交货依据的企业产品标准发布后，企业应按有关规定及其隶属关系，报当地政府标准化行政主管部门和有关行政主管部门备案，经备案后，方可实施。

(2) 根据法律的约束性划分，国家标准和行业标准分为强制性标准、推荐性标准和国家标准化指导性技术文件。

强制性标准是国家通过法律的形式明确要求对于一些标准所规定的技术内容和要求必须执行，不允许以任何理由或方式加以违反、变更标准，包括强制性的国家标准、行业标准和地方标准。对违反强制性标准的，国家将依法追究当事人法律责任。一般保障人民身体健康、人身财产安全的标准是强制性标准。

推荐性标准是指国家鼓励自愿采用的具有指导作用而又不宜强制执行的标准，即标准所规定的技术内容和要求具有普遍的指导作用，允许使用单位结合自己的实际情况，灵活加以选用。

国家标准化指导性技术文件是一种推荐性标准化文件。它是为给仍处于技术发展过程中（如变化快的技术领域）的标准化工作提供指南或信息，供科研，设计、生产、使用和管理等有关人员参考使用而制定的标准文件。

(3) 按标准化对象的基本属性划分，可分为技术标准、管理标准、工作标准和服务标准。

技术标准是指对标准化领域中需要协调统一的技术事项所制定的标准。它是从事生产、技术、经营和管理的一种共同遵守的技术依据。技术标准是标准体系的主体，种类繁多，按其标准化对象的特征和作用可分为基础标准、产品标准、工艺标准、方法标准、安全卫生及环保标准。

管理标准是指对标准化领域中需要协调统一的管理事项所制定的标准，主要包括技术管理、生产安全管理，质量管理、设备能源管理和劳动组织管理标准等。

工作标准是按工作岗位制定的有关工作质量的标准，是对工作的范围、构成、程序、要求、效果、检查方法等所做的规定，是具体指导某项工作或某个加工秩序的工作规范和操作规程。一般分为专项管理业务工作标准、现场作业标准和工作程序标准三种。

服务标准是指规定服务应满足的要求以确保其适用性的标准。服务是指为满足顾客的需要，供方和顾客之间接触的活动以及供方内部活动所产生的结果。在我国，服务标准按服务业的领域可划分为多种标准。

9.1.3.2 标准的作用

标准是构成国家核心的基本要素，是规范经济和社会发展的重要技术制度，标准化是科技、经济和社会发展的基础。标准化工作对于推动技术进步、规范市场秩序、提高产品竞争力和促进国际贸易发挥了重要的技术基础作用。我国多年的社会主义建设实践证明，标准在经济发展中起着不可替代的重要作用，主要表现在以下几个方面。

① 标准是现代化大生产的必要条件　现代化的大生产是以先进的科学技术和生产的高度社会化为特征的。随着科学技术的发展，生产的社会化程度越来越高，生产规模越来越大，技术要求越来越严格，分工越来越细，生产协作也越来越广泛。市场经济越发展，越要求扩大企业间的横向联系，要求形成统一的市场体系和四通八达的经济网络。这种社会化的大生产，单靠行政安排是行不通的，必定要以技术上高度的统一与广泛的协调为前提，才能确保质量水平和目标的实现。要实现这种统一与协调，就必须制定和执行一系列统一的标准，使得各个生产部门和生产环节在技术上有机地联系起来，保证生产有条不紊地进行。

② 标准是规范生产流程、提高产品质量的保障　通过制定和采纳标准，企业可以对复杂的生产过程进行科学的组织和管理，促进新技术的应用和专业化水平的提高，改善生产工艺，优化生产流程，从而加快产品生产的节奏和进度。标准不仅可以对企业的最终产品提出严格的市场准入要求，而且能够对企业的中间产品进行层层把关，保证产品质量，为企业在激烈的市场竞争中胜出奠定基础。此外，标准的实施，可以使企业按照一定的业务标准进行内部控制，加强员工之间的专业化协作，从而提高组织的整体运行效率。

③ 标准是国家对企业产品进行有效管理的依据　食品是关系到人民生命安全的必需品，国家对此行业的管理，就离不开食品标准，近年来国家质量技术监督局和省市质量技术监督部门都是以相关的食品质量标准为依据，对食品行业的某些品种进行定期的质量抽查、质量跟踪，并对伪劣产品进行整顿处理，促进产品质量的不断改进。

④ 标准可以消除贸易障碍，促进国际贸易的发展　要使产品在国际市场上具有竞争能力，增加出口贸易额，就必须不断地提高产品质量。要提高产品质量，就一刻也离不开标准化工作。我国已经加入了 WTO，更要求企业积极地实施质量体系认证，以适应国际贸易的新形势，为我国产品走向世界创造条件。只要产品进行了质量认证就会得到世界上多数国家的承认，最终消除贸易障碍，促进国际贸易的发展。

⑤ 标准是推广应用科技成果和新技术的桥梁　一项科技成果，包括新产品、新工艺、新材料和新技术开始只能在小范围进行示范推广与应用。只有在中试成功，并经过技术鉴定、制定标准后，才能进行有效的大面积的推广与应用。一个企业要根据企业的发展，把标准化工作纳入企业的总体规划，有计划、有目的地发展企业的技术优势、管理优势和产品优

势，从而对企业发展和经济效益的提高起到促进作用。

⑥ 为社会可持续发展提供保障　标准的制定和实施可以增进对生态环境的保护。通过标准各项指标的制定，可以对企业生产的每个环节层层把关，防止超量排放污染物。标准在资源的开采、能耗限定、产品节能等方面可以通过调整相关的要求、技术指标，淘汰能耗高、资源利用率和回收率低的工艺过程和相关设备，达到资源的可持续利用，从而规范和促进经济和社会的可持续发展。

9.1.3.3　标准的制定程序

标准是技术法规，它的制定有着严格的管理程序。标准制定是指标准制定部门对需要制定标准的项目，编制计划，组织草拟、审批、编号、发布的活动。它是标准化工作任务之一，也是标准化活动的起点。

标准的制定是非常严格的，我国国家标准制定的一般程序划分为九个阶段：预备阶段、立项阶段、起草阶段、征求意见阶段、审查阶段、批准阶段、发布出版阶段、复审阶段、废止阶段。

同时为适应经济的快速发展，缩短制定周期，除正常的标准制定程序外，对等同采用、等效采用国际标准或国外先进标准的标准制、修订项目，可采用快速程序进行制定，即直接由立项阶段进入征求意见阶段，省略起草阶段；对现有国家标准的修订项目或中国其他各级标准的转化项目，也可直接由立项阶段进入审查阶段，省略起草阶段和征求意见阶段。对于采用快速程序的国家标准制修订项目，除允许省略的阶段外，其他阶段不能简化，以确保标准编制质量。

9.1.3.4　我国的食品标准

食品标准是指为达到食品质量、安全、营养等要求，并保障人体健康，对食品本身及其加工销售各环节的相关因素所作的管理性规定或技术性规定，是食品工业领域各类标准的总和，包括食品基础标准、食品产品标准、食品检验方法标准及食品添加剂标准等。食品标准是食品行业中的技术规范，涉及食品行业各个领域的不同方面，并从多方面规定了食品的技术要求，如抽样检验规则、标志、标签、包装、运输、贮存等。食品标准是食品安全卫生的重要保证，是国家标准的重要组成部分；是国家管理食品行业的依据，是企业科学管理的基础。

(1) 食品基础标准

基础标准是指在一定范围内为其他标准的基础普遍使用，并具有广泛指导意义的标准，它规定了各种标准中最基本的共同的要求。食品基础标准主要包括食品工业术语标准，食品分类、包装与标签标准、食品加工机械与设备基础标准和食品标准化标准等。

(2) 食品产品标准

产品标准是对产品结构、规格、质量、检验方法所做的技术规定。按适用范围，产品标准分别由国家、部门和企业制定。食品产品标准就是为保证食品的食用价值，对食品必须达到的某些或全部要求所做的规定。主要内容包括：相关术语和定义、产品分类、技术要求(感官指标、理化指标、污染物指标和微生物指标等)、各种技术要求的检验方法、检验规则以及标签与标志、包装、贮存、运输等方面的要求。其中，技术要求是食品产品标准的核心内容。凡列入标准中的技术要求应该是决定产品质量和使用性能的主要指标，而这些指标又是可以测定或验证的；这些指标主要包括：感官指标、理化指标、污染物指标、微生物指标。食品产品标准不仅是保障国民身体健康和促进国家经济建设发展的重要保证，而且是食品国际贸易过程中必须遵守的技术要求。

(3) 食品检验方法标准

食品检验方法标准是对食品的质量要素进行测定、试验、计量所作的统一规定，包括感官检验方法、食品理化检验方法、食品微生物检验方法、食品毒理学安全评价程序等。

食品感官检验是建立在人的感官感觉基础上的统计分析方法，按其检验目的、要求及统计方法的不同分为差别检验，类别检验，分析或描述性检验。

食品理化检验是卫生检验工作的一个重要组成部分，为食品卫生监督和卫生行政执法提供公正、准确的检测数据。食品理化检验包括食品中水分、蛋白质、脂肪、灰分、还原糖、蔗糖、淀粉、食品添加剂、重金属及有毒有害物质等的测定方法。

食品微生物检验是食品质量监督与控制的重要手段，其方法标准主要包括总则、菌落总数、大肠菌群测定、各种致病菌的检验、产毒霉菌的测定等。

(4) 食品添加剂标准

食品添加剂是为改善食品品质、色、香、味，以及为防霉、保鲜和加工工艺的需要而加入食品中的人工合成或者天然物质。

我国食品添加剂标准主要由食品添加剂的使用标准和食品添加剂的质量规格标准两部分组成。食品添加剂使用标准包括《食品添加剂使用卫生标准》、《食品营养强化剂使用卫生标准》两个标准，它们规定了我国食品添加剂的定义、使用原则、允许使用的食品添加剂和食品营养强化剂的品种、使用范围和使用量等。

食品添加剂的质量规格标准按照单个食品添加剂分别制定，分为国家标准、行业标准，主要规定食品添加剂的结构、理化特性、鉴别、技术要求及对应的检测方法、检验规则、包装、储藏、运输、标识的要求等内容。

9.2 国外食品安全标准与法规

9.2.1 国际食品标准组织

9.2.1.1 国际食品法典委员会（CAC）

国际食品法典委员会（CAC）是由联合国粮农组织（FAO）和世界卫生组织（WHO）共同建立的，以保障消费者的健康和确保食品贸易公平为宗旨的一个制定国际食品标准的政府间组织。食品法典委员会作为一个单一的国际参考组织，一贯致力于在全球范围内推广食品安全的观念和知识，关注并促进消费者保护。自 1961 年第 11 届粮农组织大会和 1963 年第 16 届世界卫生大会分别通过了创建 CAC 的决议以来，已有 180 个成员国和 1 个成员国组织（欧盟）加入该组织，覆盖全球 99%的人口，并且发展中国家的数目也在迅速增长并占绝大多数，我国于 1986 年正式成为 CAC 成员国。

CAC 的组织机构包括执行委员会、秘书处、一般问题委员会、商品委员会、政府间特别工作组和地区协调委员会。所有国际食品法典标准都主要在其各下属委员会中讨论和制定，然后经 CAC 大会审议后通过。CAC 成员国参照和遵循这些标准，既可以避免重复性工作又可以节省大量人力和财力，而且有效地减少国际食品贸易摩擦，促进贸易的公平和公正。

CAC 的工作宗旨是通过建立国际协调一致的食品标准体系，保护消费者的健康，促进公平的食品贸易。CAC 的主要职能或作用有以下几方面：①保护消费者健康和确保公正的食品贸易；②促进国际组织、政府和非政府机构在制定食品标准方面的协调一致；③通过或与适宜的组织一起决定、发起和指导食品标准的制定工作；④将那些由其他组织制定的国际标准纳入 CAC 标准体系；⑤修订已出版的标准。

国际食品法典标准体系中的标准可分为通用标准和专用标准两大类。通用标准包括通用的技术标准、法规和良好规范等，由一般专题委员会负责制定；专用标准是针对某一特定或某一类别食品的标准，由各个商品委员会负责制定。

9.2.1.2 国际标准化组织（ISO）

国际标准化组织是一个全球性的非政府组织，是目前世界上最大、最有权威性的国际标准化专门机构。ISO 国际标准组织成立于 1946 年，前身是国家标准化协会国际联合会和联合国标准协调委员会。中国是 ISO 的正式成员，代表中国参加 ISO 的国家机构是中国国家技术监督局（CSBTS）。

ISO 成立的目的和宗旨是：在世界范围内促进标准化工作的发展，以利于国际物资交流和互助，并扩大知识、科学、技术和经济方面的合作。其主要任务是：制定国际标准，协调世界范围内的标准化工作，组织各成员国和技术委员会进行情报交流，以及与其他国际组织进行合作，共同研究有关标准化问题。

ISO 的组织机构包括全体大会、理事会、主席、副主席、司库、各技术委员会以及必要时设立的技术处。全体大会是 ISO 最高权力机构，理事会是 ISO 常务领导机构，在全体成员大会闭幕期间具体行使职权。ISO 下设 200 多个技术委员会，600 多个分技术委员会，2000 多个工作组，日常行政事务由中央秘书处负责。在这些委员会中，世界范围内的工业界代表、研究机构、政府权威、消费团体和国际组织都作为对等合作者共同讨论全球的标准化问题。

ISO 的成员均为本国最大代表性的国家标准化机构，每个国家只能有一个团体被接纳为正式成员团体。ISO 的工作成果主要是正式出版的国际标准、ISO 标准和国际标准草案。各成员团体若对某技术委员会已确定的标准项目感兴趣，均有权参加该委员会的工作。技术委员会正式通过的国际标准草案提交给各成员团体表决，国际标准需取得至少 75%参加表决的成员团体同意才能正式通过。ISO 制定国际标准的工作步骤和顺序，一般可分为七个阶段：提出项目；形成建议草案；转国际标准草案处登记；ISO 成员团体投票通过；提交 ISO 理事会批准；形成国际标准；公布出版。

9.2.1.3 世界卫生组织（WHO）

世界卫生组织（简称世卫组织）是联合国下属的一个专门机构，是国际最大的公共卫生组织，总部设于瑞士日内瓦。世卫组织其前身可以追溯到 1907 年成立于巴黎的国际公共卫生局和 1920 年成立于日内瓦的国际联盟卫生组织。1945 年，中国和巴西代表在联合国于旧金山召开的关于国际组织问题的大会上，提交的“建立一个国际性卫生组织的宣言”，为创建世界卫生组织奠定了基础。1946 年 7 月 64 个国家的代表在纽约举行了一次国际卫生会议，签署了《世界卫生组织组织法》。1948 年 4 月 7 日，该法得到 26 个联合国会员国批准后生效，世界卫生组织随之宣告成立。

世界卫生组织的宗旨是使全世界人民获得尽可能高水平的健康。该组织给健康下的定义为“身体，精神及社会生活中的完美状态”。世界卫生组织的主要职能包括：促进流行病和地方病的防治；提供和改进公共卫生，疾病医疗和有关事项的教学与训练；推动确定生物制品的国际标准。截至 2014 年 3 月，世界卫生组织共有 194 个成员国。

世界卫生组织大会是世卫组织的最高权力机构，每年 5 月在日内瓦召开一次。主要任务是审议总干事的工作报告、规划预算、接纳新会员国和讨论其他重要议题。执行委员会是世界卫生大会的执行机构，负责执行大会的决议、政策和委托的任务，它由 32 位有资格的卫生领域的技术专家组成，每位成员均由其所在的成员国选派，由世界卫生大会批准，任期三年，每年改选三分之一。另外，世卫组织常设机构秘书处，下设非洲、美洲、欧洲、东地中海、东南亚、西太平洋 6 个地区办事处。

9.2.1.4 联合国粮农组织（FAO）

联合国粮食及农业组织（简称粮农组织），于 1946 年 10 月 16 日在加拿大魁北克正式成立，同年 12 月 16 日与联合国签署协定，正式成为联合国的一个专门机构。截至 2013 年 10 月，FAO 共有 194 个成员国、1 个成员组织（欧洲联盟）和有 2 个准成员（法罗群岛、托克劳群岛）。中国是粮农组织创始成员国之一，自 1973 年恢复我国在该组织的合法席位以后，中国一直是该组织的理事会成员国。

粮农组织的宗旨是：保障各国人民的温饱和生活水准；提高所有粮农产品的生产和分配效率；改善农村人口的生活状况，促进农村经济的发展，并最终消除饥饿和贫困。其主要职能是：①搜集、整理、分析和传播世界粮农生产和贸易信息；②向成员国提供技术援助，动员国际社会进行投资，并执行国际开发和金融机构的农业发展项目；③向成员国提供粮农政策和计划的咨询服务；④讨论国际粮农领域的重大问题，制定有关国际行为准则和法规，谈判制定粮农领域的国际标准和协议，加强成员国之间的磋商和合作。

粮农组织的最高权力机构为大会，每两年召开 1 次；常设机构为理事会，由大会推选产生理事会独立主席和理事国，理事会下已设有计划、财政、章程及法律事务、商品、渔业、林业、农业、世界粮食安全、植物遗传资源 9 个办事机构。该组织的执行机构为秘书处，其行政首脑为总干事。秘书处下设总干事办公室和 7 个经济技术事务部。各成员国政府通过大会、理事会行使其权力。

9.2.2 主要发达国家食品标准与法规

9.2.2.1 美国食品法规与标准

美国的食品安全技术协调体系由技术法规和标准两部分组成。从内容上看，技术法规是强制遵守的、规定与食品安全相关的产品特性或者相关的加工和生产方法的文件，包括适用的行政性规定，类似于我国的强制性标准。而食品标准是为通用或者反复使用的目的，由公认机构批准的、非强制性遵守的、规定产品或者相关的食品加工和生产方法的规则、指南或者特征的文件。这些标准是在技术法规的框架要求的指导下制定，必须符合相应的技术法规的规定和要求。通常，政府相关机构在制定技术法规时引用已经制定的标准，作为对技术法规要求的具体规定，这些被参照的标准就被联邦政府、州或地方法律赋予强制性执行的属性。

(1) 美国的食品安全标准

美国推行的是民间标准优先的标准化政策，鼓励政府部门参与民间团体的标准化活动，从而调动了各方面的积极因素，形成了相互竞争的多元化标准体系。自愿性和分散性是美国标准体系两大特点，也是美国食品安全标准的特点。目前，美国全国大约有 9300 个标准，约有 700 家机构在制定各自的标准。

截至 2005 年 5 月，美国的食品安全标准有 660 余项，主要是检验检测方法标准和被技术法规引用后的肉类、水果、乳制品等产品的质量分等分级标准两大类。这些标准主要由政府部门、相关的食品安全行业协会、标准化技术委员会制定，经美国国家标准学会（ANSI）认证通过。

根据标准的制定部门，美国的食品标准主要包括国家标准、行业标准和由农场主或公司制定的本企业操作规范。根据标准的内容，美国的食品标准分为产品标准、农业投入品及其合理使用标准、安全卫生标准、生产技术规程、农业生态环境标准、食品包装、储运、标签标识标准等几大类。

(2) 美国食品安全法规

按照法律层次分，美国食品安全技术法规体系由联邦法律和条例上下两个层次构成。法律层面的食品安全技术法规与我国的《食品卫生法》或《产品质量法》的法律地位和作用以及内容等类似，这些法律规定的是食品安全的一般要求。对于要达到这些一般要求的具体技术规定，则是由条例层面的技术法规进行规定，内容与我国的强制性标准规定的内容类似。

按照制定部门分，美国农业部负责禽肉和肉制品食品安全技术法规的制定和发布，食品药品管理局负责其他食品安全技术法规的制定。同时，一些部门也会联合制定技术法规，这些由部门制定的技术法规要由国会的相关专业委员会和国家管理与预算办公室统一协调，然后由相应的政府机构或部门制定并颁布实施。除联邦技术法规外，美国每个州都有自己的技术法规，联邦政府、各州以及地方政府在用法律管理食品和食品加工时，承担着互为补充、内部独立的职责。

在美国，就大多数食品来说，确保食品的安全性和营养标识真实的主要职责由食品和药品管理局（FDA）承担。FDA 实施的主要法规有：1938 年《联邦食品、药品和化妆品法》、1966 年《包装和标签法》、1990 年《营养标签及教育法》、1994 年《膳食补充剂健康和教育法》等。对于肉类和家禽产品，则由美国农业部（USDA）负责，其他机构也起一定的作用。商业部中的酒糖、烟草和枪支局对酒精饮料作出规定，环境保护署必须保证使用在食品上的杀虫剂是安全的。美国食品安全的主要法令包括：联邦食品、药物、化妆品法（FFDCA），联邦肉类检测法（FMIA），禽类产品检测法（PPIA），蛋类产品检测法（EPIA），食品质量保护法（FQPA）；公众健康保护法等。

9.2.2.2 欧盟食品标准与法规

(1) 欧盟简介

欧洲联盟（European Union），简称欧盟（EU），总部设在比利时的布鲁塞尔，是由欧洲共同体简称欧共体（EC）发展而来的，主要经历了三个阶段：荷卢比三国经济联盟、欧洲共同体、欧盟。欧盟实际是一个集政治实体和经济实体于一身具有重要影响力的区域一体化组织。1991 年 12 月欧共体 15 个成员国通过《欧洲联盟条约》，1993 年 11 月 1 日《马约》正式生效，欧盟正式诞生，标志着欧洲统一大市场的初步建立。至 2013 年 7 月 1 日，克罗地亚正式加入欧盟，成为欧盟第 28 个成员国。在 50 多年的一体化进程中，欧盟逐步建立和完善了共同贸易、共同农业、共同渔业和共同消费者保护等一系列共同政策。

(2) 欧盟的食品安全标准

为了建立和维护统一大市场的利益，满足社会经济发展的需要，提高各国产品的竞争力，1990 年 8 月，欧盟委员会发布了《关于发展欧洲标准化的绿皮书》，表示要在欧洲一级制定保障人体健康、人身安全、环境保护和消费者利益的欧洲统一标准，以协调统一各成员国的国家标准。

依据欧盟 83/189/EEC 指令的正式认可，欧洲统一标准的制定工作主要由欧洲标准化委员会（CEN）、欧洲电工标准化委员会（CENELEC）、欧洲电信标准学会（ETSI）三个标准化组织负责完成。这三个组织分别按照自己的组织机构和标准制定程序，在各自的工作领域内进行欧洲标准的制定工作。其中 CEN 的制定标准范围最大，包括机械工程、建筑和土木工程、燃气用具、冷却装置，取暖装置、通风设备、生物和生物工艺学、卫生保健、日用品、体育用品及娱乐设施、个人防护设备、工作场所的卫生和安全设备、信息及通讯技术、质量认证、环境、消费品、食物、材料等。而 CENELEC 负责制定电工、电子方面的标准，ETSI 则负责制定电信方面的标准。

欧洲标准有三个类型：一是欧洲标准（EN：European Standard），由 CEN、CENELEC、ETSI 按照其标准的制定程序制定，经正式投票表决通过的标准。二是协调文件（HD：Harmonization Document），在制订欧洲标准遇到或成员国难以避免的偏差时，就要采用协调文件的形式。三是暂行标准（ENV：European Pre-standard），暂行标准是在技术发展快或急需标准的领域临时应用的预期标准。暂行标准与正式标准相比制定速度快，但制定出来的标准均是技术发展相当迅速的领域，各成员国对暂行标准也要像欧洲标准和协调文件一样对待，在暂行标准没有转化为欧洲标准之前，各成员国的国家标准不必废除。

从 1998 年以来，CEN 强化了在食品领域的分析方法标准化工作，业务范围涉及辐照食品的测试方法，与食品接触的物品、微生物、转基因食品、动物饲料等，为工业、消费者和欧洲法规制定者提供了有价值的经验。由于欧洲食品和饲料安全问题的频频发生，导致了欧洲食品安全局的诞生，CEN 在食品安全方面发挥了积极的作用，提出了欧洲食品标准化战略和措施以及意见与建议。

(3) 欧盟的食品安全法规

在欧盟政策、法令、条例等制定和决策过程中起重要作用的是四个主要机构：欧洲委员会、欧洲议会、欧盟理事会、经济与社会委员会。欧盟食品安全管理机构由管理董事会、执行主任和职员、咨询论坛和一个科学委员会及若干个科学小组构成。欧盟食品管理机构与欧洲委员会、各个成员国当局以及生产者和经营者共同组成食品安全管理体系。

欧盟关于食品质量安全方面的法律法规包括：《通用食品法》、《食品卫生法》、动物饲料法规以及添加剂、调料、包装和放射性食物的保存方法规范等二十多部。另外还包括动植物疾病控制规定、农兽残留量控制规范、食品生产投放市场的卫生规定、对检验实施控制的规定、对第三国食品准入的控制规定、出口国官方兽医证书的规定、对食品的官方监控规定等一系列安全规范要求。欧盟食品安全体系涵盖了“从农田到餐桌”的整个食物链的安全要求，是世界上较完善的食品安全法律体系。

欧盟食品安全技术法规是强制遵守的、规定与食品安全相关的产品特性或者相关的加工和生产方法的文件，包括适用的行政性规定，也包括那些适用于产品、加工或生产方法的对术语、符号、包装、标志或者标签的要求。在欧盟 1985 年《关于技术协调和标准化的新方法》实施后，只对与食品安全密切相关的少数关键性的共性技术要求和规定制定技术法规，内容限于“基本要求”，不规定技术细节。截至 2002 年年底，欧盟在食品安全方面制定的技术法规（欧盟指令）共有 160 项。按照内容的不同，其食品安全指令可分为食品中有毒有害物质限量和卫生要求、检测分析方法、食品安全管理和控制、标签标志、与食品接触的包装材料卫生和特殊膳食等几大类。

2012 年 2 月 21 日，欧盟《通用食品法》正式生效，这是欧盟历史上首次采用的通用食品法。该法包括的因素：一是确定对从饲料和食品“从农田、家畜圈到消费者的餐桌”的整个食品链的通则和要求，除了主要概念定义外，特别对下列诸点提出了普遍性的准则，即预防措施的原则，食品和饲料的追查性，对食品和饲料安全的要求，食品和饲料企业的责任；二是对危及健康的保护措施，如驾驭危机，拓宽快速预警机制和处理防止不安全的食品和饲料的流通。

自2006年1月1日起，欧盟实施了三部有关食品卫生的新法规，即有关食品卫生的法规（EC）852/2004；规定动物源性食品特殊卫生规则的法规（EC）853/2004；规定人类消费用动物源性食品官方控制组织的特殊规则的法规（EC）854/2004。与之前的有关食品安全法规相比，这些新出台的食品安全法规强化了食品安全的检查手段；大大提高了食品市场准入的要求；增加了对食品经营者的食品安全问责制；新法规的实施，将使欧盟更加注意食品生产过程的安全，不仅要求进入欧盟市场的食品本身符合新的食品安全标准，而且从食品生产的初始阶段就必须符合食品生产安全标准，特别是动物源性食品，既要求最终产品要符合标准，而且在整个生产过程中的每一个环节也要符合标准。

9.2.2.3　日本食品标准与法规

(1) 日本食品的立法机构

日本食品的立法机构由众议院和参议院组成的国会组成，管理机构由食品安全委员会、厚生劳动省、农林水产省组成，监管机构由中央管理部门、地方政府、业者、民间机构和消费者组成，形成了政府风险管理机构、地方、业者和公众“四位一体”的管理协调机制。

其中，食品安全管理工作主要由农林水产省与厚生劳动省共同承担。农林水产省主要负责国内生鲜农产品生产环节中的质量管理和质量保证、农业投入品（农药、化肥、饲料和兽药等）的产销及使用过程中的监督管理、进口农产品的动植物检疫、国产和进口粮食的安全性检查、国内农产品品质和标志的认证及认证产品的监督管理等工作。厚生劳动省主要负责食品在加工和流通环节中的安全监督管理，包括国内食品企业的经营许可、进口食品的安全检查、食物中毒事件的调查处理、食品（畜、水产品等）流通环节的经营许可、食品监督执法以及发布食品安全情况等工作。此外，负责地区健康和卫生的行政组织——保健中心在保证日本各地区的食品安全方面也发挥了重要作用。

(2) 日本食品安全标准

目前，日本食品安全相关的标准数量很多，并形成了比较完善的标准体系。不仅在生鲜食品、加工食品、有机食品、转基因食品等方面制定了详细的标准和标识制度，而且在标准制定、修订、废除、产品认证、监督管理等方面也建立了完善的组织体系和制度体系，并以法律形式固定下来。一般的要求和标准由日本的厚生劳动省规定，包括食品添加剂的使用、农药的最大残留等，适用于包括进口产品在内的所有食品。日本的农林水产省也参与食品管理，主要涉及食品标签方面和动植物健康保护方面，农林水产省还根据日本有机农业标准(JAS）对有机食品标准负责。

日本食品标准体系分为国家标准、行业标准和企业标准三层。日本的食品标准数量很多，形成了较为完备的标准体系。总体而言，主要表现在以下几个方面：一是标准种类齐全；二是标准科学、先进、实用；三是标准与法律法规结合紧密，执行有力；四是制定标准的目的明确。

日本农产品标准主要分为两类：一类是质量标准；另一类是安全卫生标准，包括动植物疫病、有毒有害物质残留等。农产品标准的主要政府负责部门是农林水产省和厚生劳动省。此外，日本在标准制定过程中，充分注意与国际标准的接轨。

日本食品标准制定的开始，就注重与国际接轨，注重按照国际标准和国外先进标准的标准，如食品法典委员会的食品标准等，一开始就融入到国际标准行列和适应国际市场要求。同时又结合日本的具体情况加以细化，既符合本地实际情况，又具有可操作性。标准具有很强的可操作性和可检验性，标准种类繁多、要求较为具体。涉及食品的生产、加工、销售、包装、运输、储存、标签、品质等级、食品添加剂和污染物，最大农兽药残留允许含量要求，还包括食品进出口检验和认证制度、食品取样和分析方法等方面的标准规定，具有很强的可操作性和可检验性。

(3) 日本的食品安全法规

日本食品法律法规体系由基本法律和一系列专业、专门法规组成。《食品卫生法》和《食品安全基本法》是两大基本法律。

《食品卫生法》制定于 1947 年，该法由 36 条条文组成，适用于国内产品和进口产品，其宗旨是保护人们远离由于饮食导致的健康危险，改善和促进公众健康。该法涉及的对象包括食物、饮料、添加剂，用于处理、制造、加工或输送食物的设备及容器，与食物有关的企业活动等。该法严禁生产、进口或销售不卫生或不符合相关标准等要求的食品，并授予厚生劳动省对上述事项可采取法律行动，授权各地方政府在其管辖范围内对当地的企业可采取必要的措施，包括为企业制定必要的标准、发放或吊销执照、给予指导及中断或终止营业生产活动等。2006 年 5 月 29 日，日本将《食品卫生法》做了进一步修改，添加了“肯定列表”制度的内容，“肯定列表制度”设定了进口食品、农产品中可能出现的 799 种农药、兽药和饲料添加剂的 5 万多个暂定限量标准，对涉及 264 种产品种类同时规定了 15 种不准使用的农业化学品。

2003 年 5 月，日本参议院通过了《食品安全基本法》草案，并于同年 10 月实施。该法共分 3 章 38 条，强调了食品安全事故之后的风险管理和食品安全对健康影响的预测能力，是一部旨在保护公众健康、确保食品安全的基础性和综合性法律。该法确立了“消费者至上”、“科学的风险评估”和“从农场到餐桌全程监控”的食品安全理念；要求在国内和从国外进口的食品供应链的每一环节确保食品安全并允许预防性进口禁运。《食品安全基本法》的实施，为日本的食品安全行政制度提供了基本的原则和要素，要点如下：一是确保食品安全，二是地方政府和消费者共同参与，三是协调政策原则，四是建立食品安全委员会，负责进行风险评估，并向风险管理部门也就是农林水产省和厚生劳动省，提供科学建议。

此外，涉及食品安全的专业、专门法规很多，包括食品质量卫生法、农产品质量、投入品（农药、兽药、饲料添加剂等）质量、动物防疫、植物保护等 5 个方面。主要有《农药取缔法》、《肥料取缔法》、《家禽传染病预防法》、《牧场法》、《水道法》、《土壤污染防止法》、《农林产品品质规格和正确标识法》、《植物防疫法》、《家畜传染病防治法》、《农药管理法》、《持续农业法》、《改正肥料取缔法》、《饲料添加剂安全管理法》、《转基因食品标识法》、《包装容器法》等一系列与农产品质量安全密切相关的法律法规。随着国内对有机农产品需求的扩大，日本于 1992 年颁布了《有机农产品及特别栽培农产品标志标准》和《有机农产品生产管理要领》，在此基础上，于 2000 年制定并于 2001 年 4 月 1 日正式实施了《日本有机食品生产标准》。此外，日本还制定了大量的相关配套规章，为制定和实施标准、检验检测等活动奠定法律依据。根据这些法律、法规，日本厚生劳动省颁布了 2000 多个农产品质量标准和 1000 多个农药残留标准，农林水产省颁布了 351 种农产品品质规格。

9.3 国内食品安全法规和标准存在的问题及发展方向

近年来，随着我国经济的快速发展，人们生活水平的不断提高，食品安全问题已成为关注的焦点。人们以往对食品短缺的担忧逐渐变为如今对食品安全的恐慌。重视食品安全，已经成为衡量人民生活质量、社会管理水平和国家法制建设的一个重要方面。当前，我国的食品安全状况不容乐观，究其原因是多方面的，其中最主要的是我国的食品安全法律还不完善，食品安全标准体系也不够健全，执行力度与发达国家相比存在很大的差距。因此，加强和完善我国食品安全法律建设，提高我国食品安全标准水平，对保护我国人民群众的身体健康和饮食安全具有重要的意义。

9.3.1 我国食品安全法规存在的问题

9.3.1.1 我国食品安全法律体系不完善

虽然我国现已颁布的涉及食品监管的法律法规数量多达十几部，但总体性法规《中华人民共和国产品质量法》、《中华人民共和国食品卫生法》、《农产品质量安全法》等法律仅对食品质量作了一些概要性规定。而且由于出台时间早，标准要求低，覆盖面窄，没有充分显示新形势下消费者对食品安全的需求。另外，有些法律法规在制定时，并没有充分考虑食品安全问题。当食品安全问题成为突出问题时，就显得很不适应。如《中华人民共和国食品卫生法》所调整的范围过于狭窄，仅对食品生产、经营阶段发生的食品安全进行规定，没有包括种植、养殖、储存等环节中的食品以及食品相关的食品添加剂，饲料及饲料添加剂的生产、经营或使用。而食品安全问题涵盖了从农田到餐桌的全过程，法律应该反映出整个食品链条，这就使法律出现了较大的法律监管盲区，以致造成对饲料中加入瘦肉精、农药大量残留、滥用抗生素、食品储存污染等诸多问题的监管滞后和监管不力。同时，《中华人民共和国食品卫生法》确定的执法主体职责与现实情况有所脱节。该法第三条规定："国务院卫生行政部门在各自职责范围内负责食品卫生工作"，而 1998 年机构改革之后，我国已形成了由国家食品药品监督管理局、农业部、商务部、卫生部、国家工商行政管理局、国家质量技术监督检验总局等多个部委共同按职能分段监管的体系，2004 年 9 月，国务院再次对有关部委的职责分工加以调整和明确。因此，《中华人民共和国食品卫生法》应对执法主体职责做出相应的调整。

9.3.1.2 我国食品安全法规的操作性较差

由于现有的食品安全法律法规没有把食品安全建立在全部食品产业链基础上，所以食品安全法律体系的广度不够，具体标准和法规的制定上也不够协调和系统。有的法律法规规定的比较原则和宽泛，缺乏清晰准确的定义和限制。如《中华人民共和国刑法》对于生产销售假冒伪劣产品金额 5 万元以上有相对明确的处罚措施，而对于销售金额 5 万元以下算不算犯罪就没有明确界定。有的法律条款只定性不定量，或者法律概念有歧义；有的条款多年不修订；有的条款已经不能适应变化了的新情况，甚至完全过时，导致对实际问题约束力较低，操作性不强。目前，全国各地一般以食品卫生管理取代食品安全管理，对食品初级生产过程中的安全操作重视不够。同时，在打击假冒伪劣食品，保证食品安全的执行过程中缺乏规范化和持续性，导致无法从根本上解决食品安全问题。我国食品安全法律法规缺乏前瞻性，以至于食品安全事故发生后，才开始修订或者制定相关法律法规。另外，保健食品、自然食品、生态食品、无公害食品、无公害农产品和绿色食品等定义不清，名词繁多，增加了消费者识别食品安全等级的难度和市场的不透明度。

9.3.1.3 我国食品安全监管体系不完善

目前我国的《食品安全法》规定，我国食品安全监管采用的是政府多个部门实行分段管理的方法，地方政府负总责，监管部门各负其责。2003 年，我国发生了“阜阳奶粉事件”后，我国政府为了理顺食品安全监管职能，明确各部门的具体职责，颁布了《国务院关于进一步加强食品安全工作的决定》和《关于进一步明确食品安全监管部门职责分工有关问题的通知》，规定了从 2005 年起我国开始采用“分段管理为主、品种监管为辅”的方式，将食品分为生产加工、包装、储存、运输、销售、消费等环节，分别属于不同的部门监督管理。具体表现为我国农业部门监督初级农产品的生产环节，质监部门监督食品生产加工环节，工商部门监督食品流通环节，食品药品监督部门监督餐饮业、食堂等食品的消费环节，海关部门监督食品进出口环节，商务部门监督食品供应行业，卫生部门承担食品安全的综合监督、组织协调和依法查处重大食品安全事故。

中央部门对其所对应的地方职能部门进行指导，我国食品安全监管体系存在几个方面的缺陷：首先，食品安全监管资源浪费。各个监管部门之间相对独立，可以独立履行职责，各自都在建立自己的法律法规及其相关食品安全的标准，造成食品安全监管人力物力的极度浪费；其次，各监管部门之间的协调性较差，监管效率较低。再次，食品安全监管部门职责不清，我国食品安全分段监管体系从田间到餐桌，把食品分为种植养殖环节、生产加工环节、市场流通环节和餐饮消费环节，把整个食品环节的食品安全监管权分配给每一段的监管主体，忽略了食品各环节的自然联系，造成了食品各监管部门职责不清，从食品的生产到流通消费，各个环节存在交叉、反复，所以在实践中，食品安全监管的各个环节之间的职责很难彻底划分清楚；最后，我国食品监管主体还比较狭窄，还局限于政府组织。我国政府组织、非政府组织、大众传媒、行业协会、消费者协会共同监督的食品安全监管格局还没有形成。现行的食品安全监管分段管理监管体制不改变，我国食品安全状况很难有较大程度的改变。

9.3.1.4 我国食品安全法规惩罚力度不够

我国部分法律法规是在计划经济条件下制定的，或者受立法环境、立法技术等多种因素的制约，执法部门既是法律法规的起草者，又是执法和判罚者，因此会不可避免地渗入执法部门的利益，影响公正性。其具体表现为：一是多头执法，影响监管效果。由于食品监督管理部门多，部门之间不能形成合力，监管责任就难以落到实处。二是执法部门以罚代管、以罚代刑，影响法律的严肃性。三是执法部门立法、执法、判罚三位一体，影响公正性。四是执法力度不够。我国现行法律法规忽视了制假售假行为本身的危害，对制假售假行为处罚较轻。五是由于配套法律法规未出台，一部分法律法规难以执行。虽然我国近年来加大了技术法规的制定，如无公害农产品的出台等，但其立法层次较低，大多数属于推荐性标准，作用有限。

9.3.2 我国食品安全标准存在的问题

9.3.2.1 我国食品标准体系不完善

食品标准是保证食品质量与卫生安全的基础，是判断食品是否合格和国家监管部门监督管理食品行业的依据。近年来，食品安全问题频发，已成为整个行业的危机，这对构建和谐社会，对国家经济、国际贸易和社会发展也有着重要的政治经济影响，究其原因，除了农产品源头的污染，过量使用和滥用农药以及兽药，人为添加化工产品，法律保障和食品监管的力度有待加强等问题外，食品安全标准体系方面的问题比较突出。现有的食品标准存在诸多漏洞和盲区，很难保证食品质量与卫生安全，监督管理部门和检测部门仅凭食品标准显得很无奈。

我国现行食品标准虽由国家标准委统一发布，但标准起草部门众多，加之审查把关不严，致使我国的食品标准不够协调，国家标准之间不统一，行业标准与国家标准之间层次不清，存在着交叉、矛盾和重复等不协调问题。如果同一产品有几个标准，并且检验方法不同、含量限度不同，不仅给实际操作带来困难，而且也无法适应目前食品的生产及市场监管需要。

9.3.2.2 我国部分重要产品标准短缺

我国食品生产、加工和流通环节所涉及的品种标准、产地环境标准、生产过程控制标准、产品标准、加工过程控制标准以及物流标准的配套性虽已有改善，但整体而言还没有成熟配套，使得食品生产全过程安全监控缺乏有效的技术指导和技术依据。标准中某些技术要求特别是与食品安全有关的如农兽药残留、抗生素限量等指标设置不完整甚至完全未作规定。对已广泛使用的酶制剂、氨基酸或蛋白金属螯合物、各种抗生素、促生长剂和转基因产品等高新技术产品，目前的技术标准基本还属空白，而只能由企业自行制定企业标准，但企业标准的指标都过于简单，没有量化指标，没有评价标准，检验时很难进行科学衡量。某些产品缺乏统一的标准，既刺激了个别企业以次充好、以劣充良的行为，也让消费者购买时无法判断，同时也使政府部门难以有效监管企业的生产行为。

9.3.2.3 我国标准复审和修订不及时

《标准化法实施条例》第二十条规定，标准复审周期一般不超过 5 年。但由于我国食品产品的行业标准一直延续计划经济时期的各部委制定，这就无法发挥统一规划、制定、审查、发布的作用，管理上缺位、错位、混乱现象时有发生，致使标准更新周期很长，制定修订不及时、耗费的时间长的现象极为普遍。现行国家标准标龄普遍偏长，平均标龄已超过 10 年，有的甚至 20 年。一般来说，国家标准修订周期不超过 3 年，即使已完成修订的国家标准中，按规定时间修订的不到 1/10，有的标准制定、修订周期长达 10 年，使得标准的技术内容既不能及时反映市场需求的变化，也难以体现科技发展和技术进步，对于这类标准应尽快纳入修改计划。

9.3.2.4 部分标准可操作性不强、实施状况较差

由于历史原因，我国食品行业规模化和组织化程度不高，标准整体性差，不具有可操作性。例如，我国果蔬标准与国际食品法典委员会的标准体系相比，缺少具体的食品加工原料质量标准和分级标准，贮藏运输及包装标识标准也不能满足果蔬贮藏流通的需要。另外，我国食品行业从业人员文化程度较低、思想意识相对落后，标准信息的发布渠道不畅通，标准的宣传、培训、推广措施不到位，也导致了部分标准可操作性不强。

我国标准实施情况差也是目前存在的一个严重的问题。如种子、农药、兽药、化肥、饲料及饲料添加剂等农业投入品类标准以及安全卫生标准虽经发布，但产业界不按标准执行的现象仍很严重，这些问题都极大地影响了我国食品标准的实施和食品安全水平的提高，以致

近年来我国严重的食品安全事件层出不穷，不但极大地损害了消费者的身心健康，也严重影响了我国在世界的国家形象。

9.3.2.5 现行标准与国际标准水平差距较大

为使标准体系适应现代化建设，发展对外经济关系，卫生部组织了对原有的国家食品卫生标准及其检验方法进行了清理审查，对发现的问题进行了修改，使我国食品卫生标准的科学性和与国际标准协调一致性有了较大提高，但与国际标准相比还存在较大差距。如我国现有的农、兽药残留限量标准数量远远不够，限量指标少于国际标准和美国等先进国家标准，指标设置不科学，相关检测方法标准少，残留限量标准体系不健全。我国规定了104种农药在蔬菜、水果等45种食品中的允许残留量，共291个指标。而国际食品法典委员会（CAC）规定了176种农药在375种食品中，多达2439条最高残留指标。我国蔬菜农残限量指标只是CAC的7%左右。我国现行的分析方法标准中，大多数都是用常规的重量法、容量法或比色法。此类方法存在操作流程长，费工费时，对伪劣产品特别是恶意掺假的辨别能力差。此外，检验设备和检验技术的落后，也是制约标准水平提高的重要原因之一。因此，若要降低我国国家标准与国际标准之间的差距，除了应加快标准的制定外，提高检测技术水平，更新检测设备也是必需的。

9.3.3 我国食品安全标准和法规的发展方向

9.3.3.1 我国食品安全标准和法规体系将进一步完善

食品安全法律法规和标准体系是管理和监督食品安全的基础和依据，良好完善的法律法规和标准体系对保证食品安全具有巨大的作用。因此，食品安全法律制度应当涵盖从农田到餐桌的全过程，应当按照社会分工和社会协作的辨证统一来设计食品安全法律法规保障体系，确保食品安全的完整性。在现有食品法律法规基础上，整合现有法律资源，制定我国食品安全最高效力的食品安全基本法。这就要求对现有的有关食品安全的法律法规、条例、标准、规范等进行认真清理、补充和完善，将散存于各法律法规中有关食品监管的内容整合，尽可能减少和避免立法和执法上的相互冲突，解决法律体系的混乱，保持法律的同一性。

我国食品安全标准体系将得到进一步得完善。在我国现有标准体系中，已包括了各类食品产品标准、食品污染物和农药残留限量标准、食品卫生操作规范在内的食品卫生及其检验方法、食品质量及其检验方法、食品添加剂、食品包装、食品贮运等。但由于标准制定工作缺乏有效的统一协调机制，在实施中暴露出不少问题，如食品安全标准的交叉、重复、空白等现象。因此，在未来的食品标准化工作中，将对现有的食品安全标准体系进行研究、重新归类、合并、增补、调整，对不适应的标准进行修改，对不足的标准进行完善，增加标准的可操作性；对目前已经检出的尚无标准的食品不安全因素尽快制定标准和检测方法。另外，根据《中华人民共和国食品安全法》第二十二条和第二十四条，“国务院卫生行政部门应当对现行的食用农产品质量安全标准、食品卫生标准、食品质量标准和有关食品的行业标准中强制执行的标准予以整合，统一公布为食品安全国家标准。”“没有食品安全国家标准的，可以制定食品安全地方标准。”这就意味着以后的食品标准主要由国家标准和地方标准两类构成，大大避免了标准重复的可能性。

9.3.3.2 我国食品安全法规和标准将加快国际化进程

保障食品安全的法律和标准体系的建设是我国保证食品安全、提高生活质量的需要，也是我国在国际贸易中实施我国环境战略的需要。研究、借鉴其他国家的经验和教训，有利于我国食品安全法律、标准体系和产业政策的完善以及与国际市场的接轨。

加强食品安全法律建设和法制管理，积极开展对外交流与合作，加强国外食品安全法律标准的研究、消化，借鉴发达国家经验，建立我国食品安全法律、行政法规、地方法规、行政规章、规范性文件等多层式法律体系，探索和发展既和国际接轨，又符合国情的理论、方法和体系；建立新的食品安全政策支持体系、宏观调控体系和管理体制。我们可借鉴世界上一些国家的做法，针对我国国情来建立农业管理部门与食品工业管理部门合一，对农业和食品工业实行一体化管理的机构。加快食品安全信用体系建设，建立起我国食品安全信用体系的基本框架和运行机制，使我国食品安全迈上一个新台阶。在制度规范上，建立起食品安全信用的监管体制、征信制度、评价制度、披露制度、服务制度、奖惩制度等，使食品安全信用体系建设的主要方面有法可依、有章可循。《食品安全法》的健全和完善在世界各国都被当作一件战略性任务、基础性工作给予高度重视。国内国际形势迫使我国的食品安全法律体系必须尽快与国际接轨，努力缩短和国际食品法典委员会、联合国粮农组织、世界卫生组织等国际标准的差距，我国食品安全法及统一食品安全标准必将在我国的社会经济生活中发挥日益重要的作用。

对于食品安全标准，我国将逐步推广采用国际标准，提升标准等级，建立一套既符合中国国情又与国际接轨的农产品质量安全标准体系，清理不适应的农产品标准。因此，应积极参与国际标准化活动，参加国际标准的制修订工作，大力推行目前食品法典委员会、国际标准化组织等已经开始使用的食品安全法规、标准、技术规范、指南和准则，及时了解国际上相关产业发展的最新动向，从而有利于将我国技术标准纳入国际标准，使食品标准尽可能与国际接轨。

9.3.3.3 我国食品安全法规和标准的执行和实施力度将不断强化

坚持贯彻“从源头抓质量”的方针，对食品生产加工及相关企业（包括食品添加剂、食品包装材料等）实行强制性管理是提高食品安全水平的基础。为此，要扩大执法部门的检查权，加大对违反食品质量安全法律制度的惩处力度，强化对食品生产加工企业的日常监督管理，确保食品安全法律法规的执行力和可操作性，做到令行禁止、政令畅通。目前，在我国实行对米、面、油、酱油、醋等二十八类食品实行食品安全市场准入制度，从运行情况来看，普遍存在着执法不严、违法不究或处罚较轻等问题，对食品安全获证企业未能实行连续持久的监管，许多中小食品生产质量管理制度名存实亡，产品出厂基本上不检验，检验设备常年不使用。因此食品安全是比其他任何一种与健康相关的政府活动更需要连续的和强制性的管理，对于那些生产、制造、销售有毒有害食品的企业或经销商，无论其生产或销售数量的大小，都要移送司法机关追究刑事责任，以加大对违法违规生产食品的惩罚力度。

案例分析

进出口食品添加剂、食品相关产品、水果、食用活动物的安全管理依照《进出口食品安全管理办法》的相关规定执行。我们知道，国家质量监督检验检疫总局（以下简称国家质检总局）主管全国进出口食品安全监督管理工作。国家质检总局对进口食品境外生产企业实施注册管理，对向中国境内出口食品的出口商或者代理商实施备案管理，对进口食品实施检验，对进出口食品实施分类管理、对进出口食品生产经营者实施诚信管理。该《管理办法》第八条明确规定，进口食品应当符合中国食品安全国家标准和相关检验检疫要求。第十二条中又规定：进口食品的进口商或者其代理人应当按照规定，持下列材料向海关报关地的检验检疫机构报检：

（一）合同、发票、装箱单、提单等必要的凭证；

（二）相关批准文件；

（三）法律法规、双边协定、议定书以及其他规定要求提交的输出国家（地区）官方检疫（卫生）证书；

（四）首次进口预包装食品，应当提供进口食品标签样张和翻译件；

（五）首次进口尚无食品安全国家标准的食品，应当提供本办法第八条规定的许可证明文件；

（六）进口食品应当随附的其他证书或者证明文件。

报检时，进口商或者其代理人应当将所进口的食品按照品名、品牌、原产国（地区）、规格、数/重量、总值、生产日期（批号）及国家质检总局规定的其他内容逐一申报。

另外，我国《进口商品质量监督管理办法》中就相应的责任认定也予以了明确的规定，第二十二条中规定，如果是由于国内关系人和责任，进口商品发生理问题，按照有关部门的职责共同承担质量责任；

（一）属于外贸经营单位责任，造成合同失误，验收困难，或者在索赔有效期满前收到商检证书，但未及时对外提出索赔而丧失索赔权利，造成经济损失者，由外贸经营单位负责赔偿，并追究直接责任的责任。

（二）属于交通运输单位责任，在运输合同规定的期限内未将进口商品运到目的地，或者由于运输造成的残损、短少，由交通运输部门按照运输合同和有关规定负责赔偿延误罚金或者实际损失，并追究直接责任者的责任。属于仓储单位保管不善，造成残、短少，由仓储单位负责赔偿，并追究直接责任的责任。外贸运输单位未及时将到货通知寄送给收用货单位，或者发现残损货物未在口岸报验，而丧失对外索赔权利，造成经济损失的，由外贸运输单位负责赔偿，并追究直接责任者的责任。

（三）属于收用货单位责任，造成合同条款和对外索赔谈判失误，以及由于未及时验收、未及时向商检机构报验、未及时向外贸经营单位提交商检证书而丧失对外索赔权利的，或者自行搬运、保管和使用不善造成残损、短少，由收用货单位自行负责，并追究直接责任者的责任。

（四）属于进口审批、外贸经营、收用货和仓储运输等单位的主管部门管理和监督不力，造成重大损失的，由有关的主管部门追究直接责任者的责任。

（五）属于商检机构和有关检验机构工作失职，延误出证书差错，发生质量问题和丧失索赔权利，造成经济损失的，由商检机构和有关检验机构追究直接责任者的责任。

课后思考题

1. 什么是食品法规和标准？两者之间有什么关系？
2. 我国食品安全法规主要有哪几种？其主要内容有什么区别？
3. 国际食品标准组织主要有哪几个？其主要职责是什么？
4. 我国现行食品法规和标准目前存在哪些问题？如何解决？

第10章 食品安全危机管理

“存而不忘亡，安而不忘危，治而不忘乱，思所以为危则安矣，思所以乱则治矣，思所以亡则存矣”，这是中国古代居安思危的危机思想的经典概括。

进入21世纪，我国的食品行业得到飞速发展，在快速发展过程中，食品企业必然会遇到突发性的食品安全事件，如苏丹红事件、三鹿奶粉事件、瘦肉精事件、饺子投毒事件等。在这些食品安全事件中，有的企业安然无恙，继续生存了下来，有的却在人们的视线中消失了。同样的问题导致的结果却不一样，这根源于企业是否正确地进行了危机管理。如果危机管理不当，就会使企业多年苦心经营起来的良好形象化为乌有。树立危机意识，防患于未然，是现代食品企业应该加以重视的一个问题。

10.1 食品安全危机管理概述

食品安全危机作为食品经营企业众多危机中的一种，由于其关系到人类健康和国计民生，关系到国家、产业、企业的贸易和声誉，甚至关系到经济发展和社会稳定，因此，危机管理必将伴随企业的发展成为企业管理的重要领域。但是我国食品企业对危机管理的认识还不够，导致企业危机管理意识薄弱，危机管理能力低下。因此，加强企业对危机管理知识的了解与认识，准确把握危机管理的实质，走出危机管理的误区，探索符合中国实际的企业危机管理的策略，是我国企业管理者必修的课程。

10.1.1 危机与食品安全危机

企业每一次危机既包含导致失败的根源，又孕育成功的种子。发现、培育，以便收获这个潜在的成功机会，就是危机管理的精髓。中国人早在几百年前就领会了这一思想。在汉语中，组成危机的两个字分别表示危险和机会。那么，危机如何理解呢？先看看学者对危机的定义。

福斯特（Foster）发现危机有四个显著的特征：急需快速做出决策，并且严重缺乏训练有素的员工、物质资源和时间。福斯特只是描述了危机情景中的四个特点：即“需要迅速地决策”、“人员紧缺”、“物质的严重匮乏”、“时间紧急”，当时并没有对危机下一个定义。

罗森塔尔（Rosenthal）和皮恩伯格（Pinenburg）认为：“危机是指具有严重威胁、不确定性和有危机感的情景”。该定义指出了危机具有危害性和风险性的特点。

巴顿（Barton）认为危机是“一个会引起潜在负面影响的具有不确定性的大事件，这种事件及其后果可能对组织及其员工、产品、服务、资产和声誉造成巨大的损害”。巴顿这个定义包括了潜在危机和现实危机，并指出危机不仅会对组织造成有形的伤害，也会造成无形的伤害。

格林（Green）注意到危机管理的一个特征是“事态已发展到无法控制的程度”。他声称：“一旦发生危机，时间因素非常关键，减少损失将是主要的任务”。格林指出了危机的失控性、伤害性和时间紧迫性，因而他认为危机管理的任务是尽可能控制事态，在危机事件中把损失控制在一定的范围内，在事态失控后要争取重新获得控制。

班克司（Banks）把危机定义为：危机是对一个组织、公司及其产品或名声等产生潜在负面影响的事件。他对危机的定义也考虑了危机对声誉产生的影响。

卡波尼格罗（Caponigro）认为危机是指能够潜在的给企业的声誉或信用造成负面影响的事件或活动。典型的情况是失去控制，或是将要失去控制。这个危机观是在企业的层面对危机进行的界定，概括了危机的特征、成因、过程。

赫尔曼（Hermann）认为，危机是威胁到决策集团优先目标的一种形势，在这种形势中，决策集团作出反应的时间非常有限，且形势常常向令决策集团惊奇的方向发展。

里宾杰（Lerbinger）将危机定义为：对于企业未来的获利性、成长乃至生存发生潜在威胁的事件。一个事件发展为危机，必须具备三个特征：一是该事件对企业造成威胁，管理者确信该威胁会阻碍企业目标的实现；二是如果不及时采取行动，局面会恶化而且无法挽回；三是该事件具有突发性。

朱德武给危机的定义为：事物由于量变的积累，导致事物内在矛盾的激化，事物即将发生质变和质变已经发生但未稳定的状态，这种质变给组织或个人带来了严重的损害。为阻止质变的发生或减小质变所带来的损害，需要在时间紧迫、人财物资源缺乏和信息不充分的情况下立即进行决策和行动。任何危机的发生都不是无缘无故的，人们忽视了量变的过程，所以才会觉得危机发生得突然。

杨冠琼认为，危机事件是指那些导致社会系统或其子系统的基本价值和行为准则趋于崩溃，在较大程度上和较大范围内威胁到人们的生命和财产安全，引起社会恐慌和社会正常秩序与运转机制瓦解的事件。

张成福认为，危机是这样一种紧急事件或者紧急状况：它的出现和爆发严重影响了社会的正常运作，对生命、财产、环境等造成的威胁、损害，超出了政府和社会常态的管理能力，要求政府和社会采取特殊的措施加以应对。

以上所列出的定义是不同学者从不同的角度对危机的理解，有的是从企业危机管理的角度对危机进行描述的，例如里宾杰、巴顿、班克司等人的定义；有的是从政府公共危机管理的角度对危机进行描述的，例如罗森塔尔、皮恩伯格和张成福等人的定义；也有的是根据危机的特征来给危机下的定义，例如赫尔曼、福斯特、格林等人的定义。综合上述学者专家的意见，可以看出他们对危机的看法都存在一些共性的认识：危机是一种对组织构成重大威胁和危害的事件，也是一种突发性、急迫性的事件，这些事件往往出乎组织的预料，且给予组织决策和回应的时间很短，对组织的管理能力提出了很强的时间性要求。

同时，我们还要搞清危机与紧急事件、突发事件以及风险的区别。紧急事件强调对事件处理的时间紧迫；而突发事件强调事件发生的不可预测性，两者都属于事故；风险（Risk）则是指发生对企业不利事件的可能性，是导致危机发生的前提。这两者都不能等同于危机。例如：食品企业中所用水必须达到 GB 5749—2006 国家生活饮用水卫生标准的要求，如果所用水受到粪便污染及时发现并得到控制，造成生产延误或暂时停产，这属于紧急和突发事件（事故）；如果利用受污染的水生产的食品流入市场，并造成消费者食物中毒，那就成为危机。也就是说，事故影响较小，是对企业的局部破坏，而危机则影响较大，会对企业造成根本性的毁坏。生产用水受到粪便污染，食品安全就存在风险，从而企业就存在危机，危机的大小与企业对风险的防范程度密切相关，对风险进行有效的评估和管理，可以防范危机的发生。企业如果对各种风险熟视无睹，或者对于已经认识到的各种风险不采取有效的措施，今天的风险就会演变成明天的危机。

从企业危机管理的角度考虑，我们认为：危机是指企业突然遇到严重威胁自身成长乃至生存的紧急事件，对此事件的管理、控制超出了企业的管理能力，要求企业在有限的时间内和不确定性很强的情况下必须作出关键性决策，采取特殊的措施加以应对。

根据以上对危机的理解，我们认为：食品安全危机是指食品企业在生产经营中忽略了产品质量和安全问题，使不安全产品流入市场，损害了消费者身体健康，甚至造成了人身伤亡事故，由此引发消费者恐慌，消费者必然要求追究企业的责任而产生的危机。根据危机产生的原因，食品安全危机分为不可预知食品安全危机和人为食品安全危机。不可预知食品安全危机是指在人类不可抗逆的因素下发生的食品安全事件；而人为食品安全危机是指食品经营者由于过失或故意违反食品安全法律或法规而引发的食品安全事件。根据存在形态，食品安全危机可分为显性食品安全危机和隐性食品安全危机。显性食品安全危机是指引发食品安全事件的原因、结果、危害事实均以外在的形态表现出来而为人们直接认知或通过判断而认知的危机事件；隐性食品安全危机是指食品安全危机事件必须通过特定的科学技术手段或者在现今的条件下还无法被人们所认识的食品安全危机事件。根据食品种类，食品安全危机可分为物理性食品安全危机、化学性食品安全危机和生物性食品安全危机。根据危害程度，食品安全危机一般可划分为四级：Ⅰ级（特别严重）、Ⅱ级（严重）、Ⅲ级（较重）和Ⅳ级（一般）。

食品安全危机与其他类型的危机一样，具有以下几个特点。

(1) 意外性

食品安全危机事件的爆发常常是在很短的时间内出其不意的发生。古人云：“千里之堤，毁于蚁穴”。食品安全事件在发生前都会有些征兆，但由于人为疏忽，对这些事件习以为常，视而不见，因此危机的爆发经常出于人们的意料之外，危机爆发的具体时间、实际规模、具体态势和影响深度，是始料未及的。三鹿奶粉事件就是典型案例：2007 年 12 月以来，三鹿集团陆续接到婴幼儿食用三鹿牌奶粉出现疾患的投诉。经企业检验，确定其产品中含有三聚氰胺。虽然 2008 年 8 月 2 日三鹿集团向石家庄市政府作了报告，但是在这 8 个月中，三鹿集团未向石家庄市政府和有关部门报告，导致事态进一步扩大。而石家庄市政府在 8 月 2 日得到有关报告后，在长达一个多月的时间里，没有将有关情况上报。而按照国家重大食品安全事故的应急预案，石家庄市政府是应该在两小时内向河北省政府报告的。等到事件爆发了，却无力来控制整个局面。为利益考虑，为品牌着想，太多的企业和企业家，内心里都存着那一点点的侥幸心理，却不想，最终弄巧成拙而付出惨痛的教训。

(2) 紧迫性

对食品企业来说，食品安全危机一旦爆发，其破坏性的能量就会被迅速释放，并呈快速蔓延之势，假如不能及时控制，危机会急剧恶化，使企业遭受更大损失。而且由于危机的连锁反应以及新闻的快速传播，假如给公众留下反应迟缓，漠视公众利益的形象，势必会失去公众的同情、理解和支持，损害品牌的美誉度和忠诚度。因此对于危机处理，可供做出正确决策的时间是极其有限的，而这也正是对决策者最严重的考验。

2011年3月15日，中国最大的肉类加工基地双汇集团，被央视曝光其济源分公司收购“瘦肉精”毒猪肉。一石激起千层浪，当天下午双汇集团旗下上市公司双汇发展应声放量跌停，来自社会各界的谴责声铺天盖地。双汇的首次紧急会议，即于央视报道结束后立即召开。据知情人士回忆，3月15日上午9时50分，双汇集团召开高管会议，迅速做出四个初步决定：立即召开生产系统全国视频会议，让各工厂排查“瘦肉精”的控制措施、抽样标准、检测标准，生产及检测记录和报表，确保食品安全；派员赶赴济源双汇，进驻工厂进行整顿和处理；向政府主动汇报；做好与社会公众、媒体和政府监管机构的沟通。就在短短一天之内，双汇管理层参与的四个专项会议接连召开。3月16日凌晨2时30分，双汇集团董事长万隆从北京紧急赶回，立即主持召开双汇在漯河高管全体参与的专题会议。万隆做出了两个最重要的决定：双汇第一时间向消费者致歉、“瘦肉精”由抽检改为逐头检验。3月17日，双汇集团再次发表声明，撤销了济源公司相关责任人的职务。虽然各地商超纷纷自主下架，但双汇一直没有发出召回声明，也没有启动赔偿机制。

(3) 不确定性

食品安全危机的不确定性主要表现在危机爆发时间、地点的不确定性、状态的不确定、影响的不确定性和危机回应的不确定性等。也就是说，食品安全危机的产生、发展以及带来的后果是不依人的意志为转移的，人们事先无法确定。

食品供应链的任何环节都可能爆发食品安全事件，如瘦肉精事件发生在供应链的源头，日本饺子中毒事件发生在加工环节，南昌市“煌上煌”卤品群体性食物中毒事件则发生在销售环节等。因此食品安全危机爆发的时间、地点都是不确定的。食品安全危机造成的后果也是无法确定的，即对消费者的身体健康的危害是不确定的，对企业造成的经济损失也是无法确定的，对企业信誉、形象等无形损失更是无法估计的。对于双汇瘦肉精事件，无论董事长万隆，还是其他高层，都不会预测到其产品因瘦肉精问题在3.15这个特殊的日子被曝光，3月15日双汇股票跌停，市值蒸发103亿，其在消费者中树立起的品牌美誉度也受到极大影响，损失无法估计。

(4) 危害性

由于危机常具有“出其不意，攻其不备”的特点，不论什么性质和规模的危机，都必然不同程度地给企业造成破坏，造成混乱和恐慌，而且由于决策的时间以及信息有限，往往会导致决策失误，从而带来无可估量的损失。而且危机往往具有连带效应，引发一系列的冲击，从而扩大事态。对于企业来说，危机不仅会破坏正常的经营秩序，更严重的是会破坏企业持续发展的基础，威胁企业的未来发展。

日本雪印乳业公司是业界声誉卓著、信用可靠的一家公司。2000年6月27日，它生产的低脂牛奶发生饮用者食物中毒现象。事隔两天之后，雪印才公开承认有此事实，事情过了快一个月，雪印才在报纸以整版广告的形式向公众致歉。雪印公司由于危机处理迟缓，停产两周造成的直接损失就有110亿日元，而间接损失是雪印品牌形象一落千丈，丧失了公众的信任。

(5) 聚焦性

进入信息时代后，危机的信息传播比危机本身发展要快得多。媒体对危机来说，就像大火借了东风一样。信息传播渠道的多样化、时效的高速化、范围的全球化，使企业危机情境迅速公开化，成为公众聚集的中心，成为各种媒体热炒的素材。同时作为危机的利益相关者，他们不仅仅关注危机本身的发展，而更关注企业对危机的处理态度和所采取的行动。而社会公众有关危机的信息来源是各种形式的媒体，而媒体对危机报道的内容和对危机报道的态度影响着公众对危机的看法和态度。有些企业在危机爆发后，由于不善于与媒体沟通，导致危机不断升级。

苏丹红事件、红心鸭蛋事件、瘦肉精事件、三鹿奶粉事件、染色馒头事件等这些重大食品安全事件，几乎都是媒体曝光在先，相关部门查处在后，这是目前中国的食品安全监管存在的最主要问题。中国的食品安全管理必须从目前的“市场抽检、媒体曝光、事后打击”的事后管理模式，尽快转变为“全程控制、产品追溯、诚信保障、风险评价、危害预警和应急响应”的事前管理模式。古训“民以食为天”已道出了饮食的天价意义。对于食品安全，新闻报道、舆论关注、道义谴责、法律惩处已经不足以“亡羊补牢”。如果不防患于未然，屡屡发生的食品安全事件已经让我们看到食品安全的“牢”永远都是“补”不住的。

(6) 群体性和社会性

食品安全事件很少作为个体发生，一般来说都是群体性的爆发，像安徽阜阳的大头娃娃事件、海城豆奶事件、陈化粮事件。这些危机事件的覆盖面一般都涉及一个地区或一个群体组织，从而在社会上造成了极端的恶劣影响。

食品安全危机事件的影响具有一定的社会性，对一个社会系统的基本价值和行为准则的架构产生严重威胁，其影响和涉及的主题具有社群性。

2004 年，安徽阜阳劣质奶粉事件、广州假酒中毒事件、四川彭州的毒泡菜、天津的假鸡蛋、“敌敌畏”金华毒火腿、糖精水勾兑的劣质葡萄酒、龙口粉丝、北京毒蘑菇、香港毒鱼刺事件、非食用冰醋酸的山西老陈醋……一系列食品安全问题让人触目惊心。当人们祈祷这些事件永远不要再现的时候，一波未平一波又起。2005 年 3 月肯德基、亨氏产品等跨国企业开始受到苏丹红“骚扰”后，雀巢奶粉碘超标、哈根达斯“黑作坊生产”、光明回收牛奶危机……所有这些事件使得食品产业蒙上了一层阴影。食品安全不仅仅是食品质量、卫生这样一个简单的食品本身的问题，也确实是一个社会性问题，因为食品安全关系到公共安全和大众的整体安全，而不仅仅是一个人一个家庭的安全，是影响到广大消费者包括消费心理在内的种种安全。食品安全既是一个社会问题，也是政府职责问题，食品安全现在已经成为社会公众日益关注的首要话题。

食品安全影响的不仅仅是一代人的健康。2004 年 3 月，全国人大代表钟南山院士提出警告：食品安全问题已经是一个很严重的问题，如果不采取相应的解决办法，再过 50 年，很多人将生不了孩子。他的依据是：广州很多疾病发病率的快速增长都和食品安全有很大的关系。由于近年来食品问题越来越突出，男性的精子浓度已经出现了很大的变化，现在男性的精子浓度比 40 年前下降了将近一半。因此，食品安全已经关系到中华民族的种族延续。“权为民所用，利为民所谋，情为民所系”，保护亿万民众的生命和健康，理应被视为首要的政治责任。

(7) 双重性

危机在汉语中有两层含义，一是危险，二是机会。因此，危机具有危险和机会双重效果。一方面，食品安全危机会给企业和社会带来人员和财产的巨大损失，对社会系统和组织系统造成严重破坏；另一方面，危机也孕育着机会和转机。如果管理者直面危机，采取有效措施应对危机，则可化险为夷，并以此为契机，促进产品质量的提高和管理制度的改进。

能将危机转化为机会的典型案例就是美国强生公司泰诺药片中毒事件：1982 年 9 月，美国芝加哥地区发生有人服用含氰化物的泰诺药片中毒死亡的严重事故，一开始死亡人数只有 3 人，后来却传说全美各地死亡人数高达 250 人。其影响迅速扩散到全国各地，调查显示有 94%的消费者知道泰诺中毒事件。事件发生后，在首席执行官吉姆·博克（Jim Burke）的领导下，强生公司迅速采取了一系列有效措施。首先，强生公司立即抽调大批人马对所有药片进行检验。经过公司各部门的联合调查，在全部 800 万片药剂的检验中，发现所有受污染的药片只源于一批药，总计不超过 75 片，并且全部在芝加哥地区，不会对全美其他地区有丝毫影响，而最终的死亡人数也确定为 7 人，但强生公司仍然按照公司最高危机方案原则，即“在遇到危机时，公司应首先考虑公众和消费者利益”，不惜花巨资在最短时间内向各大药店收回了所有的数百万瓶这种药，并花 50 万美元向有关的医生、医院和经销商发出警报。事故发生前，泰诺在美国成人止痛药市场中占有 35％的份额，年销售额高达 4.5 亿美元，占强生公司总利润的 15％。事故发生后，泰诺的市场份额曾一度下降。当强生公司得知事态已稳定，并且向药片投毒的疯子已被拘留时，并没有将产品马上投入市场。当时美国政府和芝加哥等地的地方政府正在制定新的药品安全法，要求药品生产企业采用“无污染包装”。强生公司看准了这一机会，立即率先响应新规定，结果在价值 12 亿美元的止痛片市场上挤走了它的竞争对手，仅用 5 个月的时间就夺回了原市场份额的 70％。

而没有将危机转为机会的典型案例就是南京冠生园陈馅月饼事件：2001 年 9 月，南京知名食品企业冠生园被中央电视台揭露用陈馅做月饼，事件曝光后冠生园公司接连受到当地媒体与公众的批评。面对即将掀起的产品危机，作为一向有着良好品牌形象的老字号企业，南京冠生园却做出了让人不可思议的反应：既没有坦承错误、承认陈馅月饼的事实，也没有主动与媒体和公众进行善意沟通、赢得主动，把危机制止在萌芽阶段，反而公开指责中央电视台的报道蓄意歪曲事实、别有用心，并在没有确切证据的情况下振振有辞的宣称“使用陈馅做月饼是行业普遍的做法”。这种背离事实、推辞责任的言词，激起一片哗然。一时间，媒体公众的猛烈谴责、同行企业的严厉批评、消费者的投诉控告、经销商退货浪潮……令事态开始严重恶化，也导致冠生园最终葬身商海。

(8) 复杂性

危机的复杂性是由危机产生原因的复杂性以及危机的突发性、危害性、急迫性及传导效应所决定的。食品安全危机爆发的原因是多样的，有企业本身的管理不善、政府监管不力、种养殖者安全意识淡薄、食品安全政策和体制不完善等，这些因素最终导致食品安全事件频频爆发，从小事故演变成大危机。例如，2008 年发生的三鹿奶粉事件经媒体曝光后，不仅导致了三鹿集团的倒闭，而且对其他乳制品生产企业造成重大打击。此次事件极大地挫伤了广大消费者对国产品牌的信赖感和认可。有人形容“三鹿奶粉事件”为中国食品的“911 事件”。三鹿、蒙牛、伊利等已经不单单是一个企业，在某种程度上它们代表的是“中国制造”，当它们出现问题尤其是产品质量问题时影响的也将是中国制造出来的众多产品。

10.1.2 食品安全危机的发展阶段

危机不是一个单独事件。在以前，很多学者将危机视为一个单独事件，把危机的爆发视为危机的开端，所以赋予了危机以不可预料、引起后果剧烈、情况紧急和富有戏剧性等特点，着重研究如何帮助企业渡过紧急关头。这种把危机仅仅视为一个事件的研究方法在应对危机时，虽然具有较强的可操作性，但只能采取一些补救性的措施，从而失去将危机转化为机遇的可能性，于是人们开始把危机的发展视为一个过程，一个经过长期孕育的结果，只有被触发事件激发后才会显现从而被大家所关注。该研究方法的基础是企业危机具有生命周期的特点，是分阶段发展的。

企业危机本身会随着企业内外环境的变化而发生变化，也会随着企业处理的效果发生变化。为了体现出危机的这种特点，很多学者们对企业危机进行了阶段性的划分。

三阶段论：伯奇和古斯等专家推荐的三阶段模型，是把危机管理分为危机前、危机和危机后三个大阶段，每一个大阶段中又可以分为若干小的阶段。

四阶段论：史蒂芬·菲克于在1986年发表《危机管理：对付突发事件的计划》一书中，提出危机的生命周期理论，把危机分为前期症状阶段、急性阶段、慢性阶段和治愈阶段四个阶段。

五阶段论：由危机管理专家米特洛夫在1994年提出的五阶段模型，即信号侦察阶段，识别新危机发生的警示信号并做出评估；探测和预防阶段，搜寻已知的危机因素并努力减少潜在危机；控制损害阶段，控制危机危害的程度，使组织机构正常运行；恢复阶段，尽快恢复因危机而造成的损失，恢复组织正常的功能；学习阶段，反思危机管理的全过程。

六阶段论：美国前陆军副参谋长若曼.R. 奥古斯丁在1994年建立的奥古斯丁法则，把危机管理划分为六个阶段：第一个阶段为危机的预防，第二阶段为危机管理的准备，第三阶段为危机的确认，第四阶段为危机的控制，第五阶段为危机的解决，第六阶段是从危机中获利阶段。

总的来说，这几种理论大同小异，都是侧重于从不同的阶段进行危机治理。综合以上几种理论，我们将危机划分为五个阶段：危机的酝酿期、危机的爆发期、危机的扩散期、危机的处理期和危机的消除期。

危机的酝酿期：一般来说企业危机都是从渐变、量变，最后才形成质变，而量变是危机的成型与爆发，是由多个因素动态发展的结果，因此潜藏危机因素的发展与扩散是危机管理的重要阶段。

危机的爆发期：突破危急的预警防线，企业危机便进入暴发期，并会威胁到企业的生存和发展，如果不能立即处理，危机将进一步上升，其杀伤范围与强度会变得更为严重。

危机的扩散期：企业危机发生后，会对其他领域产生连带影响，有时会冲击其他领域，而造成不同程度的危机。

危机的处理期：该阶段进入生命周期的关键阶段。后续发展完全取决于危机管理决策者的专业能力。通过建立危机预警机制，将其消灭于萌芽之中是最佳的危机处理途径。

危机的消除期：企业危机经过紧急处理后，可能得到解决，但无效的处理，可能使企业危机的残余因素经过发酵，使危机重新进入新一轮酝酿期。

10.1.3 食品安全危机发生的原因

中国的食品市场从发育、成长、形成规模直至今天，可以说已经进入了快速发展的黄金时期，食品业成为名副其实的朝阳产业。然而许多企业在发展壮大过程中急功近利、盲目扩张、忽视质量管理，结果导致无序竞争、铤而走险生产假冒伪劣产品等道德缺失行为，给整个食品行业消费环境带来了很大风险。造成食品安全危机的原因很多，为了便于研究，我们将食品安全危机的原因分为以下三大类：企业自身因素、职能部门因素和社会环境因素。

10.1.3.1 企业自身因素

(1) 企业社会责任缺失

做食品就是做良心，通过分析近几年乳品行业发生的食品安全事件不难看出，假冒伪劣及掺毒食品的生产已不再是技术水平层面所能解决的问题，而是企业经营参与人员灵魂深处“良心”、“公德”和“责任”丧失等深层次问题。这正说明，仅单纯依靠建立更加先进、更加严密的质量检测和监管体系，在面对普遍道德沦丧和缺乏社会责任的不法经营者时，也将颇显乏力，防不胜防。三鹿集团和光明乳业无论在企业规模、资金实力、技术水平还是品牌价值上，在国内乳品行业均处于领先地位，但即使实力如此雄厚的企业仍然出现令人吃惊的

“毒奶粉”、“回炉奶”、“早产奶”问题，究其原因，企业社会责任缺失是最深层次的原因。企业内部上至最高管理层下至基层员工，企业外部整条供应链上的其他相关企业，任何一个环节存在的侥幸心理和道德缺失都有可能牵连到最终产品的质量和安全，导致危害消费者的身体健康和生命安全。三鹿“三聚氰胺”毒奶粉事件中的不法奶贩和失职管理层，光明“回炉奶”“早产奶”事件中郑州山盟乳业的生产人员和管理者，都置消费者的利益于不顾，严重侵害到广大消费者的利益，才导致危机的最终爆发。

(2) 企业快速扩张，质量管理失控

中国的食品行业在快速发展的同时，行业内部间的竞争更加激烈，尤其表现在乳品行业。受中国乳品行业大环境的影响，特别是在蒙牛、伊利等乳品业领头企业的压力和刺激下，光明乳业似乎抛弃了原有的精耕细作的经营理念，走上一条依靠规模制胜的粗放式经营道路。短短几年间，光明乳业急剧扩张，在全国兼并的地方企业竟多达400余家。企业规模快速扩大，质量管理却没有同步跟上，导致对下属企业的质量管控上力度不够，无疑导致了企业在质量管理工作上的放松和疏忽。同时，由于中国乳品企业面对着奶源缺乏和分散的问题，各企业在奶源的争夺上竞争激烈，因此往往忽视了对奶源质量的控制，给一些不法奶农以可乘之机。

(3) 从业人员整体水平低、质量安全意识不足

“质量不是检验出来的，而是制造出来的”，一个食品加工企业产品质量的好坏最直接原因来源于企业员工的整体素质和对质量的重视程度。调查显示，大多数食品生产加工人员为进城农民、下岗职工组成，普遍缺乏食品质量安全意识和食品质量安全知识。食品企业员工工资待遇低、工作时间长、流动性大，最终导致企业人员整体素质差。所以如何提高员工素质、重视产品质量是企业发展和生存的根本。

(4) 管理层危机意识淡薄

对于一个大企业，以危机管理小组为主导的所有员工都应该具有强烈的危机意识和危机敏感度，而且企业自身也应有一套完善的、系统的危机预警和管理机制。企业的管理层对于外部环境的敏感度以及从常态到非常态的思维转换速度，直接关系到危机事态的发展及危机管理所能赢得的应对时间。因此，企业内部只有建立完善的危机预警系统，才能临阵不乱、快速反应、充分部署。在雀巢奶粉“碘超标事件”发生以后，光明乳业应当给予足够的重视，及时导入危机预警机制，在整个集团内部进行自查自省，防止类似危机事件在光明身上重演。然而，光明乳业“回收奶”、“早产奶”事件说明企业并没有建立这样的危机预警和管理机制，以至于在危机爆发后整个公司没有一个完整处理危机的应对计划，慌忙不知所措。

10.1.3.2 职能部门因素

(1) 监管体制不完善

对食品安全的监管管不好、难管问题，这主要出在我国的管理体制上，多个部门切块分管同一件事情，必然会出现管理的空当，或者说存在着管理的真空地带，当出现监管失误过失时或追究其责任时，以及遇上监管当中难度或比较棘手的事情时，多方面监管涉及方就会互相推诿，结果容易导致发生监管不力与失误的事情发生。而另一方面，由此所出现的空当，又易为造假售假者乘虚而入，公然地搞违法经营活动。如出现这种状况，对食品安全地监管，肯定会进入“监不清管不死”的境况，这也正是食品安全监管的一个“死穴”。

(2) 违规处罚不严厉

伪劣假冒产品为什么屡禁不止？食品安全事件为什么频繁发生？这与我国的惩罚制度有关。所有有关处罚制造和销售假冒伪劣产品者的法规，均不能使违法者倾家荡产这样的严厉

程度，以致使造假者违法成本太低，这是引发造假售假不止和监管不力的主要原因。

(3) 地方保护主义

食品安全危机的爆发除了监管体制不完善外，地方保护主义也是问题根源之一。地方保护主义，是指政权的地方机构及其成员，以违背中央/国家的政策/法规的方式去滥用或消极行使手中权力、以维护或扩大该地方局部利益的倾向。虽然大型食品企业对纳税和吸纳就业的做出了巨大的贡献，但不能因此而包容或纵容企业本身存在的问题。

据报道，在三鹿奶粉事件整个过程中，三鹿集团经过多层次、多批次的检验，在 2008 年 8 月初查出了奶粉中含有三聚氰胺物质。石家庄市委、市政府立即召开紧急会议，要求立即收回全部可疑产品，对产品进行全面检测。耐人深思的是，早在 8 月初三鹿集团已得知奶粉中含有三聚氰胺，当地政府也立即介入了事件的处理。然而，在媒体尚未全面曝光之前，当地政府显然在暗助三鹿隐瞒真相，试图低调处理此事件，而不顾政府对人民健康的责任，地方保护主义心态昭然若揭。

10.1.3.3 社会环境因素

社会环境因素也是导致食品安全危机爆发的主要原因之一。当今社会是一个复杂的社会，充满着种种利益冲突与激烈竞争，任何一个国家都无法避免。冲突与竞争的加剧不断引发国家间、企业间的种种矛盾和问题，当这些问题激化到一定程度时就会爆发危机。

(1) 食品恐怖主义

食品安全事件容易造成群体性发病，引起较大的社会和心理影响，也极易受到恐怖主义和犯罪分子的利用，如何保证食品安全已提升到新世纪社会性、国际性的重大课题，越来越受到政府和人们的重视。

对企业来说，利润率是硬指标，“道德血液”、“社会良心”之类都是软约束。在利润空间被压缩、企业为生存而挣扎的情况下，产品造假、掺假、降低标准是难以抗拒的选择。如果再考虑到因城乡差别过大、身份歧视严重引起的仇恨心理，主客观两方面都不乏催生食品恐怖主义、诱发食品恐怖袭击的因素。

近几年，由于食品同行间激烈竞争或不法分子的打击报复行为的存在，我国食品人为投毒问题也比较严重，如“日本饺子中毒事件”、“广州好又多中毒事件”、“甘肃平凉婴幼儿牛奶投毒事件”、“染色馒头事件”、“敌敌畏浸泡金华火腿事件”、“雪碧汞中毒事件”等。我国人为投毒事件多发生在大型超市、餐馆、学校食堂等人口流动比较大的地方。据 2003 年统计，因投毒导致的中毒事件是引起中毒死亡的最主要原因。投毒的物质主要是剧毒急性鼠药(大多数为毒鼠强)，高居中毒致死原因的第一位。2003 年全国共报告重大剧毒鼠药中毒 75 起，1316 人中毒，121 人死亡，病死率为 9.2%。这类破坏活动不仅危害人民群众的身体健康，更是扰乱了社会的稳定团结。

(2) 国际化、全球化

历来奉行欧美标准、曾因食品安全考虑而在牛肉进口问题上与美国较劲的台湾地区，正深陷“毒饮料”事件所引发的塑化剂风波。塑化剂的毒性约是三聚氰胺的 20 倍，可以从基因层面伤害人体生殖系统并引发多种其他疾病。除台湾地区外，香港媒体的报道称，99%被抽查者血液中含有“塑化剂”。目前台湾地区认定，是台湾的不良业者掺了塑化剂到食品配方中，才造成这次塑化剂风暴，台当局目前的主要精力也放在解决岛内危机，安抚岛内民众上。但其实，食品安全问题早已不仅仅是一个地方的问题。

历来信誉比较好的台湾食品也有了问题，美国的“疯牛病”已闹了很久，一向以食品安全监管严格著称的欧洲也正因“毒黄瓜”事件而人心惶惶。可以说，在全球化时代的食品安全危机中，世界上任何国家都无法确保独善其身。如何化解这类危机，是摆在世界各国面前的一道难题。

一方面，全球化使得食品业供应链分布区域极为广泛。台湾地区含有塑化剂“毒饮料”已广销美国、越南、新加坡等多个国家和地区；欧洲的黄瓜也有西班牙、丹麦、荷兰等多个出口国。供应商的多元化，增加了进口国管理的难度，出现问题的机会相应增加。一旦危机发生，薄弱的全球治理机制无法提供足够的途径发现问题根源。对此，国际社会须未雨绸缪，加强在食品安全领域国际合作的机制化建设，尽早补齐全球治理的短板，否则，欧洲“毒黄瓜”感染源查不清的事情以后还会重演。

另一方面，食品安全问题其实也不再仅是食品领域的问题。拿塑化剂来说，这种工业用剂从 19 世纪 30 年代以来，被世界各国广泛应用于塑料增塑剂、农药、化妆品等。而在欧、美、日本等发达国家，每人每年消耗的塑料达 50～60kg 之多。在各种塑料制品中，特别是在聚氯乙烯塑料制品中，为了增加塑料的可塑性和提高塑料的强度，都需要添加学名为邻苯二甲酸酯的塑化剂，其含量有时可达产品的 50%。随着使用时间的推移，目前塑化剂已普遍存在于大气飘尘、河流和土壤中，进而以各种途径进入人体。目前，邻苯二甲酸酯已成为全球最为广泛的环境污染物。

其实，面对食品安全危机，每个国家和地区都是一个整体。而整个地球的空气无法分割，流经各大洲的海洋无法筛选。一个地方的环境污染，在时间的作用下，会毒害整个人类；一个地区的有毒产品，在全球物流体系下，会扩散到更多地区。

食品安全无界，有效的食品安全需要有效的全球治理机制，更需要各国各地区各机构所有人的共同努力。当发生食品安全危机时，更应该做的，不是以歧视性眼光去抵制事发地，而是如何更好地通力合作，去解决危机。

10.2 食品安全危机管理内容

步入 21 世纪以来，食品企业危机频发，其影响力和破坏力也越来越大。2004 年的龙口粉丝事件、2005 年的肯德基苏丹红事件、2006 年的红心鸭蛋事件、2007 年的福寿螺事件、2008 年三鹿奶粉事件、2009 年雪碧汞中毒事件、2010 年的地沟油事件等让人震惊。

古希腊的一位哲学家曾经这样说过：“人类的一半活动是在危机当中度过的”。在某种情况下，企业的发展壮大有很大部分的机遇是在危机发生时，或处理危机的情况下产生的。随着外部环境的复杂化，企业难免会面临某些危机。在同样的市场环境下，面临同样的危机，为什么有的企业举步维艰，有的企业却能转危为机？

面对危机，企业能否生存乃至发展的关键在于企业如何进行危机管理。面对危机企业应当迎难而上，采取积极的态度应对危机。

10.2.1 危机管理

10.2.1.1 危机管理的定义及要素

危机管理是指企业通过危机监测、危机预警、危机决策和危机处理，达到避免、减少危机产生的危害，总结危机发生、发展的规律，对危机处理科学化、系统化的一种新型管理体系。危机管理的要素有：

① 危机监测　危机管理的首要一环是对危机进行监测，在企业顺利发展时期，企业就应该有强烈的危机意识和危机应变的心理准备，有必要建立一套危机管理机制，以便在危机来临之际能够从容不迫地检测危机、面对危机并解决危机。

② 危机预警　许多危机在爆发之前都会出现某些征兆，危机管理关注的不仅是危机爆发后各种危害的处理，而且要建立危机警戒线。企业在危机到来之前，把一些可以避免的危机消灭在萌芽之中，对于另一些不可避免的危机通过预警系统能够及时得到解决。这样，企业才能从容不迫地应对危机带来的挑战，把企业的损失减少到最低的程度。

③ 危机决策　企业在调查的基础上制定正确的危机决策。决策要根据危机产生的来龙去脉，对几种可行方案进行对比较优缺点后，选择出最佳方案。方案定位要准确、推行要迅速。

④ 危机处理　首先，企业确认危机。确认危机包括将危机归类、收集与危机相关信息确认危机程度以及找出危机产生的原因，辨认危机影响的范围和影响的程度及后果。第二，控制危机。控制危机需要根据确认的某种危机后，遏止危机的扩散使其不影响其他事物。第三，处理危机。在处理危机中，关键的是速度，若企业能够及时、有效地将危机决策运用到实际中化解危机，可以避免危机给企业造成的损失。

10.2.1.2　国内食品安全危机管理现状

经过三十多年的改革开放和社会经济的飞速提升，中国企业对于品牌创立和管理的技术手段已并不缺乏。很多时候，一个不知名的小企业可能一夜间成为家喻户晓的著名品牌，但是，他们也有可能在一夜之间轰然倒地，例如“三株”、“秦池”；还有的企业积聚百年文化的沉淀，在消费者中拥有卓越有声誉，也会在不经意间灰飞烟灭，例如南京“冠生园”、河北“三鹿集团”。这些庞然大物的消失，往往就是在企业遇到危机事件时处理失当造成的。

企业永远无法避免随时可能发生的产品、价格、人才、信息、财务、信誉等种种危机。据有关资料显示，目前中国大部分企业的公关活动只是停留在产品、服务和品牌传播阶段，而对于企业的全面管理尤其是危机管理难以把握。零点调查最近公布的《京沪两地企业危机管理现状研究报告》显示，京沪两地半数企业处于危机状态。这项报告还显示，我国企业中高层管理人员普遍缺乏危机识别能力和危机处理能力，而仅有18%的管理人员具有较高危机识别能力。

食品企业管理者对于危机处理不力往往表现在以下几个方面。

① 危机中媒体策略失当。调查发现，对于媒体不利于本企业的不真实报道，11.5%的企业采取听之任之的态度；36.3%的企业要视公众的反应之后再反应；33.2%的企业要投诉该报道的记者。这些消极被动或者是过激的反应均不利于企业与媒体间良好关系的建立，不利于企业用好媒体这把“双刃剑”。

② 处理产品和服务事件的措施不力。当出现产品危机时，9.2%的企业认为产品和服务难免会出现问题，因此当出现产品和服务危机时，“不采取任何措施”；25.5%的企业采取“观望”态度：当出现产品和服务危机时，先不采取措施，视媒体和公众的反应再制定应对方案；39.3%的企业会按照企业内部现行的处理机制进行处理；只有25.5%的企业会立刻根据具体情况制定处理方案并采取行动。

③ 应对中高层管理人员意外离职的措施不力。仅有17.2%的企业在平时就比较注重培养高层管理人员的“接班人”，一旦出现重要管理人员意外离职情况，可由“接班人”直接接任其工作，对企业的正常运转不会造成过大影响；18.2%的企业对企业重要高层管理人员的意外离职持不在意态度，出现高层管理人员意外离职情况时由上级领导指定临时接班人；

47.9%的采用先企业内部竞聘，然后由管理会决定的方式；14.4%的采用由管理会直接决定的方式。

10.2.1.3　国外食品安全危机管理现状

在食品安全问题上，国外也并非是一片安宁。影响比较大的有英国20世纪90年代中期爆发的疯牛病；比利时1999年发生的二噁英污染；韩国2000年和欧洲2001爆发的口蹄疫，还有随后源于荷兰并蔓延至比利时和德国的禽流感。这类恶性食品安全事件对当事国政府的危机应对与处理能力提出了巨大挑战，许多国家在处理这类危机的过程中不断总结经验和教训，其危机处理能力也经历了一个不断提高和加强的过程。

虽然不同国家和地区的食品危机管理的理念与实践各不相同，但大都建立了一套运转比较良好的食品安全危机管理机制，并且有相关立法保障。日本早在1947年就制定了《食品卫生法》，先后对《食品卫生法》进行了10多次修改。2003年，日本出台了《食品安全基本法》，大大加强了食品安全的政府监管。在内阁府增设了食品安全委员会，由其对涉及食品安全的事务进行管理，并对食品安全作出科学评估。

另外，农林水产省设立了“食品安全危机管理小组”，建立内部联络体制，负责应对突发性重大食品安全问题。“食品溯源制度”也是日本政府目前正在大力推广的一项食品安全管理新制度，目的是利用当今发达的信息技术，对每一件产品建立生产、加工、流通所有环节的“履历”，将其产地、农药使用情况等通过电子信息进行记录。一旦出现问题，通过记录就能够迅速找到原因，避免鱼目混珠、无从查找的现象出现。根据2006年新修订的《食品卫生法》，日本开始实施关于食品中残留农药的“肯定列表制度”，将设定残留限量标准的对象从原先的288种增加到799种。经过几十年经验的积累，日本已形成了一整套行之有效的公共食品安全管理系统。

20世纪90年代中后期以来，美国围绕着“从农田到餐桌”的整个流程，重点抓可能通过日常饮食渠道危害健康的食源性疾病的预防，取得了比较显著的成效。在美国，食品加工的各个环节都要接受农业部、食品和药品管理局检查官的监督和检查。为了防止常驻检查官与厂家相处太熟有私交，政府规定驻厂检查官必须每6个月换一次，不许接受礼品等，如发现有违规情况立即解职。近年来，欧盟在食品安全方面主要采取了以下措施：一是成立欧洲食品安全局，加强对食品生产各个环节的监管；二是进行食品安全立法，加强食品安全管理；三是建立快速警报系统及其他措施，快速应对食品危机事件。在加强立法和政府监管的同时，也不断促使食品企业加强社会责任感，不断提升企业在面临危机时的公关能力。

10.2.2　食品安全危机管理理论

10.2.2.1　4R危机管理理论

危机管理的4R理论由美国危机管理专家危机管理大师罗伯特·希斯（Robot Heath）在《危机管理》一书中率先提出危机管理4R模式（图10-1），即缩减力（Reduction）、预备力（Readiness）、反应力（Response）和恢复力（Recovery）四个阶段组成。

(1) 缩减力

危机缩减管理是危机管理的核心内容。对于任何有效的危机管理而言，危机缩减管理是其核心内容。因为降低风险，避免浪费时间，摊薄不善的资源管理，可以大大缩减危机的发生及冲击力。就缩减危机管理策略，主要从环境、结构、系统和人员几个方面

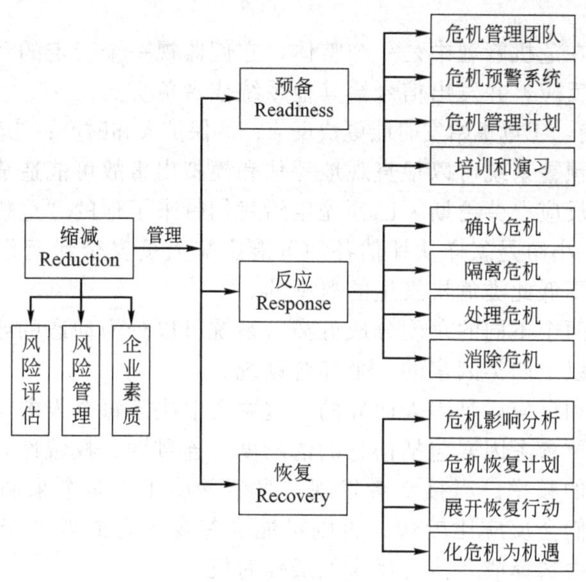

图 10-1　危机管理 4R 模式

去着手。

环境：准备就绪状态意味着人们都要做好应对危机的预备工作，因而缩减危机策略能够建立和保证与环境相适宜的报警信号，这些策略也可能会重视改进对环境的管理。

结构：缩减危机的策略包括保证物归原处，保证人员会操作一些设备。在某些时候，还要根据环境需要进行改进。同时，也要保证设备的标签无误，说明书正确易读易懂。

系统：在保证系统位置正确或者有所富余的情况下，管理者能够运用缩减危机策略确定哪些防险系统可能失效，并相应修正和强化。

人员：当反应和恢复的人员能力强，能够有效控制局面的时候，人员就成为降低风险发生概率和缩减其冲击的一个关键因素。这些能力是通过有效的培训和演习得到的，这些培训提高人的预见性，让人们熟悉各种危机情况，提高他们有效解决问题的技能。缩减策略还包括建设性地听取汇报，这些汇报是决定如何改进反应和恢复措施，甚至试图找到消除或者降低危机之道，这是一种集思广益的决策方式。

通过以上分析，我们能够找到贯穿于危机管理的一条主线，即好的管理，尤其是有效的危机管理，是从组织的产生时开始的。这些好的管理包括评估其面临的危机及其可能造成的冲击，这需要：

① 危机缩减管理要内置于环境、结构、系统和人员中，与其浑然一体；

② 一旦环境、结构、系统、人员这个不断更新和变化的过程存在，危机缩减就应该成为不可分割的一部分；

③ 危机管理和缩减要成为组织的核心作业。

将以上这些管理活动作为组织持续运转和管理的一部分，有利于组织降低风险和威胁，降低危机冲击所致的成本，并提高永续经营、不断繁荣的概率。

这是许多企业没有重视的工作，却能够极大地减少危机的成本与损失。它包括企业对内部管理和外部环境进行风险评估，一旦发现某一方面存在风险，就采取有效的方法对其进行管理。同时，企业也要努力提高领导和员工的素质，使企业中的每个成员都具有危机管理的意识，使企业即使面对危机，也能把它压制在最小范围内。

(2) 预备力

预警和监视系统在危机管理中是一个整体。它们监视一个特定的环境，从而对每个细节的不良变化都会有所反应，并发出信号给其他系统或者负责人。

预警系统的功能有：①危机始发时能更快反应；②保护人和财产；③激活积极反应系统。

完善的企业危机预警系统可以很直观地评估和模拟出事故可能造成的灾难，以警示相关者做出快速和必要的反应。劳伦斯·巴顿先生给我们带来了他的“危机预防和反应：计划模型”。该模型显示出，小组是怎样从评估各种可能影响人员安全和运作的危机开始，继而运用各种技能和资源来降低此类危机发生的概率的。

预警系统能够从两个不同的角度分成五类。系统可以分为动态的或静态的、移动的或固定的，第五类是包含以上四类因素的一个集合系统。

对于预警的接受和反应，是因人而异的，这主要取决于每个人的经验和信念以及预警中的内容变化程度，主要参考因素包括信息的清晰度、连贯性、权威性，以及过去预警的权威性、危机或灾难发生的频率。当接受者发现信息清楚明了，多个来源支撑该信息、多次重复、来源可靠时，他们会反应比较快，否则可能会忽视预警或者处于等待和进一步观望状态，这样就有可能失去选择或者执行反应的最佳时机。

而且，危机管理经验也告诉我们，被预警的受众人群中，有20%的人会做出与预警相悖的选择和反应。这样的人包括：

①表示未接受到预警；②喜欢自己亲自证实消息；③害怕结果；④别的原因（如有一些珍贵的文件物品在危区）；⑤相信他们比危机预警中的建议懂得更多。

对于这些人，管理者要采取特别的措施对他们加以控制，并预备一些潜在和必要的施救方案来解决实际危机。

预备管理主要是进行危机的防范工作，企业可挑选各方面的专家，组成危机管理团队，制定危机管理计划，进行日常的危机管理工作。同时，为了能清楚地了解危机爆发前的征兆，企业需要一套完整而有效的危机预警系统。通过训练和演习，可使每个员工都掌握一定的危机处理方法，使企业在面对危机时可以从容应对。

(3) 反应力

即强调在危机已经来临的时候，企业应该做出什么样的反应以策略性地解决危机。危机反应管理所涵盖的范围极为广泛，如危机的沟通、媒体管理、决策的制定、与利益相关者进行沟通等，都属于危机反应管理的范畴。

在反应力这个层面，企业首先要解决的是企业如何能够获得更多的时间以应对危机；其次是如何能够更多地获得全面真实的信息以便了解危机波及的程度，为危机的顺畅解决提供依据；最后是在危机来临之后，企业如何降低损失，以最小的损失将危机消除。

这是企业应对危机时的管理策略，一般可以分为四个步骤：确认危机，隔离危机，处理危机，总结危机。在处理危机时，合理地运用沟通管理、媒体管理、企业形象管理等方法可以收到事半功倍的效果。

(4) 恢复力

一是指在危机发生并得到控制后着手后续形象恢复和提升；二是指在危机管理结束后的总结阶段，为今后的危机管理提供经验和支持，避免重蹈历史覆辙。

危机一旦被控制，迅速挽回危机所造成的损失就上升为危机管理的首要工作了，在进行恢复工作前，企业先要对危机产生的影响和后果进行分析，然后制定出针对性地恢复计划，使企业能尽快摆脱危机的阴影，恢复以往的运营状态。同时，企业要抓住危机带来的机遇，进行必要的探索，找到能使企业反弹得比危机前更好的方法。

食品企业的危机管理以4R理论为框架，把握危机管理的几项重要原则，结合食品企业实际和事件实际情况处理食品安全危机。食品生产企业的危机管理的重心是围绕食品安全的4R管理。食品企业在处理危机时，要缩减各个方面的影响，如媒体影响、政府影响、对企业内部工作的影响、员工情绪冲击等方面。食品企业的预备就是要在事件发生前预警，有应急预案，处理危机时才能有的放矢。反应，就是食品企业要在最短时间内，危机事件发生的起源时期就能及时反应，合理应对。恢复，是食品生产企业的危机末期，可以出现企业挽回以前负面影响的活动。

10.2.2.2 4R理论案例分析

2004年1月份开始，禽流感在亚洲部分地区肆虐，以经营炸鸡和鸡肉汉堡为主的肯德基连锁店生意一落千丈。肯德基迅速启动危机管理小组，着手对禽流感危机进行处理，小组汇集了三份文件《肯德基有关禽流感问题的媒体Q&A》、《关于肯德基危机处理的对外答复》、《肯德基有信心有把握为消费者把关》，在第一时间提供给媒体。

2月5日中国肯德基在北京召开新闻发布会，邀请北京市商务局饮食管理部门领导、农业大学营养专家和畜牧业专家至肯德基店做示范性品尝。

2月20日肯德基宣布将从21号在北京、上海、广州、深圳、杭州、苏州、无锡7个市场同时推出一款非鸡肉类产品“照烧猪排堡”。肯德基制定了一系列完善的应急计划，供应商的每一批供货都要求出具由当地动物检疫部门签发的《出县境动物产品检疫合格证明》和《动物及动物产品运载工具消毒证明》，并证明所有的供货“来自非疫区，无禽流”。

从整个KFC处理危机的过程来看肯德基已形成了一套危机管理反馈和处理机制，整个企业对于危机的预警、反应、沟通、处理等方面都比较成功。

从案例可以看出，肯德基分别从产品、供应商、公众、危机预警等多方面进行危机处理，从而保证了肯德基在非常时期的正常运营。

当禽流感刚出现时，肯德基的危机处理小组就开始启动，并在第一时间把三份文件提供给媒体，使公众可以清楚地了解整个事件，消除流言产生的空间。其危机预警能力可见一斑。

面对危机，肯德基通过官方的文件证明和官员试吃，消除公众的疑问，起到了积极的正面宣传和带动作用。

在公关危机产生后，必要的细节、信息透明化是很重要的，为此肯德基专门召开新闻发布会，向公众宣布世界卫生组织和其他权威机构证明食用烹煮过的鸡肉是绝对安全的。

在产品方面，KFC及时推出替代产品。在供货商方面，除了加强产品质量和安全控制之外，也出台了转换预案。

肯德基在面对突如其来的“禽流感危机”时，能够有如此迅速、有效地化解危机，应该得益于其长期坚持进行危机预防管理措施。

百胜公共事务部总监在公开场合对媒体表示：“长久的营运系统必须考虑危机出现时的情况，并体现在日常操作的基本要求之中。在对新员工进行入职培训时，给他们上的第一课就是，对于我们来说，食品安全永远是我们的第一原则。”

同时，肯德基对供货商严格执行的星级评估系统也起着重要作用。每3个月到半年，对供货商从质量、技术、财务、可靠性、沟通等五个方面的全面定期评估和贯穿全年的随机抽查，由公司技术部与采购部合作，以100分制进行评定，其分数将直接决定供货商们在下一年度业务量的份额。

肯德基的危机管理在预备力、缩减力、反应力和恢复力方面表现得都非常出色，再现了一家成熟企业在危机管理过程中的成功之处。

10.2.3 食品安全危机管理原则

食品安全危机管理是一门科学，在处理危机和实施危机管理时，并不是可以随心所欲地。面对危机，管理者必须头脑清醒、镇定，遵循一定的处理原则和程序，妥善地、及时地处理危机。根据危机管理的目的和特点，危机管理应遵循以下几个原则。

10.2.3.1 预防为主的原则

危机产生的原因是多种多样的，不排除偶然的原因，多数危机的产生有一个变化的过程。如果企业管理人员有敏锐的洞察力，根据日常收集到的各方面信息，能够及时采取有效的防范措施，完全可以避免危机的发生或使危机造成的损害和影响尽可能减少到最低程度。美国管理学家戴维·奥斯本和特德·盖布勒认为：危机管理的目的是“使用少量钱预防，而不是花大量钱治疗”。危机发生后只重“救”而忽视“防”，从而加大了危机管理的成本。

首先，要树立强烈的危机意识。全世界最优秀的企业，也是危机意识最强的企业，从以下企业领导人对于危机的认识中可见一斑。海尔领导人张瑞敏：“永远战战兢兢，永远如履薄冰。”联想领导人柳传志：“我们一直在设立一个机制，好让我们的经营者不打盹，你一打盹，对手的机会就来了。”华为领导人任正非：“华为总会有冬天，准备好棉衣，比不准备好。我们该如何应对华为的冬天呢?”微软领导人比尔·盖茨：“我们离破产永远只有十八个月。”戴尔公司领导人迈克尔·戴尔：“我有的时候半夜会醒来，一想起事情就害怕。但如果不这样的话，很快就会被别人干掉。”

其次，建立预防危机的预警系统。印度洋海啸给印度及东南亚多国造成了惨重的人员伤亡，充分反映了缺乏预警机制的危害性。危机的预警机制对于企业同样重要，有效的预警机制能够确保企业及时捕捉危机信息，作出正确判断。

第三，建立危机管理机构。在应对危机时，企业必须有一个强有力的机构进行管理。人是成功的关键，因此，在危机处理的机构中，企业的高层领导人必须担任“首席危机官”角色。担任“首席危机官”角色的人必须具有绝对的权威和号召力，这样的危机处理团队才能够取得成功。

第四，制定危机管理计划。要成功应对危机，企业必须具备应对危机的计划。“凡事预则立，不预则废”。危机应对计划能够保证企业在危机面前临危不惧、胸有成竹。

10.2.3.2 统一指挥的原则

缺失权威必然引发混乱，所以企业领导者应在危机初现之时便赋予危机事件管理者充分的权柄，对危机实行“统一指挥”，以避免多头领导而造成矛盾和混乱，耽误处理危机的最佳时机。凡涉及危机事件管理的一切工作，危机事件管理者都拥有绝对的领导权。甚至连企业最高领导者也应接受危机事件管理者的建议，为舒缓危机贡献心力。如发生在2003年的SARS危机，在SARS疫情的最初阶段，因缺乏统一指挥，没有统一的对外沟通渠道，造成传染病疫情信息的收集、发布和通告运作不畅，加上某些部门和地方政府隐瞒疫情，使得政府决策缺乏准确的疫情信息，从而导致政府在SARS疫情初始阶段决策的失误，最终导致SARS疫情全国蔓延。在此危急关头，国务院于2003年4月23日及时任命吴仪副总理担任总指挥来负责全国的抗SARS工作。在统一指挥和协调下，集中配置相关人力资源、财政资源和医疗资源，使我国的SARS防治工作走出各自为政的困境，并迅速稳定了社会局势，使我国的抗“非典”工作步入正轨。

10.2.3.3 快速反应的原则

在危机出现的最初12～24h内，消息会像病毒一样，以裂变方式高速传播。公司的一举一动将是外界评判公司如何处理这次危机的主要根据。媒体、公众及政府都密切注视公司发出的第一份声明。对于公司在处理危机方面的做法和立场，舆论赞成与否往往都会立刻见于传媒报道。因此公司必须当机立断，快速反应，果决行动，与媒体和公众进行沟通，从而迅速控制事态，否则会扩大突发危机的范围，甚至可能失去对全局的控制。危机发生后，能否首先控制住事态，使其不扩大、不升级、不蔓延，是处理危机的关键。

10.2.3.4 真诚沟通的原则

企业处于危机漩涡中时，是公众和媒介的焦点。公司的一举一动都将接受质疑，因此绝对不能存在侥幸心理，企图蒙混过关。而应该主动与新闻媒介联系，尽快与公众沟通，说明事实真相，促使双方互相理解，消除疑虑与不安。

真诚沟通是处理危机的基本原则之一。这里的真诚指“三诚”，即诚意、诚恳、诚实。如果做到了这“三诚”，则一切问题都可迎刃而解。

10.2.3.5 权威证实的原则

自己称赞自己是没用的，没有权威的认可只会徒留笑柄，在危机发生后，企业不要自己整天拿着高音喇叭叫冤，而要曲线救企，请权威部门和人员在前台说话，使消费者解除对自己的警戒心理，重获他们的信任。

10.2.3.6 系统运行的原则

在逃避一种危险时，不要忽视另一种危险。在进行危机管理时必须系统运作，绝不可顾此失彼。只有这样才能透过表面现象看本质，创造性地解决问题，化害为利。危机的系统运作主要是做好以下几点。

① 危机会使人处于焦躁或恐惧之中。所以企业高层应以“冷”对“热”、以“静”制“动”，镇定自若，以减轻企业员工的心理压力。

② 在企业内部迅速统一观点，对危机有清醒认识，从而稳住阵脚，万众一心，同仇敌忾。

③ 成立危机管理小组，并由企业的公关部成员和企业涉及危机的高层领导直接组成。这样，一方面是高效率的保证；另一方面是对外口径一致的保证，使公众对企业处理危机的诚意感到可以信赖。

④ 危机瞬息万变，在危机决策时效性要求和信息匮乏条件下，任何模糊的决策都会产生严重的后果。所以必须最大限度地集中决策使用资源，迅速做出决策，系统部署，付诸实施。

⑤ 当危机来临时，应充分和政府部门、行业协会、同行企业及新闻媒体充分配合，联手对付危机，在众人拾柴火焰高的同时，增强公信力、影响力。

⑥ 要真正彻底地消除危机，需要在控制事态后，及时准确地找到危机的症结，对症下药，谋求治“本”。如果仅仅停留在治标阶段，就会前功尽弃，甚至引发新的危机。

10.2.3.7　公共利益至上的原则

危机发生后，必然会危害到个人利益、企业利益、部门利益和公共利益，也会面临利益取舍的抉择。此时，公共利益应当居于首位。

消费者是企业能否生存下去的决定性力量，如果企业的产品获得了消费者的认可，企业的发展将会走向一个黄金大道，如果在危机中企业不能首先面对消费者，那么企业的唯一出路就是在市场经济的浪潮中沉没。

10.2.3.8　核心立场的原则

危机一旦爆发，企业便应在最短的时间内针对事件的起因、可能趋向及影响（显性和隐性）作出评估，并参照企业一贯秉承的价值观，明确自己的“核心立场”。而在危机事件管理的过程中，各发展阶段、各工作部门均不可偏离初期确定的这一立场。换句话说，对“核心立场”的坚持应贯穿危机事件处理的始终。

10.2.3.9　承担责任的原则

危机发生后，公众会关心两方面的问题：一方面是利益的问题，利益是公众关注的焦点，因此无论谁是谁非，企业应该承担责任。即使受害者在事故发生中有一定责任，企业也不应首先追究其责任，否则会各执己见，加深矛盾，引起公众的反感，不利于问题的解决。另一方面是感情问题，公众很在意企业是否在意自己的感受，因此企业应该站在受害者的立场上表示同情和安慰，并通过新闻媒介向公众致歉，解决深层次的心理、情感关系问题，从而赢得公众的理解和信任。

10.2.3.10　媒体友好原则

危机处理的核心内容，是信息传播管理。媒体是危机传播的主要渠道，向公众传播危机信息也是传媒的责任和义务。在企业危机管理的一系列环节中，媒体起着举足轻重的作用，它会使你的企业陷入危机的困境从此一蹶不振，也会使你的企业及时从危机中彻底解脱，同样是和媒体的相关的事情，却出现了两个截然不同的结果，所以，企业与媒体关系管理也成为企业应对危机事件的关键的一环。

课后思考题

1. 什么是食品安全危机？其具有哪些特点？
2. 若曼.R. 奥古斯丁提出的危机管理六阶段理论是什么？
3. 结合我国现实，谈谈食品安全危机产生的原因有哪些？
4. 根据所学理论，谈谈食品企业出现产品安全危机时应如何处理？
5. 食品企业进行危机管理时应遵循哪些原则？